"十二五"职业教育国家规划教材修订版

高等职业教育新形态一体化教材

YUANLIN HUAHUI

园林花卉

（第四版）

主　编　张彦妮

副主编　岳　桦　徐冬梅　杨春雪　岳莉然

高等教育出版社·北京

内容提要

本书是"十二五"职业教育国家规划教材修订版,高等职业教育新形态一体化教材。

园林花卉是园林植物的组成部分,是园林绿化的重要素材。本书根据园林行业的社会需求构建知识、内容与结构,力求体现国内外园林花卉的新知识、新技术。以实用为主,注重实训教学环节。

全书分为5个部分,包括园林花卉基础知识,园林花卉的应用形式,园林中常用露地花卉,室内常用花卉,常用专类花卉。

本书可作为高职高专院校、应用型本科、五年制高职、继续教育、中职园林技术及相关专业的教材,也可供从事园林工作的人员参考。

书中配有部分视频二维码,读者可扫描观看。教师发送邮件至gaojiaoshegaozhi@163.com,可获赠教学课件。

图书在版编目(C I P)数据

园林花卉 / 张彦妮主编. -- 4版. -- 北京 : 高等教育出版社,2021.11
ISBN 978-7-04-056778-6

Ⅰ. ①园… Ⅱ. ①张… Ⅲ. ①花卉-观赏园艺-高等职业教育-教材 Ⅳ. ①S68

中国版本图书馆CIP数据核字(2021)第168799号

策划编辑	张庆波	责任编辑	张庆波	封面设计	王 洋	版式设计	徐艳妮
插图绘制	李沛蓉	责任校对	王 雨	责任印制	高 峰		

出版发行	高等教育出版社	网　址	http://www.hep.edu.cn
社　址	北京市西城区德外大街4号		http://www.hep.com.cn
邮政编码	100120	网上订购	http://www.hepmall.com.cn
印　刷	北京市密东印刷有限公司		http://www.hepmall.com
开　本	787 mm×1092 mm　1/16		http://www.hepmall.cn
印　张	21.25	版　次	2006年6月第1版
字　数	530千字		2021年11月第4版
购书热线	010-58581118	印　次	2021年11月第1次印刷
咨询电话	400-810-0598	定　价	44.60元

本教材体现了高等职业教育高端技能型人才的培养目标与"做中学"的职业教育特点。教材编写遵循园林花卉应用特点,注重教学设计理念的呈现,在保证较大信息量的基础上,力求突出重点、通俗实用及图文并茂。建议60~100学时,可根据教学计划增减,结合自学实现知识拓展。不同地区的学校可适当筛选本地区主要园林花卉种类进行教学。

本版教材基本沿用第三版的结构,补充和更新了部分内容,尤其是一、二年生花卉。宿根花卉部分增加的内容较多,且增加了附表,便于应用和查询。园林中宿根、低维护性的多年生花卉具有一次栽培、多年利用的特点,本着经济的原则,成为不同地理区域公共环境、居住环境和各类企事业单位环境绿化的重要资源。露地花卉增加了近80种,增补了新的数据资源。同时,修正了原有错误,更换了部分图片。本教材配套建设有Abook数字课程资源,包括教学课件、园林花卉Flash(包括园林花卉局部形态特征、单株及群体观赏形态的照片演示及相关说明)等,更有利于读者对花卉识别及应用的掌握。

本教材由张彦妮(东北林业大学)担任主编,岳桦(东北林业大学)、徐冬梅(上海城市管理职业技术学院)、杨春雪(东北林业大学)和岳莉然(东北林业大学)担任副主编。杜兴臣(黑龙江农业经济职业学院)、张君超(杨凌职业技术学院)和王红(岳阳职业技术学院)参与了教材的编写工作。其中岳桦编写第1、3、4单元,合作编写第7~12单元及部分附表,提供图片资源1 000多张,并负责数字化资源的策划与内容设计以及全书的统稿工作。张彦妮编写第13~16单元,合作编写第5~8单元、第10~12单元及部分附表,负责数字化资源的文字编辑,提供图片400多张,协助完成数字化资源的整理。徐冬梅合作编写第5、6单元及部分附表,提供图片资源近300张。杨春雪合作编写第5、6单元及部分附表,提供部分图片。岳莉然合作编写第5、6单元,提供部分图片。杜兴臣合作编写第5~7单元。张君超编写第2单元,合作编写第6单元。王红合作编写第9、11单元部分内容。董峥(东北林业大学)、徐昕业(东北林业大学)、高飞(东北林业大学)和隋慧文(东北林业大学)参与数字教学资源建设。

本教材在编写中还得到东北林业大学园林学院花卉教研室全体教师及研究生的帮助,在此一并感谢。

由于编者水平有限,不足之处恳请读者批评指正。

编 者
2021年3月

"园林花卉"是高职高专园林专业必修的一门主干专业课程。通过学习园林花卉,使学生能够了解国内外园林花卉应用发展状况;理解园林花卉在园林绿化中的主要作用;掌握相关园林花卉的基础知识,懂得园林花卉的分类方法,熟悉园林花卉在园林绿化中的应用形式与技术;熟悉常用园林花卉的形态特征、观赏特性、生态习性、栽培管理及园林应用,为进一步学习园林植物种植设计、绿化施工奠定基础。

本书体现培养"银领"高技能特点,按照园林花卉应用特点组织教材内容。以"必需、够用"为度。而重要知识、能力点则体现"知其所以然"。

教材在编写中注重教学方法的改革,全书设学习方法指导、学习目标、能力标准、单元小结、思考题、实践教学等栏目。书后所附"园林花卉识别"光盘,以大量不同类型的花卉局部形态、单株形态和群体形态的照片帮助读者加深印象。建议教学课时 60~80 学时,不同地域学校可适当筛选本地主要园林花卉种类进行教学。

本教材由岳桦(东北林业大学)担任主编,张君超(杨凌职业技术学院)、杜兴臣(黑龙江农业经济职业学院)担任副主编。张彦妮(东北林业大学)、王红(岳阳职业技术学院)参加编写。其中岳桦编写第一篇(第 1 单元)、第二篇(第 1 单元)、第三篇(第 3、4 单元)及部分附表,提供全书及光盘图片,设计策划光盘,全书统稿。张君超编写第一篇(第 2 单元)、第二篇(第 2 单元)、第三篇(第 2 单元)及宿根花卉部分附表。杜兴臣编写第三篇(第 1 单元)、一、二年生花卉部分附表。张彦妮编写第四篇(合作编写第 3、4 单元)、第五篇、其他附表,并编辑光盘文字。王红编写第四篇(第 1、2 单元,合作编写 3、4 单元)。高飞(东北林业大学)负责光盘美术设计,隋慧文(东北林业大学)负责光盘动画设计。

本教材在编写过程中,得到了东北林业大学高等职业技术学院、园林学院的全力支持和东北林业大学花卉教研室全体教师及研究生的帮助,在此一并感谢。

编者水平有限,不足之处恳请读者批评指正。

编　者
2006 年 1 月

目 录

第 5 篇　常用专类花卉

第1篇 园林花卉基础知识

学习园林花卉,应该从基础知识开始,包括花卉和园林花卉的概念,园林工作中同行之间的交流用语,园林花卉在园林和环境绿化、美化中的重要作用,国内外花卉发展动态和园林花卉的分类等。

一年生花卉硫华菊

宿根花卉萱草

水生花卉睡莲、浮萍

切花多头小菊

花卉批发市场

第1单元 园林花卉的概念与应用动态

学习目标

掌握花卉和园林花卉的概念;了解国内外园林花卉的应用现状及发展动态。

能力标准

在花卉的实际应用中能正确地运用和理解园林花卉的广义性与狭义性。

关键概念

花卉 园林花卉

相关理论知识

园林、绿化与园林花卉的内在联系及差异。

1.1 "花卉""园林"和"园林花卉"的概念

"花"的字面含义为种子植物的繁殖器官,"卉"为草的总称。通常所说的"花卉"(ornamental plants)广义上指具有观赏价值的植物,包括木本植物和草本植物;狭义上指具有观赏价值的草本植物。

"园林"是中国庭院的古名,已有1 700多年的历史。传统的园林是指在一定的地域,运用工程技术和艺术手段,通过改造地形(筑山、叠石、理水)、种植树木花卉、营造建筑、布置园路等途径创作而成的优美的自然和游憩环境。现代园林是对各种各样的公园、绿地的总称。随着时代的发展,园林的含义已由传统的造园提升到环境的生态建设上。

环境建设中经常提到绿化一词。绿化既注重植物栽植和实现生态效益的物质功能,同时又含有美化的意思,包括国土绿化、城市绿化、四旁绿化、道路绿化等。园林相对更注重精神功能,在实现生态效益的基础上,特别强调艺术效果和综合功能。

园林组成的4大要素为山(地形)、水、植物(生物)和建筑。植物是园林的重要组成要素,所占空间比例最大。

园林花卉是园林、绿化建设的重要组成要素,侧重于园林空间设计中常用的花卉种类识别、栽培养护要点、观赏特性、应用设计方式等,为园林植物的设计、施工、养护等奠定基础。因此,只有掌握一定的园林花卉种类,才能够在应用设计中根据其观赏特性及生态习性正确地选择配置花卉。在施工中采取适宜的栽培措施,避免因识别错误而种错了苗,并在养护管理中合理施肥、浇水,既使绿地外观保持高质量的良好景观效果,又使植物生长旺盛。

思考题

1. 园林与绿化有何区别?

2. 花卉的含义在实际应用中有什么特点?
3. 园林花卉与花卉有何不同?

1.2　花卉在园林中的作用及应用现状

一、园林花卉具有改善环境的作用

园林花卉能够改善和保护其生存的环境。这主要表现在花卉通过光合作用能够吸收二氧化碳,释放氧气,从而净化空气;通过蒸腾作用增加空气相对湿度,降低空气温度;一些花卉能够吸收有害气体或自身释放一些杀菌素而净化空气;花卉的叶表可以吸附空气中的灰尘起到滞尘作用,从而减少地面扬尘;栽培花卉能够覆盖裸露地面,其根系能固持土壤、涵养水源,减轻水土流失;花卉可以减少太阳光的反射。

二、园林花卉具有美化环境的作用

园林花卉种类繁多,色彩丰富。花卉的色彩几乎包括了色彩色环中的所有区域。花卉是环境色彩的主要来源,园林中绿化、彩化是花卉色彩应用的具体形式。花卉花期的不同,形成了季相的差别。应用花卉造景时,设计者一般要进行春、夏、秋、冬不同季节的季相设计,形成花开花落动态的景观美,感受季节的变化。花卉是园林中的主要景点,是公园、景区入口等空间的主要植物素材。各类绿地中大量裸露地面的覆盖、重点地段的美化、室内外小型空间的点缀等,都依赖于丰富多彩的花卉。在园林设计中,花卉对环境的装饰具有画龙点睛的效果。

一、二年生花卉和球根花卉,是园林中花坛、花带等花卉景观的主要材料。园林中大量应用球根花卉和一、二年生花卉布置花坛,装点广场、道路、建筑、草坪等,使之成为园林景观中不可或缺的内容。宿根花卉种类繁多,不用每年播种育苗,具有维护性要求低的特点,因此是园林中花境、花丛、花群及地被等花卉景观的主要材料。

三、园林花卉对人类的心理、生理和精神具有调节与改善作用

植物能够创造健康、舒适的环境,具有缓解压力和紧张情绪的作用。对人类脑电波活动的研究结果表明,人类与植物接触时,大脑处于高度活跃、放松的状态,说明观赏植物有利于人们提神醒脑、减轻压力,并产生健康的情绪。人们可以从事园艺或欣赏植物来缓解压力,使心情舒畅、情绪镇静,提高工作效率。

人们从事园艺活动,在绿色的环境中获得情绪的平复和精神的安慰,从而达到治疗、康复和益寿的目的,称为"园艺疗法"。在医院、社区、公园等专门开辟绿地,让患者,特别是一些老年患者、身体有伤残的人士及精神病患者,从事园艺活动,可以使其早日恢复健康。

园林花卉不仅给人们以视觉美的享受,同时还具有丰富的文化内涵,对陶冶性情具有重要

作用。

四、园林花卉具有一定的经济效益

园林花卉作为商品具有重要的经济价值。花卉业是农业的重要内容,花卉业的发展能带动栽培基质、肥料、农药、容器、塑料、包装和运输等许多相关产业的发展。许多花卉除观赏效果以外,还具有药用、香料、食用等多方面的价值与综合效益。

思考题

1. 园林花卉的环境效益主要体现在哪些方面?
2. 园林花卉在环境中的美化效果与建筑、雕塑等有何不同?
3. "园艺疗法"为什么会对人的健康有益?

1.3　国内外园林花卉的发展动态

一、世界花卉行业的发展趋势

花卉是世界各国唯一不受配额限制的农产品。近年来,花卉品种、质量和贸易额都在快速发展。

1. 花卉产品向高档次、优品质发展

高档次、优品质的花卉尽管价格高昂,在世界花卉贸易市场却很受欢迎。在荷兰,进入拍卖市场的花卉产品必须是高品质的产品,加上其品种广泛,周年供应充足,使荷兰的花卉生产和出口始终保持在世界领先地位。法国梅朗月季中心每年做 10 万朵花的人工授粉,培育出口的月季新品种占世界的 1/3;澳大利亚与日本合作利用生物工程转基因技术培育出的蓝色月季,成了世界花卉贸易中的珍品和抢手货。

2. 完整的花卉生产、销售和流通体系正在建成并逐步完善

发达国家早已在花卉的制种、育苗、成品生产、市场批发、零售等各个环节实行了高度的专业化分工,实现了专业化、规模化生产。如法国的玫瑰,比利时的杜鹃、秋海棠,荷兰的郁金香、康乃馨、百合等,都有大型及专业化水平极高的生产企业,并且实现了从业人员职业化,科研、生产、经营一体化。发达国家对于从事花卉生产、经营、销售等的苗圃、公司、企业等都有严格的要求,从业人员须通过培训,取得合格证书后方能上岗。大多数种植者和企业自愿组成各自的联合体,缴纳相应费用,扶持相关专业科研机构,因此也就享有科研机构的新技术、新品种等研究成果的申请权及生产技术的指导服务。世界上最大的花卉市场——荷兰阿斯米尔花卉拍卖市场,就是由 5 000 个花卉种植者和植物生产企业组成的合作社,各生产企业可按其资金投资的比例享有拍卖会的利润分成。

3. 国际花卉产业格局基本形成

世界花卉的市场格局基本形成。花卉的消费市场主要为德国、法国、英国、荷兰、美国、日本、

意大利、西班牙、丹麦、比利时、卢森堡和瑞士,其中欧盟成员国的进口额占世界贸易的 80%,美国占 13%,日本占 6%。

全球有 4 大公认的传统花卉批发市场,即荷兰的阿姆斯特丹、美国的迈阿密、哥伦比亚的波哥大以及以色列的特拉维夫。这些花卉市场决定着各国花卉的价格,引导着花卉的消费和生产潮流。但非传统的花卉市场已经开始逐步影响全球的贸易,如俄罗斯、阿根廷、波兰及捷克等国已逐渐引起许多花卉供应商的兴趣。但目前发展中国家对花卉成品的需求并不是很强烈,却对花卉新品种的种苗及生产技术有很大的需求。

4. 亚洲市场潜力巨大,中国市场商家必争

中国花卉消费市场的开发潜力越来越大,荷兰和以色列分别与我国建立了示范农场和培训中心。不少国家的企业纷纷在我国设立办事处。我国的花卉消费也一直保持着快速增长,特别是鲜切花,其种植面积不断扩大,产量不断提高。日益增大的花卉市场吸引了众多的国外花卉生产企业涉足中国市场,而良好的自然环境、廉价的土地和劳动力又吸引了众多国外花卉生产厂家在云南等地投资花卉生产。如美国独资专门生产月季鲜切花的阳光集团、日本独资专门生产蝴蝶兰返销日本的庆成公司、韩国独资专门生产菊花出口的锦湖集团等。这些外国公司的进驻,带动了中国花卉业的发展。

5. 世界花卉主要生产贸易国

近些年,全球花卉生产销售呈上升趋势。

荷兰素有“世界花卉王国”之称,有着悠久的花卉栽培历史,是世界上最大的花卉生产国和出口国。荷兰在花卉种苗、种球、鲜切花、自动化生产方面占有绝对优势,以郁金香为代表的球根类花卉成为荷兰的标志性产品。荷兰是全球著名的花卉贸易中心,全球约 35% 的花卉出口会通过荷兰。

哥伦比亚是世界第二大花卉出口国。玫瑰、香石竹和菊花是哥伦比亚三大花卉。哥伦比亚花卉的主要市场是美国。目前,该国对土地有效利用进行规划,致力花卉可持续发展,提升产品质量和贸易水平,加强本国花卉竞争力,把中国、阿联酋、新西兰、新加坡列为未来潜在市场。创新、韧性已成为哥伦比亚花卉产业新的关键词。

厄瓜多尔是世界第三大切花出口国。该国种植的玫瑰以花朵大、茎长、整体品质高在世界享有盛誉。

意大利是世界花卉生产大国,也是重要的花卉消费国。在花卉和装饰类植物生产领域,意大利在欧洲排名仅次于荷兰。意大利主要出口绿色植物和插条,第二是鲜切花,第三是新鲜或经处理的切叶、切枝、苔藓、地衣等,最后是种球类。

比利时面积较小、人口较少,但盆栽出口占全世界出口额的 10%,列荷兰、丹麦后的第三位,以苗木、盆栽杜鹃、菊花和秋海棠为主。

美国花卉业生产规模及格局比较稳定,观叶植物及草花在全国花卉生产中的比例逐年上升,切花及切叶的生产比例呈逐年下降趋势,主要依赖进口。美国是世界最大的园林产品消费国,主要用于家庭园艺和公共绿化建设。

随着近年来国内花卉产业的转型,花卉品质逐渐得到重视。国内有一部分花卉打入了欧盟、美国、日本三大世界花卉消费中心。

二、中国花卉行业现状及发展趋势

中国花卉产业越来越显示出强大的生命力。2013—2017 年中国花卉市场规模稳中有升。随着互联网以及配送体系的快速发展,中国花卉电商市场规模不断扩大。2019 年,我国花卉生产总面积比 2018 年增长近 2.78%;销售总额比 2018 年增长 1.81%。目前,中国花卉市场初步形成了"西南有鲜切花、东南有苗木和盆花、西北冷凉地区有种球、东北有加工花卉"的生产布局。山东、江苏、浙江及河南为中国四大花木种植地区。

中国花卉产业表现出以下特点和发展趋势:

1. 花卉行业分工明确并具体化,花卉流通形成大市场

近些年,花卉产业迅速发展,行业分工进一步明确并具体化,专业化程度更高,产业链更加牢固。专业的种苗生产商、盆花生产商、鲜切花生产商及专业的销售公司、运输公司应运而生,并不断发展壮大。花卉产业的发展,催生并带动了相关产业链的发展,园艺资材产业异军突起,盆花生产专用栽培基质、专用肥、育苗容器(包括组培用容器、各种不同材质的花盆)等,都有了专业生产商。花店更加注重店面的个性化布置,经营手段采用超市概念,连锁经营及品牌专卖店相继亮相。

从目前国内花卉的生产格局和中、远期发展趋势来看,鲜切花的生产将以云南、广东、上海、北京、四川、河北等地为主;浙江、江苏等地的绿化苗木在国内占有重要份额;盆花则遍地开花,并涌现出一批地方优势名品,如江苏华盛的杜鹃、天津的仙客来、广东的兰花、福建的多肉植物等。目前,昆明和上海是香石竹、月季及满天星等花卉的主产地,广东省则利用其气候优势大量生产冬季的月季、菊花、唐菖蒲及高档的红掌、百合等,成为国内最大的冬春鲜花集散地。随着采后低温流通和远距离运输业的迅速发展,这些地区的优势更加明显,必然出现大生产、大市场的格局。

2. 花卉产品从价格竞争转向品质竞争

国内花卉产品的种类已十分丰富,新品种的上市速度几乎与国际市场同步。随着花卉产量的不断提高,花卉产品的市场竞争会越来越激烈,产品数量和价格的竞争将逐渐变为产品质量的竞争,优质优价的概念已被消费者普遍接受。企业间盆花产品质量和价格的个体差异将会越来越小,产品的一致性提高,使盆花产品的整体水平有一个质的飞跃。

3. 花卉品种结构向高档化发展

近年来,国内花卉种植大量引进并生产优新品种:鲜切花如非洲菊、鹤望兰、百合、郁金香、鸢尾、热带兰、高档切叶等,盆花如凤梨类、一品红、安祖花、蝴蝶兰、大花蕙兰等。花卉品种逐渐高档化,花色则逐渐多样、淡雅。花卉市场的价格稳中有降。

4. 花卉展会逐渐专业化

随着花卉产业的高速发展,各地都调整了农业产业结构,由此造就了一支由苗农、花农组成的庞大队伍。市场竞争的不断升级,需要有专业的研讨会和花展等为花卉从业者提供沟通和交流的平台。市场的需求催生了专业的商业展会。2003 年,各地花卉展会升温,专业花展及专业研讨会受到越来越多的专业生产商和经销商的支持。近些年我国举办的世界园艺博览会都非常成功。如 2019 年的北京世界园艺博览会,规格高,规模大,参展国家多,专业会议活动丰富,成绩

显著;2019 年创办的世界花卉大会,开展了国家绿色城市、花卉品种创新和保护、花卉贸易与合作、花卉消费与市场等多个专业论坛,不仅为各国花卉企业或爱好者提供了分享经验、探讨合作、共谋发展的重要平台,而且提升了中国在世界花卉领域中的影响力。

5. 花卉进出口贸易更加活跃

多年来,我国花卉进出口贸易总额保持顺差并持续稳步增长。2019 年,我国花卉进口额自 2010 年以来首次出现下降,出口额继续保持增长态势,且增幅明显加快。进出口贸易总额较 2018 年降幅 8.39%;花卉出口额同比增幅 14.74%。在进口的花卉种类中,除鲜切枝外,种球、盆花(景)和庭院植物、鲜切花、种苗、干切花、苔藓地衣类的进口增幅势头开始出现明显下滑,意味着我国花卉生产的进口替代率在增强。我国花卉进口来源国家主要有荷兰、泰国、日本、智利等。种球主要从荷兰进口,进口种类主要有百合、郁金香、风信子、洋水仙等。花卉出口排名前 5 位的地区是福建、云南、广东、浙江、广西,出口种类主要是盆花(景)、庭院植物、鲜切花、鲜切枝和种苗。

复习题

1. 中国近代花卉产业何时开始迅速发展? 其发展特点有哪些?
2. 目前国外花卉产业发展相对于中国而言有哪些特点?
3. 中国花卉市场营销有什么特点?
4. 中国花卉市场网络营销有何特点? 你认为怎样才能更好地推动网络营销的发展?

实训 1-1　花卉市场调查

一、实训目的
熟悉花卉市场营销形式基本情况,了解常见花卉种类。

二、调查内容
1. 调查花卉市场营销项目及分区。
2. 调查常见花卉的价格及市场营销特点。
3. 总结所调查花卉的市场营销特点。

三、考核评估
根据调查报告内容评估花卉市场调查目标实现情况。
(1) 优秀:花卉市场的营销项目及分区,花卉市场销售内容,30 种花卉价格。
(2) 良好:花卉市场的营销项目及分区、花卉市场销售内容中 1 个方面,25 种花卉价格。
(3) 中等:花卉市场的营销项目及分区、花卉市场销售内容中 1 个方面,20 种花卉价格。
(4) 及格:花卉市场的营销项目及分区、花卉市场销售内容中 1 个方面,15 种花卉价格。

四、作业、思考
你所调查的花卉市场在营销上有哪些欠缺之处? 怎样改进?

实训 1-2　花卉网络营销调查

一、实训目的
熟悉花卉网络营销的形式和特点,了解花卉网络交易的形式和特点。

二、调查内容

1. 调查花卉的网络营销形式。

2. 调查网络营销的花卉种类和价格,以及物流送货特点。

3. 总结所调查花卉的网络营销特点。

三、考核评估

根据调查报告的内容评估花卉网络营销市场调查目标的实现情况。

(1) 优秀:总结出网络营销的形式,写出两种送货方式,总结出花卉网络营销的交易、宣传特点。30 种花卉种类与价格列表。

(2) 良好:总结出网络营销的形式、送货方式以及花卉网络营销的交易、宣传特点中的 3 项。20 种花卉种类与价格列表。

(3) 中等:总结出网络营销的形式、送货方式以及花卉网络营销的交易、宣传特点中的 2 项。15 种花卉种类与价格列表。

(4) 及格:总结出网络营销的形式、送货方式以及花卉网络营销的交易、宣传特点中的 1 项。10 种花卉种类与价格列表。

四、作业、思考

1. 花卉网络营销市场在经营上有哪些欠缺之处?怎样改进?

2. 你是否担心电子交易的网络安全问题?

单元小结

本单元介绍了实际应用中狭义与广义"花卉"所指植物类别的不同。园林花卉除草本花卉外,还包括少量室内绿化常用的木本植物。花卉能改善环境,有益于人类健康,同时具有美化环境的作用以及经济效益。中国花卉业自 20 世纪 80 年代开始迅速发展,在产品质量、营销方式、市场建设、栽培面积、栽培种类、栽培技术及创造经济效益等方面都有不同程度的提高。

学习方法指导

通过教师课堂讲解,初步了解花卉和园林花卉的概念及作用。在市场调查后对花卉有更直观的了解,从而全面掌握花卉的概念,熟悉国内外花卉的应用动态。

园林专业人才培养以园林植物识别与应用、栽培、养护管理以及园林施工等为综合基础,园林花卉是该专业的核心课程。在园林花卉学习中,需要掌握有关花卉的基础知识,掌握常用主要花卉 200~300 种,熟练掌握其识别特点、观赏特性、生态习性、应用特点,并且能够熟练运用常用的花卉种类于园林设计、施工、养护、管理之中。只有这样,毕业生才能在城建部门、园林部门、企事业单位胜任各类公园、风景区、工矿区、庭院绿化的施工、管理、花卉营销以及园林植物的繁育、花卉生产等工作。

第 2 单元　园林花卉的分类

学习目标

　　了解各种花卉实用分类方法;熟悉依据花卉原产地气候型分类的方法;掌握依据花卉生长习性分类的基本方法,为学习花卉栽培技术、园林植物配置与造景等专业课打下基础。

能力标准

　　能理解花卉的人为分类和气候型分类方法;能依据花卉生长习性对常见花卉进行分类;能依据花卉栽培环境对花卉进行分类。

关键概念

　　一年生花卉　二年生花卉　宿根花卉　球根花卉　水生花卉　岩生花卉　温室花卉　露地花卉

相关理论知识

　　具备植物系统分类和植物形态学基础知识。

2.1　概　　述

　　园林花卉种类繁多,生长特性、观赏价值、栽培目的及应用方式等各不相同,为了便于科学研究、生产栽培和实际应用,需要从不同方面对园林花卉进行分类。

　　园林花卉分类方法主要有以下两种。

　　(1) 系统分类法:依据植物亲缘关系和进化途径进行分类,单位为门、纲、目、科、属、种。

　　(2) 人为分类法:依据园林植物的生长习性、栽培环境、观赏价值、园林应用等进行分类。人为分类法简单明了、通俗易懂,在生产实践中实用性强,所以又称实用分类法。本单元重点介绍人为分类法。

2.2　园林花卉的人为分类法

一、依据花卉茎干木质化程度及生长习性进行分类

1. 草本花卉

　　草本花卉植株茎干含水量高、木质化程度低,在冬季寒冷地区,多数种类枝干干枯死亡。根据其生活周期和地下形态特征,可分为一年生花卉、二年生花卉、宿根花卉、球根花卉。

(1) 一年生花卉(annuals):在一个生长季节内完成整个生命周期的花卉。一般在春季播种,夏、秋季生长、开花和结果,冬季来临时,全株枯死,如万寿菊、鸡冠花、凤仙花、牵牛花等。

(2) 二年生花卉(biennials):在两个生长季节内完成整个生命周期的花卉。一般在秋季播种,冬前只进行营养生长,幼苗经过冬季低温以后,第 2 年春季或初夏才能开花、结实,在炎夏到来时全株死亡,如虞美人、金盏菊、羽衣甘蓝等。

(3) 宿根花卉(perennials):植株依靠宿存在土壤中的老根或根状茎来越冬的多年生草本花卉,可分为以下两类。

① 落叶宿根花卉:通常春季萌芽,生长发育到开花之后,冬前遇霜,地上茎叶枯死,以宿根越冬,如芍药、荷兰菊、萱草等。

② 常绿宿根花卉:春季萌芽,生长发育至冬季,地上茎叶不枯死,以休眠或半休眠状态越冬,第 2 年春季继续萌芽生长,如中国兰花、虎尾兰、吊兰等。

(4) 球根花卉(bulbs):植株的地下部分具有肥大、变态器官的多年生草本花卉。依变态器官的种类不同可分为以下 5 类。

① 鳞茎类(bulbs):植株的地下部分极度缩短,呈扁平鳞茎盘,在鳞茎盘上着生多数肉汁鳞片的花卉,如郁金香、风信子、百合、石蒜等。

② 球茎类(corms):植株的地下茎膨大呈球形的花卉,内部实心,表面有环状节痕,顶端有肥大顶芽,侧芽不发达,如唐菖蒲、香雪兰等。

③ 根茎类(tuberous root):地下根状茎肥大、粗壮,具有明显的节与节间,通常横向生长,如美人蕉、荷花、鸢尾等。

④ 块茎类(tubers):地下茎膨大呈块状,外形不规则,表面无环状节痕,顶端常有几个发芽点,如马蹄莲、彩叶芋、大岩桐等。

⑤ 块根类(rhizomes):地下根膨大呈块状,芽由根颈处发生,如大丽花、花毛茛等。

2. 木本花卉(ornamental trees and shrubs)

木本花卉指植株茎干含水量较低、高度木质化的多年生花卉。根据生长习性的不同,可分为以下 3 类。

(1) 乔木类(trees):具有明显主干,植株高大的观花木本植物。有常绿乔木(如广玉兰、桂花、云南山茶等)和落叶乔木(如玉兰、鹅掌楸、梅花、桃花、海棠等)之分。

(2) 灌木类(shrubs):没有明显主干,自植株基部丛生数个主枝的观花木本植物。有常绿灌木(如杜鹃、含笑、山茶、栀子花等)和落叶灌木(如牡丹、月季、黄刺玫、连翘等)之分。

(3) 藤本类(climbers and creepers):茎干柔软,不能直立,依靠其缠绕茎、吸盘、气生根、钩刺等攀缘生长的观花木本植物,如木香、紫藤、凌霄、常春藤等。

二、依据花卉原产地气候型进行分类

花卉的生态习性与原产地有密切关系。原产地相同的花卉,因长期生长在同一种气候条件下,具有相似的生活习性,在人工栽培中可采用相似的栽培方法。在花卉引种时,尽量从气候相似的地区引进,以提高花卉引种的成功率。人工栽培花卉能采用栽培设施创造出类似于花卉原产地的气候生长环境,就可以不受地域和季节限制而周年栽培和广泛栽培。

根据花卉原产地气候的不同,可将花卉分为以下 7 种气候型,即中国气候型、欧洲气候型、地中海气候型、墨西哥气候型、热带气候型、寒带气候型、沙漠气候型。各种气候型的比较见表 2-1。

表 2-1　不同花卉原产地气候型的气候特点、地理范围及代表花卉

气候型	气候特点	地理范围	代表花卉
1. 中国气候型	冬寒、夏热,年温差大		
(1)温暖型	冬季温暖,夏季炎热;降水夏季最多,春、秋次之,冬季最少	中国长江以南、日本西南部、北美东南部、巴西南部、南非东南部等	喜温暖的球根花卉和不耐寒宿根花卉的分布中心,如中国水仙、石蒜、百合、报春花、马蹄莲、蜀葵等
(2)冷凉型	冬季寒冷,夏季冷凉,降雨主要集中在夏季	中国北部、日本东北部、北美东北部等	耐寒宿根花卉的分布中心,如芍药、荷包牡丹、菊花、随意草、美国紫菀、丛生福禄考、燕子花等
2. 欧洲气候型	冬季温暖,夏季凉爽,年温差小,雨水四季均有	欧洲西部、北美洲西海岸、新西兰南部等	一些一、二年生花卉和部分宿根花卉的分布中心,如羽衣甘蓝、三色堇、雏菊、耧斗菜、喇叭水仙等
3. 地中海气候型	冬季温暖,6~7℃;夏季不热,20~25℃;从秋季至次年春末为降雨期;夏季极少降雨,为干燥期	地中海沿岸、南非好望角、大洋洲东南部和西南部、南美洲智利中部、北美洲西南部等	多种秋植球根花卉的分布中心,如风信子、郁金香、仙客来、花毛茛、君子兰等;宿根花卉(如天竺葵);一、二年生花卉(如金鱼草、紫罗兰、风铃草、瓜叶菊、蒲包花等)
4. 墨西哥气候型 (热带高原气候型)	夏季冷凉,冬季温暖,周年气温在 14~17℃,温差小,四季如春	墨西哥高原、南美安第斯山脉、中国西南部(云南省)等	一些春季球根花卉的分布中心,如大丽花、晚香玉、球根海棠等;一、二年生花卉,如藿香蓟、百日草、万寿菊、波斯菊、一串红等
5. 热带气候型	周年高温,温差小;雨量大,分为雨季和旱季	亚洲、非洲、南美洲、大洋洲等热带地区	不耐寒的一年生花卉及温室花卉的分布中心,如鸡冠花、虎尾兰、美人蕉等
6. 寒带气候型	冬季寒冷而漫长,夏季凉爽而短暂;植物生长期只有 2~3 个月	西伯利亚、阿拉斯加等	高山花卉分布中心,如细叶百合、龙胆等
7. 沙漠气候型	周年降雨少,气候干旱,多为不毛之地;夏季白天长,风大;植株常呈垫状	非洲、阿拉伯半岛、黑海东北部、墨西哥西北部、秘鲁与阿根廷以及我国海南岛西南部等	多浆肉汁植物的分布中心,如芦荟、伽蓝菜、仙人掌类、龙舌兰、光棍树等

三、其他人为分类方法

1. 依花卉栽培的生态环境分类

(1) 水生花卉(water flowers):指生长于水体中、沼泽地、湿地上的花卉,如荷花、睡莲、千屈菜、香蒲等。

(2) 岩生花卉(rock flowers):指植株低矮、生长缓慢,耐旱,耐瘠薄,抗逆性强,适合于岩石园中栽培的花卉,如佛甲草、岩生庭荠、丛生福禄考等。

(3) 温室花卉(greenhouse plant):在本地自然条件下不能露地栽培,需要在温室保护下才能正常生长的花卉,一般原产于热带或亚热带地区,如散尾葵、马拉巴栗、红掌等。

(4) 露地花卉(outdoor plant):当地自然条件下能在室外露地正常生长发育的花卉。

(5) 野生花卉(wildness flowers):观赏价值高,但未经人工改良的野生植物,如马蔺、紫花地丁、百脉根等。

2. 依花卉的生态习性分类

(1) 耐寒花卉(coldness flowers):耐寒性强,本地自然条件下在露地能自然越冬的花卉。一般北方地区越冬的宿根花卉和球根花卉都是耐寒花卉,如宿根福禄考、荷兰菊、萱草、郁金香、百合、鸢尾等。

(2) 冷室花卉:只需要栽培于普通温室内,冬季室内温度在 0~7℃便可安全越冬的花卉,如桃花、海棠花等主要产于温带的花卉。

(3) 低温花卉(low temperature flowers):冬季室温要求在 7~12℃才能维持正常生长发育的花卉,如报春花类、天竺葵等。主要原产于暖温带和亚热带地区。

(4) 中温花卉:冬季室温要求在 12~18℃才能维持正常生长发育的花卉,如仙客来、橡皮树等。主要原产于热带和亚热带地区。

(5) 高温花卉(high temperature flowers):冬季室温要求在 18℃以上,有的甚至高达 30℃,才能维持正常生长发育的花卉,如蝴蝶兰、变叶木、王莲等。主要原产于热带地区。

(6) 阴生花卉(shade flowers):需要在适度遮阴的条件下才能生长发育良好的花卉。一般原产于热带雨林的下层或树荫下,如玉簪、一叶兰、兰花等。

(7) 湿生花卉(bog flowers):在土壤湿润条件下才能生长发育良好的花卉。一般原产于沼泽地或湿地,如旱伞草、柳叶菜等。

3. 依花卉的科属或类群分类

(1) 观赏蕨类(ferns):指具有较高观赏价值的蕨类植物,主要观赏株型、叶形和绿色叶子,如肾蕨、铁线蕨、波士顿蕨等。

(2) 兰科花卉(orchids):在兰科中观赏价值高的花卉,如春兰、蝴蝶兰、文心兰、石斛兰等。

(3) 棕榈科花卉(palms):在棕榈科中观赏价值高的各种花卉,主要观赏株型、叶形及绿色叶子,如国王椰子、散尾葵、棕竹等。

(4) 凤梨科花卉(Bromeliaceae):在凤梨科中具有较高观赏价值的种类,如红星凤梨、擎天凤梨、火炬凤梨等。

4. 依花卉的观赏特性分类

(1) 观花花卉:以观赏花色、花形,供人嗅闻花香等为主的花卉,如一串红、芍药、桂花等。

(2) 观叶花卉:以观赏叶形、叶色等为主的花卉,如国王椰子、橡皮树、变叶木、羽衣甘蓝等。

(3) 观果花卉:以观赏果色、果形等为主的花卉,如金橘、观赏椒、佛手等。

(4) 观茎花卉:以观赏茎的形状、颜色等为主的花卉,如酒瓶兰、虎刺梅等。

5. 依花卉的用途分类

(1) 室内花卉(house plant, indoor plant):指比较耐阴,适宜在室内较长时间摆放和观赏的花卉,如一叶兰、非洲紫罗兰、仙客来等。

(2) 盆栽花卉(potted plants):可以用来进行盆栽的花卉。一般要求植株紧凑、开花繁密、整齐一致,如君子兰、仙客来、西洋报春等。

(3) 切花花卉(cut plant):主要用来进行切花生产的花卉。一般要求花色鲜艳、花期长、花枝长而硬挺,如月季、康乃馨、唐菖蒲、菊花等。

(4) 花坛花卉(bedding flowers):用来布置室外花坛的花卉,主要为一、二年生花卉,如一串红、孔雀草、三色堇、金盏菊、羽衣甘蓝等。

(5) 花境花卉(border flowers):用来布置花境的花卉。主要为宿根花卉,如鸢尾、萱草、随意草、荷兰菊等;还有部分一、二年生花卉,如波斯菊、虞美人、金光菊、金鸡菊等。

(6) 地被花卉(ground covers):植株低矮、覆盖地面能力强的花卉,如麦冬、红花酢浆草、常春藤等。

(7) 药用花卉(herbs):指具有药用价值的花卉,如芍药、麦冬、红花、桔梗等。

(8) 食用花卉(edible plant):能够食用的花卉,如黄花菜、兰州百合、桔梗等。

6. 依花期不同分类

(1) 春花类:春季开花的花卉,如迎春、桃花、三色堇、雏菊、金盏菊、香雪球、郁金香等。

(2) 夏花类:夏季开花的花卉,如木槿、紫薇、萱草、滨菊、金鸡菊、金光菊等。

(3) 秋花类:秋季开花的花卉,如桂花、菊花、随意草、大丽花等。

(4) 冬花类:冬季开花的花卉,如蜡梅、一品红、山茶、西洋杜鹃等。

(5) 多季开花类:花期长达两个季节以上的花卉,如月季、四季石榴、四季石竹、金娃娃萱草、红花酢浆草等。

复习题

1. 试述根据花卉茎干木质化程度及生长习性分类。
2. 试述根据花卉原产地气候型分类。
3. 试述根据花卉栽培的生态环境分类。
4. 根据花卉的生态习性、观赏特性及用途可将花卉分成哪几类?

实训 2-1　花卉类型识别(1)

一、实训目的

能依据花卉的生长习性对花卉进行分类。

二、材料用具

小镢头、修枝剪、采集箱等。当地草本花卉材料 15 种(如一串红、孔雀草、金盏菊、三色堇、虞美人、菊花、萱草、荷兰菊、美人蕉、大丽花、百合、唐菖蒲、马蹄莲、郁金香、水仙、一叶兰、仙客来等)。

三、方法步骤

1. 标本采集:从标本园、花卉基地中现场采集各类草本花卉标本。
2. 观察记录:仔细观察各种花卉的地下部分和地上部分的茎、叶等器官的特征,并将观察结

果填入下表:

花卉名称	科名	地下部分特征	茎、叶特征	花卉类型
1				
2				
3				
4				
5				
6				
7				
8				
9				
10				
11				
12				
13				
14				
15				

(1) 地下器官的观察:只有细小新根,无宿存老根;既有新根,又有老根或较细的根状茎;具有肥大变态器官,观察变态器官的特征。

(2) 地上器官的观察:茎干的木质化程度;叶片的质地(纸质、革质)。

3. 分析判断:根据观察结果,结合各类花卉的主要特征,判断每种花卉的类型。花卉类型可分为一、二年生花卉,宿根花卉和球根花卉;球根花卉又可分为鳞茎类、球茎类、根茎类、块茎类、块根类等。

四、考核评估

(1) 优秀:分析判断全部正确。

(2) 良好:分析判断正确 13 个以上。

(3) 中等:分析判断正确 11 个以上。

(4) 及格:分析判断正确 8 个以上。

五、作业、思考

如何从生长习性方面识别各种不同类型的草本花卉?

实训 2-2　花卉类型识别(2)

一、实训目的

能依据花卉生长习性对木本花卉进行分类。

二、材料用具

当地木本花卉材料 15 种(如广玉兰、桂花、木香、紫藤、凌霄、北美常春藤、月季、连翘、桃花、牡丹、黄花槐、含笑、红千层、黄刺玫、木槿、紫薇、梅花等)。

三、方法步骤

1. 观察记录:在园林植物标本园或校园绿地,现场观察各种木本花卉的茎、叶和花的主要特征,并将观察结果填入下表:

花卉名称	科名	茎的特征	叶的特征	花卉类型
1				
2				
3				
4				
5				
6				
7				
8				
9				
10				
11				
12				
13				
14				
15				

(1) 茎的观察:主干明显,树体高大;无明显主干,主枝多个丛生;枝条柔软,不能直立。

(2) 叶的观察:叶片较薄,纸质;叶片较厚,革质,光亮。

2. 分析判断:根据观察结果,结合各类木本花卉的主要特征,判断每种花卉的类型。木本花卉的类型可分为常绿乔木、落叶乔木、常绿灌木、落叶灌木、常绿藤本和落叶藤本。

四、考核评估

(1) 优秀:分析判断全部正确。

(2) 良好:分析判断正确 13 个以上。

(3) 中等:分析判断正确 11 个以上。

(4) 及格:分析判断正确 8 个以上。

五、作业、思考

如何区分各类木本花卉?

单元小结

本单元介绍了社会实践应用中最常用的花卉分类方法。花卉常根据木质化程度、生活周期及地下形态、原产地气候型、栽培环境、生态习性、植物科属或类群(专类花卉)、观赏特性、园林用途、开花季节(季相)等进行分类。

学习方法指导

花卉分类方法很多,但大都容易记忆理解。了解不同的分类方法,在实践中经常运用,就能够扎实地掌握各种分类方法。其中,要掌握原产地与气候型分类的方法必须认真学习每一气候型的特点。各种花卉都能够根据其所属气候型找到其习性特点,记忆众多的花卉种类属于哪一气候型,同时记忆每个气候型的特点,就能够容易掌握各种花卉的生态和生长习性,而不必要单独记忆每一种花卉的习性,否则感觉难度大。通过观察花卉在什么环境(光、湿、温、土等)下生长旺盛去判断花卉的生态习性,依据花卉的发芽、开花、结实等特点分析花卉的生长习性及进行分类。

第 2 篇

园林花卉的应用形式

　　园林花卉的应用形式,包括室内环境应用形式(单独盆栽、组合盆栽、迷你花园、瓶景、箱景、无土水栽、悬吊栽培、盆景、艺栽等)和室外环境应用形式(花丛、花群、花境、花带、花卉专类园等)。掌握各种花卉的应用形式,才能在实际应用中正确选择各种花卉,营造出如诗如画的植物景观。为了更好地应用各种花卉,首先应了解园林花卉的花卉文化,熟悉中国十大名花。本篇要求在园林植物设计及施工中能够熟练地运用各种花卉的应用形式,并掌握其应用技术要点。

室内环境园林花卉的应用形式

室外环境园林花卉的应用形式

第 3 单元　园林花卉的应用

学习目标

　　了解花台、花钵、垂直绿化、混合花坛、专类花园、低维护花园、瓶景和室内园林的花卉设计形式;熟悉运用标题式花坛、立体造型花坛、吊篮、组合立体装饰体、中国十大名花及常见花卉的花语;掌握花丛、花丛式花坛、模纹式花坛、花境、室内盆栽、组合栽培和吊篮等花卉设计的形式特点。

能力标准

　　能理解室内外园林花卉的应用形式;能依据不同环境特点选择适宜的花卉应用形式;能运用花卉文化,依据花卉的文化内涵在适宜的场合应用花语及其象征。

关键概念

　　花坛　花境　花丛

相关理论知识

　　具备一定的生态学及园林美学知识。

3.1　室外环境园林花卉的应用形式

　　室外环境园林花卉设计主要以花丛、花坛、花境等应用形式构建空间。其植物选材及空间形式各有特色。

一、花丛 (flower clump)

　　花丛属自然式花卉配置形式,注重表现植物开花时的色彩或彩叶植物美丽的叶色,是花卉应用最广泛的形式。花丛是指将数目不等、高矮及冠幅大小不同的花卉植株组合成丛,种植在适宜园林空间中的一种自然式花卉表现形式。花丛可大可小,适宜布置于自然式园林环境中,也可点缀于建筑周围或广场一角。

　　种植花丛的植物材料选择,应以适应性强、栽培管理简单、且能露地越冬的宿根和球根花卉为主,既可观花,也可观叶,或花叶兼备,如芍药、玉簪、萱草、鸢尾和百合等。栽培管理简单的一、二年生花卉或野生花卉也可以用作花丛。

　　花丛内的花卉种类应有主有次,不能乱;在混合种植时,不同花卉种类要高矮有别、疏密有致、富有层次感。花丛设计要避免花卉大小相等、等距排列、种类太多、配置无序。

二、花坛 (flower bed)

花坛是指在具有几何形状轮廓的植床内种植各种不同色彩的花卉,运用花卉的群体效果来组成图案纹样,以及观赏盛花时景观的一种花卉应用形式,以突出鲜艳的色彩或精美华丽的纹样来体现其装饰效果(图 3–1)。

<table>
<tr><td>立体栽培</td><td>垂直绿化</td></tr>
<tr><td>树池栽培</td><td>吊篮栽培</td></tr>
<tr><td>路边自然式带状栽培</td><td>组合式容器栽培</td></tr>
<tr><td>铺装广场栽培</td><td>五色草立体花坛</td></tr>
</table>

图 3–1　各种花卉的应用形式

花坛属于规则式种植的设计形式,一般是具有几何形状的栽植床。多用于规则式园林构图中,着重表现由花卉组成的平面图案纹样或华丽的色彩美,而不表现花卉个体的形态美。花坛需随季节的变化更换材料,以保证最佳的景观效果。也可运用全年都具有观赏价值、生长缓慢、耐修剪的多年生花卉及木本纹样组成花坛。

花坛因表现的内容不同,可分为花丛式花坛(盛花花坛)、模纹式花坛、标题式花坛、立体造型花坛、混合花坛和花台。

1. 花丛式花坛(盛花花坛)

花丛式花坛由表现观花的草本花卉盛开时群体的色彩及优美的图案组成。根据其平面长和宽的比例不同,又分为花丛花坛(花坛平面长宽之比为 1~3)和带状花丛花坛(花坛的宽度超过 1 m,且长宽之比为 3~4 甚至更多,或称花带)。花缘(宽度不超过 1 m,长宽之比超过 4 的狭长带状花丛花坛)一般由单一品种组成,内部没有图案纹样。

花丛式花坛主要由观花的一、二年生花卉和球根花卉组成,开花繁茂的宿根花卉也可以使用。要求花卉的株丛紧密、整齐;开花繁茂、花色鲜明艳丽、花序呈平面开展,开花时见花不见叶,高矮一致;花期长而一致。如一、二年生花卉中的三色堇、万寿菊、雏菊、百日草、金盏菊、翠菊、金鱼草、紫罗兰、一串红和鸡冠花等;多年生花卉中的小菊类、荷兰菊、鸢尾类等;球根花卉中的郁金香、风信子、美人蕉、大丽花的小花品种等都可以用作花丛式花坛的布置。

2. 模纹式花坛

模纹式花坛指选择观叶或花叶兼美的植物所组成的精美的图案纹样。因其纹样的设计及应用植物材料的不同而获得的景观效果不同,如毛毡花坛(用低矮的观叶植物组成的装饰图案)的花坛表面修剪平整如地毯;浮雕花坛则通过修剪或配植高度不同的植物材料,从而形成表面凸凹分明的浮雕纹样效果。

模纹式花坛和立体造型花坛需要长时期维持图案纹样的清晰和稳定,因此应选择生长缓慢的多年生植物(草本、木本均可),且以植株低矮、分枝密、发枝强、耐修剪、枝叶细小的种类为宜,植株高度最好低于 10 cm。尤其是毛毡花坛,以观赏期较长的五色苋类等观叶植物最为理想;花期长的四季秋海棠、凤仙类等也是很好的选材;另外也可以选用株型紧密低矮的景天类、孔雀草、细叶百日草等。

3. 标题式花坛

标题式花坛是指用植物组成的具有明确主题思想的图案,分为文字花坛、肖像花坛、象征性图案花坛等。一般设置为适宜的斜面坡度以便于观赏。

4. 立体造型花坛

立体造型花坛是将枝叶细密的植物材料种植于立体造型骨架上的一种花卉立体装饰形式,常表现为花篮、花瓶、各种动物造型,各种几何造型,建筑或抽象式的立体造型等。常用五色苋、石莲花等耐旱、花卉以及四季秋海棠等枝叶细密且耐修剪的植物。

5. 混合花坛

混合花坛指将不同类型的花坛组合(如平面花坛与立体造型花坛组合),以及由花坛与水景、雕塑组合而形成的综合花坛景观形式。

6. 花台(raised flower bed)

花台也称为高设花坛,是指将花卉种植在高出地面的台座上形成的花卉景观形式。花台一般面积较小,台座的高度多在 40~60 cm,多设于广场、庭院、台阶旁、出入口两边、墙下和窗户下等处。

花台按形式可分为自然式与规则式。规则式花台是由圆形、椭圆形、正方形、长方形等几何形状,结合布置各种雕塑以强调花台的主题;自然式花台是指花台的植物选择要结合环境与地形,常布置于中国传统的自然园林中,形式较为灵活。

花台的植物选择可以根据花台的形状、大小及所处的环境来确定。规则式花台常种植一些花色鲜艳、株高整齐、花期一致的草本花卉,如鸡冠花、万寿菊、一串红、郁金香、水仙等;也可种植植株低矮、花期长、开花繁密及花色鲜艳的灌木,如月季、萼距花等。常绿观叶植物或彩叶植物的配置,如麦冬类、铺地柏、南天竹、金叶女贞等,能维持花台周年具有良好的景观。自然式花台多采用不规则的配置形式,开花的灌木和宿根花卉最为常用,如兰花、芍药、玉簪、书带草、麦冬、牡丹、南天竹、迎春、梅花、五针松、红枫、山茶、杜鹃以及竹子等,可形成富有变化的视觉效果。

7. 其他花坛形式

花坛依其平面位置的不同可分为平面花坛、斜坡花坛、台阶花坛、高设花坛(花台)及俯视花坛等;因功能不同又可分为观赏花坛(包括纹样花坛、饰物花坛及水景花坛等)、主题花坛、标记花坛(包括标志、标牌及标语等)及基础装饰花坛(包括雕塑、建筑及墙基装饰)等;根据花坛所使用的植物材料不同可将其分为一、二年生花卉花坛、球根花卉花坛、宿根花卉花坛、五色花草坛、常绿灌木花坛及混合式花坛等;根据花坛所用植物观赏期的长短不同还可将其分为永久性花坛、半永久性花坛及季节性花坛等。

独立花坛、高台花坛常选用株型四面观均美丽的植物作为视觉中心植物,也叫作顶子,常以蒲葵、棕竹、苏铁、散尾葵等观叶植物作为构图中心。

花坛镶边植物、花缘植物选择具有植株低矮、株丛紧密、开花繁茂或枝叶茂盛、略匍匐或下垂的植物更佳,以保证花坛的整体美,如半支莲、雏菊、三色堇、垂盆草、香雪球和雪叶菊等。

三、花境 (flower border)

花境是模拟野外林缘花卉的自然生长形式,以多年生宿根花卉及低矮花灌木为主的半自然式花卉种植形式,以表现植物个体所特有的自然美及其自然组合的群落美为主题。具有一次设计种植,可多年使用,全年 2~4 季有景的特点。

花境种植床两边的边缘是平行的直线或是遵循几何轨迹的曲线,花境种植床的边缘通常要求有低矮的镶边植物或边缘石。单面观赏的花境通常呈规则式种植,有背景,常用来装饰围墙、绿篱、树墙或篱等。花境内部的植物配植是自然式的斑块式混交,一般 20 m 左右为一组花丛,可以重复。每组花丛由 5~10 种花卉组成,每种花卉集中栽植。花境主要表现花卉群丛的平面和立面的自然美,是纵向和横向交织产生的视觉效果。平面上的不同种类是块状混交,立面上则高低错落,既表现植物个体的自然美,又表现植物自然组合的群落美。花境内部的植物配植有季相变化,四季(三季)观赏,每季有 3~4 种花作为主基调开放,形成季相景观。

根据观赏环境与方位的不同,花境又可分为单面观赏花境(前低后高)、双面观赏花境(中间高两侧低)、对应式花境(道路两侧左右列式相对应的两个花境,多用拟对称方法)等。依花境所用植物材料特点的不同又可分为灌木花境、宿根花卉花境、球根花卉花境、专类植物花境(由一类或一种植物组成的花境)、混合花境(由灌木和耐寒性强的多年生花卉组成)等。其中,混合花境与宿根花卉花境是园林中最常见的花境类型。

　　一般花境的短轴(宽)为便于管理的适宜尺度,如单面观混合花境的宽为 4~5 m,单面观宿根花卉花境为 2~3 m,双面观宿根花卉花境为 4~6 m。在家庭小花园中,花境可设置为 1~1.5 m,一般不超过院宽的 1/4。花境边缘可用自然的石块、砖头、碎瓦、木条等垒砌而成,或用低矮的植物镶边,以 15~20 cm 高为宜。花境的前面为园路时用草坪带镶边,宽度至少 30 cm。要求花境边缘分明、整齐。还可以在花境边缘与环境分界 40~50 cm 处的范围内以金属或塑料板隔离,防止边缘植物侵蔓路面或草坪。要求用作花境的花卉花期长或花叶兼美,种类的组合上则应考虑立面与平面构图相结合,株高、株型、花序形态等变化丰富,水平与竖直线条交错,从而形成错落有致的景观。花境种类构成还需色彩丰富,质地有异,花期具有连续性和季相变化,从而使整个花境的花卉在生长期次第开放,形成优美的群落景观。

　　宿根花卉花境适当选用球根花卉及一、二年生花卉,使得色彩更加丰富,巧妙利用不同花色来创造景观效果。如把冷色占优势的植物群放在花境后部,在视觉上有加大花境深度、增加宽度之感。花境的夏季景观应使用冷色调的蓝、紫色系花卉,可给人带来凉意;而早春或秋天应使用暖色的红、橙色系花卉,可给人以暖意。花境色彩设计常用单色系设计、类似色设计、补色设计、多色设计等。设计中根据花境的大小选择色彩数量,避免在较小的花境上使用过多的色彩而产生杂乱感。应当列出各个季节或月份的代表花卉种类,在平面种植设计时考虑同一季节不同的花色、株型等,合理地布置于花境各处,如此保证花境中开花植物连续不断,以保证各季的观赏效果。

四、垂直绿化(vertical greening)

　　垂直绿化是相对于平地绿化而言的一种绿化方式,属于立体绿化的范畴。垂直绿化主要是利用具有攀缘性、蔓性的植物及藤本植物对各类建筑及构筑物的立面、篱、垣、棚架、柱、树干或其他设施进行竖向绿化装饰,形成垂直面的绿化、美化方式。垂直绿化是增加城市绿量的一个重要手段。

五、吊篮与壁篮(hanging basket)

　　吊篮是将花卉栽培于容器中悬吊于空中或挂置于墙壁上的应用方式。悬吊装饰不仅节省地面空间、形式灵活,还可以形成优美的立体植物景观。其最初流行于北欧,形状多为半球形或球形,是从各个角度展现花材立体美的一种花卉装饰形式。多用金属、塑料或木材等制成网篮,或以玻璃钢、陶土制成花盆式吊篮,广泛应用于门厅、墙壁、街头、广场以及其他空间狭小的地方,因其选材应用的花卉鲜艳的色彩或观叶植物奇特的悬垂效果成为点缀环境的重要手法。

　　壁篮是固定于墙面的一种悬吊式花卉装饰形式。通常是在一侧平直可固定于墙面的壁盆或壁篮中栽植观叶、观花等各种适于悬吊观赏的花卉,固定于墙面、门扉、门柱等处。用于壁挂装饰的容器要求比较轻巧,通常用木质、金属网、竹器、塑料制品等,造型上可以是方形、半球形、半圆形等,固定时要使盆壁与墙面紧贴,不能前倾,否则既不安全也不美观。

悬吊式花卉装饰是在各种不同材质及造型的吊篮、吊袋、吊盆中栽植适于悬吊观赏的花卉,悬挂于空间装饰环境的一种花卉应用形式,可广泛应用于门廊、门框、窗前、阳台、天花板、屋檐下、角隅处、棚架下和枯树枝上等。根据装饰的环境可选择球形、半球形、柱形等规则式造型或开展式、下垂式等自然式造型,使得空间环境富装饰性或增添自然情趣。悬吊式花卉装饰多为立体造型,可供上下及四面观赏;或者用造型优美的容器栽植直立式或蔓性花卉,使蔓性花卉悬垂于容器的四周形成饰品。悬吊式花卉饰品中,容器及吊绳均为作品的整体构成,需选择适宜的色彩、材质及造型。

悬吊式花卉装饰形式因悬在空中,随风摇曳,须选择轻型容器及栽培基质。吊篮(盆)的容器种类丰富,材质多样,如塑胶制品、金属网、柳编等。为了防止土壤外漏并保持水分,金属网篮类的容器需在容器内四周放些苔藓、棕皮或麻袋片铺垫。

悬吊式花卉装饰用的悬吊用绳,应选择耐水湿、坚实耐用又美观大方的塑料绳、麻绳、皮革制绳以及金属链。吊绳的色彩、质感、粗细等方面要与容器及整体花饰作品协调一致。另外,用于悬吊花卉的吊钩必须牢固。为了便于管理,还可用滑轮制成可升降式吊钩。

吊篮的内侧四周宜配植瀑布式植物,如盾叶天竺葵、波浪系列矮牵牛、半边莲、常春藤等,易于形成球形效果;中间栽植直立式植物,如直立矮牵牛、长寿花、凤仙花、丽格海棠等,突出色彩主题。根据植物的种类和生长习性,25 cm 的吊篮可配植物 4~6 棵,20 cm 的吊篮可配植物 2~3 棵,而 15 cm 的吊篮只能栽植 1~2 棵株型较小的植物。

六、花钵

花钵是传统盆栽花卉的改良形式。花钵使花卉与容器能更好地融为一体,具有艺术性与空间雕塑感,是近年来普遍使用的一种花卉装饰手法。花钵的构成材料多样,可分为固定式和移动式两大类。除单层花钵以外,还有复层花钵形式,可以通过精心的组合与搭配运用于不同风格的环境中。大型花钵主要采用玻璃钢材质,强度高;也可以是仿铜面、仿大理石面,外表可以为白色光滑弧面;形状、规格丰富多彩,因需求而异。花钵主要用于公园、广场、街道的美化装饰,丰富常规花坛的造型等。

花钵的中间宜栽植直立植物,如直立矮牵牛、百日草、长寿花、凤仙花、丽格海棠、彩叶草等颜色鲜艳的种类,以突出色彩主题;靠外侧宜栽植下垂式植物,使枝条垂蔓而形成立体的效果;也可以栽植雪叶菊等浅色植物,以衬托中部的色彩。

七、组合立体装饰体

组合立体装饰体是包括花球、花柱、花树、花塔等造型的组合体。这种组合属于立体花坛,是最近发展起来的一种集材料、工艺与环境艺术为一体的先进装饰手段,故单独列出介绍。组合装饰多以钵床、卡盆等为基本组合单位,结合先进的灌溉系统,形成造型与外观效果俱佳的设计与栽植组合。装饰手法灵活方便,具有新颖别致的观赏效果,是最能体现设计者的创造力与想象力的一种花卉设计形式。其中,花塔是由从下到上半径递减的圆形种植槽组合而成,除了底层有底面外,其余各层皆通透,形成立体的塔形结构,也可以说是花钵的一种组合变异体。其上部可设计挂钩以便于在圃地栽植完成后整体运输至摆放地点。

花塔的种植槽内部空间大,可以装载足够的生长基质,从而保证植物根系获得充足的养分,并减少水分的散失。可栽植的植物种类十分广泛,一、二年生花卉、宿根花卉及各种观花、观叶的灌木或垂蔓性植物材料均可。

八、专类花园(specialized garden)

专类花园是在一定范围内种植同一类观赏植物供游赏、科学研究或科学普及的园地。一些植物变种后品种繁多,并有特殊的观赏性和生态习性,其观赏期、栽培期的技术条件比较接近,管理方便,宜集中于一园专门展示,方便游人饱览其精华。

专类花园设于植物园、公园的内部,或为以公共绿地性质独立设置的以既定主题为内容的花园,即在某一园区以同一类观赏植物进行植物景观设计的园地。目前应用较普遍的各种专类花园在植物学上虽然不一定有相近的亲缘关系,但是却具有相似的生态习性或形态特征。将需要特殊栽培条件的花卉集中展示于同一个园中,如水景园、岩石园、蕨类植物专类园、仙人掌及多浆植物专类园、高山植物专类园、药用植物专类园、观赏果蔬专类园、花卉专类园(牡丹园、月季园、鸢尾园、竹园等)等;将植物分类学或栽培学上同一分类单位(如科、属或栽培品种群)的花卉按照它们的生态习性、花期早晚、植株高低以及色彩上的差异等进行种植、设计、组织在一个园中形成专类花园,常见的有木兰园、棕榈园(同一科)、丁香园、鸢尾园、秋海棠园、山茶园、杜鹃花园(同一属)、牡丹园、菊花园和梅园(同一种的栽培品种)等;根据特定的观赏特点布置的主题花园,有芳香园、彩叶园(彩叶植物专类园)、百花园、冬园、观果园(观果植物专类园)、四季花园(以四季开花为主题)等。

九、低维护花园

低维护花园要选择适应当地气候、土壤条件以及花园中光照条件的植物种类,尤其是选择抗逆性强,包括抗寒、抗旱、抗贫瘠、抗病虫害较强的乡土植物,是布置低维护性花园应用最重要的内容。而且还需尽量选择低矮并生长缓慢的植物,这样就可以减少对植物的越冬保护、灌溉施肥、病虫害防治以及修剪等方面的日常养护管理工作,即顺应自然而不是对抗和改变自然。以需要粗放管理的灌木和多年生花卉的花丛、花境等代替传统的花坛、花境的配植,既避免了传统花境配植的过分精致,又避免了高成本的管理。

思考题

1. 立体花坛与平面花坛哪一种成本高?
2. 你认为室外花卉的应用形式中最常见的是哪 3 种?

3.2 室内环境园林花卉的应用形式

室内植物广泛应用于写字楼、旅馆、私人住宅、公寓、购物中心及各种特色建筑中。室内植物的应用形式已发展为有单独盆栽、组合盆栽、迷你花园、瓶景、箱景、无土水栽、无土砾石栽培、悬吊栽培、绿雕、盆景和艺栽等多种艺术栽培形式。还有以观赏性为主的鲜花插花、立体干花与压花工艺品等应用形式。

一、盆栽单株花卉

树冠轮廓清晰或具有特殊株形的室内植物,可以用于室内空间,以盆栽单株植物的方式布置美化环境,成为室内局部空间的焦点或分隔空间的主要方式。单株盆栽植物不仅应具有较高的观赏价值,布置时还需考虑植物的体量、色彩和造型,与所装饰的环境空间相适宜。

单株盆栽植物常作为空间的焦点,对容器的要求较高。目前生产上主要使用各种简易塑料花盆,它们质轻,规格齐全,便于运输,但是直接用于室内布置则显不雅。因此,通常在出售前或消费者购买后均将植物定植到有各种质地、色彩和造型的装饰用容器中。用于室内花卉布置的装饰性容器种类繁多,有陶器、塑料、木制品、玻璃纤维、藤制品、金属制品或玻璃等,颜色也各不相同;容器的形状多为几何图形,如高低、直径不等的圆形,或长、宽、高不同的方形等。室内植物设计选择容器的原则是首先应选择容器的大小、结构能满足不同植物的生长需要,并根据室内环境的设计风格选择适宜的颜色、质地、造型。容器不应喧宾夺主,而应力求质朴、简洁,并能最大限度地衬托植物并与室内的总体景观相和谐。为了便于复壮及更换植物,布置盆栽花卉时常常直接使用栽培容器,但在外面使用装饰性套盆。套盆底部通常不具备排水孔,浇水后多余的水分直接流入套盆,也便于维持土壤水分和增加局部小环境的空气相对湿度,因此对于喜湿植物常特意使用套盆。

二、组合栽培 (plant pack)

单一品种的盆栽由于单调,满足不了室内花卉设计的需求,因此一种富于变化的盆栽方式——组合盆栽应运而生。组合栽培是指将一种或多种花卉根据其色彩、株形等特点,经过一定的构图设计,将数株集中栽植于同一容器中的花卉装饰技艺。组合栽培是在特定空间和尺度内的植物配置,是对传统艺栽的进一步发展。组合栽植不仅可以展现某一种花卉的观赏特点,更能显示不同花卉配置的群体美。不同的植物相互配合,可以使其观赏特征互为补充。如用低矮、茂盛的植物遮掩其他分枝少、花葶高、下部不饱满的种类的欠缺,也可以花、叶互衬或花、果相映,形成一组较单株观赏价值更高的微型景观。组合栽植由于体量不一、形式多样、趣味性强而广受欢迎,不仅用于馈赠、家居及会场、办公场所等的美化,也广泛应用于橱窗等商业空间的装饰美化。

各种时令性花卉以及用于室内观赏的各种多年生草本或木本花卉都可以用于组合栽培的设

计。根据作品的用途、装饰环境的不同,应选择合适的植物种类。

1. 观赏特征

设计组合栽培的景观时,要充分利用不同植物的观赏特征,如花、叶、果、色彩、株型、高低和姿态等,选择不同的种类进行最恰当的组合,从而设计出观赏内容丰富的组合栽植形式。通常组合栽培既有简单的单株多株混合,更有多种植物观花观叶组合、直立下垂组合、不同色彩组合、不同高低组合等。

2. 文化特征

组合栽培不仅用于日常的室内装饰,也是节日布置或礼仪馈赠的重要花卉形式。因此,在设计组合栽培时,常常要赋予作品一定的寓意来烘托特定的节庆气氛或表达赠送者的美好祝愿。这就要求设计者在选择花材时,要了解各地的用花习俗、花材的文化内涵等。

3. 生态习性

将不同的植物种类组合在同一个容器中,必须选择对生长条件(如土壤 pH、土壤水分、空气相对湿度、光照度等)要求相似的植物花卉种类,才能保证植物花卉在较长的时间内生长良好,从而达到预期的景观效果。

4. 容器的选择

组合盆栽设计的容器犹如插花花艺设计的容器,是作品整体构图的重要组成部分,要根据作品的构图需求及表达内容慎重选择。为了便于造型,组合栽培通常选用长方形的种植槽式容器,其材质和色彩丰富多样。但是,根据作品的大小不同、配置的简繁不同,用于组合栽培的容器可以不拘形式,如各种造型的陶罐、竹筐、蚌壳、小木鞋等富有自然情趣或生活气息的容器均可使用。但在设计中需注意花材和容器的关系以及容器的体量、色彩、质地等对整个作品的影响。

用于礼仪馈赠的小型组合栽培还常常借鉴花艺礼品设计的方式将作品进行包装,既提高了作品的观赏性,又便于携带。

5. 组合盆栽的配件与饰物

适当地运用装饰物,可以强化组合栽培作品的立意及增加作品趣味性,如石头、枯木、松果、贝壳、藤等材质可增加作品的自然美感;缎带、蜡烛、绳、包装纸、金属线、小玩偶饰物和模型等可为组合栽培作品点题或增加趣味性,烘托某种特定的气氛。但装饰物及配件不可滥用,以免画蛇添足,影响花卉整体的观赏效果。

在组合栽培的设计中,无论是构图还是色彩搭配,同样要遵循相关的艺术原理,力求在一个有限的空间内设计出和谐美观的植物饰品。

三、瓶景(terrarium)

瓶景及箱景是经过艺术构思,在透明、封闭的玻璃瓶或玻璃箱内构筑简单的地形,配植喜湿、耐阴的低矮植物,并点缀石子及其他配饰,表现田园风光或山野情趣的一种趣味栽培形式。前者为瓶景,后者为箱景,又统称为“瓶中花园”或“袖珍花园”。

瓶景的设计首先应确定所要表现的内容与主题,进而确定其风格与形式,在此前提下选择容器的形状、植物的种类、配饰及栽培基质、栽培方式等。封闭式瓶景应选择适宜的瓶器和植物素材,注意瓶器与植物、配饰、山石的比例关系以及植物生长的速度等,使构图在一定的观赏期内保持均衡统一。在色彩上应综合考虑装饰物及植物素材等各种相关要素的协调性。开口式瓶器栽培则在植物的选材及表现形式等方面有着更为广阔的空间,也属组合栽培的范畴,同样需要考虑配植在一起的植物习性。瓶景的摆放应注意与室内空间环境互相协调。

四、室内园林

室内园林是以地栽形式为主的综合性室内植物景观。因建筑功能以及室内植物景观设计的目的不同,室内植物布置一般可以分为以植物造景为主的花园式布置(室内园林)和将植物作为点缀的装饰性布置。以植物为主体的设计,其目的在于创造具有显著的环境效益及游憩功能的室内绿色空间,绿色植物是室内空间的主导要素。这种形式在建筑设计时即考虑了植物景观及其对环境的要求,主要用于温室展览,有采光条件的宾馆、酒店、购物中心、车站、机场等公共建筑的共享空间。而将室内植物作为点缀的装饰性设计,主要应用于各种面积较小或没有良好的专用采光设施的室内空间,如私有的居住空间、办公室、会议室等。这些建筑空间强调特定的使用功能,植物在室内空间成为柔化僵硬的建筑和家具的线条、点缀和美化环境、营造空间的亲和性与生机的重要元素,也是空间色彩及其立体构成的重要内容。

室内园林共享空间通常人流量较大,植物的应用不仅要具有环境效益,而且室内要提供游人休息和游憩的功能。这类空间通常面积较大,且有良好的采光条件,植物的应用多以室内花园的形式构筑景观。

共享空间的花卉应用应遵循以人为本的原则,为人流提供足够的活动和休息空间。综合考虑植物、室内水景、山石及小品、灯光、地面铺装等各种要素,并以植物为主进行景观设计。

室内园林通常采取群植的方式形成大小不等的室内人工群落,有利于栽培管理,并形成局部空间空气相对湿度较大的小环境,以利于植物的生长。面积较大的室内共享空间还可以将许多室外园林花卉布置的形式如花坛、花台、花架等展现于室内,同时充分利用建筑空间内的各种立面、柱体、台架等进行植物与室内墙壁及柱子的结合等,并结合各种形式的容器栽植,形成平面构图上的点、线、面分布合理,竖向空间高低错落,从而构成丰富的室内植物景观。同时,在植物的体量、数量、色彩等方面应主次分明,以获得室内空间构图的多样统一。

3.3　我国花卉文化

鲜花,融会了大自然一切美的精华,是大自然赋予人类社会的一种具有生命、富于情趣的知己。人类在审视花卉美的精神意境中得到美好艺术享受。正如欧洲谚语所言:宇宙最美的三种事物——天上的星星,地上的花朵,人间的爱。

一、中国花卉文化的特点

花卉文化包括对花卉欣赏与应用的观念体系、赏花意识、情趣及各种礼仪,庆典中围绕花卉而开展的各项审美活动,花卉的应用形式与设计手法,对花卉植物材料本身的资源搜集、品种选育及其市场流通等。

我国的花卉文化具有如下特点。

1. 含蓄、意境与神韵

花卉文化与我国的国画、诗文、音乐和书法等文化支脉之间存在着共同点,表露富于含蓄,写实具有意境,形体富有神韵。

2. 比兴与赏花意识

何为比兴? 朱熹说:"以彼物比此物也"。这种手法也形成了我国赏花意识的另一特点,使花草树木人格化,或赋予花草一定象征,用以托物言志,其内涵多与正直、孤傲、净洁、长寿等理念、追求或情操有关。

3. 富丽堂皇与幽静典雅

皇家园林体现富丽堂皇,用玉(玉兰)、棠(海棠)、春(迎春)、富(牡丹)、贵(桂花);私家园林体现幽静典雅、蔑视世俗权贵、隐喻节操高尚,用松、竹、梅、兰、菊、荷。

4. 崇尚自然的构图

花卉的装饰构图设计要趋于自然,使构图具有动感,给人以回味的空间。随着各民族文化的相互交融与渗透,中国的花卉文化向着完美、充实、富有时代感的方向前进。

我国的花卉文化与时俱进,赏花的观念、情趣,花卉的应用形式、设计手法及花材的种类不断出现新的变化。

二、中国十大名花

中国的花卉文化源远流长,人们根据对花的喜好,评选出十大名花。

1. 梅花——傲霜斗雪

梅花不畏严寒、独步早春的精神,象征人们刚强的意志和高洁的情操。梅花深受我国人民的喜爱,1987 年评选中国传统十大名花时得票最多,是候选国花中呼声较高的一种。据统计,目前已知有武汉、南京、无锡、苏州、丹江口等城市把梅花选作市花。"风雨送春归,飞雪迎春到。已是悬崖百丈冰,犹有花枝俏。俏也不争春,只把春来报,待到山花烂漫时,她在丛中笑"。在漫天飞雪的季节里,唯有梅花冒着严寒,傲然挺立。它给世界带来生机,给春天带来信息,给人们带来希望和鼓舞。

2. 牡丹——国色天香

牡丹是我国特有的传统名花。它的品种多,花姿美,花大色艳,雍容华贵,富丽堂皇,号称"国色天香",被尊为"花中之王"。我国把牡丹作为幸福美好、富贵吉祥和繁荣昌盛的象征。1929 年以前,牡丹曾多次被誉为"国花"。

3. 菊花——千姿百态

菊花是中国人民喜爱的传统名花,有着 3 000 多年的栽培历史。菊花有其独特的观赏价值,它的花朵有的端雅大方,有的龙飞凤舞,有的洁白赛霜雪。在百花枯萎的秋冬季节,菊花傲霜怒放,它那不畏寒霜欺凌的气节,正是中华民族不屈不挠精神的体现。

4. 兰花——天下第一香

中国兰花不以艳丽的色彩,而以宜人的幽香,深受中国人民的喜爱,被誉为"国香""香祖"王者之香""天下第一香"等。中国兰花栽培已有 1 000 多年的历史,它的花色素雅,超群脱俗;花形奇特,其萼片、花瓣和唇瓣不仅形态各异,而且色彩的配合富有一种神奇的美感。人们历来把兰花看作高洁、典雅的化身,与梅、竹、菊并列,合称"四君子"。我国人民常把兰花的坚贞品性作为不畏强暴、矢志不屈的中华民族的象征。古人也曾把兰花的观赏价值置于松、竹、梅之上,所谓"世称三友,竹有节而无花,梅有花而无叶,松有叶而无香,唯兰独并有之"。可见古人对兰花的评价之高。全世界兰属植物有 40 多种,我国约有 20 种,有春季开花的春兰、夏季开花的蕙兰、秋季开花的剑兰、冬季开花的墨兰(报岁兰)和寒兰,还有自夏至秋不断开花的四季兰。

5. 月季——花中皇后

月季花容秀美、花色艳丽、花香浓郁、四季常开,深受各国人民的喜爱。月季在欧洲被称为"花中皇后",在国际上被公认为是和平美好、幸福吉祥、真诚友谊、团结胜利的象征,故又有"和平使者"的美誉。

6. 杜鹃花——花中西施

杜鹃花在我国从北到南都有分布。它具有枝叶纤细、四季常绿、花繁色艳、萌发力强、寿命长等特点,是一种既可观花,又可赏叶,地栽、盆栽皆宜的花卉。每当春夏之交,无论是西南高原还是华南丘陵,不论是高山雪岭或是悬崖峭壁间,都会有各种不同种类和色彩的杜鹃花盛开,把它们火一般的热情倾向大地,给万里河山增添了美丽的色彩。

7. 山茶——富丽堂皇

山茶,又名耐冬。它的树形美观、花色鲜艳、品种繁多,可以孤植或群植,亦可以盆栽。它的枝叶四季常绿;花期于冬春之间,正值春节前后,所以备受人们的珍爱。而且山茶对二氧化硫和硫化氢有较强的抗性,可用于工厂区的绿化,起到保护环境、净化空气的作用。

8. 荷花——出淤泥而不染

荷花又名莲花,它生于碧波之中,花开于炎夏之时。叶似碧玉盘,茎似绿翠柱,花如出水芙蓉,清香远溢。花后又托出一盘珍珠般、营养丰富的莲子,地下埋着甜脆藕茎。它全身是宝,既有观赏价值,又有经济效益。古时,荷花是宫廷花园或私人庭园的珍贵花卉;在近代园林布置中,荷花被广泛选作水景园的主题植物。无论是绿化水面,还是美化庭园,荷花均能产生较强的风景效果,并且还有净化水质、减少污染、改善环境等功能。

9. 桂花——十里飘香

桂花以香取胜。它的花朵细小,而且在叶底深藏,但香气浓郁,十里飘香。在嫦娥奔月传说中,月宫也有一株砍伐不断的桂花树。可见,桂花在人们心中有着神圣的地位。

10. 水仙花——凌波仙子

寒冬腊月,水仙花能在一盆清水、数粒白石中,展开青翠叶片,开出素雅、芳香的花朵,点缀在室内几案上,给人们带来生气和春意。因此,每逢新春佳节,家家户户都喜欢栽几盆水仙,作为"岁朝清供"的年花。这种风俗在我国许多地方都有,而且由来已久。

复习题

1. 试述花坛、花丛、花境、花带等四种花卉应用形式的设计要点和植物选择标准。
2. 花坛因表现内容不同可分为哪几类? 每一类有哪些特点?

3. 花卉的室外应用形式主要有哪些？

4. 试述室内花卉的各种应用形式及技术要点。

5. 中国十大名花是指哪些种类？

6. 立体花坛与平面花坛相比哪一种成本高？

7. 你认为室外花卉应用形式最多的是哪三种？

实训　公园实地调查分析园林花卉应用形式的类别与特点

一、实训目的

通过实地调查,熟悉公园中园林花卉应用形式的类别与特点。

二、调查内容

1. 调查公园中园林花卉应用形式的类别。

2. 总结公园中园林花卉应用形式的特点(花材、色彩等)。

三、考核评估

根据调查报告的内容,评估学生实地调查公园中园林花卉应用形式的学习目标实现情况。

（1）优秀:总结出公园中园林花卉应用的类别形式,写出花卉应用形式的名称,总结出花卉配置的特点。列出花卉种类及选材特点。

（2）良好:总结出公园中园林花卉应用的类别形式,写出花卉应用形式的名称。列出花卉的种类及选材特点。

（3）中等:总结出公园中园林花卉应用的类别形式,写出花卉应用形式的名称不全,或总结出花卉配置的特点不完整。

（4）及格:总结出公园中园林花卉应用的类别形式,写出花卉应用形式的名称。

四、作业、思考

中国的十大名花有哪些？花卉为什么能打动人们的心灵？

单元小结

本单元介绍了室内外花卉常用的各种设计形式,包括花丛、花群、花境、花带、组合栽培、吊篮、花卉专类园、花台、花钵、垂直绿化、混合花坛、专类花园、低维护花园、瓶景、室内园林、标题式花坛、立体造型花坛、吊篮和组合立体装饰体等。熟悉这些形式将为园林植物的设计奠定基础。同时介绍了中国的十大名花宣扬了我国传统花文化。

学习方法指导

通过教师课堂讲解及实地调查,初步了解各种花卉设计形式的特点,花丛、花群、花境、花带、组合栽培、花卉和园林花卉的概念等知识。需要经常主动接触园林实践,勤于动脑,才能深刻理解每一种花卉设计形式的特点、用途。

第4单元　园林花卉在不同生境中应用的技术要点

学习目标

　　了解环境对花卉生长发育的影响,掌握园林花卉在室内外环境中应用的技术要点,理解园林花卉应用设计需满足其植物生物学特性和生态习性(光、温、湿、土、肥、空气),需考虑生物的临时性或永久性及生物多样性原则;掌握盛花花坛和模纹式花坛植物选择的原则。熟悉在不同的生境中园林花卉设计的选材、实施设计方案及相关技术要点;掌握室内植物养护管理的技术要点。

能力标准

　　能理解室内外环境因子对花卉生长发育的影响;能依据不同环境特点选择适宜的花卉种类;能对常见花卉种类进行正确的栽培应用和养护管理。

关键概念

　　室外环境　室内环境　盛花花坛　模纹花坛

相关理论知识

　　具备一定的生态学、植物学及园林美学知识。

4.1　室外环境园林花卉应用的技术要点

一、盛花花坛的植物选择

　　盛花花坛应以观花类草本植物为主体,如一、二年生花卉、球根或宿根花卉等。可适当选用少量常绿及观花小灌木作辅助材料。一、二年生花卉为盛花花坛的主要材料,其种类繁多,色彩丰富,成本较低;球根花卉也是盛花花坛的优良材料,色彩艳丽,开花整齐,但成本较高。

　　适合作盛花花坛的花卉应株丛紧密、着花繁茂,理想的植物材料在盛花时应完全覆盖枝叶,要求花期较长、开放一致,至少保持一个季节的观赏期。不同种的花卉群体配合时,除考虑花色外,也要考虑与花的质感相协调,才能获得较好的效果。所选用的植株高度依种类不同而异,但以 10~40 cm 的矮性品种为宜。此外所选品种要移植容易,缓苗较快。

　　花坛的高度,一般不宜超过人的视平线。如因地势起伏,而花坛又在下方位置,则花坛的中心部分可更高一些。花坛过高,不仅看起来不舒服,而且花朵彼此掩盖,不能全面观赏。一般来说,花坛外沿以高出地面 0.1~0.3 m 为宜,花坛内种植的花卉最高应不超出 1.5 m,不像立体造型花坛可高到 2~3 m。花坛四周如有宽阔道路或空地,应留距离 0.3~0.5 m。

盛花花坛主要由观花的一、二年生花卉和球根花卉组成,开花繁茂的宿根花卉也可以使用。要求所选品种株丛紧密、整齐;开花繁茂、花色鲜明艳丽、花序呈平面开展、开花时见花不见叶、高矮一致;花期长而一致。如一、二年生花卉中的三色堇、雏菊、百日草、万寿菊、金盏菊、翠菊、金鱼草、紫罗兰、一串红、鸡冠花等;多年生花卉中的小菊类、荷兰菊、鸢尾类等;球根花卉中的郁金香、风信子、美人蕉、大丽花的小花品种等,都可以用作盛花花坛的布置。

独立花坛,尤其是高台花坛,常用株形圆润、花叶美丽或姿态优美规整的植物作为中心,常用的有棕榈、蒲葵、加纳利海枣、棕竹、苏铁、散尾葵等观叶植物,或叶子花、含笑、石榴等观花或观果植物,作为构图中心。

用于花坛镶边的植物材料与用于花缘的植物材料具有同样的要求,低矮、株丛紧密、开花繁茂或枝叶美丽可赏;稍微匍匐或下垂更佳,尤其是盆栽花卉花坛,下垂的镶边植物可以遮挡容器,保证花坛的整体性和美观。如半支莲、雏菊、三色堇、垂盆草、香雪球和雪叶莲等。

1. 盛花花坛的配色方法

盛花花坛表现的主题是花卉群体的色彩美,因此在色彩的设计上要精心选择不同花色花卉进行巧妙搭配,一般要求花卉鲜明、艳丽。盛花花坛常用的配色方法有以下几种。

(1) 对比色应用:这种配色较活泼而明快。深色调的对比较强烈,给人兴奋感;浅色调的对比配合效果较理想,对比不那么强烈,柔和而又鲜明。如堇紫色 + 浅黄色(堇紫色三色堇 + 黄色三色堇、藿香蓟 + 黄早菊、荷兰菊 + 黄早菊、紫鸡冠 + 黄早菊),橙色 + 蓝紫色(金盏菊 + 雏菊、金盏菊 + 三色堇),绿色 + 红色(扫帚草 + 星红鸡冠)等。

(2) 暖色调应用:类似色或暖色调的花卉搭配,色彩不鲜明可加白色以调节,并提高花坛的明亮度。这种配色色彩鲜艳,热烈而庄重,在大型花坛中常用。如红 + 黄或红 + 白 + 黄(黄早菊 + 白早菊 + 一串红或一品红、金盏菊或黄三色堇 + 白雏菊或白色三色堇 + 红色美女樱)。

(3) 同色调应用:这种配色不常用,适用于小面积的花坛及花坛组,起装饰作用,不作主景。如白色建筑前用纯红色的花,或由单纯红色、黄色或紫红色的单色花组成的花坛组。

2. 盛花花坛的色彩设计中还应注意的一些问题

(1) 一个花坛配色不宜太多,一般花坛 2~3 种,大型花坛 4~5 种颜色。配色多而复杂难以表现群体花色效果,显得杂乱。

(2) 在花坛的色彩搭配中注意颜色对人的视觉及心理的影响,如暖色调给人在面积上有扩张感,而冷色调则有收缩效果。因此,设计各种色彩的花纹宽窄、面积大小要有所考虑。如为了达到视觉上的大小相等,冷色调运用的比例要相对大些。

(3) 花坛的色彩考虑要和它的作用相结合。如装饰性花坛、节日花坛要与环境相区别;组织交通用的花坛要醒目;而基础花坛应与主体相配合,起到烘托主体的作用,不可过分艳丽,以免喧宾夺主。

(4) 花卉的色彩不同于调色板上的色彩,需要在实践中仔细观察才能正确应用。同为红色的花卉,如天竺葵、一串红、一品红等,在明度上有差别,分别与黄菊配用,效果不同。一品红较稳重,一串红较鲜明,而天竺葵较艳丽。后两种花卉直接与黄菊配合,也有明快的效果,而一品红与黄菊中加入白色的花卉才会有较好的效果。同样,黄、紫、粉等各色花在不同花卉中明度、饱和度都不相同,仅据书中文字描述的花色是不够的。也可用盛花花坛形式组成文字图案,在这种情况下用浅色(如黄、白)作底色,用深色(如红、粉)作文字,效果较好。

(5) 图案设计时,外部轮廓主要是几何图形或几何图形的组合。花坛的大小要适度。图形在平面上过大,在视觉上会引起变形。一般观赏轴线以 8~10 m 为度。现代建筑的外形趋于多样化、曲线化,在外形多变的建筑物前设置花坛,可用流线或折线构成外轮廓,对称、拟对称或自然式均可,以求与环境协调。内部图案要简洁、轮廓明显。忌在有限的面积上设计烦琐的图案,应以大色块为主。一个花坛即使用色很少但图案复杂,则花色分散,不易体现整体色块效果。

盛花花坛可以是某一季节观赏的花坛,如春季花坛、夏季花坛等,至少保持一个季节内有较好的观赏效果。也可同时提出多季观赏的实施方案,可用同一图案更换花材,也可另设方案,一个季节后立即更换下季材料,完成花坛季节相交替。

二、模纹式花坛的植物选择

模纹式花坛主要表现植物群体形成的华丽纹样,要求图案纹样精美细致,有长期的稳定性,可供较长时间的观赏。所选植物的高度和形状对模纹式花坛的纹样表现有着密切的关系,是选择材料的重要依据。

模纹式花坛的材料,如五色草类及矮黄杨都符合下述要求:

(1) 以生长缓慢的多年生植物为主,如红绿草、白草、尖叶红叶苋等。一、二年生草本花卉的扦插、播种苗及植株低矮的花卉作图案的点缀,前者如孔雀草、矮串红、四季秋海棠等,后者有香雪球、雏菊、半支莲、三色堇等。但若把它们布置成图案主体,则观赏期相对较短,一般不使用。

(2) 以枝叶细小、株丛紧密、萌蘖性强、耐修剪的观叶植物为主。通过修剪可使图案纹样清晰,并维持较长的观赏期。枝叶粗大的材料不易形成精美的纹样,在小面积花坛不适用。观花植物花期短,不耐修剪,若使用少量作点缀,也以植株低矮、花小而密者为佳。以植株矮小或通过修剪可控制株高在 5~10 cm、耐移植、易栽培、缓苗快的材料为佳。

模纹式花坛的色彩以图案纹样为依据,用植物色彩突出纹样,使之清晰而精美。如选用五色草中红色的小叶红或紫褐色小叶黑与绿色的小叶绿描出各种花纹。为使之更加清晰,还可以用白绿色的白草种在两种不同色草的界限上,以突出纹样的轮廓。

纯五色草花坛,也称为毛毡花坛,是以不开花的五色草和少量观叶为主的小型草本花卉和盆花组成的。利用五色草的不同颜色按设计的图案构成鲜明的纹样,如同美丽的地毯。其以观赏图案为主,观花为辅。为突出纹样前后的层次关系,往往在表面的高低上采取不同的变化,对主要的纹样或文字等常用起鼓处理,增加浮雕效果。

4.2　室内环境园林花卉应用的技术要点

室内环境条件复杂,光照度从 100 lx 到 30 000 lx 不等,决定了植物的选择必须首先考虑花卉的耐阴性特点。

一、室内环境的特点及对花卉的影响

1. 光因子

室内光照度一般仅为室外全光照度的 20%~70%。因此,光因子是室内条件下影响植物生长的第一限制因子。只有根据不同的室内光照条件,科学地选择耐阴性不同的观赏植物,才能实现室内植物设计的目的。

不同的花卉对光照的要求不同。一般而言,强阴性花卉可以在 1 000~1 500 lx 的光照度下正常生长,阴性花卉可以在 5 000~12 000 lx 的条件下正常生长,半阴性花卉适于 12 000~30 000 lx 的环境条件,阳性花卉则需要 30 000 lx 以上的光照度才能正常生长。

室内环境的自然光分布与当地的地理位置、建筑的高度、朝向、采光面积、季节、窗外的遮阴情况等众多因素有关。如在北方的 2 月份 5 层楼的南窗台,晴天中午最高处的光照度为 26 000 lx,此时距窗 7.5 m 远的室内位置的光照度仅为 700 lx,而在室内北向较阴暗处,白天的光照度仅为 20~500 lx。光照弱是室内植物在冬季生长减少甚至休眠的主要原因。室内不仅光照弱,而且光源方向固定,植物会因向旋光性而导致株形不整齐。

2. 湿度因子

大多数室内观叶植物要求室内空气相对湿度为 40%~70% 较为适宜,而原产于热带丛林的花卉需要空气相对湿度为 70%~90% 才能正常生长。只有原产于干旱地区的花卉如仙人掌类等可在空气湿度为 10%~70% 的条件下生长。在北方冬季没有加湿设备的条件下,室内湿度一般为 18%~40%,多数植物生长不良。因此,室内空气相对湿度也是限制室内植物生长发育的不利条件。

3. 温度因子

在一定湿度条件下,大部分室内植物的最高生育温度为 30℃,原产于热带的花卉生长最低温度一般为 15℃,原产于亚热带的花卉生长最低温度为 7℃。大多数室内花卉在 15~24℃ 时生长茂盛。而人类工作、休息的室内温度一般为 15~25℃。因此,人类居住的适宜温度可以满足大部分原产于温带、亚热带及部分热带花卉的正常生长。室内温度条件与自然相比,不利于植物生长的主要是室内昼夜温差较小,甚至会有夜间温度高于白天的状况。

二、室内植物养护管理的技术要点

1. 浇水

室内花卉的水分管理应根据花卉习性及土壤性质、天气情况、植株大小、生长发育阶段、生长状况、季节、容器大小和摆放地点等而定。除水生、沼泽植物外,土壤一般不可积水。湿生性花卉须始终保持土壤湿润,并定时喷雾、浇水;中性花卉可保持土壤见干见湿;旱生性花卉一般在土壤适度干燥时才浇水。花卉生长旺盛的季节应保持充足的水分供应,但在冬季温度较低或者植物处于休眠期时,应适当减少浇水。

水的 pH 以酸性或中性为好,对于喜酸性的花卉结合施肥浇矾水或喷施 0.1%~0.2% 硫酸亚铁溶液。浇花宜用软水,自来水需放置 2 天后再用,便于氯气等有害物质挥发。水温与气温的差异不可过低或过高,应保持在 5℃左右。

室内花卉的水分管理包括室内空气相对湿度的控制,大部分室内花卉喜欢较高的空气相对湿度,夏季应每天早晚用喷雾器各喷 1 次叶面,冬季在供暖干燥期应每天喷 1 次。用套盆或将花盆放置于装砾石、陶粒及水的浅盘上可以局部增湿。另外,适当群植也有利于增加局部小环境的空气相对湿度。使用专用喷雾设施或加湿器则可以方便地控制室内的空气相对湿度。

2. 施肥

由于盆栽花卉的营养面积有限,生长旺盛的花卉会因肥料不足而出现生长缓慢、对病虫害的抵抗能力减弱、茎细弱、下层叶片提早掉落、叶褪色或有黄色斑点、花少等现象。施肥一般应掌握"薄肥多施、适时适量"的原则。生长旺期可 10 天结合浇水施 1 次薄肥,孕苗或花后可适当施肥。但在雨季、炎暑或寒冬不宜多施肥。休眠期停止施肥。

3. 松土

室内盆栽花卉同样需要松土。一方面,松土可以使植物根系的呼吸作用正常进行;另一方面,松土使土壤的通透性改善后还可以提高土壤温度及水分的渗透性。对于黏重的栽培基质,松土尤为重要。

4. 通风换气与病虫害防治

通风换气是室内植物养护的重要环节之一。通过气体交换,夏季可以降低室内温度,雨季时可以降低室内湿度,从而防止室内植物感染病害。通过通风换气可以平衡室内的气体成分,有利于植物正常的光合作用与呼吸作用。

花卉在室内生长较长时间后,由于室内温度、湿度以及光照等环境条件的不良而产生生理性病害最为常见,应通过合理调控室内的环境条件来防止或减轻生理性病害的发生。对于病理性病害应以预防为主。病虫害轻度发生时,要及时清理病叶、病株和害虫;病虫害严重时,须将花卉转移至露地或栽培温室进行生物防治和复壮。

复习题

1. 盛花花坛的设计、施工、选材应注意哪些问题?
2. 模纹花坛要保持浮雕效果,花材选择应把握什么要点?

单元小结

本单元介绍了室内外花卉常用的各种设计形式,花卉选材要点及对色彩把握的着眼点。掌握常用花坛用花材,可以为园林植物种植设计奠定好基础。

学习方法指导

通过教师课堂讲解及平时查阅资料,全面了解各种花卉的设计形式、选材、栽培设计要点。学习积累较多的花卉素材,为园林植物的设计、施工奠定基础。

第3篇

园林中常用露地花卉

    露地花卉是园林中最常应用的花卉。它们种类繁多、色彩艳丽、婀娜多姿,可以布置于各种园林环境中,是色彩及各种图案纹样的主要体现者。园林露地花卉大面积应用于地被,以及与乔、灌木构成复层混交的植物群落;还常常作为主景,布置成花坛、花境等,具有美化环境的功能。在具体的花卉应用中,应遵循"适地适花"的原则,这就需要识别和掌握一些花卉的种类与用途。本篇主要介绍了园林中常用的露地花卉(一年生花卉、二年生花卉、宿根花卉、球根花卉)的形态特征、观赏特性、生态习性及主要园林用途,为学生能够掌握其栽培技术要点,熟练应用各种常见的露地花卉奠定基础。

石竹

孔雀草

丛生福禄考

鸡冠花

花毛茛

郁金香

第 5 单元　一年生和二年生花卉

学习目标

掌握一年生和二年生花卉的概念及其特点;掌握常见的一年生和二年生花卉的生态习性、观赏特性、繁殖栽培管理技术要点及园林用途;为学习花卉栽培技术、园林植物配置与造景等专业课打下基础。

能力标准

能识别 50 种常见的一年生和二年生花卉;能熟练应用一年生和二年生花卉,并能独立进行一年生和二年生花卉的繁殖栽培和养护管理。

关键概念

一年生花卉　二年生花卉

相关理论知识

具备植物系统分类和植物形态基础知识。

5.1　概　　述

一、一年生和二年生花卉的含义及特点

1. 一年生花卉

一年生花卉是指在一个生长季节内完成全部生活史的花卉,即从播种到开花、死亡在一年内进行,一般春天播种,夏秋开花,因此又叫作春播花卉。典型的一年生花卉有鸡冠花、百日草、翠菊等。在园艺栽培中,有些多年生花卉常常作为一年生花卉栽培,主要有以下几个原因:有些多年生花卉在当地露地栽培的条件下,对气候不适应、生长不良或两年后生长状况急剧下降;有些多年生花卉当年播种就可开花结实等。如藿香蓟、一串红、美女樱、矢车菊和金鱼草等多年生花卉,在实际栽培中均是作为一年生花卉使用的。

一年生花卉多数喜阳光充足、排水良好的肥沃土壤。花期可以通过调节播种期、光照处理或温度处理进行调控。

2. 二年生花卉

二年生花卉是指在两年内或两个生长季内完成全部生活史的花卉,即播种后的第 1 年仅形成营养器官,第 2 年开花结实而后死亡。二年生花卉一般在秋天播种,春、夏开花,因此又叫做秋播花卉。真正的二年生花卉要求严格的春化作用,种类不多,有须苞石竹、紫罗兰、洋地黄等。园林绿化中的二年生花卉大多数是多年生花卉中喜冷凉的种类,因为它们在当地的露地环境中栽

培时对气候不适应,或者是由于生长不良或两年后生长状况下降,或是由于其播种后容易开花结实,如雏菊、金鱼草等。

一年生和二年生花卉一般具有繁殖系数大、生长迅速、栽培简单、价格便宜等特点,在园林绿化中应用广泛,是花坛、花钵、花丛、地被、花境、切花、干花和垂直绿化等常用的材料。一、二年生花卉的色彩鲜艳美丽、开花繁茂整齐、装饰效果好,在园林的绿化和美化中能起到很好的装饰作用。

二、一年生和二年生花卉的繁殖栽培技术要点

园林绿化中的一年生和二年生花卉的栽培有两层含义:一是直接在应用地栽植商品种苗,这时的栽培实质上是管理;另一种情况是从种子培育花苗,可以直接在应用地播种,也可以在花圃中先育苗,然后在应用地使用,这时的栽培包括育苗和管理。

播种育苗增加了育苗过程,需要专门的设备和人员。直接在应用地播种,需要间苗、育苗,管理不便,距离开花的时间也较长,难以形成一定的图案,花期有时也不一致,但简化了育苗步骤,景观自然,在自然环境和庭院中栽种花卉时可以使用。为了获得整齐一致的花卉,常常采用在花圃中育苗的方式。

一年生和二年生花卉在繁殖和栽培中有许多共同点,多以播种繁殖为主,具体的播种时间根据当地的气候条件而定。目前常用的园林绿化苗木多选用在温室中提前播种育苗,让其提前开花。为了使绿化效果延长,也可以延迟播种时间。

1. 留种与采种

一年生和二年生花卉多用种子繁殖,因此留种和采种是一项繁杂而重要的工作,如遇雨季或高温季节,许多草花不易结实或种子发育不良。一般留种应选阳光充足、气温凉爽的季节,这时结实多且种子饱满。

对于花期长、能连续开花的一年生和二年生花卉,采种应多次进行。如凤仙花、半支莲、虞美人、金鱼草在果实黄熟时采收;一串红、美女樱、紫茉莉等需随时留意采收;翠菊、百日草等菊科头状花序待花谢现黄后采收。

对于容易天然杂交的一年生和二年生花卉,如矮牵牛、雏菊、鸡冠花等不同品种的植株,必须隔离种植方可留种采收。

2. 种子的干燥与贮藏

在少雨、空气相对湿度低的季节,种子干燥最好采用阴干方式,如需曝晒时,应在种子上盖一层报纸,切忌在夏季直接日晒。如三色堇的种子经日晒常丧失发芽力。但在早春或秋季成熟的种子可以晒干。种子应贮存在低温、干燥的条件下,尤忌高温、高湿,以密闭、冷凉、黑暗环境为宜。

3. 一年生和二年生花卉的繁殖

一年生和二年生花卉以播种繁殖为主,也可以采用扦插繁殖、分株繁殖和组织培养的方法。不同的花卉种类,播种方法略有差异。大粒种子常用点播,中粒种子和小粒种子常用撒播和条播。如在露地苗床播种,需提前进行整地作床。但在通常情况下,一年生和二年生花卉常在温室进行浅盆播种。

露地苗床播种的具体方法如下。

选地:选择光照充足、土地肥沃、平整、水源方便、排水良好的土地。

翻地:(多在秋季进行)翻起土壤,细碎土块,清除异物(石块、残根等)。土壤经翻耕后,必须适当镇压,破坏土壤的毛细管作用。一、二年生草花宜浅翻地(20~30 cm),因为其生长期短,所以根系入土不深;宿根和球根花卉宜深翻地(40~50 cm),因为其定植后可继续生长若干年,所以根系强大,同时需施大量基肥(有机肥)。翻整土地可改善土壤的物理性质,使水分、空气流通良好,种子发芽顺利,根系易于伸展,有益于微生物的活动,还可将土壤中的病虫翻于表层,暴露于空气中,经日光与严寒杀灭。

作床(垅、畦):① 床(高畦):栽培地高于地面,通常床高 10~20 cm,宽 1 m,长 4~10 m,床间步行道 30~40 cm。优点:春季升温快,排水好;缺点:只能喷灌或滴灌,不能漫灌,常人工喷灌。② 畦(低畦):栽培地与地面等高或稍低,步行道则高于畦面,大小与床相同。优点:便于灌水;缺点:春季升温慢,易积水。③ 垅:优点:便于除草、中耕、灌水,便于机械作业,灌水后土壤不板结,有利于春季土壤升温;缺点:浪费土地,对有些花卉(密植者)不适用,如草皮具匍匐茎者。

4. 苗期管理

经播种或自播于花坛、花境的种子萌发后,仅施稀薄水肥并及时灌水,但要控制水量。水多则根系发育不良并易引起病害。苗期要避免阳光直射,应适当遮阴,但不得引起黄化。

为了培育壮苗,苗期还应进行多次间苗。间苗在出苗后进行。当幼苗长出 1~2 片真叶时,留下苗壮的苗,去掉弱苗和徒长苗及杂苗。间苗可以壮大幼苗,同时结合除草,防止病虫害的发生。

(1) 移苗:可在幼苗长出 3~4 片真叶时进行。第 1 次移苗为裸根苗,要边移边浇水。以后移苗带土坨,2~3 次后可定植。移苗会伤根,从而促使更多的须根发生。多次移苗的植株低矮苗壮,开花晚但花多而繁茂。

(2) 定植:将移栽过的种苗种植在盆、钵等容器中待用,或以设计要求直接种植在应用地中。耐寒性差的种类要在温室中进行栽培,在露地气温适宜时,再移栽到室外或以盆钵的方式应用。

(3) 中耕除草:中耕能疏松表土,减少水分蒸发,增加土温,改进土壤条件,有益于微生物的活动,从而使土壤中的养分迅速分解,为花卉根系的生长和养分吸收创造良好的条件。除草可以保持土壤的养分和水分。

(4) 摘心及抹芽:为了使植株整齐、促进分枝;使全株低矮、株丛紧凑,常采用摘心的方法。如万寿菊、波斯菊等生长期长,为了控制高度,于生长初期摘心。一串红、美女樱、金鱼草、石竹、金盏菊等也常采用摘心的方法控制植株高度和株型。摘心还有延迟花期的作用。

有些花卉以观赏顶花为主,不能摘心,常采用抹芽的方法,如凤仙花、鸡冠花等。抹芽是为了促进植株的高生长,减少花朵数目,使营养供给顶花而摘除侧芽。

5. 支柱与绑扎

有些一年生和二年生花卉以及一些藤本植物的株型高大,上部枝、叶、花朵过于繁重,均需进行支柱绑扎。

6. 浇水

浇水应遵循见干见湿的原则,根据具体的花卉种类进行。

7. 施肥

施肥方式有施基肥和追肥之分。肥料有有机肥和无机肥之分。基肥通常以有机肥和复合肥为主,结合整地或移植进行。追肥在不同的生长发育时期进行。

8. 剪除残花与花葶

对于一些花期长的花卉,如一串红、金鱼草、石竹、万寿菊等,花后应及时摘除残花、剪除花葶,不让其结实。同时加强水肥管理,以保持植株生长健壮,花朵繁茂、花大色艳。

5.2　常用一年生和二年生花卉

一、一年生花卉

1. 一串红 *Salvia splendens*(图 5-1)

科属:唇形科鼠尾草属。

别名:墙下红、草象牙红、爆竹红、西洋红、撒尔维亚。

英文名:scarlet sage。

形态特征:茎直立,株高 30~90 cm。茎 4 棱,光滑,茎节常为紫红色,茎基部半木质化。叶对生,有长柄,叶片呈卵形,先端渐尖,叶缘有锯齿。顶生总状花序,被红色柔毛,花 2~6 朵轮生;苞片呈卵形,具深红色,早落;萼钟状,2 唇,宿存,与花冠同色;花冠唇形有长筒伸出萼外。小坚果为卵形,褐色。花期 7—10 月,果熟期在 8—10 月。花冠及花冠色彩艳丽,有鲜红、白、粉、紫等色及矮性变种。

生态习性:一串红喜光,阳光充足则开花繁多,半日全光处也能开花良好,高茎品种有短日照习性。喜温暖,忌酷热,生育温度为 18~25 ℃,不耐霜、寒,10 ℃以下叶子就变黄。一般于 12~14 ℃越冬,矮茎品种于 5 ℃越冬。适宜在肥沃、湿润、排水良好的土壤上生长,但也能耐瘠薄土壤。

图 5-1　一串红

常见栽培种(品种):朱唇(*S. coccinea*):又名红花鼠尾草,多年生或作一年生栽培。茎基部半木质化,株高 30~60 cm,全株有毛。叶呈卵形或三角形,边缘有齿。顶生总状花序;花萼呈筒状钟形,具绿色或微日晕紫红色;花冠鲜红色,下唇长于上唇 2 倍。7—8 月开花,易自播繁衍,适应性强,栽培容易。

一串紫(*S. splendens* var. *atropurpura*):直立一年生草本,全株具长软毛,株高 30~50 cm。具长穗状花序,花小,长约 1.2 cm,有紫、堇、雪青等色。有多数变种,花色美丽。

一串蓝(*S. farinacea*):花冠青蓝色,被柔毛。在华东地区为宿根性栽培,华北地区作一年生栽培。

观赏特性:一串红常用红色品种,其颜色的鲜艳为其他草花所不及。秋高气爽之际,花朵繁密,很受人们的喜爱。一串红的白色品种除了与红色品种配合观赏效果较好外,一般白、紫色品种的观赏价值不及红色品种。

园林应用:一串红常用作花丛式花坛的主体材料以及带状花坛的材料,或自然式丛植于林缘。常与浅黄色美人蕉、矮万寿菊、浅蓝或水粉色之紫菀、翠菊、矮藿香蓟等配合布置。矮生种更宜作花坛用。一串红在北方地区也常作盆栽观赏。

2. 鸡冠花 *Celosia cristata*(图 5-2)

科属:苋科青葙属。

别名:鸡冠头、红鸡冠。

英文名:common cockscomb。

形态特征:株高 25~100 cm,稀分枝。茎光滑,有棱线或沟。叶互生,有柄,呈卵状至线状,变化不一,全缘,先端渐小,基部渐狭,叶长 5~20 cm,叶色有绿、黄绿、深红或红绿相间等不同颜色。穗状花序大,顶生,肉质;中下部集生小花,花被膜质,5片,上部花退化,但密被羽状苞片;花被及苞片有白、黄、橙、红和玫瑰紫等色。花期 5—10 月,但单株盛花期较短。叶色与花色常有相关性。胞果内含多数种子,成熟时呈环状裂开,种子为黑色。

图 5-2 鸡冠花

生态习性:喜炎热、空气干燥的环境,宜栽于阳光充足、肥沃的沙质土壤中。生长迅速,栽培容易,可自播繁衍。种子生活力可保持 4~5 年。

常见栽培种(品种):普遍栽培的球形鸡冠花类除上述头状鸡冠花外,还有羽状鸡冠(凤尾鸡冠、火炬鸡冠、芦花鸡冠、笔鸡冠)(*Celosia plumosa*):花序呈羽毛状,穗状花序聚呈塔状圆锥形,主要花色有红色、橙黄色、橙红色、大红色、黄色和混色等。园艺变种、变型很多。按高矮分为高型鸡冠(80~120 cm)、中型鸡冠(40~60 cm)、矮型鸡冠(15~30 cm)。凤尾鸡冠(cv. *pyramidalis*):株高 60~150 cm,全株多分枝而开展,各枝端着生疏松的火焰状大花序;表面似芦花状细穗;花色极多变化,有银白、乳黄、橙红、玫瑰色至暗紫色,单或复色。同属常见栽培的有青葙(*C. argentea*):株高 60~100 cm,茎紫色;叶晕紫;花序火焰状;紫红色;性极强健,适宜任何土壤。

观赏特性:鸡冠花的花序顶生,形状色彩多样,有较高的观赏价值。

园林应用:矮型及中型品种用于花坛及盆栽观赏;高型鸡冠适作花境及切花;凤尾鸡冠色彩绚丽,适合于花境、花丛及花群,又可作切花或水养,可持久,制成干花,经久不凋。鸡冠花的花序、种子都可入药,茎叶可作蔬菜。

3. 万寿菊 *Tagetes erecta*(图 5-3)

科属:菊科万寿菊属。

别名:臭芙蓉、蜂窝菊。

英文名:African marigold。

形态特征:万寿菊的株高 25~90 cm,茎光滑、粗壮。单叶对生,呈羽状全裂,边缘锯齿均匀,叶

图 5-3 万寿菊

色较浅,有腺点。头状花序顶生,总花梗较长,中空,向上渐粗,近花序处肿大;花径 5~13 cm,总苞呈钟状。舌状花有长爪,边缘常皱曲。栽培品种极多,花色有乳白、黄、橙至橘红乃至复色等深浅不一;花型有单瓣、重瓣、托桂、绣球等变化类型;花径从小至特大花型均有。植株高度有矮型(25~30 cm)、中型(40~60 cm)、高型(70~90 cm)之分。花期 7—9 月,果熟期 8—9 月,种子千粒重2.56~3.50 g。万寿菊花期虽长,至初霜后尚开花繁茂,但后期植株易倒伏,且枝叶枯老,有碍观赏。此时可摘掉残花,疏去过密的茎叶,追肥,以待再次着花。

生态习性:万寿菊喜温暖,但稍能耐早霜,要求阳光充足,在半阴处也可生长开花。抗性强,对土壤的要求不严,耐移植,生长迅速,栽培容易,病虫害较少。

常见栽培种(品种):细叶万寿菊(*T. tenuifolia*):一年生,株高 30~60 cm。叶羽裂,裂片 13 枚,线形至长圆形,具锐齿缘。头状花序顶生,径约 55 cm,舌状花数少,常仅 5 枚。有矮型变种,株高 20~30 cm。香叶万寿菊(*T. lucida*):茎高 30~50 cm。叶无柄,叶片呈圆披针形,有尖细锯齿和有香味的腺点;头状花序顶端簇生,总苞呈狭圆筒状,花金黄色或橙黄色。近年来,美国园艺家利用万寿菊的雄性不育系列培育出多数早开、大花、矮型优良品种,又与孔雀草杂交而获得三倍体品种,即使在盛夏也能花开繁茂,花大而植株健壮。

孔雀草(*T. petula*):别名红黄草。株高 20~40 cm,多分枝,枝条外倾性,茎细长而晕紫色。叶对生或互生,呈羽状全裂,边缘锯齿不均匀,先端呈芒状,叶色较深,具油腺点,有异味。头状花序顶生,有长梗,花径 2~6 cm,总苞苞片 1 层联合成圆形长筒;舌状花黄色,基部具紫斑;管状花先端 5 裂,通常多数转变为舌状花而形成重瓣类型。花型有单瓣型、重瓣型、鸡冠型等。瘦果。花期在夏、秋。喜光,在半阴处也能生长开花,短日照,每天 9 h 光照有利于开花。喜温暖,生育适温为 18~28℃,不耐寒,高温、多雨则生长不良。适应性强,生长粗放,耐旱力强,对土壤要求不严,但忌土壤过湿,要求排水性良好。

观赏特性:万寿菊花大色艳,花期长。

园林应用:万寿菊的矮型品种最适合作花坛布置或花丛、花境栽植;高型品种作带状栽植可代篱垣,花梗长,切花水养持久。孔雀草花期长、耐旱,宜作花坛边缘材料或花丛、花境等栽植,也可盆栽或做切花。

4. 藿香蓟 *Ageratum conyzoides*（图 5-4）

科属:菊科藿香蓟属。

别名:胜红蓟、蓝翠球、咸虾花、臭炉草。

英文名:tropic ageratum。

形态特征:藿香蓟的株高 30~60 cm,多分枝,全株被毛,叶对生或上部叶互生;叶片呈卵形或近圆形;基部圆钝,叶缘有锯齿;头状花序呈钟状,呈伞房花序式或圆锥花序式排列;花全部呈管状,具白或紫色,5 裂;花期在 7—9 月;瘦果呈五角形,顶有鳞片状冠毛 5 枚。

生态习性:藿香蓟要求阳光充足,喜温暖,忌酷热。对土壤要求不严,适应性强。可大量自播繁衍。分枝能力强,可修剪以控制高度。

图 5-4　藿香蓟

常见栽培种(品种):园艺栽培品种'夏威夷'系列为杂交一代早生品种。叶片较小,植株紧密,高约 15 cm。开花整齐一致,特别适合于景观和花坛边缘栽植,花色有紫青色、浓紫青色、白色。

观赏特性:藿香蓟茎基部多分枝,株丛十分紧密;花极小,头状花序呈璎珞状,密生于枝顶,花朵质感细腻柔软,花色淡雅,从初夏到晚秋不断;分枝能力极强,可以修剪控制高度,是优良的花坛花卉。

园林应用:藿香蓟宜为花丛、花群或路径沿边种植,也是良好的地被植物。心叶藿香蓟的观赏效果好,可作毛毡花坛布置及花丛、花坛、花境等边缘栽植,岩石园点缀或盆栽,观赏效果尤佳。

5. 翠菊 *Callistephus chinensis*(图 5-5)

科属:菊科翠菊属。

别名:江西腊、蓝菊、七月菊。

英文名:China aster,common China-aster。

形态特征:翠菊的全株疏生短毛。茎直立,上部多分枝,株高 20~100 cm。叶互生,叶片呈卵形至长椭圆形,有粗钝锯齿,下部叶有柄,上部叶无柄。头状花序单生于枝顶,花径 5~8 cm,栽培品种的花径 3~15 cm;总苞片多层,苞片呈叶状,外层为草质,内层为膜质;野生原种舌状花 1~2 轮,呈浅堇至蓝紫色,栽培品种的花色丰富,有鲜红、桃红、橙红、粉红、浅粉、紫、墨紫、蓝、天蓝、白、乳白、乳黄和浅黄等,尚未育出浓黄色;管状花具黄色,端部 5 齿裂;雄蕊与药囊结合,柱头 2 裂。花期春播在 7—10 月;秋播在次年 5—6 月。瘦果呈楔形,具浅褐色。

图 5-5　翠菊

生态习性:翠菊是浅根性植物,生长期应经常进行灌溉,干燥季节尤应注意水分供给。对土壤要求不严,但喜富含腐殖质的、肥沃而排水良好的沙质壤土。要求光照充足。不耐水涝,高温、高湿易发生病虫害。不宜连作,栽过翠菊的土地,需隔 4~5 年后才可再行栽植,否则生长不良。秋播需冷床保护越冬。花期依品种和播种期的不同,在 5—10 月可开花,但是单株盛花期较短,只有十多天。

常见栽培种(品种):翠菊依据植株形态、株高、花型、花径和花期等,可进行如下分类。

(1)单瓣型:有平瓣单瓣、管瓣单瓣和鸵瓣单瓣之分,花梗长,多用于切花栽培。

(2)鸵羽型:花径 10 cm,外部数轮狭长卷曲呈鸵羽形花瓣,植株高 45 cm,还有高茎大花的类型,可作为切花或用于花坛。

(3)托桂型:舌状花平瓣 1~2 轮,筒状花呈桂瓣状,长度由花心向外渐长,花心部分的筒状花仍多呈原始状态。全花扁平。

(4)翻卷型:株高 45~60 cm 或以上,花型整齐满心,径大者可达 10 cm,舌状花短阔,先端外翻,可作为切花或用于花坛。

(5)平展型:花型整齐满心,但舌状花先端平展,有矮生种,株高 30 cm。

(6)管状重瓣型:舌状花卷成管形或半管形,散射,满心,中间的小瓣略呈扭曲。花序直径可达 10 cm 以上。有矮生小花品种,株高仅 30 cm,花径 3 cm,株丛圆,适合于花坛的布置或盆栽。

(7) 内卷型:舌状花先端内卷,有大花、小花品种和矮生种。

园艺品种'仕女'为矮生品种。株高约 25 cm,重瓣,花径 5~6 cm。分枝性好,适合于盆栽、花坛栽培。花色有桃红、粉红、洋红、淡紫及混合色。

'木偶'为矮生品种。株高约 20 cm。多花,花型似小菊,分枝性好,适合于盆栽、花坛栽培。花色有绯红、粉红、紫红、浅粉红、白色及混合色。

'丽盆'系列为矮生品种。株高约 20 cm。重瓣,大花,花径 6~7.5 cm,适合于盆栽。从播种到开花需 90 天,不需加光。花色有紫青色、粉红色、绯红色、白色、混合色。

'彩色地毯'为中花型品种。多花性,生长强健,株高约 30 cm,适于花坛。

观赏特性:品种多,类型丰富,花期长,花色多样、鲜艳。

园林应用:高型品种主要用作切花,水养持久,也作背景花卉;中型品种适合于花坛、花境;矮型品种可用于花坛或作边缘材料;亦可盆栽。是氯气、氟化氢、二氧化硫的监测植物。翠菊的花叶均可入药,性甘平,具清热、凉血之效。

6. 马齿苋 *Portulaca oleracea*(图 5-6)

科属:马齿苋科马齿苋属。

别名:半支莲、松叶牡丹、太阳花、死不了、龙须牡丹。

英文名:ross-moss,sun plant。

形态特征:植株低矮,茎近匍匐状生长,微向上,肉质多汁;株高 10~20 cm。单叶互生,肉质圆柱形,簇生叶片似松叶。花单生或簇生于枝顶,每枝着花 1~4 朵;花瓣 4~6 片,花蕊呈倒卵形先端凹,雄蕊 5。花有白色、黄色、红色、粉色、橙色和棕红色等,还有许多杂色。有重瓣品种、侏儒品种(高 5 cm)。日出后花开放,多在下午即关闭,

图 5-6　马齿苋

或日落后闭合,阴天不开花,花朵的寿命短,故又名太阳花。栽培品种有全日开花种。蒴果呈盖裂,种子细小。花期在 6—10 月。

生态习性:喜光,在阳光直射下开花,阴天时闭合。喜高温,生育适温为 14~30℃,但忌酷热,适宜生于疏松的沙质土壤上,能耐干旱、瘠薄土壤。

常见栽培种(品种):'常花'为全日开花种,花朵可持续开放到傍晚。株型整齐,大花,完全重瓣,有绯红、金黄、橙、白、粉红、黄、紫红和混合色。喜高温、强日照环境,适于盆栽、地被花坛栽植。

'日影'系列为杂交一代全日开花种。极早生,较其他品种早 10~14 天。花径 4~5 cm,完全重瓣,多花,花色鲜明、亮丽。喜强日照、耐热、耐旱,适于高温季节栽培。有 10 种混合色,适于钵植、花坛栽培。表现极为突出。花色有乳黄色、紫红色、金黄色、鲜橙红色、橙红色、鲜桃粉红色镶粉红色斑纹、粉红色、绯红色、纯白色、黄色和混合色等。

'野火'(*P. 'wildfire'*)品种为单瓣,混合色,花色鲜艳,非常耐热,适合于吊钵、花坛栽植。株高 8~15 cm;叶互生,呈椭圆形,全缘;花顶生,每茎数蕾,但每日仅开 1 朵,上午开花,中午谢,花型单瓣,有红、橙、桃红、黄和白等色。生命力极强,将含苞枝条剪下,插入土中,翌日可开

花,10 余日生根,可作花坛、盆栽速成花。喜高温,耐干旱,生育适温为 22~30℃,长期潮湿易腐烂。

观赏特性:马齿苋的色彩丰富而鲜艳,株矮、叶茂。

园林应用:马齿苋是花坛、花境及地被材料,也可点缀岩石园,还可盆栽观赏。园艺品种'旭日'为早生大花品种,花径 3~5 cm,完全重瓣,混合色,花色丰富、亮丽,适于高温季节栽培,是一代交配种选出的二代种,具有一代交配种之优良特性,适于盆栽、花坛。

7. 地肤 *Kochia scoparia*(图 5-7)

科属:藜科地肤属。

别名:扫帚草、孔雀松。

英文名:belvedere,summer cypress。

形态特征:地肤的全株被短柔毛,多分枝,株形密集呈卵圆至圆球形,株高 1~1.5 m。叶呈线形,细密,具草绿色,秋凉变色呈暗红色。花小,不显著,单生或簇生于叶腋。用于栽培观赏的主要为它的变种。

生态习性:喜阳,极耐炎热气候、干旱及瘠薄地。自播繁衍能力极强,常仅种数株,翌年欲除不净。

图 5-7　地肤

常见栽培种(品种):细叶扫帚草(var. *culta*):株型较小,叶细软,色嫩绿,秋转红紫色。

观赏特性:地肤的外形似千头柏,叶纤细、嫩绿,入秋泛红。

园林应用:地肤在园林中宜于坡地、草坪自然式栽植,株间勿过密,以显其株型;也可用作花坛的中心材料,或成行栽植为短期绿篱,成长迅速、整齐。北方农家常将老株割下,压扁、晒干作扫帚用。

8. 雁来红 *Amaranthus tricolor*(图 5-8)

科属:苋科苋属。

别名:三色苋、老来少。

英文名:three coloured maranth,Josephs-coat。

形态特征:株高 100~140 cm,直立,少有分枝。叶呈卵圆至卵状披针形,叶片基部呈暗紫色。入秋梢叶的中下部或全叶变为黄及艳红色,很美丽。花小不显,穗状花序集生于叶腋。变种紫叶三色苋(var. *spendens*),株高可达 180 cm,茎叶呈暗紫色,秋凉梢叶转为艳丽的玫瑰红色,尤为可观。原产于亚洲热带,我国各地有栽培。

生态习性:雁来红不耐寒;喜阳光充足;喜疏松、肥沃、排水良好的土壤,耐碱;忌湿热、怕涝;耐干旱。

图 5-8　雁来红

常见栽培种(品种):圆锥穗苋(*A. paniculatus*):一年生草本植物,植株高大,常高至 2 m 左右。叶色为暗紫至暗红。花序顶生,具红或紫色,呈穗状,组成圆锥花丛,近直立或稍下垂,长约

30 cm。花期在 7—9 月。原产于热带美洲。有黄绿色花序变种。

老枪谷(*A. caudatus*)：又名尾穗苋,茎粗壮。穗状花序特长,细而下垂,呈暗红色。花期在 8—9 月。原产于伊朗。品种有白花老枪谷(var. *albiflorus*),花及花穗呈绿白色;紫叶老枪谷(var. *atropurpureus*),叶呈紫红色;球花老枪谷(var. *gib-bosus*),花穗在花轴上间隔呈球状。

观赏特性: 雁来红的植株高大,秋季枝叶艳丽,高低差异大,有自然之趣。

园林应用: 雁来红宜作花丛、花群、自然丛植,或作花境的背景材料,亦可盆栽或切枝。

9. 矮牵牛 *Petunia hybrida*(图 5-9)

科属: 茄科碧冬茄属。

别名: 碧冬茄、灵芝牡丹、杂种撞羽朝颜、番薯花。

英文名: garden petunia。

形态特征: 株高 20~60 cm,全株具黏毛。茎梢直立或倾卧。叶呈卵形,全缘,几无柄,上部对生,下部多互生。花单生于叶腋或枝端;萼 5,深裂;花冠呈漏斗形,先端具波状浅裂。栽培的品种极多,花型及花色多变化,单瓣、重瓣的品种,瓣缘皱褶或呈不规则锯齿状;花色有白、粉、红、紫、堇、赭石至近黑色以及各种斑纹,花大者花径在 10 cm 以上。蒴果呈卵形,籽粒细小,褐色。

图 5-9 矮牵牛

生态习性: 喜温暖,生育温度为 10~30℃。干热的夏季开花繁茂。其中重瓣矮牵牛喜冷凉气候,温度太高,植株易徒长,株型不易保持紧密;喜光,遇阴凉天气则花少而叶茂。短日照有利于分枝、提高株型质量,长日照有利于开花。忌雨涝,适生于排水良好、疏松的微酸性沙质土壤中。重瓣品种比单瓣品种更需要充足的养分。

常见栽培种(品种): 撞羽矮牵牛(*P. violacea*):一年生草本植物,株高 15~25 cm,全株密生腺毛。叶呈卵圆形,具短柄。花顶生或腋生,具紫堇色。腋花矮牵牛(*P. axillaris*):一年生草本植物。株高 30~60 cm,叶片呈椭圆形,植株下部的叶片有柄,上部的无柄,单花于腋生,具纯白色,夜间开放,有香气。

观赏特性: 多花性,花大,开花繁茂,花期长,色彩丰富。

园林应用: 矮牵牛的花大而色彩丰富,适于花坛及自然式布置;大花及重瓣品种常供盆栽观赏或做切花;温室栽培,四季开花。是目前花坛栽植的当家材料。

图 5-10 波斯菊

10. 波斯菊 *Cosmos bipinnata*(图 5-10)

科属: 菊科秋英属。

别名: 大波斯菊、秋英。

英文名:common cosmos。

形态特征:波斯菊的株高达 1~2 m。茎具沟纹、光滑或具微毛,枝开展。叶呈二回羽状全裂,裂片呈狭线形,较稀疏。头状花序单生于总梗上,花径 6 cm 左右;总苞片 2 层,内层边缘膜质;舌状花通常单轮,8 枚,颜色为白、粉及深红色。有'托桂型',半重瓣或重瓣等品种。

生态习性:喜阳,耐干旱瘠薄土壤,肥水过多往往茎叶徒长而开花少,且易倒伏。波斯菊性甚强健,能大量自播繁衍。

常见栽培种(品种):变种有白花波斯菊(var. *albiflorus*):花纯白色;大花波斯菊(var. *grandiflorus*):花较大,有白、粉红、紫等色;紫花波斯菊(var. *purpureus*):花紫红色。

观赏特性:植株高大、花朵轻盈艳丽、开花繁茂自然、有较强的自播能力,成片栽植有野生自然情趣。

园林应用:波斯菊一经栽种,翌年可有大量自播苗,如稍加保护,还可逐年扩大,入秋繁花似锦,是良好的地被花卉。波斯菊也可用于花丛、花群及花境的布置,或作花篱及基础栽植,并大量用于切花。

11. 风仙花 *Impatiens balsamina*(图 5-11)

科属:凤仙花科凤仙花属。

别名:指甲草、小桃红。

英文名:garden balsam,touch-me-not。

形态特征:株高 60~80 cm。茎肥厚多汁,近光滑,具浅绿或晕红褐色,与花色相关。叶互生,呈披针形,叶柄有腺。花大,单朵或数朵簇生于上部叶腋,或呈总状花序状。萼片 3,1 片具后伸之距,呈花瓣状。花瓣左右对称,侧生 4 片,两两结合,蒴果呈尖卵形。栽培品种极多。花色有白、水红、粉、玫瑰红、大红、洋红、紫和雪青等。纯色或具不规则的斑点、条纹。花型有单瓣、

图 5-11　凤仙花

复瓣、重瓣、蔷薇型及茶花型等。株型有分枝向上直伸,有较开展或甚开展,有游龙状或向下呈拱曲形。株高有达 1.5 m 以上,株幅达 1 m 者,最矮的只有 20 cm。花期在 6—8 月,果熟期在 7—9 月。

生态习性:凤仙花喜炎热而畏寒冷,需阳光充足。要求深厚肥沃土壤,但在瘠薄土壤中也可生长。生长迅速,易自播繁衍。要求种植地干燥通风,否则易染白粉病。全株水分含量高,因此不耐干燥和干旱,水分不足时,易落花、落叶,影响生长。定植后应及时灌水,但雨水过多时应注意排水防涝,否则根、茎容易腐烂。耐移植,盛开时仍可移植,恢复容易。对易分枝而又直立生长的品种可进行摘心,促发侧枝。

常见栽培种(品种):'水金凤'(*I. nolitangere*):一年生草本植物,花大,黄色,喉部常有红色斑点。东北、华北、西北及华中地区均有野生。大叶凤仙(*I. apalophylla*):草本植物,花大,黄色,4~10 朵排成总状花序,广西、贵州均有野生。黄花野生种为培育凤仙黄花品种的原始材料。

观赏特性:花色丰富,花期长。

园林应用:凤仙花依品种形态的不同,可供花坛、花境、花篱栽植;矮小而整齐的也可作盆花;

夏季可代灌木布置。茎叶都可入药或作蔬菜用。

12. 美女樱 *Verbena hybrida*（图 5-12）

科属：马鞭草科马鞭草属。

别名：四季绣球、铺地锦、美人樱和铺地马鞭草。

英文名：common garden vencain。

形态特征：美女樱丛生而铺覆地面，株高 30~50 cm，全株有灰色柔毛。茎 4 棱，叶对生，有柄，呈长圆或披针状三角形，缘具缺刻状粗齿，或近基部稍分裂。穗状花序顶生，但开花部分呈伞房状，花小而密集，苞片近披针形，花萼呈细长筒形，先端 5 裂，花冠呈筒状，长约为萼筒之 2 倍，先端 5 裂，裂片端凹入，花色有白、粉、红、紫等不同颜色，也有复色品种，略具芳香，花径约 1.8 cm；蒴果。花期在 6—9 月，果熟期在 9—10 月。

图 5-12　美女樱

生态习性：美女樱喜阳光充足，对土壤的要求不严，但在湿润、疏松而肥沃的土壤中开花更为繁茂。小苗侧根不多，移植成活尚易，但缓苗慢，株形差。可以摘心促分枝。光照不足易徒长。如提早于 3~4 月在温室或温床中盆栽，花期可以提前，但开花期间应经常追肥。

常见栽培种（品种）：园艺品种'罗曼'系列为匍匐性的早生品种。株高 20~25 cm，株形低矮紧密，不易徒长，株宽 25~30 cm，多花，适于盆栽、吊篮、花坛栽培；花色有桃红色／白眼、浓桃红色、粉红色、绯红色、浓绯红色／白眼、浅紫色、紫红色／白眼、白色和特选混合色。

'水晶'系列为匍匐性高发芽率品种。发芽率达 85%，耐白粉病，早生，播种后约 80 天可开花。花大色艳，性强健，匍匐性更佳，株型半球型，适于盆栽、吊篮、花坛栽培。绯红色、特选混合色。

'流星'系列为直立性矮性品种。株高 20~25 cm，早生，花开不断，株形紧密呈半圆形，耐热性好，花坛表现良好，适于盆栽、花坛、草花袋苗。花色有鲜红、鲜桃红、浓紫青／白眼、玫瑰粉红／白眼、绯红／白眼、白色和混合色。

同属还有羽裂美女樱（*Verbena bipinnatifida*）：原产于北美洲。匍匐性；叶对生，二回羽状深裂；花顶生，密散花序；小花呈桃红色，中心浓红，小花密集成团，花期春到秋。细裂美女樱（裂叶美女樱、细叶美女樱）（*Verbena tenera*）：原产于南美洲，多年生宿根草本；匍匐性；株高 20~40 cm；叶对生，羽状细裂呈丝状；花顶生，小花具浓紫色，花期春到秋。这两种耐热性强，可作一年生栽培。适于花坛大面积栽培、盆栽、吊篮栽培，花期长。可播种、扦插繁殖。每克含种子 870~4 000 粒；喜温暖至高温，生育适温 22~30℃。垂吊美女樱（*Verbena pendula*）：适于窗台、吊篮栽培，花有粉、紫、白等颜色。

观赏特性：美女樱的分枝紧密，低矮，匍匐地面，花序繁多，花色丰富秀丽。

园林应用：美女樱在园林中多用于花境、花坛。矮生品种株高仅 20~25 cm，也适合盆栽。

13. 牵牛花 *Pharbitis choisy*（图 5-13）

科属：旋花科牵牛属。

别名:喇叭花、朝颜。

英文名:pharbitis。

形态特征:牵牛花是蔓性草本植物,少数在原产地为多年生灌木状。茎有毛或光滑,叶互生,全缘或具裂。聚伞花序腋生,花大,1 至数朵,呈漏斗状,常具美丽颜色。

生态习性:本类性强健,耐贫瘠及干旱土壤,但栽培品种也喜肥。直根性,直播或尽早移植于短日照下形成花蕾,花朵通常只在清晨开放,某些种类及品种可开放较久。光照不足则开花差。生长季半个月施 1 次肥。栽培中及时设支架。摘心可促分枝。

图 5-13　牵牛花

常见栽培种(品种):裂叶牵牛(*P. hederacea*):叶常 3 裂,深达叶片中部;花 1~3 朵腋生;无梗或具短总梗;花色有堇蓝、玫红或白等;萼片呈线形,长至少为花冠筒之半,并向外开展。

大花牵牛(*P. nil*):叶大,有长柄,叶深 3 裂,两侧 3 裂,有时又浅裂,中央的裂片特大,叶常具有不规则的白绿色条斑;花 1~3 朵腋生;总梗短于叶柄,花径可达 10 cm;萼片呈狭片,但不开展。原产于亚、非热带。本种日本栽培最盛,并选育出品种甚多的园艺产品,有平瓣、皱瓣、裂瓣等,花色极富变化;还有非蔓性直立矮生品种,适宜盆栽观赏。也有白天整日开放的品种。

圆叶牵牛(*P. purourea*):叶呈阔心形,全缘;花小,1~5 朵腋生,有白、玫瑰红、堇蓝等色,总梗与叶柄等长,萼片短。

以上 3 种均为一年生花卉。

观赏特性:牵牛花类为夏秋常见的蔓性草本花卉,但优良品种栽培较少。

园林应用:花朵向阳开放,宜植于游人早晨活动之处,也可作为小庭院及居室的窗前遮阴和小型棚架、篱垣的美化。不设支架可作地被。圆叶牵牛的种子能入药,称"白丑""黑丑"。

14. 茑萝类 *Quamoclit* spp.

科属:旋花科茑萝属。

别名:绕龙草、锦屏封。

英文名:cypress vine, starglory。

形态特征:茑萝类是蔓性草本植物。茎细长光滑;叶互生;花色有红或黄、白色;花为漏斗状、高脚碟状或钟状,常清晨开放。产于美洲热带。蒴果呈卵形,种子黑色,长卵形。

生态习性:喜阳光充足及温暖的环境,对土壤要求不严。直根性。初夏开花至秋凉。

常见栽培种(品种):羽叶茑萝(*Q. pennata*):蔓长达 6~7 m,叶羽状全裂,裂片呈狭线形,裂片整齐。聚伞花序腋生,着花 1 至数朵,花径 1.5~2 cm,花冠鲜红色,呈高脚碟状,五角星形,筒部细长。还有纯白及粉花品种。

圆叶茑萝(*Q. coccinea*):蔓长达 3~4 m,多分枝而较上种繁密。叶呈卵圆状心形,全缘,有时在下部有浅齿或角裂。聚伞花序腋生,着花较羽叶茑萝多,花径 1.2~1.8 cm,橘红色,呈漏斗形。

槭叶茑萝(*Q. sloteri*)(图 5-14):别名掌叶茑萝,为上两种的杂交种,生势较强,蔓长约 4 m,叶呈宽卵圆形,呈 5~7 掌状裂,裂片长而尖锐。花径 2~2.5 cm,呈漏斗状,有大红至深红色。

观赏特性:羽叶茑萝及槭叶茑萝的茎叶细美,花姿玲珑。如在浅色背景墙前疏垂细绳供其缠绕,极为美观。圆叶茑萝的枝叶浓密。

园林应用:可作矮篱或小型棚架的绿化、美化材料,掩蔽与遮阴效果均好;各种茑萝也作地被花卉,不设支架,随其爬覆地面。

图 5-14   槭叶茑萝

15. 百日草 *Zinnia elegans*(图 5-15)

科属:菊科百日草属。

别名:百日菊、步步高、鱼尾菊、对叶梅。

英文名:zinnia。

形态特征:株高 50~90 cm。茎直立而粗壮;叶对生,全缘,呈卵形至长椭圆形,基部抱茎;头状花序单生于枝端,梗甚长,花径 4~10 cm;总苞呈钟状,基部连生成数轮;舌状花呈倒卵形,有白、黄、红、紫等色;管状花具黄橙色,边缘 5 裂,瘦果。花期在 6—9 月,果熟期在 8—10 月。

生态习性:性强健而喜光照、温暖,忌酷暑,耐早霜。要求肥沃且排水良好的土壤。若土壤瘠薄且过于干旱,则花朵显著减少,花色不良且花径小。

图 5-15   百日草

常见栽培种(品种):大花高茎型:植株高 90~120 cm,花序直径 12~15 cm。

中花中茎型:植株高 60~90 cm,分枝多,花序直径 8~10 cm。

小花矮生型:植株高 15~40 cm,分枝多,花序直径 3~5 cm,多花。

中花矮茎型:植株高 15~40 cm,分枝多,花序直径 8~10 cm。

重瓣型(平展型):舌状花轮数较多,层层平展,整齐。

反卷型(驼羽型):舌状花带状,较狭,向背反卷。

纽扣型:多花,花小,色艳,花径 2~3 cm,重瓣性强,花呈圆球形。

大丽花型:花瓣先端卷曲。

斑纹型:花瓣上有不规则的斑点或条纹。

软枝型:枝条柔软。

小百日草(*Z. angustifolia*),园艺绿化中常用品种主要有'程星',为匍匐性小百日草。株高约 25 cm,多花,单瓣,橙色;花径约 4 cm,耐热性强,花期长,适合地被、花坛栽培。从播种到开花 12~13 周。

细叶百日草(*Z. linearis*):一年生草本植物。株高 30~40 cm,多分枝;叶呈线状披针形;花径

4~5 cm;舌状花单轮、浓黄色、瓣端带橘黄色,中盘花不甚高起,也为黄色。其枝叶纤细,紧密丛生,尤其在生长后期,仍保持着整齐株型和繁茂花朵。花从初夏开始至降霜为止持续开放,是优美的花坛、花境应用材料,又可作为丛植或镶边之用以及小面积的地被栽植。习性同百日草,栽培简单。

观赏特性:百日草生长迅速,花色繁多而艳丽,是炎夏园林中的优良花卉。

园林应用:百日草可作花坛、花境的应用材料;株丛紧凑、低矮的品种可以做窗盒和边缘花卉;切花水养持久。

16. 蛇目菊 *Sanvitalia procumbens* Lam.(图 5-16)

科属:菊科蛇目菊属。

别名:小波斯菊、金钱菊。

英文名:plains coreopsis,calliopsis。

形态特征:蛇目菊的茎光滑,上部多分枝;株高 60~80 cm;基生叶为 2~3 回羽状深裂,裂片呈线形或披针形;头状花序,花径 2~4 cm,具细长总梗,组成疏松的聚伞花丛;总苞片 2 层,外层明显短于内层。舌状花通常单轮,8 枚,具黄色,基部或中下部为红褐色;管状花为紫褐色。本种也有舌状花变为多轮,或全部为黄色或红紫色品种;还有矮型者,株高仅 15~25 cm。

图 5-16　蛇目菊

生态习性:性强健,宜种植于日光充足处,凉爽季节生长尤佳。对土壤的要求不严,适应性强,有自播繁衍能力。

观赏特性:蛇目菊的茎叶光洁亮绿,花丛疏散轻盈,花朵雅致玲珑。

园林应用:宜作花坛、路边等整形布置,如选用矮型品种效果更好。因蛇目菊单株花期较短,每批花仅能供短期观赏,故最适于坡地、草坪四周等较大面积的自然式地被栽植。可利用其旺盛的自播能力,因种子成熟先后不一而致自播苗生长参差不齐,因而自春至秋开花不绝。用于花境丛植及切花也很适宜。

17. 硫华菊 *Cosmo sulphureus*(图 5-17)

科属:菊科秋英属。

别名:黄波斯菊。

形态特征:株高 1~2 m;茎具柔毛,上部多分枝;叶为 2~3 回羽状裂,裂片明显比波斯菊要宽;花比波斯菊略小,舌状花呈金黄或橘红色。

生态习性:同波斯菊,花期比波斯菊早。

常见栽培种(品种):'阳光' 系列:矮性,株高约 30 cm,株型紧密、整齐度佳。株高 15~20 cm

图 5-17　硫华菊

时即开始开花,半重瓣,非常多花。耐热性强,我国台湾一年四季皆可栽植,适合花坛、盆钵栽植。花色有阳金—浓金黄色;阳橙—鲜橙色;阳红—绯红橙色,是全美花卉选拔赛上的得奖品种;阳黄—鲜黄色;阳光—上列各色混合。

'光辉'系列:极矮性、极早生种,播种后约 50 日,株高 15 cm 左右即开始开花,侧芽亦陆续长出。株型紧密;分枝性佳;多花性;半重瓣;花径约 5 cm,花开不断,观赏期长。生长强健,耐热性强,台湾周年皆可栽培。花色有绯红橙色、鲜橙色、鲜黄色、混合色及上列各色混合。

'亮光':株高约 75 cm,花色为鲜黄、鲜橙、金黄、橙黄各色混合。生长强健,株型茂盛,适合于花坛的背景栽植、野地美化用。

'日落':本品种是世界上第一个鲜红橙色黄波斯品种。花径 5~6 cm;半重瓣;鲜橙红色。生育非常强健、茂盛;株高约 100 cm,适合作花坛背景、盆钵及大面积花坛栽植。

观赏特性:花色鲜艳,花期长,茎叶姿态优美。

园林应用:硫华菊应用于花境、花篱、花丛、地被、切花及花海材料。

18. 福禄考 *Phlox drummondii*(图 5-18)

科属:花葱科福禄考属。

别名:草夹竹桃、桔梗石竹。

英文名:annual,drummondii phlox。

形态特征:茎直立;株高 40~60 cm,呈丛生状;叶基部对生,上部互生,叶柄不明显,呈卵圆形至宽披针形,基部有时抱茎;聚伞花序顶生;小花呈高脚碟花冠,萼筒较长,花萼 5 裂;花冠 5 浅裂,裂片呈圆形;花有红色、玫瑰红色、粉色,还有白色、蓝色、紫色等;蒴果呈卵形,黄色,3 瓣裂,种子呈倒卵形或椭圆形,背面隆起,腹面平

图 5-18　福禄考

坦。花期在 6—9 月。栽培品种依花色可分为单色、复色(内外双色、冠筒和冠边双色、冠边具条纹或五星状斑等)、三色;根据瓣型可分为圆瓣花和星瓣花(花冠裂片锯齿形)、须瓣花(花冠裂片边缘复成细锯齿)、放射状花瓣(花冠裂片呈披针状长圆形,先端尖);此外还有矮生种、大花种等。

生态习性:喜凉爽环境,耐寒性较弱,土壤不宜过肥,并忌涝及碱地。必须阳光充足,若连日阴天花色即不鲜艳。种子的发芽率为 40%,生活力保持 1~2 年。忌水涝及盐碱地。

常见栽培种(品种):园艺品种圆瓣花类'丽景'系列,株高 20~25 cm,株型紧密,不易徒长;分枝性佳;多花;色彩变化丰富。

星瓣花类的'衬裙'系列为极矮性品种,株高约 15 cm,株型紧密;较耐旱、耐热;花期长;混合色,色彩鲜艳。

观赏特性:花色鲜艳多彩,花期长。

园林应用:宜作各种花坛的主栽花卉,或作花坛、花境、盆栽的配植材料,亦作盆花观赏。

19. 夏堇 *Torenia fournieri*(图 5-19)

科属:玄参科夏堇属。

别名:蓝猪耳、蝴蝶草、花公草、花瓜草。

英文名:blue torenia,blue wing。

形态特征:茎光滑,具 4 棱,多分枝,披散状;株高 20~30 cm;叶对生,呈卵形,有细锯齿,秋天叶变红色;花顶生,唇形花冠,花冠呈筒状,花淡雪青色,上唇具淡雪青色,下唇具黄紫色,喉部有黄斑,也有白色品种;夏秋开花,花期极长;蒴果,呈矩圆形;种子极小,可自播。花期春至初夏开花,花期长。

生态习性:喜光、耐轻阴;喜高温、不耐寒;生育温度 15~30℃;适生于排水良好、肥沃、富含有机质的沙质土壤,生长期间需水较多,盆土宜经常保持湿度。

图 5-19　夏堇

常见栽培种(品种):园艺品种'小丑'系列为杂交一代。株高 20~25 cm,株形紧密、整齐;生育力强健,分枝性好;气候适应性广,喜冷凉气候,耐热性也相当强;多花,花开不断,花朵小巧可爱,色彩丰富,适于盆栽、花坛、露地栽培,表现优质;花色有紫青色、紫青 / 白双色、白花 / 粉红斑、浓桃红色、兰花紫、桃红色、紫色、混合色。

观赏特性:花色丰富,花期长。

园林应用:可用于屋顶、阳台、花台、花坛、花境及盆栽等。

20. 醉蝶 *Cleome spinosa* (图 5-20)

科属:白花菜科醉蝶花属。

别名:凤蝶草、蜘蛛花、西洋白花菜。

英文名:spiny spiderflower。

形态特征:植株高 1 m 左右;茎直立,表面被有黏质茸毛;掌状复叶,小叶 5~7 片,呈阔披针形,全缘,叶柄细长,基部有刺状托叶;总状花序;花梗长,着生于枝端;花萼 4 片,与花瓣等长;花瓣 4 片,具长爪,与细长的雄蕊组成蜘蛛形的花朵,具有香味;花色有粉红色、白色;花期在 6—9月;蒴果,呈圆柱线形。种子黑色,呈圆形。

生态习性:喜温暖,好阳光,适合在通风向阳处生长。要求沙壤土,土壤肥沃且排水良好。种子具自播繁衍性。

图 5-20　醉蝶

常见栽培种(品种):园艺品种中的'皇后',茎直立;株高 90~150 cm,生长强健,株型茂盛、开展;香味浓烈;种荚独特;耐热、耐旱性强;花期长,适合花坛背景和野地美化栽植;花色有桃红、紫红、粉红、白色及各色混合。

观赏特性:花似彩蝶飞舞,十分美观。

园林应用:常用作庭园布置、花坛、花境的材料,也可盆栽和切花。

21. 观赏蓖麻　*Ricinus communis*（图 5-21）

科属：大戟科蓖麻属。

英文名：castor bean，ricinus communis。

形态特征：株高 5 m 左右，通常主茎有 8~11 个节，茎有绿色、玫瑰色、紫色等；叶具鲜紫红色，为掌状分裂，一般 7~11 个裂片，叶缘呈锯齿状；雌雄同株异花，雌花位于花序上方，雄花位于下方，为聚伞状花序；蒴果为红色。

生态习性：喜温暖，对光照敏感，要求排水良好的沙质壤土。

园林应用：观赏蓖麻可种植于庭院、宅旁或用作背景材料。

图 5-21　观赏蓖麻

22. 桂圆菊 *Spilanthes paniculata*（图 5-22）

科属：菊科金钮扣属。

别名：金钮扣、斑花菊、六神草、千日菊。

英文名：eyeball plant，toothache plant。

形态特征：一年生草本花卉，株高 30~40 cm，多分枝；叶对生，呈广卵形，边缘有锯齿，叶色为暗绿；头状花序，开花前期呈圆球形，后期伸长呈长圆形，小花聚生成筒状，花具黄褐色，带有赤色环纹，无舌状花，筒状花两性；在 7—10 月开花。

生态习性：喜温暖、湿润、向阳环境，忌干旱，宜疏松、肥沃土壤。

园林应用：可布置花坛、花境，也可作观赏地被，此外还可盆栽。

图 5-22　桂圆菊

23. 黑种草 *Nigella damascena*（图 5-23）

科属：毛茛科黑种草属。

别名：黑子草。

英文名：semen nigellae。

形态特征：黑种草是一年生草本花卉，株高 35~60 cm，分枝多而纤细；叶为一回或二回羽状深裂，小叶细裂如针状；花顶生，有桃红、紫红、蓝紫或淡黄，初开色淡渐转浓，花萼 5 枚，具淡蓝色，形如花瓣二唇形，上唇比下唇短小；花期在 6—8 月，果期在 8—9 月。果皮褐色具针状刺，膨大中空。

生态习性：我国北部地区有栽培。较耐寒、

图 5-23　黑种草

喜光,忌高温多湿,宜疏松的肥沃土壤。

繁殖与栽培:用播种繁殖,种子具有嫌光性,且不耐移植,因此以直播为宜,播种后必须覆盖厚约 0.5 cm 的细土。成株易倒伏,需设立支柱扶持。

园林应用:用于花坛、盆栽、切花。

24. 堆心菊 *Helenium autumnale*(图 5-24)

科属:菊科堆心菊属。

英文名:sneezeweed。

形态特征:堆心菊是一年生草本花卉,株高 30~40 cm;茎被柔毛,稍分枝,具翼;叶互生,呈狭披针形,全缘;头状花序生于茎顶,舌状花具柠檬黄色,花瓣阔,先端有缺刻,管状花具黄色带红晕;花期在 7—10 月,果期在 9—10 月。

生态习性:喜温暖向阳环境,适生温度为 15~28℃,不择土壤。

繁殖与栽培:堆心菊以播种繁殖。

园林应用:在园林中多作为花坛镶边或布置花境,也可作地被栽植。

图 5-24　堆心菊

25. 曼陀罗 *Datura stramonium*(图 5-25)

科属:茄科曼陀罗属。

英文名:night-blooming,jessamine。

形态特征:一年生草本花卉,株高 30~60 cm。全株近平滑或在幼嫩部分被短柔毛,有臭气;茎直立,上部呈二歧状分枝;叶互生,呈广椭圆形,边缘具不规则波状浅裂;花单生于枝杈间或叶腋,花冠呈漏斗状,长 6~10 cm,下部带绿色,上部为白色;花期在 6—9 月,果期在 9—10 月。

生态习性:曼陀罗喜光、耐旱,适宜疏松土壤。

繁殖与栽培:以播种繁殖为主,自播能力强。全国各地均可栽植。

园林应用:曼陀罗全株有毒(花与种子毒性最强,要防止小孩误食),宜室外种植,且不应攀折、接触。

图 5-25　曼陀罗

26. 黄帝菊 *Melampodium paludosum*(图 5-26)

科属:菊科腊菊属。

别名:美兰菊、皇帝菊。

图 5-26　黄帝菊

英文名:melampodium,gold medallion flower,butter daisy。

形态特征:黄帝菊是一年生草本花卉,植株高 30~ 50 cm;全株粗糙,分枝茂密,叶对生,呈阔披针形或长卵形,先端渐尖,锯齿缘;春至秋季开花,头状花序顶生,舌状花具金黄色,管状花具黄褐色,花后结瘦果。

生态习性:性喜温暖至高温,稍具耐旱性,但仍须持续适量供应水分。如果土壤过湿,会使下部叶萎黄、生长衰弱。

繁殖与栽培:黄帝菊以播种繁殖为主,种子具嫌光性,自生能力强,成熟的种子落地能自然发芽成长,可直播。

园林应用:小花满布,金黄明媚,适合于花坛、盆栽。

27. 彩叶甘薯 *Ipomoea batatas cv. rainbow*(图 5-27)

科属:旋花科甘薯属。

别名:三色甘薯、花叶甘薯。

英文名:sweet potato。

形态特征:彩叶甘薯为一年生草本植物,掌状叶呈粉、白、绿三色,叶片较大,近犁头形。小枝有蔓性,生长迅速。

图 5-27　彩叶甘薯

生态习性:彩叶甘薯性喜光、疏松、肥沃、排水好的土壤。耐干旱,养护简单,抗性较强。耐寒性差,长三角地区冬季越冬需一定的保护措施。

繁殖与栽培:彩叶甘薯常用扦插繁殖。插穗为 8~ 10 cm 长,0.2 cm 粗,生根率可达 95% 以上。

常见栽培种(品种): 紫叶甘薯(*Ipomoea batatus* 'purpurea'):多年生草本植物,叶具紫色。地下有块根,主要用作观叶地被。由于茎缠绕,可以作攀缘垂直绿化,亦可家庭盆栽作悬蔓式运用,具有很好的观赏效果。

金叶甘薯(*Ipomoea batatas* 'golden summer'):多年生块根草本植物,叶片较大,呈犁头形;全植株终年呈鹅黄色,生长茂盛。耐热性好,盛夏生长迅速。不耐寒,上海地区冬季不能在室外越冬。适用于花坛上色块布置,也可盆栽悬吊观赏。

园林应用:彩叶甘薯在造景中是不可多得的优秀地被材料。花境中也可点缀。另外,其枝蔓性,也可作吊盆应用。

28. 香彩雀 *Angelonia angustifolia*(图 5-28)

科属:玄参科香彩雀属。

图 5-28　香彩雀

别名:天使花、蓝天使。

英文名:summer snapdragon,purple angelonia。

形态特征:香彩雀是一年生草本花卉。株高 25~35 cm,地栽株高 40~70 cm,冠幅 30~35 cm。全株密被短柔毛,茎呈圆柱状,枝条稍有黏性,单叶对生,呈线状披针形,叶缘有锯齿;花生于叶腋,由下而上逐渐开放;花瓣呈唇形,上方四裂;花色有浓紫、淡紫、粉、白,还有双色,花期在 7—9 月。

生态习性:香彩雀喜温暖,耐高温,对潮湿环境适应性强,喜光。

繁殖与栽培:香彩雀以种子繁殖(丸粒化种子)为主。种后不需覆盖。发芽温度 20~24℃,生长温度 18~26℃;湿度 90%~95%;发芽天数 4~7 天,育苗周期 6~7 周;分枝性好,整个过程不需摘心。播种到开花需 14~16 周。

园林应用:香彩雀的形态优美,花色艳丽迷人,是优秀的草花品种之一,既可地栽、盆栽,又可容器组合栽植。在花园、花坛中成片大面积栽植具有很好的景观效果。也作为地被植物大量应用。

29. 紫御谷子 *Pennisetum glaucum*(图 5-29)

科属:禾本科狼尾草属。

别名:观赏谷子、紫御谷。

英文名:pearl millet。

形态特征:紫御谷子是一年生草本植物,株高 80~150 cm;茎直立;叶为披针形,呈黄绿至深紫色,茎呈紫黑色;圆锥花序顶生,穗期在 7—10 月。

生态习性:紫御谷子的观赏期长,耐高温,抗病虫害,管理粗放,对土壤酸碱性没有特殊要求,全国大部分地区可以种植。喜光、耐寒、耐旱、耐瘠薄土壤和耐半阴。

繁殖与栽培:紫御谷子以播种繁殖。

园林应用:紫御谷子的叶色雅致,是近年来常见的观叶植物,可在花坛或大型容器中栽培,适合在公园、绿地的路边、水岸边、山石边或墙垣边片植观赏;适合城市园林绿化,也可作插花材料。

图 5-29　紫御谷子

30. 百可花 *Sutera cordata*(图 5-30)

科属:玄参科假马齿苋属。

产地分布:产于南非。

形态特征:百可花是一年生草本植物;叶对生,叶缘有齿缺,呈匙形;花单生于叶腋内,具柄;萼片 5,完全分离,后方一枚常常最宽大,前方一枚次之,侧面 3 枚最狭小;花冠具白色,2 唇形;果为 1 蒴果,有 2 条沟槽,室背 2 裂或 4 裂;种子多

图 5-30　百可花

数,微小。花期在 5—7 月。

生态习性:百可花喜光,不耐热。

繁殖与栽培:百可花以扦插繁殖。选择健壮的枝条进行扦插繁殖,上盆后立即浇水。基质需要排水性良好,pH5.6~5.9。插条生根的最佳基质温度为 20~23℃。

园林应用:百可花是一种攀缘性花卉,它的基部分枝性能好,花朵娇小可爱,花色有白色、紫色等,叶片紧密。百可花在吊篮、花盆或花境中都表现良好。百可花的耐热性较差,在吊盆中甚至不能安然度过高温夏季。夏季应与其他植物配植,例如秋海棠、长春花等,以弥补其干枯后留下的空白。

31. 贝壳花 *Molucella laevis*(图 5-31)

科属:唇形科贝壳花属。

别名:领圈花、象耳。

产地分布:亚洲西部。

形态特征:贝壳花是一、二年生草本植物,株高 50~60 cm;茎直立,通常不分枝;小叶对生,呈心脏状圆形;花白色,花期在 6—7 月。

生态习性:贝壳花喜阳光及排水性良好的土壤。

繁殖与栽培:贝壳花用播种的方法进行繁殖,春、夏、秋均可,播种适温为 15~25℃。

园林应用:贝壳花是非常优良的观叶、观花植物,花形奇特,素雅美观,是世界流行的重要插花材料,也可用作盆栽观赏。

图 5-31　贝壳花

32. 金银茄 *Solanum texanum*(图 5-32)

科属:茄科茄属。

别名:看茄、观赏茄、巴西茄。

产地分布:起源于亚洲东南部热带地区。

形态特征:金银茄是一年生草本植物。茎直立,具紫色、浅紫色或绿色,株高约 30 cm;单叶互生;花单生或簇生,花冠具紫色,花径约 1.8 cm;浆果呈卵形,果皮平滑光亮。

生态习性:金银茄喜温,不耐寒,要求土层深厚、保水性强、pH 5.8~7.3 的肥沃土壤。

繁殖与栽培:金银茄以播种繁殖,发芽适温为 28~32℃,于 4 月份定植,栽后应充分灌水。金银茄喜温暖湿润,不耐旱,生长期早、晚浇水两

图 5-32　金银茄

次,高温干旱时每天应浇水 2~3 次,如发现叶片萎蔫,应及时喷叶面水和浇水。夏季中午浇水时,要使水温与土温相近才不会伤根,所以应事先将水晒热以供使用。雨季要注意排水。金银茄好肥,除施足基肥外,平时要薄肥勤施,天天施薄肥也无妨。只有肥水充足才能使植株健壮、叶色翠绿、

繁花似锦、硕果累累。

园林应用:金银茄的果实小巧鲜艳;适于盆栽观赏;布置花坛、花境或庭院栽植。

33. 罗勒 *Ocimum basilicum*(图 5-33)

科属:唇形科罗勒属。

别名:九层塔、气香草、矮糠、零陵香、光明子。

产地分布:原生于亚洲热带地区。

形态特征:一年生草本植物。株高 60~70 cm,植株直立平滑或基本上平滑;全草有强烈的香味,茎呈四棱形,植株呈绿色,有时是紫色;叶对生,呈卵形,叶长 2.5~7.5 cm,全缘或略有锯齿,叶柄长,下面有灰绿色、暗色油胞点;在顶生的穗状轮伞花序上,也间隔生长着总状花,6~8 个

图 5-33 罗勒

花轮生,开白色或微红色小花;果实为小坚果,种子呈卵圆形,小而黑色。种子遇到水分膨大,有黏质包裹。

甜罗勒(Sweet bushbasil):为罗勒属中以幼嫩茎叶为食的一年生草本植物,矮生,栽培最为广泛,在我国也较为常见,能形成紧实的植株丛,株高 25~30 cm,叶片亮绿色,叶长 2.5~2.7 cm,花白色,花茎较长,分层较多。**斑叶罗勒**:株高及其他特性同罗勒,不同点在于茎呈深紫色至棕色、花紫色,叶片具有紫色斑点。**丁香罗勒**:顶生圆锥花序,花冠呈白色。丁香罗勒是提取丁香酚的原料植物,能用以配制香水、花露水,能做成罐头食品、防腐剂和香料、使用于牙科的消毒剂。**矮生罗勒**:此品种植株较为矮小,密生,分枝性比甜罗勒强,叶片很小,花呈白色,种子和其他品种无大区别。**绿罗勒**(Green bushbasil):此品种植株呈绿色,比较适合种植在花盆中,其鲜嫩明快的翠绿色和特殊的芳香气息很受人们欢迎。花多为簇生,整个植株贴地面生长,花的数量很大,形成很小的花簇,花色由玫瑰色至白色,与叶片深绿的颜色形成鲜明的对比,多用作园艺植物。**密生罗勒**(Compact bushbasil):此品种最明显的特征在于能够形成大量的枝条,使整个植株十分繁密,外形成为一个密密的、翠绿色圆球状植株体,比一般的罗勒更适合作观赏植物,可种植在花盆中或放在花瓶中,是一种极佳的绿色草本园艺植物。

常见栽培种(品种):罗勒属植物变种品种繁多。目前常使用的品种大多从国外引进,如下列品种。

生态习性:罗勒喜温暖湿润的生长环境,耐热但不耐寒;耐干旱,不耐涝,对土壤的要求不严格。

繁殖与栽培:罗勒用播种繁殖。一般在 4 月中下旬进行播种。应选择发芽力旺盛的新鲜饱满种子,经筛选、风选和水选除去杂质、细土和瘪粒。营养土及药土的配制总的原则:营养土要具有营养丰富、质地疏松、透气性好、保水力强、酸碱度中性等特点,并且无病原菌、虫卵、杂草种子。播种要选择在晴天的上午进行,将营养土装入播种盘内,用热水或温水浇透。等水渗透后,将出芽的种子均匀播于盘内,上面覆 1 cm 土,盖上塑料薄膜,保温保湿。

园林应用:罗勒叶子芳香,可食用,也可作为草花地被布置园林,颇具野趣。

34. 麦蓝菜 *Vaccaria segetalis*（图 5-34）

科属: 石竹科麦蓝菜属。

产地分布: 除华南地区外,其余各地几乎都有分布。

形态特征: 麦蓝菜是一年生草本花卉,株高 30~70 cm。全株平滑无毛,稍有白粉;茎直立,上部呈二叉状分枝,近基部节间粗壮而较短,节略膨大,表面是乳白色;单叶对生,无柄,叶片呈卵状椭圆形至卵状披针形,叶长 1.5~7.5 cm,宽 0.5~3.5 cm,先端渐尖,基部呈圆形或近心形,稍连合抱茎,全缘,两面均呈粉绿色,中脉在下面突起,近基部较宽;疏生聚伞花序着生于枝顶,花梗细长;花萼呈圆筒状,花后增大呈 5 棱状球形,顶端 5 齿裂;花瓣 5,具粉红色,呈倒卵形,先端有不整齐小齿;蒴果,种子多数,为暗黑色,球形,有明显的疣状突起;花期在 4—6 月;果期在 5—7 月。

图 5-34　麦蓝菜

生态习性: 麦蓝菜喜光,喜排水良好的沙质壤土和黏壤土。

繁殖与栽培: 麦蓝菜以播种繁殖。在北方地区的 4 月中旬播种,按行距 30 cm 开浅沟播种,覆土 1~1.5 cm,播后稍镇压。若土壤干燥,播后需浇水,每亩播种量 1~1.5 kg。苗高 5 cm 时按株距 15 cm 左右间苗。生长期间应经常除草。

园林应用: 麦蓝菜的叶片质地细腻,花色淡粉,随风摇曳,非常具有野趣。适宜布置缓坡或做草花地被。

35. 车前叶蓝蓟 *Echium plantagineum*（图 5-35）

科属: 紫草科蓝蓟属。

产地分布: 原产于欧洲西部和南部。

形态特征: 车前叶蓝蓟是一年生植物,株高 20~60 cm,叶粗糙有毛;穗状花序,长 15~20 mm,花紫色,雄蕊凸出。

生态习性: 喜光,耐高温干旱。

繁殖与栽培: 车前叶蓝蓟以播种繁殖。

园林应用: 夏季开花,适合与其他花卉混播做草花地被。

36. 鬼针草 *Bidens pilosa*（图 5-36）

科属: 菊科鬼针草属。

别名: 三叶鬼针、三叶鬼针草、鬼黄花。

产地分布: 产于华东、华中、华南、西南各省区,广布于亚洲和美洲的热带和亚热带地区。

形态特征: 鬼针草是一年生草本花卉。茎直立,株高 30~100 cm,呈钝四棱形,无毛或上部被

图 5-35　车前叶蓝蓟

极稀疏的柔毛,茎下部叶较小,3 裂或不分裂,通常在开花前枯萎;中部叶,3 出,小叶 3 枚,很少为具 5~7 小叶的羽状复叶,边缘有锯齿;上部叶小,3 裂或不分裂,呈条状披针形。头状花序的直径 8~9 mm,有长 1~6 cm 的花序梗,具黄色;瘦果。

生态习性:鬼针草喜温暖、湿润气候。以疏松、肥沃、富含腐殖质的沙质壤土、黏壤土栽培为宜。

繁殖与栽培:鬼针草以播种繁殖。

园林应用:鬼针草应用于盆栽观赏,或用于布置花坛。

图 5-36　鬼针草

37. 琉璃苣 *Borago officinalis*(图 5-37)

科属:紫草科琉璃苣属。

产地分布:原产于东地中海地区,现欧洲和北美广泛栽培。

形态特征:琉璃苣是一年生草本植物,稍具黄瓜香味。株高 60 cm,被粗毛;叶大、粗糙,呈长圆形;花序松散,下垂;花梗通常为淡红色;花呈星状,具鲜蓝色,有时呈白色或玫瑰色;雄蕊为鲜黄色,5 枚,在花中心排成圆锥形;种子为小坚果,平滑或有乳头状突起;花期在 5—10 月。

生态习性:喜温植物,耐高温多雨,也耐干旱。不耐寒,要求不太贫瘠的土壤。

繁殖与栽培:琉璃苣以播种繁殖。露地栽培一般宜春季播种,保护地栽培可根据需要全年进行。种子为小坚果,种皮较硬,播种前宜用温水浸泡 1~2 天,每天换水,经浸泡后播种,出苗快且整齐。然后将处理过的种子采取穴播,播于整好的苗床中。每穴播种 3~4 粒,每平方米需种 0.5~0.7 g,播后覆细土。

园林应用:花呈星状,花形特别,适合与其他花卉混播做草花地被,颇具野趣。

图 5-37　琉璃苣

38. 花环菊 *Chrysanthemum carinatum*(图 5-38)

科属:菊科菊属。

别名:三色菊。

产地分布:花环菊原产于北非摩洛哥。

形态特征:花环菊为一年生草本植物。茎直立多分枝,株高 30~70 cm,叶二回羽裂;头状花

图 5-38　花环菊

序,花冠有红、粉、黄、白、紫等色,常二、三色呈复色、环状,花期在 6—9 月。

生态习性:性喜凉爽气候,适生温度 15~25 ℃,不择土壤,田园土、微酸性土、沙壤土均能生长。

繁殖与栽培:花环菊以播种繁殖,可以春播,也能秋播。种子采收后,先进行晾晒,除去杂质后,放入 0~5 ℃的冰箱内贮存到播种时再取出。花环菊的种子较小,播种后一般不覆土,但要在苗盆上加盖塑料薄膜,以防止水分流失,并有保温作用。一般来说,种子播种后 7~10 天萌芽,待长出真叶 3~5 片后进行移苗,可以盆栽,也可直接在露地栽植,株行距以 20 cm × 25 cm 为宜。

园林应用:花环菊的花色绚丽且花期长,园林中多用于布置花坛或花境,也能盆栽观赏。

39. 水飞蓟 *Silybum marianum*(图 5-39)

科属:菊科水飞蓟属。

别名:水飞雉。

形态特征:水飞蓟是一、二年生草本花卉,株高 30~200 cm。茎直立,多分枝,被白粉;叶阔而大,边缘有较长的硬刺状大锯齿,具白色花斑;头状花序,花径 3~5 cm,具浅紫色;总苞片硬质,花期在 6—7 月,果期在 7—8 月。

生态习性:水飞蓟原产于南欧、北非、中亚等地区。喜半阴、湿润环境,适宜疏松土壤。

繁殖与栽培:水飞蓟以播种繁殖,对土壤要求不严,在荒原、荒滩地、盐碱地、山地均能正常生长。

园林应用:水飞蓟的叶形、叶色独特,可植于林缘、花境或景石缝隙中。

图 5-39　水飞蓟

40. 一年蓬 *Erigeron annuus*(图 5-40)

科属:菊科飞蓬属。

别名:治疟草。

英文名:herb of annual fleabane,annual fleabane herb。

形态特征:一年生草本植物,株高 80~100 cm,茎直立,下部密被开展的毛;基生叶呈莲座状,广卵形基部下延至叶柄,呈翼状,边缘具齿;头状花序呈半球形,花径 1.5 cm,多数,边花雌性,呈舌状,呈白色或浅蓝色,边花长 1 cm,花期在 7—8 月。

生态习性:原产于北美洲、欧洲,我国也有分布,常生于林下及路旁。喜半阴,耐旱,不择土壤。

繁殖与栽培:一年蓬以播种繁殖,易自播

图 5-40　一年蓬

繁衍。

　　园林应用:一年蓬是野生花卉,可植于林缘、疏林下或药草园。全株可入药。

二、二年生花卉(东北地区作一年生栽培)

1. 金盏菊 *Calendula officinalis*(图 5-41)

图 5-41　金盏菊

　　科属:菊科金盏菊属。

　　别名:金盏花、常春花。

　　英文名:common marigold,potmarigold calendula。

　　形态特征:株高 30~60 cm,全株具毛。叶互生,呈长圆至长圆状倒卵形,全缘或有不明显锯齿,基部稍抱茎。头状花序单生,花径 4~5 cm,甚至 10 cm,舌状花呈黄色,总苞 1~2 轮,苞片呈线状披针形。瘦果弯曲。花期在 4—6 月,果熟期在 5—7 月。金盏菊的种子生活力可保持 3~4 年,多为自花授粉。

　　生态习性:金盏菊生长快,适应性强,对土壤及环境要求不严,但在疏松肥沃的土壤里和日照充足之地生长显著良好。栽培容易,且易自播繁衍。遇干旱时花期延迟。生长快,枝叶肥大,早春应及时分株,并注意通风;喜肥,若缺肥则会出现花小,且多为单瓣,极易造成品种退化;生长期间不宜浇水过多,保持土壤湿润即可,后期应控制水肥。花谢后及时去花梗,以利其他花开放。越夏时植株枯萎,秋凉时又可开花。

　　常见栽培种(品种):园艺品种多为重瓣,重瓣品种有平瓣型和卷瓣型,还有适合做切花的长花茎品种,有播种 10 周可开花的矮品种,还有多种花型、托桂花型。花色淡黄色至深橙色。

　　观赏特性:花色鲜艳,花期长。

　　园林应用:金盏菊在春季开花较早,常供花坛布置、栽植。花后应随时剪除残花,有利于继续生长。但其自初花至盛花末期,植株继续长高,故在花坛设计或养护时,应予注意。近年国内也已作温室促成,供应切花或盆花。

2. 三色堇 *Viola tricolor*(图 5-42)

图 5-42　三色堇

　　科属:堇菜科堇菜属。

　　别名:蝴蝶花、猫儿脸、鬼面花。

　　英文名:pansy。

　　形态特征:株高 15~30 cm。茎多分枝。叶互生,排列紧密,呈圆心脏形;叶缘具钝齿,托叶宿存。花大,单生于叶腋。花瓣 5 片,两侧对称。花色极具变化,有白色、黄色、紫色、红色及复色等。花期在 4—6 月。蒴果,呈椭圆形。果熟期在 5—7 月。种子呈倒卵形。

　　生态习性:三色堇生长势强,喜阳光充足的凉爽环境,不耐酷热和积水。要求肥沃湿润的沙质土,较喜肥,幼苗期特别重要。花后要及时摘除残花,以利继续生长。

常见栽培种(品种):

(1) 园艺品种按花径大小分类:微花型的花径在 2 cm 以下,适于岩石园应用;小花型的花径在 2~4 cm,适合岩石园及悬挂花篮;中花型的花径在 4~6 cm,适合岩石园及花坛;大花型的花径在 6~8 cm,适合花坛及组合盆栽;巨花型的花径在 8~10 cm,适合花坛及盆栽。

(2) 按花色类型分类:斑色系花瓣的基部有较大的深色斑纹;纯色系花瓣单色,无异色斑纹;翼色系花朵的上方有两枚花瓣异色;花脸系花朵的中央沿深色斑纹有 1 圈浅色花纹;花边系花朵的花瓣边缘异色呈花边状。

大花三色堇为 *Viola* × *wittrockiana* 杂交种。

香堇(*V. odorata*):被柔毛,有匍匐茎,花色呈深紫堇、浅紫堇、粉红或纯白色,芳香。2—4 月开花。

角堇(*V. cornuta*):茎丛生,短而直立,花呈堇紫色,品种有复色、白、黄色者,距细长,花径 2.5~3.7 cm,微香。'公主'系列为早生品系,株高约 15 cm,株型紧密,分枝性强,横展约 25 cm,从播种至开花需 70 天,花径 2.5 cm,花色有紫青色、乳白色、黄色等十多种组合色,喜冷凉、全日照。适于小型盆栽、组合盆栽、花坛栽植,也适于压花。

观赏特性:植株低矮紧密,开花早,花色、花姿极富变化,十分引人注目。

园林应用:主要用于冷凉季花坛、盆栽观赏及岩石园的布置,也可配植于园路两旁和草坪边缘,是早春花坛的重要草本花卉之一,尤其适合作花坛造型和镶边之用。宜植于花境、窗台花池、岩石园、野趣园和自然景观区的树下,或作地被以及切花。

3. 雏菊 *Bellis perennis*(图 5-43)

科属:菊科雏菊属。

别名:小白菊、延命菊、春菊。

英文名:true daisy,english daisy。

形态特征:植株矮小,全株具毛,株高 7~15 cm。叶基生,叶片呈匙形或倒生卵形,先端钝;花葶自叶丛中抽出,高出叶面;头状花序顶生,具白、粉、紫、红、洒金等色,筒状花具黄色;花径 2.5~5 cm,舌状花数轮,呈平展放射状;花期在 3—6 月;瘦果扁平,果熟期在 5—7 月。

生态习性:雏菊喜光、冷凉气候,可耐 -3~4℃ 的低温,南方可露地越冬。忌炎热。能耐半阴、瘠薄土壤。在肥沃、疏松、排水良好的土壤中生长良好。夏季开花后,老株分株,加强肥水管理,秋季又可开花。

图 5-43　雏菊

常见栽培种(品种):雏菊有单瓣和重瓣品种,园艺品种均为重瓣类型;有各种花型:蝶形、球形、扁球形;还有大花、半重瓣品种及重花品种——头状花序开谢后从决苞片腋部又抽出几朵小花(实为花序);还有 10 cm 高的 4 倍体矮生品种及斑叶品种。

观赏特性:植株娇小玲珑,花色丰富。

园林应用:雏菊为春季花坛的常用花材,也是优良的种植钵和边缘花卉,还可用于岩石园。在环境条件适宜的情况下也可植于草坪边缘,还可盆栽。

4. 猴面花 *Mimulus hybridus*(图 5-44)

图 5-44 猴面花

科属:玄参科猴面花属(沟酸浆属)。

别名:香沟酸浆。

英文名:muskplant,mustflower。

形态特征:枝条开展而匍匐,密布黏毛。叶呈长椭圆状卵形,具短柄,有锐齿和羽状脉。花具淡黄色,有褐色斑点。花期 5—10 月。

生态习性:猴面花要求半阴环境,喜肥沃湿润土壤。

观赏特性:猴面花有强烈麝香般气味。

园林应用:猴面花可供盆栽观赏,作花坛材料。

5. 石竹类 *Dianthus*(图 5-45)

图 5-45 石竹

科属:石竹科石竹属。

英文名:dianthus。

形态特征:石竹的茎硬,节处膨大。叶呈线形,对生;花大,顶生,单朵或数朵至伞房花序。萼管状,5 齿裂。下有苞片 2 至多枚;花瓣 5,具柄,全缘或齿牙状裂;蒴果呈圆柱形,顶端 4~5 齿裂。

生态习性:石竹喜肥,但瘠薄处也可生长开花。要求干燥、日光充足和通风良好之处。忌潮湿水涝。

常见栽培种(品种):

石竹(*D. chinensis*):株高 30~50 cm,茎直立或基部稍呈匍匐状。单叶对生,呈线状披针形,基部抱茎。花单生或数朵组成聚伞花序;苞片 4~6;萼筒上有条纹;花瓣先端有锯齿,花色呈白色至粉红色,稍有香气。花期 5—9 月。通常栽培的品种均为其变种。

锦团石竹(*D. chinensis* var. *heddewigii*):株高 20~30 cm,茎叶被白粉,花大,径 4~6 cm,色彩变化丰富,具有重瓣品种。

须苞石竹(*D. barbatus*):别名五彩石竹、美国石竹、西洋石竹。株高 60 cm,茎光滑,微有 4 棱,分枝少。叶片呈披针形至卵状披针形,具平行脉。花小而多,密集成头状聚伞花序,花序径达 10 cm 以上;花的苞片先端呈须状;花色有白、红等单色或环纹状复色,稍有香气,花期 5 月上旬,石竹属早花种。代表品种'地毯'株高约 20 cm,早生,小花,单瓣,非常多花,混合色,花色明艳,适合盆钵、花坛栽植。

石竹梅(*D. latifolius*):别名美人草。为前两种的杂交种,形态上也介于二者之间。花瓣表面常具银白色边缘,多复瓣至重瓣,背面全为银白色。有变种(var. *atrococcineus*),花暗红色。

观赏特性:花朵繁密,花色丰富,色泽艳丽,花期长;叶似竹叶,青翠,柔中有刚。

园林应用:石竹用于花坛、花境和镶边布置;也可布置岩石园;花茎挺拔,水养持久,是优良的切花。

6. 金鱼草 *Antirrhinum majus*(图5-46)

科属:玄参科金鱼草属。

别名:龙口花、龙头花、洋彩雀。

英文名:dragon's mouth,snapdragon,common snapdragon。

形态特征:金鱼草的茎基部木质化,株高20~90 cm,微有绒毛。叶对生或上部互生,叶片呈披针形至阔披针形,全缘,光滑。花序总状,小花有短梗;苞片呈卵形,萼5裂;花冠筒状唇形,外被绒毛,基部膨大呈囊状,上唇直立,2裂,下唇3裂,开展,有粉色、红色、紫色、黄色、白色或复色;蒴果呈卵形,孔裂。花期在5—7月;果熟期在7—8月。

图5-46　金鱼草

生态习性:金鱼草较耐寒,喜向阳及排水良好的肥沃土壤;稍耐半阴,在凉爽环境中生长健壮,花多而鲜艳,通常作二年生栽培,华北、东北有作一年生栽培者。品种间容易混杂,引起退化,应注意留种母株的隔离。

常见栽培种(品种):其园艺品种按株高、花色、花型可分成以下几类品种。

(1) 高茎类:株高90 cm以上,做切花用。

(2) 中茎类:株高40~60 cm,可作花境和花坛的背景材料,部分品种可做切花。

(3) 矮茎类:株高15~22 cm,是绿化中重要的边缘材料,也适于成片群植。

(4) 蔓生类:藤本品种,适合作悬挂盆栽。

(5) 重瓣品种:大花、矮茎,可作盆栽观赏。

观赏特性:植株挺直,可以形成很好的竖线条。花色浓艳丰富,花形奇特。

园林应用:金鱼草适群植于花坛、花境,与百日草、矮牵牛、万寿菊、一串蓝等配置效果尤佳,或与郁金香、风信子等球根花卉混植以延长花期。高中型做切花及花境栽植;中矮型用于各式花坛。促成栽培,可作冬春的室内装饰。矮型品种已广泛用于岩石园和窗台、花池或其边缘种植。

7. 香雪球 *Lobularia maritima*(图5-47)

科属:十字花科香雪球属。

别名:庭荠、小白花。

英文名:sweet alyssum。

形态特征:株高20~30 cm,多分枝匍生,全株

图5-47　香雪球

被白色柔毛。叶呈披针形或线形,叶互生,全缘。总状花序顶生,小花多数密集呈球形;花色呈白色或淡紫色,花径约 0.2 cm,具细长花梗,微香。花期在 3—6 月,果熟期在 5—8 月。短角果扁而近圆形。种子扁平。

生态习性:香雪球喜柔和光照,忌炎热;喜冷凉、干燥的气候,要求疏松、肥沃及排水良好的土壤。能自播。

常见栽培种(品种):园艺品种较多。'小圆帽'系列为极早生品种,植株紧密、整齐,株高 8~10 cm,花朵小而密集,呈半圆形,色彩鲜明、柔和,开花整齐一致,花期长,花坛表现优异。花色有浓粉红色、浓桃红色、浅紫色、紫红色、特选混合色。

观赏特性:植株匍匐地面,花开一片。

园林应用:耐干旱,为优美的岩石园花卉,宜作小面积的地被花卉或花坛、花境边缘、路边布置,也可供盆栽或窗饰。

8. 二月兰 *Orychophragmus violaceus*(图 5-48)

科属:十字花科诸葛菜属。

别名:诸葛菜。

英文名:violet orychophargmus。

形态特征:二月兰的全株光滑无毛,株高 30~60 cm。叶无柄,基部有叶耳,抱茎;基生叶为羽状分裂,茎生叶呈倒卵状长圆形,边缘有波状锯齿。花呈紫色,直径 3 cm,为疏总状花序。果实为长角果,有 4 棱。花期在 4—6 月。

生态习性:二月兰生于平地或树荫下,叶形大或在树荫下呈羽状深裂叶。花初开时紫色,后变成白色。

观赏特性:花成片聚生。

园林应用:二月兰是早春开花的良好林下地被。

图 5-48 二月兰

9. 虞美人 *Papaver rhoeas*(图 5-49)

科属:罂粟科罂粟属。

别名:丽春花、蝴蝶花、赛牡丹、小种罂粟花、蝴蝶满春园和舞草。

英文名: European corn poppy,corn poppy。

形态特征:茎直立,株高 40~80 cm,全株被糙毛。叶互生,为羽状深裂,裂片呈披针形,叶缘具粗锯齿。花单生枝顶,花梗长;花蕾卵球形下垂,开放时挺立;花萼 2,绿色,具刺毛早落;花瓣 4,近圆形,质薄如绸;花色有红、紫、粉、白等色,有的具色斑,花期在 5—6 月。蒴果呈截顶球形。

生态习性:喜阳光充足及凉爽通风环境,忌炎热多雨,稍耐寒。根系深长,不耐移植,要求深厚、肥沃、排水良好的沙质壤土。自播能力强。

图 5-49 虞美人

　　常见栽培种(品种):同属的有冰岛虞美人(*P. nudicaule*):又名冰岛罂粟,多年丛生草本花卉。叶基生,花单生,花葶上无叶,株高 30~60 cm,花瓣白色而基部黄色或花瓣黄色而基部具绿黄色,栽培品种为橘红色,有芳香。其变种山罂粟(*P. nudicaule var. chinensis*),花瓣 4,橘黄色。

　　东方罂粟(*P. orientale*),又名大花虞美人,多年生草本花卉作二年生栽培。茎粗壮,株高 1 m左右,叶为羽裂,花径 10~20 cm,花瓣 6,栽培品种多为重瓣,花色一般为鲜红色,亦有白色、粉色及复色者。

　　观赏特性:虞美人的叶为羽状深裂,质感柔中有刚,鲜绿色。花梗细长,高出叶面,顶生花蕾初时下垂,渐渐抬头,绽放出各色浅杯状花冠;花梗、花蕾及开花过程本身就具有观赏性;花色极为丰富,薄薄的花瓣具有丝质光泽,微风吹过,花梗轻轻摇曳,花冠随之翩翩起舞,故有舞草之称。

　　园林应用:花色艳丽,姿态轻盈动人,是极美丽的春季花卉。可惜不宜移植,因此园林布置常感不便。可与其他花卉搭配,直播于花境或花丛地段,也可与其他茎叶稀疏、早春开花的球根花卉混植,以虞美人的叶丛衬托球根花卉;当虞美人开花时,又可掩饰球根花卉开花后的残枝败叶。还可作插瓶切花。

　　10. 花菱草 *Eschscholtzia californica*(图 5-50)

　　科属:罂粟科花菱草属。

　　别名:金英花、人参花。

　　英文名: California poppy。

　　形态特征:株高 30~60 cm。茎多分枝,或开展散生。叶基生,多回 3 出羽状细裂。花单生于枝顶,有长梗;花瓣有单瓣、半重瓣、重瓣 3 种类型;花色有纯黄、橘红、浅粉等色。花期在 4—6月份。蒴果,有棱,内含多粒种子。

图 5-50　花菱草

　　生态习性:花菱草喜冷凉、干燥气候,不耐湿热,炎热的夏季处于半休眠状态,常枯死,秋后萌发;肉质直根,怕涝,宜用排水良好、深厚疏松的土壤;喜阳光充足。能大量自播繁衍。

　　常见栽培种(品种):'丽春系列':株高约 40 cm,株型紧密,分枝性强,植株宽约 60 cm。单瓣,大花,花径约 6 cm。9—10 月播种,4—5 月开花;在温带地区,2—3 月播种,6—7 月开花。

　　观赏特性:花菱草的花朵繁多,十分光亮,在阳光下开放,阴天或夜晚闭合。

　　园林应用:花菱草茎叶嫩绿,花色绚丽,花朵繁多;中午盛开时遍地锦绣,为美丽的春季花卉。最适沿小路作带状栽植、花境或草坪丛植及坡地覆盖等,也有的做切花及供盆栽观赏。

　　11. 羽衣甘蓝 *Brassica oleracea var. acephala*(图 5-51)

　　科属:十字花科甘蓝属。

图 5-51　羽衣甘蓝

别名:花包菜、叶牡丹、彩叶甘蓝。

英文名:ornamental kale。

形态特征:株高 30~40 cm,抽薹开花时连花序可高达 2 m。叶矩圆状倒卵形,宽大,长可达 20 cm,被白粉;叶柄粗而有翼,着生于短茎上;外部叶片呈粉蓝绿色,内叶叶色极为丰富,有紫红、粉红、白、牙黄等色。总状花序顶生,有小花 30 余朵,花期 4 个月。长角果呈圆柱形。

生态习性:喜光,喜凉爽气候,生长适温 18~20℃。极好肥,喜肥沃土壤。

常见栽培种(品种):园艺品种按叶型可分为皱叶型、锯齿叶型(孔雀型)、圆叶(波叶型)型。

(1) 皱叶型:叶片高度皱褶,排列紧密,为传统品种。株型为莲座型,用于花坛和盆栽,其叶色分为红紫类(植株中间紫红色,外围叶片深绿色)、黄白类(中间叶片白或浅黄色,外围叶片绿色)。

(2) 圆叶(波叶)型:叶片平整或略波折,排列紧密。其株型又分为两种:莲座型和切花型。莲座型,叶基生,排列紧密,无地上茎。切花型,是具地上茎的高性种类,叶色也分为红紫类、黄白类,株型为玫瑰杯型。'红寿'为杂交一代品种,高性切花用,着色叶呈红色,植株整齐,也可用于花坛中央或作背景用。

(3) 锯齿叶型:叶片呈羽状深裂,也叫作羽叶型。叶基生,排列紧密,无地上茎,叶色也分为红紫类和黄白类。有切花用的('红簪''白簪',株高 50~60 cm。)和花坛、盆花用的('珊瑚'系列、'孔雀'系列)品种。

观赏特性:羽衣甘蓝的叶大而肥厚,叶色丰富。

园林应用:羽衣甘蓝的株型丰满整齐,酷似牡丹花形,叶色亮丽,是丰富冬季和早春花坛不可多得的材料,也是盆栽观叶佳品。有些高型品种还是新型切花用材。

12. 红叶甜菜 *Beta vulgaris* var. *cicla*(图 5-52)

科属:藜科甜菜属。

别名:火焰菜、红厚皮菜。

英文名:leaf beet。

形态特征:此种是叶用甜菜的观赏性品种。株高 30~40 cm。叶片宽大,呈长卵形,具粗长叶柄,略肥厚,呈红褐色,有光泽。以观赏叶片为主,观叶期在 2—4 月。花小,不明显,呈黄绿色。

生态习性:红叶甜菜耐寒,以栽培于阳光充足的温暖环境处的叶色最美丽。要求栽培的土壤肥沃疏松,排水良好。忌酷暑,性强健。

观赏特性:红叶甜菜生长强健,叶色美丽,是冬春花坛配色不可多得的观叶植物材料。

图 5-52　红叶甜菜

园林应用:红叶甜菜可陪衬花坛、花径,或盆栽作室内装饰。根含糖,可作饲料。

13. 高雪轮 *Silene armeria*(图 5-53)

科属:石竹科蝇子草属。

别名:捕虫瞿麦、美人草、捕虫抚子、小町草。

英文名:sweet william catchfly。

形态特征:高雪轮的株高 30~60 cm,茎被白霜,上部有一段具黏液;叶对生,呈卵状披针形,呈灰绿色;复聚伞花序、顶生,具总花梗,小花密集成团;花瓣具淡红色、玫红色、白色或雪青色,花径约 1.8 cm;花期在 5—7 月;蒴果呈椭圆形,种子呈肾形,具瘤状突起。

生态习性:高雪轮耐旱,喜温暖但忌高温、多湿。

繁殖与栽培:播种与扦插繁殖,播种以春及秋冬为适期。

园林应用:高雪轮以观花为主。可作切花或布置花境。

图 5-53　高雪轮

14. 风铃草 *Campanula medium*(图 5-54)

科属:桔梗科风铃草属。

别名:钟花、瓦筒花。

英文名:bellflower,canterbury bell。

产地分布:风铃草原产于北温带、地中海地区和热带山区。

形态特征:风铃草是二年生草本花卉。株高约 1 m,多毛。莲座叶呈卵形至倒卵形,叶缘呈圆齿状波形,粗糙;叶柄具翅;茎生叶,小而无柄。总状花序,小花 1 朵或 2 朵茎生;花冠呈钟状,有 5 浅裂,基部略膨大,花色有白色、蓝色、紫色及淡桃红色等。花期在 4—6 月。

生态习性:有许多栽培观赏种类;喜夏季凉爽、冬季温和的气候;喜疏松、肥沃、排水良好壤土。

繁殖与栽培:风铃草以播种繁殖。当种子成熟后立即播种,第 2 年植株可以开花。如秋凉再播,多数苗株要到第 3 年春末才开花。

园林应用:风铃草适于配置小庭园作花坛、花境材料。主要用作盆花,也可露地用于花境。

图 5-54　风铃草

15. 毛蕊花 *Verbascum thapsus*(图 5-55)

科属:玄参科毛蕊花属。

别名:一炷香、大毛叶、龟与箭、楼台香、牛耳草、虎尾鞭、海绵薄、毒鱼草。

英文名:common mullein。

产地分布:毛蕊花原产于我国新疆,南欧、俄罗斯西伯利亚也有。

形态特征:毛蕊花是二年生草本花卉,茎直

图 5-55　毛蕊花

立,株高 1~1.7 m。全株密被黄色绒毛与星状毛。基生叶,呈倒披针状长圆形;茎生叶渐缩小呈长圆形,基部下延长为狭翅。穗状花序顶生,花冠具黄色。蒴果呈卵圆形,种子多数,细小,粗糙。全草含挥发油,芳香植物。

生态习性:生长健壮,喜排水良好的石灰质土壤,忌炎热、多雨气候和冷湿、黏重土壤。

繁殖与栽培:毛蕊花常作二年生植物栽培,初秋播种,翌年开花。在夏季干燥凉爽的地区,则作多年生植物栽培。

园林应用:花朵密集,组成大型挺直花序,甚为壮观。适宜作花境材料,也可群植于林缘隙地。

16. 续随子 *Euphorbia lathyris* (图 5-56)

科属:大戟科大戟属。

别名:千金子、小巴豆。

英文名:caper spurge,moleplant。

形态特征:续随子是二年生草本花卉,全体含有白色乳汁,株高 60~100 cm,茎直立,粗壮,无毛,多分枝;茎下部的叶密生,呈条状披针形,无柄,全缘;茎上部的叶交互对生,呈卵状披针形,先端锐尖,基部呈心形而多为抱茎。叶腋处具小分枝。总状花序顶生,有 2~4 梗呈伞状,基部有 2~4 片叶,轮生,每伞梗又具数回叉状分枝。花期在 6—7 月,果期在 7—9 月。

生态习性:续随子喜阳、耐旱,对土壤要求不严。

繁殖与栽培:播种繁殖。

园林应用:续随子主要用于花境的栽培,也可用于岩石园或药草园。

图 5-56　续随子

17. 月见草 *Oenothera biennis* (图 5-57)

科属:柳叶菜科月见草属。

别名:夜来香。

英文名:common evening primrose。

形态特征:月见草是二年生草本花卉,也可作一年生花卉栽培,株高达 1.2 m,直立,多分枝。全株被毛,叶呈倒披针形至卵圆形。花常 2 朵着生于茎上部叶腋,花瓣 4 枚,具黄色,傍晚开放,香气宜人。蒴果呈圆柱形,种子细小。花期在 6—9 月,在夜间开放,果期在 8—9 月。

生态习性:月见草的适应性强,对土壤要求不严,耐瘠薄土壤,抗旱。

繁殖与栽培:播种繁殖为主。种子播于露地苗床或直播于绿化用地,保温保湿,1 周左右即可萌发,也可在秋季播种。

园林应用:花夜晚开放,香气宜人,适于点缀夜景;配合其他绿化材料,用于园林、庭院、花坛及路旁绿化。

图 5-57　月见草

18. 矮雪轮 *Silene pendula* (图 5-58)

科属:石竹科蝇子草属。

产地分布：原产地中海地区，现广泛栽培。

形态特征：矮雪轮是二年生草本花卉。株高 30 cm，全株具白色柔毛，上部具腺，多分枝；茎自基部有外倾性，呈半匍匐状；叶对生，茎上部叶呈长椭圆形或披针形，基部渐狭成柄，全缘，两面密生白色柔毛和腺毛；花腋生，有短梗，腋生或疏生于茎顶，组成单岐聚伞花序，花瓣呈倒心脏形，先端二裂，具粉红色，栽培种中花色较多，有白色、淡紫色、浅粉色、玫瑰色等，萼筒长而膨大，筒上有紫红色筋，花期 5—6 月；子房呈卵形，蒴果呈卵形。

生态习性：矮雪轮耐寒、喜光、肥。在含有丰富腐殖质、排水良好而湿润的土壤中生长良好。

繁殖与栽培：种子繁殖，9 月初播种，入冬前移植于有防寒设备的冷床，翌年春季移植于露地，因属半匍匐性，故宜及早定植花坛。

观赏特性：植株矮生密集，开花繁茂，花后膨大萼筒仍十分美丽。

园林应用：矮雪轮是布置花坛和花境的好材料。矮生品种是点缀居室、岩石园和艺术花坛的理想材料。

图 5-58　矮雪轮

19. 蛾蝶花 *Schizanthus pinnatus*（图 5-59）

科属：茄科蛾蝶花属。

别名：蝴蝶花、平民兰、荠菜花、蛾蝶草。

产地分布：原产于南美智利。

形态特征：蛾蝶花是一、二年生花卉。植株有细毛。叶互生，为 1~2 回羽裂。株高 20~40 cm，总状花序顶生，小花较多；花瓣深裂开展，下部花瓣常呈紫色或雪青色；上部花瓣颜色较浅；中部花瓣基部有黄斑，并有青紫色斑点。花期 4—6 月。

生态习性：蛾蝶花喜凉爽、温和环境，耐寒力不强，忌高温、多湿。

繁殖与栽培：蛾蝶花以播种繁殖。春播夏季开花，发芽适温：15~20 ℃。秋播春季开花，生长适温：15~25 ℃。种子有嫌光性，播后须覆细土，保持适当温度，经 10~15 天发芽，幼苗经肥 1~2 次，苗高 10~15 cm 时再移植于花盆或花坛中。栽植：土质以含有机质肥沃的沙质壤土或腐叶土为佳。盆栽用 10~15 cm 径盆。花坛株距 30~40 cm。排水力求良好，日照需充足，冬季宜在温室种植，定植成活后摘心 1 次，以促多分枝，花谢后将谢花剪除，促发新枝再开花。

图 5-59　蛾蝶花

园林应用：花形酷似飞舞的蝴蝶，故名蛾蝶花。是优良的早春花坛材料，也可室内盆栽观赏或做切花。

20. 古代稀 *Godetia amoena*（图 5-60）

科属：柳叶菜科山字草属。

别名：送春花、送别花、晚春锦。

产地分布：原产于北美西部。

形态特征：古代稀是二年生草本花卉，株高
30~60 cm。多分枝,直立型。叶互生,呈条形至
披针形,形如柳树叶,常有小叶簇生于叶腋。花
芽直立,于初夏形成,萼裂片连生,在花开放后屈
向一边;花单生或数朵簇生在一起,成为简单的
穗状花序,花瓣 4 瓣,或白瓣红心,或紫瓣白边、
粉瓣红斑等,极富变化,花期春末夏初,花后结蒴
果,种子细小,容易散失。

图 5-60　古代稀

生态习性：古代稀喜光、冷凉气候,忌酷热和严寒。适于夏季凉爽地区种植。喜排水良好而
肥沃的沙质壤土。

繁殖与栽培：古代稀在秋季播种,气候温暖的地区可露地播,在寒冷地区可温室育种。

园林应用：古代稀可成片种植于花坛、花境。因植株匍匐生长,花芽直立,花朵离地面比较近,
盛开时,如同铺上地毯,非常艳丽,为初夏花坛、花境栽植的好材料。此外,还可盆栽,用于装饰会
场、阳台、窗台等处。高茎种可做切花,或做各类花坛的背景。

21. 龙面花 *Nemesia strumosa*（图 5-61）

科属：玄参科龙面花属。

产地分布：原产于南非。

形态特征：株高 30~60 cm,多分枝。叶对生,
基生叶呈长圆状匙形、全缘,茎生叶呈披针形。
总状花序着生于分枝顶端,长约 100 cm,伞房状。
基部呈袋状。色彩多变,有白、淡黄白、淡黄、深
黄、橙红、深红和玫紫等色;喉部呈黄色,有深色
斑点和须毛。花期在春夏。

生态习性：龙面花不耐寒,喜光照充足的温
和气候,忌夏季酷热,要求疏松、排水良好而富含
腐殖质的土壤。

图 5-61　龙面花

繁殖与栽培：播种繁殖。播种时间:8 月下旬
至 9 月上旬。春节上市的 8 月上中旬播种。发芽适温 20~25 ℃。每平方米播 0.8~1 g,约可育成
苗 2 000 株。播后 7~10 天出苗。育苗注意点:苗床播前或播后要浇足水,播后浇水要喷细雾或
隔遮阳网喷浇;出苗前要保持苗床湿度;出苗前为保湿降温可在苗床上方盖网遮阴,出苗后必须
全光照管理;苗期施肥 2~3 次;肥料为浓度 0.05%~0.1% 的 45% 高浓复合肥或尿素,或稀释 20 倍
左右的饼肥水。3~4 对真叶时分苗。分苗时应剔除细弱苗、高脚苗。分苗后用 40% 遮阳网遮阴
4~5 天,早盖晚揭,缓苗后全光管理。6~7 对叶时摘心一次。摘心时仅摘去未展开或刚展开的一
对大叶及生长点,注意防止假摘心,只掐去了叶片,而没有摘去生长点。分枝刚满钵时立即上盆,

上盆深度为略盖过原土坨。上盆后的浇水应把握"见干见湿"原则,即两次浇水之间必须有一个盆土变干过程。干的程度以土表发白为准。

龙面花如果叶色发紫,说明温度、湿度偏低;如果叶色变浅,呈浅绿色,同时节间变长,说明温度、湿度偏高,或光照偏弱,应注意及时调节。

优质盆花的株型和长相是:株型矮壮丰满;叶片舒展、浓绿;分枝多而坚挺;花茎粗壮,花序紧凑。应注意适当稀播,及时分苗、摘心、上盆、拉盆,加强通风。

常见栽培种(品种): 多花龙面花(*N. floribunda*),彩色龙面花(*N. versicolor*)等。

园林应用: 花形奇特、别致,花美色艳,高茎大花种可做切花,矮种适于盆栽,或用于花坛。

22. 涩荠 *Malcolmia africana*(图 5-62)

科属: 十字花科涩荠属。

英文名: virginian stock。

产地分布: 原产于地中海。

形态特征: 涩荠是二年生草本花卉。株高 8~35 cm,密生单毛或叉状硬毛;茎自基部分枝,直立或呈铺散状。基生叶和茎下部的叶有柄,叶片呈长圆形或近椭圆形,边缘具波状齿或近全缘;叶柄长 5~10 mm 或近无柄。总状花序顶生,有花 10~30 朵,疏松排列;萼片呈长圆形,花瓣 4,花色有白色、粉红、紫红、紫色。长角果呈圆柱形或近圆柱形。种子呈长圆形,浅棕色。花果期在春夏。

图 5-62　涩荠

生态习性: 涩荠喜温和凉爽气候,耐寒,喜全光照,但在半阴条件下也可生长良好,微酸至微碱性土壤(pH6.1~7.8)均可,对水分需求不高。

繁殖与栽培: 涩荠以种子繁殖。最好直播,对土壤要求不严。

园林应用: 植株低矮,能迅速覆盖地面,并很快开花,整齐,开花量大,具有丰富多变的色彩。涩荠的小花还有淡淡的清香,盛花时香飘可达数里,特别适合于自然式园林中应用,如布置岩石园或花境前缘,还可作花坛、地被等。

23. 五色菊 *Brachycome iberdifolia*(图 5-63)

科属: 菊科雁河菊属。

英文名: brachycome。

产地分布: 原产于澳大利亚。

形态特征: 株高约 20 cm,多分枝;叶互生,为羽状分裂,裂片呈条形;头状花序,花径约 2.5 cm,单生花葶于顶端或叶腋。盘心花两性、黄色。舌状花一轮单瓣,有蓝色、白色、粉色。花期在 5—6 月。

生态习性: 耐寒性弱,也不耐酷暑高温,适生于干燥向阳环境,要求排水良好的土壤。

图 5-63　五色菊

繁殖与栽培：以播种繁殖。种子发芽需光，覆盖一层薄薄的土，不覆土也可，放在有光的地方。发芽最适温度为 18~22℃，如温度低，可以在盆口盖一层保鲜膜保温，同时也保湿，发芽天数 12~16 天。

园林应用：五色菊适用于花坛边缘，亦可作盆花、切花。

24. 香豌豆 *Lathyrus odoratus*（图 5-64）

科属：豆科山黧豆属。

英文名：sweetpea。

产地分布：原产于意大利西西里岛。

形态特征：香豌豆是二年生蔓性攀缘草本花卉。株高 1~2 m。茎有翼，被粗毛。羽状复叶，基部 1~2 对小叶正常，上端小叶变成卷须，3 叉状。总状花序具长梗，着花 2~4 朵，花呈蝶形，芳香，花色丰富。花期在 5~6 月。

生态习性：喜冬暖、夏无酷暑的气候条件，宜作二年生花卉栽培。喜日照充足，也能耐半阴，过度庇荫造成植株生长不良。要求疏松肥沃、湿润而排水良好的沙壤土，在干燥、瘠薄的土壤上生长不良，不耐积水。

图 5-64　香豌豆

繁殖与栽培：用播种繁殖。发芽适温 20℃，生长适温 15℃左右。南方可露地越冬，可耐 -5℃ 的低温，盛夏到来之前完成结实而死亡。生长季阴雨天多时，观赏效果不好。要求通风良好。

园林应用：香豌豆的花期长，花芳香，花色艳丽，可设支架攀缘布置，又是良好的切花。

25. 牛蒡 *Arctium lappa*（图 5-65）

科属：菊科牛蒡属。

别名：恶实、大力子。

英文名：burdock。

产地分布：产于我国各地。韩国、朝鲜、日本及欧洲也有分布。

形态特征：牛蒡是二年生草本花卉，株高 100~200 cm。根肉质，基生叶丛生，叶呈三角状卵形，叶长 16~50 cm，宽 12~40 cm，具小刺尖，边缘具波状或具细齿，背面密被白色毛。头状花序

图 5-65　牛蒡

簇生或成伞房状，花冠具红色、呈管状，先端 5 裂，花期在 7—9 月，果期在 9—10 月。

生态习性：生于林下及路旁，喜半阴、湿润环境，适宜肥沃、疏松土壤，耐寒、耐热性颇强。

繁殖与栽培：以播种繁殖，在中国多为露地栽培，栽培季节一般为春秋两季。秋季栽培在 10~11 月上旬；春季在 3~5 月中旬；盖地膜的可在 3 月份；露地栽培在霜冻结束之后。

园林应用：牛蒡叶片巨大、奇特，可植于林下、林缘及药草园。全株可入药。

三、多年生作一二年栽培

1. 非洲凤仙 *Impatiens walleriana*（图 5-66）

科属：凤仙花科凤仙花属。

别名：玻璃翠、温室凤仙、洋凤仙。

英文名：Africa touch-me-not，zanzibar balsam，patient luck。

形态特征：茎肉质，呈半透明，粗壮，多分枝，株高 15~60 cm。叶互生，上部近对生，呈披针状卵形，尾尖状，锯齿明显。花两性，单生于顶端或上部叶腋；多花性；花瓣 5，平展，有距花冠；花色有白色、桃红色、玫瑰红色、深红色、雪青色、淡紫色、橙红色及复色；花期在春秋较盛，几乎全年开花。蒴果，种子细小。

图 5-66　非洲凤仙

生态习性：性耐阴，适于在日照不足处栽培，半日照或 60%~70% 日照最佳，苗期易于散色光下生长。不耐寒，喜温暖湿润；忌高温多湿，不耐旱，怕水涝。生育适温为 15~28℃，32℃以上呈休眠状态。适生于深厚、疏松、肥沃、排水良好的沙质壤土。通风不良易生白粉病。重瓣花类的非洲凤仙约有 25% 为完全重瓣，75% 为半重瓣至单瓣花，重瓣花植株更强健，株高 30~35 cm，基部分枝性好，可稍加摘心。

常见栽培种（品种）：园艺品种'音乐'系列杂种一代是花色最多、最完整的非洲凤仙，有 24 种花色，包括单色及星状变色；大花，花径 4~5 cm，多花，花期长，株型紧密、整齐，株高 20~25 cm，基部分枝性强，横展性佳；适于盆栽、花坛栽植。花色有淡粉红色浓桃红心、粉白色浓红心、酒红色、洋红色、珊瑚红色、深酒红色、深粉红色、淡紫色、紫红色、浓橙红色、粉红色、红色、桃红色、鲑红色、鲑粉红色桃红旋涡状边缘、绯红色、浓紫红色和纯白色，酒红色白色星条、橙红色白色星条、红色白色星条、桃红色白色星条和紫红色白色星条，星条系混合、单色系星色系特选混合。

'展览'系列为杂交一代种，株高 25~30 cm；巨大花，花径 5~6 cm，16 种颜色，多花，花期长；基部分枝性强，株型茂盛，叶浓绿色，不需摘心，生育强健；在半日照或全日照下均生长良好。适合花坛、吊篮、展示场所的景观配置。花色有橙色、酒红色、樱桃红色、乳白色鲜桃红色条纹、浓橙红色、紫红色、淡桃色浓桃红色边缘、粉红色、浓红色、浓桃红色、鲑红色、淡紫藤色、鲑桃红色、鲜鲑橘色，纯白色和混合色。

'旋涡'系列杂交一代种是新型旋涡状双色花，花色独特，花径约 4 cm，浓绿色叶片。花色有淡珊瑚色、浓珊瑚红色边缘、淡鲑红色、浓鲑红色边缘、淡桃红色和浓桃红色边缘。

'小精灵'系列杂交一代是世界上广泛应用的品系之一，极早生，植株紧密，基部分枝性好，株高 20~25 cm；大花花径约 4 cm，花色丰富，23 种颜色，多花，花期长，生育旺盛，适于盆栽、花坛，表现优良。

'闪耀'系列为杂交一代种，株高 20~25 cm，株型紧密、整齐，叶浓绿色，花坛表现极为耀眼；耐阴性强，适于半阴场所栽植；巨大花，花径 5~6 cm，花期长，花色丰富，21 种颜色，适于盆栽、花坛应用。

重瓣类'绣球'品系,重瓣率高,花径 2.5~3 cm,有粉红色、红橙色、桃红色和各色混合,适于盆花、吊钵栽植。'旋转木马'品系,发芽率高,早开花,多花;株型紧密,分枝性好,植株整齐和重瓣率较其他品种高;适于盆栽、吊钵栽培;其红色重瓣率特高,约 40% 重瓣花,其余为半重瓣,花色鲜艳;混合色有 25%~30% 为重瓣花,其余为半重瓣种,有红色、白色、鲑红色、橙红色和各色混合。'维多利亚'品系均为完全半重瓣类型,桃红色,花瓣边缘稍呈波浪状,似玫瑰花,多花性,盆栽、花坛栽培表现优良。

观赏特性: 植株矮小、分枝多、花团锦簇、花期持久、色彩艳丽。

园林应用: 花型有单瓣、重瓣,植株有高生及矮生品种。适用于花坛、盆栽或吊盆栽培。

2. 四季秋海棠 Begonia semperflorens(图 5-67)

科属: 秋海棠科秋海棠属。

别名: 瓜子海棠、洋秋海棠、蚬肉海棠、四季海棠、玻璃翠。

形态特征: 茎光滑,肉质多汁且分枝多。叶互生,呈卵圆形;叶色因品种而异,有绿色、古铜色或深红色,并具光泽。花为聚伞花序,腋生或顶生;花单性,雌雄异花同株;花色丰富,有白色、红色、粉红色及双色等。蒴果,种子极其细小。

生态习性: 喜温和、湿润、略阴环境;夏季不耐高温、干旱及强日光直射;冬季不适应低温和积水。栽培土要求排水良好,富含腐殖质,偏酸性(pH 5.5~6.5)。

图 5-67　四季秋海棠

常见栽培种(品种): 园艺品种'舞会'系列为杂交一代种,有绿叶和铜色叶两种,方便花坛配色。早生,巨大花,多花,株高约 30 cm,生长强健、快速、耐候性好,适于花坛、草花袋植,特别适于大型花坛和公园布置。绿叶系有绯红色、纯白色花;铜色叶系有绯红色、粉红色、白色花;各种混合色花。

'翡翠'系列为杂交一代种,大叶形,叶色浓绿;早生大花,花径约 2 cm;植株紧密,株高 15~20 cm,适于花坛及草花袋苗。花有粉红色、红色、白花镶红边(株型紧密,小叶多花)、鲑菊色、鲑红色、白色(大花植株半球形)、各种混合色。

'天使'系列为绿叶杂交一代种,极早生,大花,花径 2~2.5 cm。植株紧密而茂盛、整齐,花期一致;株高 20~25 cm,基部分枝性好,多花,生育季节花开不断。气候适应广,耐热,有 10 种花色及混合色。绿叶,花有珊瑚色、粉红色、胭脂红色、绯红色、白色、浓桃红色、桃红色、鲑红色、浅粉红色、各种混合色。

'安琪'系列为铜色叶系杂交一代种,是'天使'系列的姐妹系,便于花坛配色,两种叶色是景观配置的最佳组合。有 6 种花色和组合色。粉红色、白色、浓桃红色、桃红色、绯红色、各种混合色。

'前奏曲'系列为绿叶杂交一代种,中叶型,叶色鲜绿,株型紧密,株高 20~25 cm,植株整齐,大花,花径 2~2.5 cm。耐热、耐雨,花期长,适于景观应用及花坛、盆栽、草花袋栽培。花色有白花镶珊瑚色红边、珊瑚红色、粉红色、绯红色、白色、桃红色和混合色。

'鸡尾酒'系列为深铜色叶,株型紧密,株高 15~20 cm,花径约 2.5 cm,花色鲜明,花色有淡粉红色、桃红色、白色滚红边、浓红色(多花、耐暑)、纯白色(耐暑、耐雨,生育强健)和各色混合。

观赏特性:植株低矮,花色繁茂,花期持久。

园林应用:广泛应用于组合各种花墙、花柱等绿化装饰造型,具有很大的市场需求,是值得大力推广的经济观赏花卉。园艺品种多。

3. 长春花 *Catharanthus roseus*(图 5-68)

科属:夹竹桃科长春花属。

别名:日日草、山矾花、日日春。

英文名:whiteflower periwinkle,madagascar periwinkle。

形态特征:茎直立,基部木质化。株高 30~60 cm,矮生种为 25~30 cm。叶对生,呈长圆形,基部呈楔形,具短柄,浓绿色而有光泽。花单生或数朵腋生,花筒细长,约 2.5 cm,花冠裂片 5,呈倒卵形,花径 2.5~4 cm;花色有蔷薇红色、纯白色、白色而喉部具红黄斑等;萼片呈线状,具毛,蓇葖果,长 2.5 cm,有毛。花期从春至深秋。

生态习性:长春花喜湿润沙质土壤。要求阳光充足,但忌干热,故夏季应充分灌水。对土壤要求不严,但不适宜盐碱地种植,而在含腐殖质丰富的沙质壤土中生长最好,置略阴处开花较好。

图 5-68　长春花

常见栽培种(品种):园艺品种'热浪'为早生种,较其他品种早 7 天开花,花径 4~5 cm;株型美,株高 30~35 cm,基部分枝性好;根系强健,耐旱、耐热性佳;适于盆栽、花坛栽培。有浓桃红色、紫粉红色 / 紫红心、紫粉红色 / 黄心、白色 / 桃红心、粉红色 / 黄心、白色 / 粉红心和各色混合。'小雅'系列株高 20~25 cm,花型佳,花径 4~5 cm;适于盆栽、花坛。

'清境'系列为直立性品种,株高 25~35 cm,株型紧密,叶色浓绿,分枝性好,不需摘心;花瓣大而圆似非洲凤仙,花径 4~5 cm;株型紧密、整齐,在株型外观、大小、花期、花型、花色、花的大小都非常整齐一致;其花色最为丰富,有淡桃色 / 浓红心、纯白色、紫桃红色 / 浓红心、浅粉红色、紫红色 / 白心、白色红心、粉红色、浓红色、浓桃红色、淡桃色 / 红心和混合色。耐热耐旱性强,不耐雨和冷凉气候,适于夏季高温季节花坛、盆栽应用。

观赏特性:花期较长,开花繁茂,色彩艳丽。

园林应用:长春花病虫害少,抗污染。多布置于花坛、花境;尤其矮性种,株高 25~30 cm,全株呈球形,且花朵繁茂,栽于春夏之花坛尤为美观。可盆栽观赏。北方也常盆栽作温室花卉,可四季赏花。切花水养持久。白花长春花全草含长春花碱,为抗癌药物。

4. 五色草类 *Alternanthera spp.*(图 5-69)

科属:苋科虾钳菜属。

图 5-69　五色草类

别名:红绿草、五色苋、模样苋、法国苋。

产地分布:五色草类原产于热带和亚热带地区。

形态特征:多年生草本植物作一、二年生栽培,呈匍匐或披散状,分枝多而密。株高20~30 cm。叶小,单叶对生,呈披针形多裂,裂片全缘,先端带尖,基部渐狭,长成叶柄,常具彩斑;叶色主要有绿、暗红、嫩红、黄等色。头状花序腋生,花小,两性,灰白色不明显;花被片 5,不等;雄蕊 5,胞果,压扁。

生态习性:喜阳光充足环境;喜高温,怕酷热,夏热、高湿的环境生长较快,生育适温20~35℃。母株 14~18℃ 条件下越冬,保持湿度 70% 左右;不耐旱,宜在排水良好、湿润、肥沃的疏松土壤生长。耐整形与修剪。

五色草类在北方地区多不结实,故从母株上采嫩枝扦插繁殖。于花坛栽培前 60~70 天,取越冬母株按 10~12 cm 株行距移入温床内栽培。温床保持在 35℃ 左右,1 个月后供扦插繁殖用。取 3~5 cm 带有 2 个节的枝条,按株行距 3~4 cm 扦插,气温为 25~35℃。依温度条件,温床扦插3~15 天生根,扦插基质见干浇水,遮阴,1 周后见光。经 30~40 天可供花坛栽植。早期扦插可繁殖 2~3 茬,第 1 茬可再次采条繁殖 1~2 茬。

常见栽培种(品种):中国东北地区常见的五色草花坛植物是由苋科的大叶红、小叶红、绿草、黑草及景天科的白草 5 种颜色素材组成的,其园艺品种源于西欧,经苏联进入我国哈尔滨栽培近1 个世纪。其种源可能为杂交园艺品种,目前欧洲已经失传。

园艺品种绿草为绿色叶,叶全缘,叶面亮,易于扦插繁殖,在 20℃ 条件下扦插 10 天可生根。黑草的叶为绿褐色或黑绿色,有光泽,形态与绿草相近,叶全缘。近年来,由于叶色色差较小,生产应用量减少。小叶红叶对生,叶缘有缺刻,叶较绿草小,叶色较为鲜艳。叶面没有光泽,在光照较强的条件下叶色更为鲜艳,光照不足或栽培时间较长时,叶片常出现鲜红色、粉红色彩斑,生产中视其为色彩不纯的退化植株,将其淘汰,重新繁殖。大叶红叶片相对较大,叶圆,颜色深红,叶面亮,其繁殖对温度要求较高,需高温 25~35℃ 扦插,低温基质浇水多易腐烂。

观赏特性:五色草类植株低矮,耐修剪,分枝性强。

园林应用:五色草类为模纹、立体花坛材料。

5. 洋地黄 *Digitalis purpurea*(图 5-70)

科属:玄参科洋地黄属。

别名:钓钟花、自由钟、洋地黄。

英文名:common foxglove。

形态特征:株高 90~120 cm。茎直立,少分枝,全体密生短柔毛。叶粗糙、皱缩,基生叶,具长柄,叶呈卵形至卵状披针形;茎生叶,柄短或无,叶呈长卵形,叶形由下至上渐小。顶生总状花序,长 50~80 cm;花冠呈钟状而稍偏,于花序一侧下垂,花梗、苞片、花萼都有柔毛;花具紫色,筒部内侧色浅白,并有暗紫色细点及长毛;蒴果呈卵球形。花期在 6—8 月,果熟期在8—10 月。

生态习性:耐半阴,喜略旱。要求富含腐殖质的疏松、肥沃、湿润、排水良好土壤,一般园土均可栽培。

图 5-70 洋地黄

常见栽培种(品种):锈点洋地黄(*D. ferruginea*):花序长,着花密,花冠黄色被锈红色斑点,外具短茸毛。原产欧洲南部和西亚。大黄花洋地黄(*D. grandiflora*):花大而长,约 5 cm,淡黄色上有棕褐色斑点。原产欧洲和西亚。希腊洋地黄(*D. laevigata*):总状花序有毛,花长 2.5 cm,白色有网状脉纹。

观赏特性:植株高大,花序挺拔,花形优美,色彩艳丽。

园林应用:洋地黄最适作花境背景布置,或大型花坛的中心材料。若丛植则更为壮观。盆栽多在温室进行促成栽培,早春赏花。

6. 柳穿鱼 *Linaria vulgaris* var. *sinensis*(图 5-71)

科属:玄参科柳穿鱼属。

别名:中国柳穿鱼、宿根柳穿鱼。

英文名:morocco toadflax。

形态特征:为多年生草本花卉,株高 10~80 cm。茎直立,单一或分枝。叶互生,稀下部叶轮生,少有 4 片叶全部轮生,线形至线状披针形,宽 2~6(10) mm,常具单脉,稀 3 脉。总状花序顶生,多花密集。花 5 数,花冠具黄色,上唇比下唇长,中裂片舌状,距稍弯曲。蒴果,呈椭圆状球形。种子边缘有宽翅,成熟时中央常有瘤状突起。花期在 6—9 月,果期在 8—10 月。种子繁殖,适应能力强。

生态习性:喜光、喜温暖,不耐酷热;喜春秋温暖、夏季凉爽气候,生育温度为 5~20℃。适生于排水良好的土壤,栽培简易。黑龙江省山区、吉林、内蒙古、冀、鲁、豫、苏、陕和甘均产。广布欧亚大陆北部。

图 5-71　柳穿鱼

常见栽培种(品种):同属植物摩洛哥柳穿鱼(*Linaria maroccana*):原产摩洛哥,二年生草本花卉。茎直立,丛生性,纤细,高 20~30 cm。单叶互生,呈窄线状披针形,全缘,具浅绿色。总状花序生于枝顶;唇形花冠,上唇 2 裂,下唇 3 裂;花色较多,有青紫、雪青、玫红、洋红、黄色、红色和白色等颜色。蒴果,种子细小。喜光、喜温暖、耐寒,不耐酷热;喜春秋温暖、夏季凉爽气候,生育温度为 5~20℃。适生于排水良好的土壤。栽培简易。可用于花坛及盆栽等。其园艺品种'幻想曲'系列为矮性品种,株高约 20 cm,株型紧密,花穗纤细优雅,喜冷凉气候,不适于夏季高温栽植。栽培容易,即使下雨倒伏,也能很快长出侧芽,重新开花。多花,花期长,适于盆栽、花坛栽培。花色有浓桃红色、粉红色、淡紫青色、黄色和白色等。

观赏特点:群体种植观赏效果好,花期相对较长,与草坪结合更为美观。

园林应用:作地被,丛植,林缘的应用材料。

7. 蜀葵 *Althaea rosea*(图 5-72)

科属:锦葵科蜀葵属。

图 5-72　蜀葵

别名：一丈红、端午锦、蜀季花。

英文名：hollyhock。

形态特征：茎直立，少分枝，茎高 2~3 cm，全株被柔毛。单叶互生，粗糙多皱，叶片近圆形，3~7 浅裂，叶柄粗壮。花径 8~12 cm，生于叶腋，聚成顶生总状花序。花萼 5 裂，具绿色；花瓣 5 枚，边缘呈波状，红、粉、白、紫、褐和黄等色；雄蕊多数，花丝联合呈筒状并包围花柱。花期在 5—6 月。分裂果，种子呈肾形。

生态习性：喜光，耐半阴，适应强；要求深厚、肥沃、排水良好的土壤。

常见栽培种（品种）：园艺品种'狂欢'：株高 1.5~2 m，完全重瓣，大花，花径约 10 cm，花色丰富，有红色、桃色、粉红色、黄色、白色、绯红色和混合色，为全美花卉选拔赛铜牌奖得奖品种。

观赏特性：茎秆挺拔纤长，花朵沿着主茎逐次向上绽开，花期持久。

园林应用：蜀葵是花坛背景种植或庭园丛植点缀用大型花材。也可用于盆栽或切花观赏。

8. 彩叶草 *Coleus blumei*（图 5-73）

科属：唇形科锦紫苏属。

别名：洋紫苏、锦紫苏、鞘紫苏、鞘蕊花。

英文名：common coleus，painted nettle。

形态特征：株高 20~60 cm。茎 4 棱。叶对生，呈卵圆形，叶缘具不规则的缺裂和锯齿，变化多样。叶片颜色变异丰富，有黄、绿、红、紫等色以及多色镶嵌成美丽图案的复色。露地栽培的观叶期为 6—10 月。总状花序，顶生；花小而不显著，具淡蓝白色。坚果小而平滑。

生态习性：喜阳光充足和温暖的生长环境，最适宜生长的温度为 20~25℃，当室温低于 15℃ 就会生长不良，若低于 5℃ 则会产生冻害。它的叶片大而薄，不耐干旱，土壤干燥会导致叶面色泽暗淡。在腐殖质丰富，排水良好的沙质壤土中生长最为适宜。

图 5-73　彩叶草

常见栽培种（品种）：彩叶草类还有茎呈蔓性的，如矮性彩叶草。园艺品种繁多。

'女巫'系列为矮性品种，株高 25~30 cm，植株紧密，生长整齐一致，基部分枝性佳；中大型叶，色彩丰富，叶色有柠檬黄色带绿色斑点、浅黄色镶绿边、柠檬黄色带红色斑点、桃红色叶缘浅黄色外镶绿边、绯红色镶金边、红棕色、绯红色外缘暗红色、混合色。

'王妃'系列为矮性品种，心形叶，叶片着色早，观叶期长；节间短，植株紧密，基部分枝性强，株型良好，适于盆栽、花坛配色栽植；叶色有红棕色叶缘绿色、淡黄色叶缘深绿色、绯红色叶缘淡黄色有绿色小斑纹、红黄绿暗红色嵌纹状、橙黄色叶缘绿色、红丝绒色、桃红色外围暗红色叶缘绿色、绯红色叶缘黄色、鲑桃色叶缘白色有绿色斑纹、柠檬黄色带绿色斑点、特选混合色。

'逍遥'系列株高约 25 cm，小叶，叶缘呈深锯齿波浪状，分枝性差，混合色，色彩丰富，适于盆栽、花坛栽植。

'军刀'为矮性品种，叶狭长似小军刀，基部分枝性佳，株型紧密，混合色，色彩变化多，适于盆栽及花坛栽培。

观赏特性:叶色极具变化且绚丽多彩,易于繁殖,生长迅速,是一种优良观叶植物。

园林应用:广泛应用于花坛布置、盆栽及制作切花的配叶材料。

9. 旱金莲 *Tropaeolum majus*(图 5-74)

科属:旱金莲科(或金莲花科)旱金莲属(或金莲花属)。

别名:金莲花。

产地分布:原产于南美秘鲁。

形态特征:多年生草本花卉,常作为一二年生栽培,茎蔓长,肉质,无毛。叶具长柄,互生,呈盾状,似莲叶但形小;花腋生,具长柄和长距,花瓣 5 枚,不整齐,花色有紫红、粉红、橘红、橙黄和乳白等色,花期在 6—9 月,果实大形,呈扁圆状。

生态习性:喜温暖、湿润,喜阳,忌酷热。生育适温 15~25℃。

图 5-74　旱金莲

常见栽培种(品种):矮旱金莲(var. *nanum*):植株低矮,直立。重瓣旱金莲(var. *burpeei*):花重瓣。

观赏特性:花、叶观赏价值较高,可以室内栽培。

园林应用:旱金莲早春播种,用于花境、花坛、地被、盆栽、攀缘等。

10. 紫茉莉 *Mirabilis jalapa*(图 5-75)

科属:紫茉莉科紫茉莉属。

别名:草茉莉、胭粉豆。

产地分布:紫茉莉原产于美洲热带。

形态特征:紫茉莉是多年生草本花卉,常作一年生栽培。株高 1 m 左右,茎直立,多分枝而散生。叶对生,呈卵形或卵状三角形,全缘。花 1 至数朵顶生;花萼呈长筒喇叭形,无花瓣;有紫红、黄、白及条纹,斑点等色,具香气,傍晚开放。

生态习性:喜阳,喜温暖、湿润气候,性健壮,栽培易,花期在 7—8 月。生育温度为 15~30℃,喜肥沃、疏松、排水良好土壤。

图 5-75　紫茉莉

常见栽培种(品种):园艺品种'小叮当'为矮性种,株高约 40 cm,红、桃红、黄、白和双色条纹各色混合。午后开花,适合庭园、盆钵栽植。

观赏特性:紫茉莉的自然属性强,耐各种不良环境,群体种植观赏效果好。

园林应用:紫茉莉为傍晚开花的、具芳香草本花卉,花期正值盛夏,是夏季晚间游人较多处的花坛、花境栽植佳品。

11. 黑心菊 *Rudbeckia hirta*(图 5-76)

科属:菊科金光菊属。

别名:黑眼松果菊。

英文名:coneflower。

产地分布:原产于我国。

形态特征:多年生草本植物,常作一年生草本植物栽培,株高 60~100 cm,枝叶粗糙,多分枝;叶片较宽,为褐绿色具有绵毛,基部叶呈羽状分裂,5~7 裂,茎生叶 3~5 裂,边缘具稀锯齿;头状花序以至数个着生于长梗上,头状花序 8~9 cm,重瓣花;舌状花具黄色,有时有棕色黄带;管状花具暗棕色,花心隆起,具紫褐色,周边瓣状小花色金黄或瓣基暗红色;花期在 5—9 月。

生态习性:性强健,阳性,耐旱,不择土壤,极易栽培,应选择排水良好的沙壤土及向阳处栽植,喜向阳通风环境。

图 5-76　黑心菊

繁殖与栽培:黑心菊用播种、扦插和分株法繁殖。

园林应用:花朵繁盛,花色娇艳,花形美丽,花期长。适合庭院布置,花境材料,或布置草地边缘成自然式栽植,可道路两侧栽植,也可切花。

12. 马约兰花 *Marjoraan hortensis*(图 5-77)

科属:唇形科牛至属。

英文名:sweet marjoram。

产地分布:原产于地中海地区和土耳其。

形态特征:多年生草本植物,常作一年生草本植物栽培,茎 4 棱,多分枝,小叶对生,具灰绿色,呈椭圆形,芳香被毛;花具白色,多朵簇生于茎顶部,呈伞房状圆锥花序,全株有挥发性甜药味。

图 5-77　马约兰花

生态习性:要求阳光充足、温暖、通风良好环境及肥沃、疏松、富含腐殖质的沙质壤土。

繁殖与栽培:以种子繁殖。在 2—3 月播种,种子喜光,覆土约 0.3 cm,1 周左右出芽,当苗高 15 cm 时即可定植。5 月下旬可采收嫩茎叶,7 月初开花。

园林应用:马约兰花可用于芳香园及绿化或盆栽观赏。

13. 南非万寿菊 *Osteospermum ecklonis*(图 5-78)

科属:菊科万寿菊属。

别名:雨环菊、车轮菊。

英文名:African daisy。

图 5-78　南非万寿菊

产地分布：原产于南非，近年来从国外引进我国。

形态特征：多年生草本花卉作一二年生草本花卉栽培。矮生种株高 20~30 cm，茎具绿色，头状花序，多数簇生成伞房状，有白、粉、红、紫红、蓝和紫等色，花单瓣，花径 5~6 cm。

生态习性：喜阳，可忍耐 –3~5℃ 的低温，耐干旱，喜疏松、肥沃的沙质壤土。在湿润、通风良好的环境中表现更为优异。分枝性强，不需摘心。开花早，花期长。低温利于花芽的形成和开花。气候温和地区可全年生长。

繁殖与栽培：以播种繁殖，补光可使植株提早开花。

园林应用：南非万寿菊无论作为盆花案头观赏还是早春园林绿化，都是不可多得的花材。如将其作为花境的组成部分，与绿草、奇石相映衬，更能体现出其和谐的自然美。

14. 白晶菊 *Chrysanthemum paludosum*（图 5–79）

图 5–79　白晶菊

科属：菊科菊属。

别名：春梢菊。

产地分布：原产于北非、西班牙。

形态特征：多年生草本植物，常秋播作二年生草本植物栽培。株高 15~25 cm，叶互生，为一至两回羽裂。头状花序顶生，盘状，边缘舌状花呈纯白色，中央筒状花呈金黄色，色彩分明、鲜艳；花径 3~4 cm。株高长到 15 cm 即可开花，花期早春至春末，华东地区 3—5 月是其盛花期。瘦果。

生态习性：白晶菊忌高温多湿，夏季随着温度升高，花朵凋谢加快，30℃ 以上生长不良，摆放在阴凉通风环境中能延长花期。

白晶菊适应性强，不择土壤，但以种植在疏松、肥沃、湿润的壤土或沙质壤土中生长最佳。平时培养土保持湿润，但切忌长期过湿，造成烂根，影响生长发育。

繁殖与栽培：白晶菊以播种繁殖，通常在秋季 9—10 月播种，发芽适宜温度为 15~20℃。

园林应用：植株矮而强健，多花，花期早，开花时花期极长。花谢花开，可维持 2~3 个月。成片栽培耀眼夺目，适合盆栽、组合盆栽观赏或早春花坛美化。

图 5–80　麦秆菊

15. 麦秆菊 *Helichrysum bracteatum*（图 5–80）

科属：菊科蜡菊属。

别名：蜡菊、贝细工。

产地分布：原产于澳大利亚，东南亚和欧美栽培较广。中国也有栽培，新疆有野生。

形态特征：多年生草本植物作一二年生草本植物栽培。茎直立，多分枝，全株具微毛。叶互生，呈长椭圆状披针形，全缘、短叶柄。头状花序生于主枝或侧枝的顶端,花冠直径 3~6 cm,总苞苞片多层,呈覆瓦状,外层呈椭圆形膜质,干燥具光泽,形似花瓣,有白、粉、橙、红、黄等色;管状花位于花盘中心,具黄色。晴天花开放,雨天及夜间关闭,瘦果呈小棒状,或直或弯,上具四棱,种子寿命 2~3 年,花期 7—9 月,果熟期 9—10 月。

生态习性:麦秆菊喜阳,不耐寒,怕暑热。喜在肥沃、湿润而排水良好的土壤上生长,但以贫瘠的沙壤土长势最好。施肥不宜过多,以免花色不艳。

繁殖与栽培:麦秆菊以播种繁殖。发芽适温为 15~20℃,约 7 天出苗。一般在 3—4 月播种于温室,3~4 片真叶时 6~8 cm 株高分苗,7~8 片真叶时定植,株距 30~40 cm。摘心可促枝。从播种至开花约需 3 个月。采种尽量选择花色深的花头,清晨进行手摘,以免种子散落。

观赏特性:麦秆菊的苞片色彩艳丽,因含硅酸而呈膜质,干后有光泽。干燥后花色、花形经久不变,不褪色。

园林应用:布置花坛、花境,也可在林缘丛植。还是做干花的重要植物,可供冬季室内装饰用。

16. 蓝扇花 *Scaevola aemula*(图 5-81)

科属:草海桐科草海桐属。

产地分布:原产于澳大利亚。

形态特征:蓝扇花是多年生草本植物常做一年生花卉栽植。叶互生,呈长椭圆形或者倒披针形,全缘或者三浅裂,植株上部叶小,叶缘具密齿。花小,花形奇特、扇形;花色雅致,有淡紫、浅蓝色。花果期春至秋。

生态习性:喜光,但要避免夏日曝晒。

繁殖与栽培:以播种繁殖。

园林应用:一般上海地区 3 月份始花,一直开到 11 月份,7—8 月份高温期开花少。花朵形状似一把中国折扇,花小但花量很大、花期很长,适合春季花坛布置或盆栽观赏。

图 5-81　蓝扇花

17. 红莲子草 *Alternanthera paronychioides*(图 5-82)

科属:苋科莲子草属。

英文名:alligator weed。

产地分布:原产于南美洲,中国各大城市都有栽培。

形态特征:红莲子草的株高 15~20 cm。不定根具粉白色,微红,须状,茎斜向或匍匐生长,多分枝,有节,圆柱形,具紫红色。叶对生,具柄,呈倒卵状长椭圆形,全缘,无柄,具紫红色。头状花序,生于叶腋,花小白色。花果期 5—10 月。

生态习性:喜温暖、湿润气候及充足的阳光,不耐寒。土壤要求富含腐殖质、疏松、肥沃的沙质壤土。

图 5-82　红莲子草

繁殖与栽培：以扦插繁殖。

园林应用：叶色红艳，可作为园林水景镶边材料或湿地色叶地被植物。

18. 玛格丽特 *Argyranthemum frutescens*（图 5-83）

科属：菊科木茼蒿属。

英文名：marguerite de Valois。

产地分布：原产于澳大利亚、南欧。

形态特征：多年生草本植物作一二年生草本植物栽培。株高 15~45 cm，叶多互生，呈羽状细裂，分枝多，开花亦多。花有单瓣、重瓣之分，单瓣者花朵较小，但花量大；重瓣者花朵较大，但开花数较少；花色有粉色、黄色等，花期在春季。

生态习性：喜凉爽、湿润环境，忌高温多湿。耐寒力不强，在最低温度 5℃以上的温暖地区才能露地越冬。要求富含腐殖质、疏松肥沃、排水良好的土壤。

繁殖与栽培：以扦插繁殖。按预定花期来确定扦插时间，如要在"五一"节观花，需前一年 8 月底至 9 月初扦插；需要在元旦前后观花的，需在当年春季扦插。

园林应用：应用于盆栽观赏，布置花坛。

19. 双距花 *Diascia barberae*（图 5-84）

科属：玄参科双距花属。

产地分布：原产于南非。

形态特征：多年生草本植物作一二年生草本植物栽培。植株高 25~40 cm，茎细长，单叶对生，叶片呈三角状卵形，花序总状，小花有两个距；花色丰富，有红色、粉色、白色等，花期春季。

生态习性：双距花适合全日照或半日照环境生长，夏季需避开强光，移至阴凉处栽培。夏季高温、多湿环境里，容易生长不良。

繁殖与栽培：以播种繁殖。一般在18~21℃，4~8天发芽。

园林应用：用于盆栽或布置花坛。

20. 勋章菊 *Gazania rigens*（图 5-85）

科属：菊科勋章菊属。

产地分布：原产于南非。

形态特征：多年生草本植物作一二年生草本

图 5-83　玛格丽特

图 5-84　双距花

图 5-85　勋章菊

植物栽培。具根茎,叶丛生,呈披针形、倒卵状披针形或扁线形,全缘或有浅羽裂,叶背密被白绵毛。花径 7~8 cm,舌状花,花色有白色、黄色、橙红色,有光泽,花期在 4—5 月。

生态习性:勋章菊性喜阳光,喜生长于较凉爽的地方,耐旱、贫瘠土壤;半耐寒。

繁殖与栽培:勋章菊以播种繁殖和扦插繁殖。

园林应用:勋章菊因其花心有深色眼斑,形似勋章,故名勋章菊。勋章菊花色丰富,花形奇特,花瓣亮泽。花朵迎着太阳开放,随着太阳落山而闭合,如此反复开放 10 天左右才凋谢。适宜于盆栽或布置花坛、花境,也是很好的插花材料。

21. 羽扇豆 *Lupinus micranthus*(图 5-86)

科属:蝶形花科羽扇豆属。

产地分布:原产地中海地区。

形态特征:多年生草本植物作一、二年生草本植物栽培。株高 20~70 cm。茎上升或直立,基部分枝,全株被棕色或锈色硬毛。掌状复叶,小叶有 5~8 枚;叶柄远长于小叶;托叶呈钻形,长达 1 cm,下半部与叶柄连生;小叶呈倒卵形、倒披针形至匙形,先端钝或锐尖,具短尖,基部渐狭,两面均被硬毛。总状花序顶生,高度 40~60 cm,尖塔形,花色丰富艳丽,常见有红色、黄色、蓝色、粉色等;小花萼片 2 枚,呈唇形,侧直立,边缘背卷;龙骨瓣弯曲。荚果呈长圆状线形,密被棕色硬毛。种子呈卵形,扁平,具黄色、棕色或红色斑纹,光滑。作二年生花卉,花期在 4—6 月,果期在 5—7 月。作一年生花卉,花期在 7—9 月,果期在 8—10 月。

图 5-86　羽扇豆

生态习性:耐寒、喜气候凉爽、阳光充足的地方,忌炎热、略耐阴,需肥沃、排水良好的沙质土壤,主根发达,须根少,不耐移植。

繁殖与栽培:以播种繁殖。秋季播种,育苗土宜疏松、均匀、透气、保水,专用育苗土或草炭土、珍珠岩混合使用为好。

园林应用:羽扇豆特别的植株形态和丰富的花序颜色,是园林植物造景中较为难得的配置材料,用作花境背景及林缘、河边丛植、片植、草坡中丛植,亦可盆栽或做切花。

22. 紫罗兰 *Matthiola incana*(图 5-87)

科属:十字花科紫罗兰属。

产地分布:原产于地中海沿岸。

形态特征:多年生草本植物作二年生草本植物栽培。株高达 60 cm,全株密被灰白色具柄分枝柔毛。茎直立,多分枝,基部稍木质化。叶片呈长圆形至倒披针形或匙形,全缘或呈微波状,顶端钝圆或罕具短尖头,基部渐狭成柄。总状花序顶生和腋生,花色呈紫红色、淡红色或白色。长角果呈圆柱形。种子近圆形,深褐色。花期在 4—5 月。

生态习性:喜冷凉气候,忌燥热;喜阳光充足、通风良好环

图 5-87　紫罗兰

境,冬季喜温和气候,但也能耐短暂的 –5℃低温。对土壤要求不严,但在排水良好、中性偏碱土壤中生长较好,忌酸性土壤。

繁殖与栽培:以播种繁殖。

园林应用:花朵茂盛,花色鲜艳,香气浓郁,花期长,花序也长,适宜于盆栽观赏;适宜于布置花坛、台阶、花境,也可作切花。

23. 情人草 *Limonium sinensis*(图 5–88)

科属:蓝雪科补血草属。

别名:中华补血草、不凋花。

产地分布:地中海沿岸地区。在中国东北、华北和东南沿海的盐碱沙荒地中有野生。

形态特征:多年生草本植物,常作一、二年生草本植物栽培,株高 30~60 cm。茎直立或基部略平卧,被长柔毛。单叶互生,呈长椭圆形,无柄或基部叶有柄。总状花序着生于枝顶,长约 10 cm,花冠 5 裂,具蓝色,喉部黄色,花被呈干燥蜡纸质,花后不脱落。花期在 4—6 月。果熟期在 6—7 月,小坚果。园艺栽培品种有蓝色、紫红色、白色、金黄色及混合色等。

图 5–88　情人草

生态习性:为喜阴植物,长日照可促进开花;喜干燥凉爽、通风良好的环境,要求排水良好的疏松微碱性土壤。

繁殖与栽培:以播种繁殖为主,也可于夏季分株或扦插繁殖。

园林应用:常用于春、夏季节的花坛、花境布置。可用于切花、干花、庭院及绿化等。

24. 钓钟柳 *Penstemon campanulatus*(图 5–89)

科属:玄参科钓钟柳属。

英文名:bellflower,beardtongue。

产地分布:钓钟柳原产于墨西哥及危地马拉。

形态特征:多年生草本植物常作一年生栽培,株高 30~50 cm,茎光滑,稍被白粉。叶对生,基生叶呈卵形,茎生叶呈披针形,全缘。聚伞圆锥花序顶生,花冠呈筒状唇形,有红、蓝、紫、粉等颜色。茎光滑,稍被白粉。全株被绒毛,叶呈披针形。花单生或 3~4 朵生于叶腋与总梗上,呈不规则总状花序,花有紫、玫瑰红、紫红或白等色,具有白色条纹。花期在 5—6 月或 7—10 月。

图 5–89　钓钟柳

生态习性:喜阳光充足、空气湿润、通风良好的环境,较耐寒,稍耐半阴,忌炎热干燥和酸性土壤,且必须生长在排水性能良好、含石灰质的肥沃、沙质壤土上。

繁殖与栽培:钓钟柳以播种、扦插或分株法繁殖。在秋季或 2—3 月播种,适温在 13~18℃,5

月初定植。秋季扦插,在低温温室中 1 个月左右可生根。分株也在秋季进行。

园林应用:花色鲜丽,花期长,适宜花境种植,与其他蓝色宿根花卉配置,可组成极鲜明的色彩景观。也可盆栽观赏。

复习题

1. 简述一年生和二年生花卉的含义、生态习性。
2. 试述一年生和二年生花卉的繁殖栽培技术要点。
3. 对所学的一年生和二年生花卉根据花色、花期、株高等进行归类。
4. 查阅资料,了解目前城市绿化中常用的一年生和二年生花卉。

实训　一年生和二年生花卉及种子的识别

一、实训目的

熟悉一年生和二年生花卉及其种子的形态特征、生态习性,并掌握它们的繁殖方法、栽培要点、观赏特性与园林用途。

二、材料用具

放大镜、解剖镜、镊子、钢卷尺、直尺、卡尺、铅笔和笔记本等。一年生和二年生花卉各 40 种。

三、方法步骤

教师现场讲解、指导学生识别,学生课外复习。

1. 教师现场讲解每种花卉的名称、科属、生态习性、种子的形态特征及识别方法、繁殖方法、栽培要点、观赏特性和园林用途。学生记录。

2. 学生分组进行课外活动,复习花卉名称、科属、生态习性、繁殖方法、栽培要点和观赏用途。

3. 学生分组复习花卉种子,熟悉种子的形态特征。

四、考核评估

(1) 优秀:能正确识别一年生和二年生花卉,并能掌握其生态习性、观赏特性、繁殖栽培技术要点。

(2) 良好:能正确识别一年生和二年生花卉,掌握其观赏特性,基本掌握它们的生态习性、繁殖栽培技术要点。

(3) 中等:能正确识别一年生和二年生花卉,并了解它们的生态习性、观赏特性、繁殖栽培技术要点。

(4) 及格:基本能识别出一年生和二年生花卉,了解它们的生态习性、观赏特性、繁殖栽培技术管理要点。

五、作业、思考

1. 将 40 种花卉按种名、拉丁学名、科属、形态特征、生态习性、繁殖方法及观赏用途列表记录。

2. 简述一年生和二年生花卉的含义及其特点。

3. 试述一年生和二年生花卉繁殖栽培、管理技术要点。

4. 分别举出 10 种春天、夏天开花的一年生和二年生花卉。

5. 用学过的一年生和二年生花卉,设计一个四季变化的草花花坛(面积自定,依据当地的气候条件)。

6. 举出 30 种常用一年生和二年生花卉,并说明它们主要的生态习性和应用特点。

单元小结

本单元介绍了园林绿化中常用一年生和二年生花卉的生态习性,繁殖栽培技术要点以及在园林中的用途。

学习方法指导

通过老师的讲解,结合教材上植物的形态描述、繁殖栽培技术等内容,识别图片和实物,达到能识别和掌握常见的一年生和二年生花卉的生态习性、观赏价值和繁殖栽培技术要点。

　　掌握宿根花卉概念及范畴,理解宿根花卉的特点;掌握常见宿根花卉的生态习性、观赏特性、繁殖栽培技术要点及其园林用途;为学习花卉的栽培技术、园林植物的配置与造景等专业课打下基础。

　　能识别 70 种常见的宿根花卉;能熟练应用宿根花卉,并能独立进行宿根花卉的繁殖栽培和养护管理。

　　宿根花卉

　　具备园林植物系统分类、形态、栽培基础知识。

6.1　概　　述

一、宿根花卉的概念与范畴

　　宿根花卉为多年生草本植物,特指地下部器官形态未经变态的常绿草本或地上部在花后枯萎,以地下部着生的芽或萌蘖越冬、越夏后再度开花的观赏植物。多年生草本植物中地下部转化为球状、块状的称为球根花卉。通常说的宿根花卉,主要是原产于温带的、耐寒或半耐寒、可以露地栽培,且以地下茎或根越冬的露地宿根花卉,如芍药、鸢尾等;以及原产于热带、亚热带的,不耐寒,且以观花为主的温室宿根花卉,如鹤望兰、花烛、君子兰等。

二、宿根花卉的特点

1. 具有多年存活的地下部

　　多数草本植物的种类具有不同粗壮程度的主根、侧根和须根。主根、侧根可存活多年,由根茎部的芽每年萌发形成新的地上部开花、结实,如芍药、火炬花、东方罂粟、玉簪和飞燕草等。也有不少草本植物的地下部能存活多年,并继续横向延伸形成根状茎,上着生须根和芽,每年由新芽形成地上部开花、结实,如荷包牡丹、鸢尾、玉竹、费菜和肥皂草等。

2. 原产温带的耐寒、半耐寒宿根花卉具有休眠特性

具有休眠特性的宿根花卉,其休眠器官——芽或莲座枝,需要在冬季低温条件下解除休眠,翌春萌芽生长。通常由秋季的凉爽与短日照条件诱导休眠器官形成。春夏开花的种类越冬后在长日照条件下开花,如风铃草等;秋冬开花的种类需短日条件下开花或由短日条件促进开花,如秋菊、长寿花、紫菀等。原产热带、亚热带的常绿宿根花卉,通常只要温度适宜即可周年开花。夏季温度过高可能导致半休眠,如鹤望兰等。

3. 繁殖方式多样

宿根花卉多数可以播种繁殖,而应用最普遍的是分株繁殖,利用脚芽、茎蘖、根蘖分株。有的种类还可用叶芽扦插。这些方式都有利于保持花卉的品种特性,维持商品苗与花的品质。

4. 一次种植,多年观赏

一次种植,多年观赏,简化种植手续,是宿根花卉在园林花坛、花境、篱垣、地被中广为应用的主要原因。作为切花生产,如花烛、鹤望兰等,一次种植,多年连续采花,可大大节省育苗工时,延长产花年限。由于一次栽培后生长年限较长,植株在原地不断扩大占地面积,因此在栽培管理中要预计种植年限并留出适当空间。定植前更应重视土壤改良及基肥施用,每年配以适宜肥水管理及病虫防治,尤其是地下害虫。在生长一定年限后会出现株丛过密、植株衰老、产花量下降和品质低劣等现象,应及时更新或彻底重栽。

6.2　常用宿根花卉

1. 菊花 *Dendranthema morifolium*(图 6-1)

科属:菊科菊属。

别名:黄花、节花、秋菊、节华、鞠、治蔷和金蕊等。

英文名:chrysanthemum。

形态特征:菊花为多年生宿根草本花卉。茎基部半木质化,株高 60~150 cm,茎具青绿色至紫褐色,被柔毛。叶大、互生、有柄,叶呈卵形至披针形,羽状浅裂至深裂,边缘有粗大锯齿、基部呈楔形,托叶有或无,依品种不同,其叶形的变化较大。头状花序单生或数个聚生茎顶,微香;花序直径 2~30 cm;缘花为舌状雌花,有白色、粉红色、

图 6-1　菊花

雪青色、玫红色、紫红色、墨红色、黄色、棕色、淡绿色及复色等鲜明颜色;心花为管状花、两性、可结实,多为黄绿色。种子(实为瘦果)呈褐色而细小。花期在 10—12 月,也有夏季、冬季及四季开花等不同生态型。种子成熟期 12 月下旬至翌年 2 月,其他生态型种子成熟期也不同。

生态习性:菊花具有一定的耐寒性,其中尤以小菊类品种耐寒性更强。小菊类品种在 5℃以上即可萌动,10℃以上新芽生长。部分品种在北京地区小气候条件下,可覆盖越冬;多数名贵品种尚不能露地越冬。

秋菊是典型的短日照植物,喜凉爽气候,适宜生长温度约 21℃。由于气温和日照等因素,北京地区的春夏两季只能进行营养生长,而不能形成花蕾。进入 8 月中下旬,当日照减至 13.5 h,最低气温降至 15℃左右时,即开始花芽分化;当日照继续缩短到 12.5 h,最低气温降至 10℃左右时,花蕾逐渐伸展,此时是秋菊生长发育的旺盛时期,至 10 月中旬则陆续绽蕾透色。

菊花喜光照,但夏季应遮除烈日照射;喜深厚、肥沃、排水良好沙质壤土。忌积涝及连作。老株上虽可着生新枝,但因生长和开花较差,故以每年分株、扦插、重新繁殖新株为宜。

繁殖与栽培:依栽培方式不同而有别,现以秋菊为例分述如下。

(1)立菊:1 株着生数花,又称盆菊,通常用扦插繁殖。越冬母株于早春时发出新芽,当新枝抽出即可扦插,以 4 月下旬至 6 月上旬为适期(矮性品种应早插,高性品种宜迟插;留枝多者须早插,留枝少者可迟插),插穗以 8~10 cm 长、具 3~4 节为宜;取上部枝条为好,中、下部枝条虽可扦插,但生根能力弱,生长也不良。扦插最好在花盆中进行,但在冷床或露地也可;扦插基质以沙土或粗沙为宜,扦插后约 2 周生根,再移至 13 cm 盆或露地苗床。

立菊通常留花 3~5 朵,多者 7~9 朵。当株高 10~13 cm 时,留下部 4~6 片叶摘心;如需多留花头时,可再次摘心,即当侧枝生出 4~5 片叶时,留 2~3 片叶摘心。每次摘心后,往往发出多数侧芽,除欲保留的侧芽外,均应及时剥去,以集中营养供植株生长。当侧芽长至 15~20 cm 时,定植于 25 cm 的盆中,此时盆土中的腐叶土应加大比例,再酌加适量的河沙,或用油粕作基肥。生长期中应经常施以追肥,可用豆饼水、马掌水或化肥等。追肥在春季 7~10 天 1 次;立秋后 5~6 天 1 次,浓度稍加大些;现蕾后 4~5 天 1 次。应注意,在夏季高温及花芽开始分化时要停止施肥;施肥量也依品种而异。如细管及单轮宽瓣品种,施肥量不宜过多,否则影响花形保持。菊花类浇水充足,才能生长良好、花大色艳,尤以花蕾出现后需水更多。但是,夏季忌涝,应注意排水,这段时间的气温高、雨水大,是菊花最难培养的季节。此外,夏季中午日照强烈,宜用苇帘遮阴以降低温度,避免日灼。

为使菊花生长均匀、枝条直立,常设立支柱。支柱常用细竹或苇秆,将菊枝用细绳等结缚于支柱上,每枝设支柱 1 根。应随时剥去侧枝所发出的无用侧芽;枝梢形成的"柳芽"也应立即摘除,用下方的侧芽代替主芽。若任其生长开花,则花形不整,不能显示出该品种的花形特征。

9 月现蕾后,每枝顶端的蕾较大,称'正蕾',开花较早;其下方常有 3~4 个侧蕾,当侧蕾可见时,应分 2~3 次剥去,以免空耗养分,可使正蕾开花硕大。花蕾开放后,白花及绿花品种直接移至阴处,否则花色不正。花后剪去茎部。冬季将盆放置在无霜冻之处或冷床越冬,注意不要过分干燥;温暖地区可栽于露地排水良好之处。

立菊的鉴赏标准,常以体态匀称、形美色艳、着花齐为上品。

(2)独本菊:1 株只开 1 朵花,又称标本菊或品种菊。由于全株只开 1 朵花,养分集中,花朵无论在色泽、瓣形及花形上都能充分表现出该品种的优良性状,因此在菊花品种展览中皆采用独本菊的形式,故称为标本菊或品种菊。独本菊有多种整枝及栽培方法,现以北京地区为例,以盆养为主,概述如下。

秋末冬初,选取健壮母株,自地下部分萌发的"脚芽"进行扦插,多置于低温温室内,温度维持在 0~10℃,做保养性养护。

春天,越冬的菊苗株高在 20 cm 左右,于 4 月初移至室外,分苗上盆。此时不施底肥,只使用一般培养土即可。5 月底进行摘心,留茎约 7 cm,当茎上的侧芽长出后,顺次由上而下逐步剥去,选留最下面的1个侧芽。

入秋,约8月上旬,所选留最下面1个侧芽生长苗壮,待该芽长到3~4 cm时,从该芽以上的2 cm处,将原有的茎叶全部剪除,从而完成菊花植株的更新工作。入秋后是菊花生长旺盛季节,应精心培养,为花芽的形成打好基础。此时,依植株的大小不同,应换入口径相宜的花盆内,并加施底肥,以促进根系及植株加速生长。

8月下旬至9月上旬,菊苗长至30 cm左右,由植株的背面中央插立支柱,随着植株的生长逐次表扎,直至花蕾充实后将支柱的多余部分剪掉。9月上、中旬日照渐短,花芽逐渐分化,此时应追肥,如油粕、蹄片泡水等,或施尿素、磷酸二氧钾等化肥,当花蕾透色时应停止追肥。

独本菊的鉴赏标准,以体态匀称、花叶相称、脚叶翠绿不脱落、高度适中者为上品。

(3) 大立菊:1株着花可达数百朵乃至数千朵以上的巨株菊花。在大菊和中菊中有些品种,不仅生长强劲,分枝性强,而且根系发达,枝条软硬适度,易于整形,这些品种都适于培养大立菊。如1979年,上海市园林局培育出3 781朵的大立菊;广州'火舞'品种也达3 169朵。

大立菊的繁殖一般采用分株法。11月下旬至12月上旬,分取菊株基部萌发的新芽,即"脚芽"。最好选取远离菊株基部、在盆边萌出的脚芽,带有一部分根茎切下,长7~8 cm。此种脚芽节间短,生长旺盛,易生侧枝。自从母株切离后,栽于15 cm的盆中,然后宜用肥沃的培养土,置于温室或冷室中培养。不时予以追肥,并注意通风,勿使菊苗生长柔弱,定距离将花蕾诱引于架上,通常使花蕾高出竹圈约7 cm。其他栽培管理与立菊相同。

大立菊的鉴赏标准:主干伸展,位置适当;花枝分布均匀、花朵开放一致;表扎序列整齐,气魄雄伟。

(4) 悬崖菊:是小菊的一种整枝形式,是仿效山野中野生小菊悬垂的自然姿态,经过人工栽培而固定下来的栽培方式。通常选用单瓣品种及分枝多、枝条细软、开花繁密的小花品种。

栽培悬崖菊通常于11月间选取脚芽,置于冷室或冷床中,在具有充足日照条件下培养。春暖后移至露地培养,可换较大花盆培养,也可栽植于排水良好的畦内培养。4月下旬定植在50 cm左右的大盆中,应加大盆孔以利排水。盆土可用沙(2份)、腐熟马粪(3份)、腐叶(5份)配制而成。栽植后,将花盆置于土台上,用细竹搭架,以便诱引。竹架依植株的大小而定,通常是上高下低、上宽下窄,如架长200~230 cm,宽50~70 cm,将菊株结缚在架上。结缚工作以下午进行为好,因这时枝叶稍柔软,不易折断。此后每长出7~13 cm时即结缚1次,力求使主干保持在竹架中线上、侧枝分布均匀。定植于大盆后,选两个健壮侧枝,使其一左一右和主枝一样向前诱引,但不摘心;其他枝条留2~3叶摘心,如此反复进行,以促使多生分枝,形成上宽、下窄(植株先端)的株形。茎基部前长出的脚芽,第1次摘心时留高20 cm左右,也可多次摘心,以使枝叶覆盖盆面,保持菊株后部丰满圆整。立秋前进行的最后一次摘心极为重要:摘心过早,株形不佳;过迟则显蕾晚,影响花期。

菊开花的习性是顶端先开,顺次及于上部、下部,上、下部的花期相差10天左右;欲使花开一致,下部先行摘心、次及中部和上部,隔3~4天进行1次。生长迅速的品种,也可在处暑(8月下旬)前进行最后一次摘心。花蕾形成后,应解除支架,使菊株自然下垂成悬崖状。解除支架的适期在9月下旬。

常见栽培种(品种):

(1) 依自然花期及生态型分类:

人们在菊花的长期选育中,从菊花的自然花期上分离出以下类型:

春菊:花期在 4 月下旬至 5 月下旬。

夏菊:花期在 5 月下旬至 7 月。

秋菊:花期在 10 月中旬至 11 月下旬(大多数优秀品种自然花期皆在此时)。

寒菊:花期在 12 月上旬至翌年 1 月。

菊花按生态类型,特别是对温度与日照时间的反应不同,分类如下。

秋菊及寒菊:从花芽分化到花蕾生长直至开花,都必须在短日照条件下进行。对大多数秋菊品种来说,花芽分化的低温界线在 15℃或以上,温度升高也不会使花芽分化受到抑制。而寒菊则不然,当温度高于 25℃时,花芽分化就会缓慢,花蕾生长和开花也受到抑制。

夏菊及 8 月开菊花:花芽分化及花蕾生长需中性日照条件,而在长日照及短日照情况下也可进行;对夏菊来说,花芽分化的低温界线是 7~10 天;而 8 月开的菊花与秋菊一样,温度必须在 15℃或以上。

9 月开花菊花:花芽分化需中性日照条件,但花蕾生长必须在短日照条件下,因而直至 8 月中、下旬才能见到花蕾迅速生长。

(2) 依花径(实为花序径)大小分类:

大菊:直径在 18 cm 以上者。

中菊:直径在 9~18 cm 者。

小菊:直径在 9 cm 以下者。

(3) 依整枝方式或应用不同分类:

独本菊(标本菊):1 株 1 花。

立菊:1 株数花。

大立菊:1 株有花数百朵乃至数千朵以上。

悬崖菊:小菊经过整枝而呈悬垂状。

嫁接菊:1 株上嫁接多种花色的菊花。

案头菊:株高通常 20 cm,花朵硕大,能表现出品种特征。

菊艺盆景:由菊花制作的桩景或菊石相配的盆景。

园林应用:菊花的品种繁多,花形及花色丰富多彩,选取早花品种及夏菊可布置花坛、花境及岩石园等。

菊花是重要切花之一,在切花销售额中居首位。水养时花色鲜艳而持久。此外,切花还可供花束、花圈、花篮的制作应用。

2. 芍药 *Paeonia lactifiora*(图 6-2)

科属:毛茛科芍药属。

别名:将离、婪尾春、余容、犁食、白术、铤、没骨花、殿春和绰约。

英文名:peony,Chinese herbaceous peony。

形态特征:宿根草本植物,具粗大肉质根,细根白色。茎丛生,株高 60~120 cm。二回三出

图 6-2　芍药

羽状复叶,小叶通常三深裂,呈椭圆形、狭卵形至披针形,绿色、近无毛。花 1 至数朵着生于茎上部顶端,有长花梗及叶状苞,苞片三出;花呈紫红色、粉红色、黄色或白色,尚有淡绿色品种;花径 13~18 cm;单瓣或重瓣,单瓣花有花瓣 5~10 枚,重瓣者多枚;萼片 5。宿存;蓇葖果,种子多数,呈球形,黑色;花期在 4—5 月,依地区及品种不同而稍有差异;果熟期在 8—9 月。

生态习性:我国自然分布广泛,性极耐寒,北方均可露地越冬。要求土层深厚、肥沃、排水良好;土质以壤土及沙质壤土为宜,利于肉质根的生长,否则易引起根部腐烂;盐碱地及低洼处不宜栽种芍药。芍药喜向阳处,稍有遮阴开花尚好。

繁殖方法:以分株繁殖为主,也可播种繁殖。

(1) 分株法:芍药分株必须在秋季 9 月至 10 月上旬进行,即农历白露至寒露为宜,此时分株,可使根系在入冬前有一段恢复生长期,使之产生新根而有利于翌年生长。不能在春季分株,我国花农有"春分分芍药,到老不开花"之谚语。分株时先将根丛掘起,震落附土,然后顺自然在分离处分开,也可阴干 1~2 天,待根系稍软时分株,以免根脆折断,每丛带有 3~5 个芽。药用栽培时,通常在根茎下部 5~6 cm 处,将粗根切下加工入药,然后将根丛分开重新栽植。

分株年限依栽培目的不同而有差异,为切花栽培或花坛应用时,6~7 年分株 1 次,药用栽培时则 3~5 年分株 1 次。

(2) 播种法:此法多在育种或培养根砧时应用。种子成熟后应立即播种,播种越迟发芽率越低,也可短期内沙藏以保持湿润。

栽培管理:芍药的根系粗大,栽植前应将土地深翻,并施入足够有机肥。栽植深度以芽上覆土 3~4 cm 为宜。芍药喜肥,每年生长期间结合灌水要追施 3~4 次混合液肥。液肥灌溉时间分别在早春萌芽前,现蕾前和 8 月中、下旬。在 11 月中、下旬浇 1 次"冻水",有利于越冬及保墒。

芍药除顶端着生花蕾外,其下叶腋处常有 3~4 个侧蕾,为使养分集中供应顶端花蕾,保证其花大色艳,通常在开花前疏去侧蕾。对易倒伏品种,开花时要设立支柱绑缚。花后及时修剪,为翌年生长开花积蓄养分。

常见栽培种(品种):芍药品种甚多,花色丰富,花形多变,园艺上有依色系、花期、植株高度、花型及瓣型等多种分类方法。

(1) 单瓣类:花瓣 1~3 轮(5~15 枚),雌、雄蕊正常。此类接近于野生种。

单瓣型:现今栽培的园艺品种有'紫玉奴''粉绒莲''紫蝶献金'等。

(2) 千层类:此类花型在花芽形态分化阶段就可看出花形是由花瓣自然增加而形成的,花瓣多轮,内、外瓣差异较小。

荷花型:花瓣 4 轮以上,花瓣宽大、大小差异不明显,具正常雄蕊及雌蕊,如'向阳红'(荷花型—蔷薇型)、'大叶粉'(荷花型—蔷薇型)。

菊花型:花瓣多轮,自外向内逐渐变小,雄蕊数目渐减,雌蕊通常退化变小,数目 2~10 枚,不稳定。如'向阳红'(荷花型—菊花型—蔷薇型)。

蔷薇型:花瓣高度增加,自外向内显著变小,雌、雄蕊多消失。如'大富贵''沙白''初开藕荷'等。

(3) 楼子类:此类有显著的外瓣,通常 1~3 轮;雄蕊均有部分瓣化,或逐渐变成完全瓣化;雌蕊正常或部分瓣化,花型逐渐高起。

金蕊型:外瓣明显,花药增大,但仍具有花药外形,呈鲜明的金黄色,花丝加粗。青岛及日本有此型品种。

托桂型：外瓣明显，雄蕊进一步瓣化，呈细长的花瓣，雌蕊正常。如'巧玲''美菊''砚池漾波'等。

金环型：外瓣明显，雄蕊瓣化仅限于近花心的部分，在花蕊瓣化瓣外围，仍残留一环正常雄蕊，故得名。如'雪盖黄沙''赵园粉''紫袍金带'等。

皇冠型：雄蕊多数均瓣化，花心部分高出，在瓣化瓣中，常夹有完全雄蕊及不同瓣化程度的瓣化雄蕊；雌蕊正常或部分瓣化，外瓣明显。如'大红袍''墨紫楼''冰青'等。

绣球型：雄蕊瓣化瓣较宽，长度也与外瓣近等长；雌、雄蕊全部瓣化，或在瓣化瓣与外瓣之间仍残留完全雄蕊，或散生于瓣化瓣之间。如'山河红''紫绣球''紫雁飞霜'等。

（4）台阁类：全花可区分为上方花和下方花，在两花之间可见到明显着色的雌蕊瓣化瓣或退化雌蕊，有时也出现完全雄蕊或退化雄蕊。

千层台阁型：花瓣的排列具有千层类花型特征，内、外瓣差异较小，全花可区分出上方花及下方花，两花之间可见到雌蕊瓣化瓣或退化雌蕊。如'高秆粉''雪原红花''大红袍'等。

楼子台阁型：花瓣排列具有楼子类花型特征，全花可区分出上方花及下方花，外瓣与内瓣有显著差别，在两花之间可见到明显着色的雌蕊瓣化瓣或瓣端着色；内瓣排列层次不鲜明。如'胭脂点玉''西施粉'等。

园林应用：芍药适应性强，管理较粗放，能露地越冬，是我国传统名花之一。各地园林中普遍栽培。芍植得宜，则花之盛，更过于牡丹，花期较牡丹稍长，常作专类花园观赏，或用于花境、花坛及自然式栽植。中国园林中常与山石相配，更具特色。

3. 鸢尾 *Iris tectorum*（图6-3）

科属：鸢尾科鸢尾属。

别名：蓝蝴蝶、扁竹叶。

英文名：roof iris。

形态特征：鸢尾是宿根草本植物。具块状或匍匐状根茎，或具鳞茎。叶多基生，呈剑形至线形，嵌叠着生。花茎自叶丛中抽出，花单生，呈蝎尾状聚伞花序或呈圆锥状聚伞花序；花从2个苞片组成的佛焰苞内抽出；花被片的基部呈短管状或爪状，外轮3片大而外弯或下垂，称重瓣，内轮片较小，多直立或呈拱形，称作旗瓣，花柱分枝扁平，呈花瓣状，外展覆盖雄蕊；蒴果，呈长圆形，具3~6角棱，有多数种子。

图6-3 鸢尾

生态习性：鸢尾耐寒性较强，一些种类在有积雪层覆盖的环境下，-40℃仍能露地越冬。但地上茎叶多在冬季枯死。也有常绿种类。喜生于排水良好、适度湿润壤土，在砾石、沙土及较黏的土壤中也能正常生长。不耐水淹，耐干旱，要求阳光充足，也耐半阴，花芽分化多在秋季的9—10月完成，属于虫媒花，自花授粉率较低。

繁殖方法：鸢尾类通常用分株法繁殖，每隔2~4年进行1次，于春季花后或秋季均可，寒冷地区应在春季进行。分割根茎时，应使每块根茎都具2~3个芽为好。及时分株可促进新侧芽的不断更新。如大量繁殖，可将新根茎分割下来，扦插于湿沙中，保持20℃的温度，2周内可生出不定芽。除分株繁殖外,还可播种繁殖。通常在秋天 9 月以后,种子成熟后即播,播种后 2~3 年开花;若播种后冬季使之继续生长,则 18 个月即可开花。

栽培管理:依鸢尾对水分及土壤要求不同,其栽培方法也有差异,现就以下两类加以说明。

(1) 要求排水良好而适度湿润的种类:喜富含腐殖质的黏质壤土,并以含有石灰质的碱性土壤最为适宜,在酸性土壤中则生长不良。栽培前应充分施以腐熟堆肥,并施油粕、骨粉、草木灰等为基肥。栽培距离依种类而异,强健种应用 45~60 cm。生长期追施化肥及液肥则株强叶茂。

(2) 要求生长于浅水及潮湿土壤中的种类:通常栽植于池畔及水边,花菖蒲在生长迅速时期要求水分充足,其他时期水分可相应减少些;燕子花须经常在潮湿土壤中才能生长繁茂。不要求石灰质碱性土壤,而以微酸性土壤为宜。栽植前应先施以硫铵、过磷酸钙、钾肥等作基肥,并充分与土壤混合。栽植时留叶 20 cm 长,将上部剪去后栽植,深度以 7~8 cm 为宜。

常见栽培种(品种):德国鸢尾(*I.germanica*):宿根草本花卉,根茎粗壮,株高 60~90 cm。叶呈剑形,稍革质,具绿色略带白粉。花葶长 60~95 cm,具 2~3 个分枝,共有花 3~8 朵,花径可达 10~17 cm,有香气;垂瓣呈倒卵形,中肋处有黄白色须毛及斑纹;旗瓣较垂瓣色浅,拱形直立。花期在 5—6 月,花形及色系均较丰富,是本属内富于变化的一个种。

银苞鸢尾(*I. pllida*):别名香根鸢尾。宿根草本花卉,根茎粗大。叶呈宽剑形,被白粉,呈灰绿色。花茎高于叶片,有 2~3 个分枝,各着花 1~2 朵,苞片呈银白色干膜质;垂瓣呈淡红紫色至堇蓝色,有深色脉纹及黄色须毛;旗瓣发达色淡,稍内拱;花具芳香,花期 5 月。根茎可提香精。原产于南欧及西亚,各国广为栽培。

黄菖蒲(*I. pseudacorus*):别名黄花鸢尾。宿根草本花卉。根茎短肥,植株高大而健壮。叶呈长剑形可达 60~100 cm,中肋明显,并具横向网脉。花茎与叶近等长。垂瓣上部呈长椭圆形,基部近等宽,具褐色斑纹或无;旗瓣淡黄色;花径约 8 cm,色调变化较多,还有大花型深黄色、白色、斑叶及重瓣品种,数年前与花菖蒲杂交也得到杂种后代。花期在 5—6 月。原产于南欧、西亚及北非等地,引种至世界各地,适应性极强,旱地、湿地均生长良好;水边栽植生长尤好,趋于野生化。

溪荪(*I. sanguinea*):别名红赤鸢尾。宿根草本花卉。叶长 30~60 cm,宽约 1.5 cm,中肋明显,叶基呈红赤色。花茎与叶近等高,苞片呈晕红赤色,花呈浓紫色,垂瓣中央有深褐色条纹;旗瓣色稍浅;爪部黄色具紫斑,呈长椭圆形,直立。花径约 7 cm,花期 5 月下旬至 6 月上旬。还有数个变种。原产于我国东北、西伯利亚、朝鲜及日本。在水边生长良好。

西伯利亚鸢尾(*I. sibirica*):宿根草本花卉,根状茎短,丛生性强。叶呈线形,长 30~60 cm,宽 0.6 cm。花茎中空,花顶生,呈蓝紫色,花径 6~7 cm;垂瓣呈圆形,无须毛;旗瓣直立,花期 6 月。原产于欧洲中部。

花菖蒲(*I. ensata*):别名玉蝉花。多年生宿根草本花卉,根茎粗壮。叶长 50~70 cm,宽 1.5~2.0 cm,中肋显著。花茎稍高出叶片,着花 2 朵;花色丰富、重瓣性强,花径可达 9~15 cm;垂瓣为广椭圆形,无须毛;旗瓣色稍浅。花期在 6 月。原产于我国东北、日本及朝鲜。是本属内育种较早、园艺水平较高的种,多数品种是从种内杂交选育而成。目前栽培的品种多为大花及重瓣类型。喜水湿及微酸性土壤。常作专类园、花坛、水边等配置及切花栽培。

燕子花(*I. laevigata*):宿根草本花卉,茎高约 60 cm。叶宽 18~20 cm,无中肋,较柔软。花具浓紫色,基部稍带黄色;旗瓣披针形,直立,花色有红色、白色、翠绿色等变种,花径约 12 cm,着花 3

朵左右,著名园艺品种有 30 多个。花期 4 月下旬至 5 月。原产于我国东北、日本及朝鲜。喜水及温暖环境。

园林应用:鸢尾种类多,花朵大而艳丽,叶丛美观,一些国家常设置鸢尾专类园。如依地形变化可将不同株高、花色、花期的鸢尾进行布置。水生鸢尾又是水边绿化的优良材料。如今在花坛、花境、地被等栽植中也习见应用。

4. 荷兰菊 *Aster novi-belgii* (图 6-4)

科属:菊科紫菀属。

别名:柳叶菊、蓝菊、小蓝菊、老妈散。

英文名:michaemas daisy。

形态特征:荷兰菊是多年生宿根草本植物。株高 60~100 cm,全株光滑无毛。茎直立,丛生,基部木质。叶呈长圆形或线状披针形,对生,叶基略抱茎,具暗绿色。多数头状花序顶生而组成伞房状,花呈淡紫色或紫红色,花径 22.5 cm,自然花期在 8—10 月。

图 6-4 荷兰菊

生态习性:喜阳光充足及通风良好环境,耐寒、旱、瘠薄,对土壤要求不严,但在湿润及肥沃壤土中开花繁茂。

繁殖方法:荷兰菊以扦插、分株繁殖为主,很少用播种法。

(1) 扦插法:5—6 月上旬,结合修剪,剪取嫩枝进行扦插。扦插基质为湿润粗沙。插后注意浇水、遮阴。生根后要及时撤掉遮阴物,进行正常管理。若为国庆节布置花坛的材料,可于 7 月下旬至 8 月上旬扦插。

(2) 分株法:早春幼芽出土 2~3 cm 时将老株挖出,用手小心地将每个幼芽分开,另行栽植。荷兰菊分蘖力强,分蘖繁殖比例可达 1:(20~30)。

栽培管理:早春要及时浇返青水并施基肥。一般施麻酱渣 100~150 g/m²。生长期间每 2 周追施 1 次肥水,入冬前浇灌冻水。每隔 2~3 年需进行 1 次分株,除去老根,更新复壮。

荷兰菊的自然株形高大,栽培时可利用修剪调节花期、植株高度。如要求花多,花头紧密,国庆节开花,应修剪 2~4 次。5 月初进行 1 次修剪,株高以 15~20 cm 为好。7 月再进行第 2 次修剪,注意使分枝均匀,株形匀称、美观,或修剪成球形、圆锥形等不同形状。9 月初最后一次修剪,此次只摘心 5~6 cm,以促进其分枝、孕蕾,保证国庆节用花。

常见栽培种(品种):紫菀(*A. tataricus*):原产于我国东北、华北等地。株高约 100 cm,叶呈披针形,头状花序呈圆锥形,具淡蓝色,花期在 7—9 月。

红花紫菀(*A. novae-angliae*):原产于美国,全株具短柔毛,株高 80 cm,叶呈披针形至线形,头状花序聚伞状,呈紫红色,花期 6—7 月。

高山紫菀(*A. alpinus*):原产于欧美高山地区,株高 30 cm,花色有淡蓝、紫色,花期 5 月。

园林应用:荷兰菊的高型种类可布置花境;矮型种可盆栽或用于花坛中。也可作切花生产栽培。

5. 宿根福禄考 *Phlox paniculata* (图 6-5)

科属:花荵科福禄考属。

别名：天蓝绣球、锥花福禄考。

英文名：summer perennial phlox。

形态特征：多年生宿根草本花卉。株高 40~60 cm，茎直立性，近无毛，通常不分枝。叶交互对生或 3 叶轮生，呈长圆状披针形至广卵圆形，叶长 7.5~12 cm，端尖基狭，全缘。圆锥花序顶生呈锥形，花冠呈高脚碟状，先端 5 裂，花径约 2.5 cm；花色有紫色、橙色、红色、白色等不同深浅的多数品种；花期在 6—10 月。

生态习性：宿根福禄考喜冷凉和湿润环境。抗寒性较强，在哈尔滨露地冬季需适当防寒保护，忌酷热、水涝和盐碱；在日照充分之处生长尤佳。尤具抗旱性能。喜土层深厚、肥沃、排水良好的壤土或沙壤土。

图 6-5　宿根福禄考

繁殖方法：宿根福禄考以扦插繁殖为主，也可用分株繁殖。

（1）**扦插繁殖**：利用秋后上冻前剪下的枝条，切成 8~10 cm 的长枝段，去掉下部叶片，插入苗床中，在 20℃左右的温度下，约 1 个月生根，移入苗钵中培养，到春季上盆或定植露地。温暖地区也可利用露地苗床进行扦插繁殖。

（2）**分株繁殖**：在福禄考萌动后，将 3~5 年生的株丛挖出，分成数丛，每丛带 3~5 个芽，分完后立即定植。分株留下的残根也会长成新株。

栽培管理：定植时间以 4 月初至 5 月上旬为宜。株行距 25 cm。定植前要深翻土地，并施入足够的有机肥。夏季多雨季节要注意及时排水，以免感染病害。当苗高 15 cm 左右时，进行摘心，以促发分枝，控制株高，保证株丛丰满矮壮，增加花量及延迟花期。摘心后可追施 1 次速效有机肥。花后尽快剪掉残花并适当作稀疏修剪，以保证再萌发新枝开二次花。修剪后叶面需喷施 2~3 次稀薄液肥，以提高二次花的观赏效果。定植苗以 2~3 年的株丛最佳，第 4 年开始减弱，故应及时分栽。

常见栽培种（品种）：常见的园艺品种有 15 个左右，如：

'Africa'：花色呈鲜粉红色。

'aida'：花色呈深紫红色。

'bright eyes'：花色呈鲜红色，有深色斑块。

'Mary Louise'：花色呈白色。

'salmon beauty'：花色呈肉粉色，中心为白色。

园林应用：多用于花坛及花境；伞形及球形者多用于切花。

6. 金鸡菊类 *Coreopsis* spp. (图 6-6)

科属：菊科金鸡菊属。

英文名：coreopsis。

形态特征：金鸡菊为多年生草本花卉，稀灌

图 6-6　金鸡菊

木状。叶片多对生、稀互生,有全缘、浅裂或深裂。花单生或为疏圆锥花序;总苞 2 列、每列 8 枚、基部合生;舌状花 3 列,呈宽舌状,黄色、棕色或粉色,少结实;管状花呈黄色至褐色。

生态习性:金鸡菊性耐寒,对土壤要求不严,适应性强,有自播繁衍能力。

繁殖与栽培:金鸡菊类栽培容易,常能自播繁衍。生产中多用播种或分株繁殖,夏季也可进行扦插繁殖。

常见栽培种(品种):大花金鸡菊(*C. grandiflora*):宿根草本花卉,株高 30~60 cm,稍被毛,有分枝。叶对生,基生叶及下部茎生叶呈披针形,全缘;上部叶或全部茎生叶为 3~5 深裂,裂片呈披针形至线形,顶裂片尤长。花期在 6—9 月。园艺品种中有重瓣者。

大金鸡菊(*C. lanceolata*):耐寒性宿根草本花卉。株高 30~60 cm,无毛或疏生长毛。叶多簇生基部或少数对生,茎上叶甚少,呈长圆状匙形至披针形,全缘,基部有 1~2 个小裂片。头状花具长梗,花径 5~6 cm 花期在 6—8 月。有大花、重瓣、半重瓣等多数园艺种,大花重瓣的如 'sun burst' 较为有名。原产于北美,各国均有栽培或为野生。

轮叶金鸡菊(*C. verticillata*):多年生宿根草本花卉,株高 30~90 cm,无毛,少分枝。叶轮生,无柄,掌状 3 深裂,各裂片又细裂。管状花色呈黄色至黄绿色,花期 6—7 月。

园林应用:大花金鸡菊常应用于花坛、花境或丛植于山石前、篱旁、街心绿地栽植,也可做切花应用。因为易于自播繁衍,常成片逸生为地被。

7. 金光菊 *Rudbeckia laciniata*(图 6-7)

科属:菊科金光菊属。

别名:太阳菊、九江西番莲。

英文名:cutleaf coneflower。

形态特征:金光菊为多年生宿根草本花卉,株高 80~150 cm,茎直立多分枝,无毛或稍被短粗毛。叶片较宽,基生叶呈羽状。5~7 裂,有时又 2~3 中裂;茎生叶 3~5 裂,上部叶呈阔披针形,边缘具稀锯齿。头状花序单生枝顶;总苞片稀疏,花径 10~20 cm;花期在 7—10 月。

图 6-7　金光菊

生态习性:适应性强,耐寒,在我国北方可露地越冬,喜阳光充足,也较耐阴。对土壤要求不严,但在疏松而排水良好的土壤上生长良好。

繁殖与栽培:金光菊以播种或分株繁殖。播种宜在秋季进行,或早春室内盆播,播种后 2 周出苗,出苗后于春季移至露地。分株在秋季进行。

早春及生长期间均应保持有足够的养分和水分,以便开花繁茂;夏季开花后可将花枝剪掉;秋季还可长出新的花枝再次开花。

常见栽培种(品种):'乡色'(rustic colors),花色橙黄。'大橘黄'(orange bedder)矮生品种,花径 7~8 cm。

变种有重瓣金光菊(var. *hortensis*):开花极为繁茂,舌状花多轮。

园林应用:植株高大,花大而美丽,适栽于花境或自然式栽植,又可做切花。

8. 景天类 *Sedum* spp.

科属：景天科景天属。

英文名：stonecrop。

形态特征：景天类属于多年生,稀一年生多肉植物,是景天科中分布最广、种类最多的属,以北温带为分布中心,热带高山有少数种分布;我国约有 150 种,南北各省都产。根茎显著或无,茎直立、斜上或下垂。叶多互生、密集呈覆瓦状排列,对生或轮生;叶色有紫、红、褐、绿、绿白等色。聚伞花序顶生,花瓣 4~5,雄蕊与花瓣同数或 2 倍;萼 4~5 裂;花色多为黄色、白色,还有粉、红、紫等色。

生态习性：多数种类具有一定耐寒性。喜光照,部分种类耐阴,对土质要求不严。

繁殖与栽培：景天类以分株、扦插繁殖为主,部分种类也行叶插。播种繁殖多在早春进行,多数种类种子寿命只可保持 1 年,欲长期保持,应放置低温及干燥条件下。

常见栽培种(品种)：费菜(*S. aizoon*):多年生肉质草本植物,株高 15~40 cm,根状茎粗而木质;茎斜伸,地上部分于冬季枯萎。互生、间生或对生,呈倒披针形至狭匙形,长 2.5~5 cm,端钝,基部渐狭,近上部边缘有钝锯齿,无柄;叶色呈绿色、黄绿色至深绿色,常有红晕。聚伞花序顶生;花瓣 5,橙黄色花期 6 月。原产于我国、日本及朝鲜。我国河北、山西、陕西、内蒙古等省区均有分布。全草入药。适于盆栽、丛植、花坛栽植及岩石园中应用。

三七景天(图 6-8):多年生草本植物,株高 30~80 cm,根状茎粗,近木质化。全体无毛,直立、无分枝或少分枝。单叶互生至狭披针形,上缘具粗齿,基部呈楔状,近无柄。聚伞花序密生;花色呈黄色至红色;花期在夏季至秋季。

垂盆草(*S. sarmentosum*):别名卧茎景天、爬景天,多年生肉质,常绿草本植物,株高 9~18 cm,茎平卧或上部直立,匍匐状延伸,并于节处生不定根。3 叶轮生,呈矩圆形、全缘,无柄聚伞花序顶生;花瓣 5,花色呈鲜黄色,花期在夏季。

图 6-8　三七景天

佛甲草(*S. lineare*):多年生肉质草本植物,株高 10~20 cm。茎初生时直立,后下垂,有分枝。3 叶轮生,无柄,呈线状至线状披针形,叶长 2.5 cm;阴处叶为绿色,日照充足时为黄绿色。聚伞花序顶生,着花约 15 朵;花瓣 5,花色呈黄色,花期 5—6 月。

园林应用：景天类可以布置花境、花坛,用于岩石园或作镶边植物及地被植物。盆栽可供室内观赏,矮小种类供盆景中点缀用。切花应用,水养较持久。

9. 玉簪类 *Hosta* spp.

科属：百合科玉簪属。

英文名：plantainlily。

形态特征：玉簪类属于宿根草本植物。本属植物约 40 种,多分布于东亚。我国有 6 种,分布甚广,多为美丽观赏植物。地下茎粗大,叶簇生,具长柄。多为总状花序,自下而上同时开 1~3 朵花,花色呈蓝、紫或白色,花被片的基部联合成长管,喉部扩大。

生态习性:玉簪类性强健,耐寒而喜阴,忌直射光,植于树下或建筑物北侧生长良好,土壤以肥沃湿润,排水良好为宜。

繁殖与栽培:繁殖多用分株法,春、秋均可进行。播种繁殖 3~4 年开花。近年用组织培养方法,取叶片、花器均能获得幼苗,不仅生长速度较播种者快,并可提早开花。开花前可施些氮肥及磷肥,则叶绿而花茂。

常见栽培种(品种):玉簪(*Hosta plantaginea*):别名玉春棒、白鹤花。多年生宿根草本植物,株高约 40 cm。叶基生成丛,具长柄,叶片呈卵形至心状卵形,基部呈心形,具弧状脉。顶生总状花序,花葶高出叶片,着花 9~15 朵;每花被 1 苞片,花呈白色、管状漏斗形,花径 2.5~3.5 cm,长约 13 cm,裂片 6 枚短于筒部;蒴果 3 棱,呈圆柱形。花期在 6—8 月,芳香袭人。变种有重瓣玉簪(var. *pleno*),花重瓣。原产于中国,于 1789 年传至欧洲,以后传入日本。现各国均有栽培。

紫萼(*H. ventricosa*)(图 6-9):多年生宿根草本植物。叶柄边缘常由叶片下延而呈狭翅状,叶柄沟槽较玉簪浅,叶片质薄。总状花序顶生,着花 10 朵以上,花径 2~3 cm,长 4~5 cm,具淡堇紫色。花期在 6—8 月。原产于我国,于 1789 年传至日本,栽培较广。

狭叶玉簪(*H. fortunei*):别名狭叶紫萼、日本玉簪。多年生宿根草本植物,根茎较细。叶呈灰绿色,披针形至长椭圆形,两端渐狭。花茎中空,花色呈淡紫色,花长 5 cm,花期 8 月。有白边及花叶变种。原产于日本。

花叶玉簪(*H. undulata*):别名皱叶玉簪。多年生宿根草本植物。叶呈卵形,叶缘微波状,叶面有乳黄或白色纵纹,花葶超于叶上,花冠长 6 cm,花色呈暗紫色,花期 7 月下至 8 月。原产于日本。

圆叶玉簪(*H. sieboldiana*):多年生宿根草本植物。叶挺而厚,呈圆形而波状;表面稍被白粉、具长柄。花色呈白色至淡紫色,花期 8 月。日本多作切叶栽培。原产于日本东北部。

园林应用:玉簪类花大叶美,且喜阴,园林中可配置于林下作地被应用,或栽于建筑物周围荫蔽处。欧美等国常用于岩石园中。近年已选育出矮生及观叶品种,多用于盆栽观赏或切花、切叶。嫩芽入菜,全草入药,鲜花可提制芳香浸膏。

10. 随意草 *Physostegia virginiana*(图 6-10)

科属:唇形科假龙头花属。

别名:芝麻花、假龙头花。

图 6-9　紫萼

图 6-10　随意草

英文名：obedient plant，Virginia falsedragonhead。

形态特征：随意草属多年生宿根草本植物。株高 60~120 cm，茎丛生而直立，稍呈 4 棱；地下有匍匐状根茎。叶呈长椭圆形至披针形，端锐尖，缘有锯齿，长 7.5~12.5 cm。顶生穗状花序，长 20~30 cm，单一或有分枝，花色呈淡红色至粉色；长 1.8~2.5 cm；萼于花后膨大，花期在 7—9 月。

生态习性：随意草属较耐寒，喜疏松、肥沃、排水良好的沙质壤土；喜阳光，但夏季干燥时生长不良，且叶片易脱落，应保持土壤湿润。

繁殖与栽培：分株或播种繁殖，2~3 年分株 1 次即可，残根留在土中易萌发繁衍。4—5 月可播种繁殖，种子发芽力可保持 3 年。

常见栽培种(品种)：'bouquet rose'：花大，呈粉红色，为高性品种。'vivid'：株丛紧密，分枝多，花色呈鲜粉色。此外，尚有斑叶等品种，均做切花应用。

园林应用：布置花境、花坛及做切花应用。

11. 萱草类 *Hemerocallis* spp.（图 6-11）

科属：百合科萱草属。

英文名：daylily。

形态特征：萱草类属百合科宿根草本植物。根茎短、常肉质。叶基生、二列状、呈线形。花茎高出叶片，上部有分枝。花大，花冠呈漏斗形至钟形；裂片外弯，基部为长筒形，内被片较外被片宽。原种花色为黄色至橙黄色。单花开放 1 天，有朝开夕凋的昼开型、夕开次晨凋谢的夜开型以及夕开次日午后凋谢的夜昼开型。

图 6-11　萱草

生态习性：萱草类性强健而耐寒，适应性强，又耐半阴，可露地越冬。对土壤选择性不强，以富含腐殖质、排水良好的湿润土壤为佳。

繁殖与栽培：春秋以分株繁殖为主，每丛带 2~3 个芽，施以腐熟的堆肥。若春季分株，夏季就可开花。通常 3~5 年分株 1 次。播种繁殖，应在采种后即播，经冬季低温，于翌春萌发。春播的当年不萌发。多倍体萱草需人工辅助授粉来提高结实率。开花后扦插茎芽，成活率较高，且茎芽成株的翌年即可开花。近年运用组织培养法繁殖多倍体萱草，进一步提高了繁殖系数。萱草类的适应性强，在定植的 3~5 年内不需特殊管理，于开花前后追肥，长势更盛。

常见栽培种(品种)：黄花萱草(*H. flava*)：别名金针菜。多年生宿根草本植物。叶片深绿色，呈带状，叶长 30~60 cm，宽 0.5~1.5 cm，拱形弯曲。花 6~9 朵，为顶生疏散圆锥花序；花色呈淡柠檬黄色，浅漏斗形，花葶高约 125 cm，花径约 9 cm。花傍晚开，次日午后凋谢，具芳香。花期在 5—7 月。花蕾为著名的"黄花菜"，可供食用。还有大型变种(var. *major*)，叶色较深，花被片尖端反曲，呈波状。原产于我国及日本。长江流域以北各省区均有分布。

黄花菜(*H. citrina*)：别名黄花。多年生宿根草本植物。叶片较宽长，深绿色，长 75 cm，宽 1.5~2.5 cm，生长强健而紧密。花序上着花多达 30 朵左右，花序下苞片呈狭三角形；花色呈淡柠檬黄色，背面有褐晕，花被长 13~16 cm，裂片较狭，花梗短，具芳香。花期 7—8 月。花在强光下不能完全开放,常在傍晚开花,次日午后凋谢。花蕾供食用。原产我国,山东、河北、陕西、四川、甘肃等省区均有野生。

萱草(*H. fulva*):多年生宿根草本植物,根状茎粗短,有多数肉质根。叶呈披针形,叶长 30~60 cm,宽 2.5 cm,排成二列状。圆锥花序,着花 6~12 朵,花色呈橘红至橘黄色,为阔漏斗形,花长 7~12 cm,边缘稍为波状,盛开时裂片反曲;花径约 11 cm,无芳香。花期在 6—8 月。尚有重瓣变种(var. *kwanso*)、斑叶变型(var. *variogata*)的叶片具白色条纹。长筒萱草(var. *longituba*)、玫瑰红萱草(var. *rosea*)、斑花萱草(var. *maculata*)的花较大,内部有鲜明的红紫色条纹等。原产于我国南部,各地广泛栽培。中南欧及日本也有分布。

大花萱草(*H. middendorfii*):多年生宿根草本植物。叶长 30~45 cm,宽 2~2.5 cm,低于花茎。花 2~4 朵,花色呈黄色,有芳香,花长 8~10 cm,花梗极短,花朵紧密,具有大型三角状苞片,外被片宽 1.3~2.0 cm,内被片较宽而钝,花期在 7 月。大型变种(var. *major*)生长健壮,花更多。原产于日本及西伯利亚东部。

园林应用:萱草类花色鲜艳、栽培容易,且春季萌发早,绿叶成丛,极为美观。园林中多丛植或于花境、路旁栽植。萱草类耐半阴,又可作疏林地被应用。

12. 荷包牡丹类 *Dicentra*

科属:罂粟科荷包牡丹属。

英文名:common bleeding heart。

形态特征:荷包牡丹类为多年生宿根草本植物。地下茎水平生长,稍肉质。一至数回三出复叶。花序顶生或与叶对生,排成下垂的总状花序。花瓣 4 枚,外侧 2 枚之基部膨大为囊状,呈心形,先端反卷;内侧 2 枚小而直立,花色有红、黄、白等色;花柱纤细,柱头 2~4,呈鸡冠状或角状。蒴果呈长形。

生态习性:性耐寒而忌夏季高温,喜湿润、疏松壤土,在沙土及黏土中生长不良。生长期间喜侧方遮阴,忌日光直射。早春开花,至盛夏则茎叶枯黄休眠。

繁殖与栽培:以春秋分株繁殖为主,约 3 年分株 1 次。也可进行扦插繁殖,北京地区 6—9 月扦插,次年即可开花。种子繁殖可秋播或层积处理后春播,实生苗 3 年开花。

荷包牡丹类的栽培容易,不需特殊管理,若栽植于树下等有侧方遮阴的地方,可以推迟休眠期,延长观赏期 1 个月左右。在春季萌芽前及生长期施饼肥及液肥则花叶更茂。盆栽时宜选用深盆,下部放些瓦片以利排水。

常见栽培种(品种):荷包牡丹(*D. spectabilis*)(图 6-12):多年生宿根草本植物,地下茎稍肉质。株高 30~60 cm,茎带红紫色,丛生。二回三出复叶,全裂,具长柄,叶被白粉。总状花序,花朵着生一侧并下垂;花瓣长约 2.5 cm,外面 2 枚呈粉红色,基部呈囊状,上部狭且反卷。花期 4—5 月。还有白花变种。原产于我国,于 1810 年发现。河北、东北均有野生,各地园林多栽培。

园林应用:荷包牡丹可丛植或作花境、花坛布置。因耐半阴,又可作地被植物。低矮品种可盆栽观赏。切花应用时,水养可持续 3~5 天。

图 6-12 荷包牡丹

13. 桔梗 *Platycodon grandiflorus*（图 6-13）

科属：桔梗科桔梗属。

别名：僧冠帽、梗草。

英文名：balloon flower。

形态特征：桔梗是多年生宿根草本植物。株高 30~100 cm，上部有分枝。块根肥大多肉，叶互生或 3 枚轮生，几无柄，呈卵形至卵状披针形，端尖，边缘有锐锯齿。花单生枝顶或数朵组成总状花序；花冠呈钟形，为蓝紫色；花径 2.5~5 cm，花冠裂片 5，三角形；雄蕊 5，花丝基部扩大；花柱长，5 裂而反卷；萼呈钟状，宿存；花期 6—10 月，切花品种的花期在 5—6 月。园艺品种有白、粉及重瓣等。

生态习性：桔梗性喜凉爽、湿润环境。喜阳光充足，但也能耐微阴，适栽于排水良好、含腐殖质的沙质壤土中。自然界中多生于山坡草丛间或沟旁。

图 6-13　桔梗

繁殖方法：桔梗以播种或分株繁殖。做切花栽培多用播种法，翌年即可剪切花。因实生苗经 2~4 年可以获得品质优良的切花，而老植株根部就可以药用了，这种更新方法最为经济。分株繁殖在春、秋季都可进行，根应连同根颈部的芽一起分离栽植。1 次种植可持续 4~5 年，因此可与果树等间作。

常见栽培种（品种）：var. *duplex*：'forma album'，花色为白色；'forma bicolor'，白色花上带紫蓝色斑。

var. *mariesii*：从日本引入英国。株高 30 cm，茎粗而强健。花非钟形而呈碗形，花色有紫色、白色等。

var. *planicorollatum*：花冠非碗形，上面较平，花色有白色、紫色、红紫色等。

var. *rugosum*：全株矮小，株高仅 10~15 cm，茎呈淡绿色。叶小，呈深绿色，叶面皱缩，缘有尖锯齿。花小，着生于茎顶，花色为淡紫红色，花冠 5 裂，具紫脉。

园林应用：桔梗花大，花期长，易于栽培，高型品种可用于花境；中矮型品种可栽于岩石园；矮生品种及播种苗多剪取切花。根为重要药材，幼苗茎叶可入药。

14. 翠雀 *Delphinium grandiflorum*（图 6-14）

科属：毛茛科翠雀属。

别名：飞燕草、大花飞燕草。

英文名：bouquet larkspur，largeflower larkspur。

形态特征：飞燕草是多年生宿根草本植物。株高 60~90 cm，多分枝，主根肥厚，略呈梭形或圆锥形，茎直立，全株被柔毛。叶互生，掌状深裂，裂片呈线形。总状花序顶生，萼片 5，呈瓣状，蓝色，先端稍向上弯曲。花期 5—7 月。

生态习性：飞燕草喜光、凉爽，忌炎热。耐寒、旱、半阴，宜在腐殖质的黏质土上生长。

图 6-14　翠雀

　　繁殖方法:播种、分株或扦插繁殖。播种可于春季 3—4 月或秋季的 8 月中、下旬进行,发芽较迟缓。发芽最适温度为 14~15℃。播后 2~3 周可出苗。分株,春秋均可进行。扦插,可在花后剪取基部萌发的新芽,插于沙中,翌年开花。或于春季剪取新枝扦插。当年夏季即可开花。

　　栽培管理:在夏季的炎热地区,需将飞燕草置于冷凉处,并遮阴降温。冬季,在北方要覆盖或培土。生长适宜温度为 10℃。生长期需施以磷肥。留种母株 2~3 年移栽 1 次,移栽时要施以基肥。植株高大,要设支架。花后需剪去花梗,生长旺期,施肥 1 次。管理简单粗放,几乎随处可种,促其生长,株丛可年年不断扩大。对优良观赏品种应按株高和花色进行搭配,栽前应施入基肥,并经常灌水,以保持湿润,秋冬前拥起土堆防寒。

　　常见栽培种(品种):飞燕草(*D. alacis*):又名南欧翠雀,一年生草本植物,株高 30~60 cm。总状花序,花重瓣,密生,具蓝紫色,也有粉红色及白色,花期长。

　　穗花翠雀(*D. elatum*):又称高翠雀、飞燕草。宿根。株高可达 1.8 m,多分枝。叶片较大。总状花序,花色呈蓝紫色。原产于我国内蒙古及新疆等地。

　　园林应用:飞燕草可作花坛、花境材料,也可用作切花。

　　15. 宿根石竹类 *Dianthus* spp.

　　科属:石竹科石竹属。

　　英文名:dianthus。

　　形态特征:宿根石竹类是多年生或一、二年生草本植物。茎节膨大,叶对生。花单生或为顶生聚伞花序及圆锥花序;萼呈管状,5 齿裂,下有苞片 2 至多枚,为分类学上的特征;花瓣 5,具爪,被萼及苞片所包被,全缘或具齿及细裂;蒴果呈圆筒形至长椭圆形。

　　生态习性:喜凉爽及稍湿润环境,土壤以沙质土为好,排水不良易生白绢病及立枯病。

　　繁殖与栽培:繁殖可用播种、分株及扦插法。春播或秋播于露地,寒冷地区可春秋播于冷床或温床,如常夏石竹、瞿麦等,发芽适温为 15~20℃,温度过高则萌发受到抑制。幼苗通常经过二次移植后定植。分株繁殖多在 4 月进行。扦插法生根较好,可于春秋插于沙床中。

　　石竹类花卉种间易行天然杂交,田间栽培应注意品种的隔离,留种时也应严格选种,以保持各品种的优良性状。

　　常见栽培种(品种):高山石竹(*D. chinensis* var. *morri*):矮生,多年生草本植物,株高 5~10 cm。叶呈绿色,具光泽、钝头;基生叶呈线状披针形,基部狭,有细齿牙;茎生叶 2~5 对。花单生,花径 5~6 cm,花色呈粉红色,喉部紫色具白色斑及环纹,无香气;花期在 7—9 月。

　　常夏石竹(*D. plumarius*)(图 6-15):别名羽裂石竹。多年生宿根草本植物,株高 30 cm,茎蔓状簇生,上部有分枝,越年呈木质状,光滑而被白粉。叶厚,呈灰绿色、长线形。花 2~3 朵顶生枝端,喉部多具暗紫色斑纹,有芳香;花径 2.5~4.0 cm,本种极富变化,花色有紫色、粉红色至白色;花瓣有单瓣、重瓣;斑纹及高度也有不同,苞片 4,呈卵形,为萼长的 1/3。花期在 5—10 月。作花境、切花及岩石园应用。原产于奥地利至西伯利亚,1573 年园艺化后多栽

图 6-15　常夏石竹

培应用。主要园艺品种有:

'cyclops':单瓣或半重瓣、粉色至红色。

'pheasants eye':单瓣,喉部有大的暗色斑。

'Scotland':半重瓣或重瓣,花大,花色丰富,还有高型品种。

瞿麦(*D. superbus*):多年生宿根草本植物,株高 60 cm,光滑而有分枝。茎丛生。叶对生,质软,呈线形至线状披针形,全缘,具 3~5 脉。花色呈淡红色或堇紫色,具芳香;花径约 4 cm,花瓣具长爪,边缘丝状深裂;萼细长,呈圆筒状,长 2~3 cm,萼筒基部有 2 对苞片;花期在 7—8 月。原产于欧洲及亚洲,我国多数省区均有分布。作花坛及切花应用。

西洋石竹(*D. deltoides*):别名少女石竹。宿根草本植物,株高约 25 cm。着花的茎直立,稍被毛;营养茎匍匐丛生。茎生叶密而簇生,呈线状披针形;基生叶呈倒卵状披针形。花茎上部分枝,花单生于茎端,具长梗;有紫、红、白等花色;瓣缘呈齿状,有簇毛,喉部常有"V"形斑;花径约 2 cm,具芳香;花期 6—9 月。原产于英国、挪威及日本,园林中多栽培。主要品种有'brilliant'花鲜红色;'erecta'花亮红色。

园林应用:用于花坛、花境栽培,也可作切花;低矮型及簇生性种是布置岩石园及镶边用的适宜材料。

16. 耧斗菜类 *Aquilegia* spp.

科属:毛茛科耧斗菜属。

英文名:columbine。

形态特征:耧斗菜是宿根花卉。叶丛生、二至三回三出复叶。萼片 5、辐射对称,与花瓣同色;花瓣 5,长距自花萼间伸向后方;蓇葖果。

生态习性:耧斗菜性强健而耐寒,在我国华北及华东等地区均可露地越冬。喜富含腐殖质、湿润而排水良好的沙质壤土,在半阴处生长及开花更好。

繁殖与栽培:分株或播种繁殖。分株宜在早春发芽以前或落叶后进行。播种繁殖于春、秋季均可进行。

常见栽培种(品种):加拿大耧斗菜(*A. canadensis*):宿根草本植物,株高 50~70 cm,高性种。二回三出复叶。花数朵着生于茎上,萼及距均为红色,花瓣为淡黄色,距近直伸,花期在 5—6 月。原产于加拿大及美国,还有以下变种。

矮性变种(var. *nana*):株高约 23 cm。

黄花变种(var. *flavescens*):花色呈浅黄色。

黄花耧斗菜(*A. chrysantha*):别名垂丝耧斗菜。宿根草本植物,株高 90~120 cm,多分枝,稍被短柔毛。二回三出复叶,茎生叶数枚。萼片呈暗黄色,先端有红晕,水平向平展;花瓣呈深黄色,短于萼片;花径 5~7 cm,距长约 5 cm,细长而开展;花期稍晚,在 7—8 月。原产于北美。长距耧斗菜(*A. longissima*)就是本种与加拿大耧斗菜的杂交种,具淡黄色、黄色、红色及矮性等变种。

杂种耧斗菜(*A. vulgaris*)(图 6–16):宿根草

图 6–16　杂种耧斗菜

本植物。株高约 60 cm,茎直立,多分枝。二回三出复叶,具长柄,裂片浅而微圆。1 茎着生多花,花瓣下垂,距与花瓣近等长,稍内曲;花有蓝、紫、红、粉、白和淡黄等色;花径约 5 cm,花期在 5—6 月。原产于欧洲至西伯利亚,近年已与其他种进行杂交,花色有红、淡红、浅绿、白等色及具条纹的。

大花变种(var. *olympica*):花大、萼片呈暗紫至淡紫色,花瓣为白色。

白花变种(var. *nivea*):花色为白色,花径约 6 cm。

重瓣变种(var. *florepleno*):花重瓣,多种颜色。

斑叶变种(var. *vervaeneana*):叶片有黄斑。

华北耧斗菜(*A. yabeana*):宿根草本植物。株高 60 cm,基生叶有长柄,一至二回三出复叶;茎生叶小。花下垂,美丽;萼片呈紫色,与花瓣同色。在我国陕西、山西、山东、河北等地有分布。

园林应用:叶片优美,花形独特,品种多,花期长,从春至秋陆续开放,自然界常生于山地草丛间,其自然景观颇美。园林中也可配置于灌木丛间及林下绿地。此外,又常作花坛、花境及岩石园的栽植材料。大花及长距品种又为插花之花材。

17. 蓍草类 *Achillea* spp.

科属:菊科蓍草属。

英文名:yarrow。

产地分布:本属约 100 种,分布于北温带,我国有 7 种,多产于北部。

形态特征:茎直立;叶互生,为羽状深裂;头状花序小,常伞房状着生,形成平展的水平面。

生态习性:耐寒,性强健,对环境要求不严格,日照充足和半阴地都能生长;以排水好、富含有机质及石灰质的沙壤土最好。

繁殖与栽培:以分株繁殖为主,也可播种繁殖,春秋皆可进行。发芽适温为 18~22℃,播后 1~2 周可发芽。定植株距 30~40 cm。栽培管理简单。花前追 1~2 次液肥,有利于开花。冬季前剪去地上部分,浇冻水。每 2~3 年分株更新 1 次。

常见栽培种(品种):千叶蓍(*A. millefolium*)(图 6-17):又名西洋蓍草、锯叶蓍草。原产于欧亚及北美,我国北方也有分布。观赏价值高。株高 30~100 cm,呈鲜绿色。茎直立,稍具棱,上部有分枝,密生白色柔毛。叶无柄,羽状深裂为线形。头状花序多,密生呈复伞房状,白色,有香气。有黄色、红色、粉色品种。花期在 6—8 月。有变种红花蓍草(var. *rubrumvar*)和粉花蓍草(var. *rosea*)。全株入药。茎叶含芳香挥发油,可作香料。常作花境、丛植、切花栽培。

图 6-17 千叶蓍

蕨叶蓍(*A. filipendulina*):又名凤尾蓍。原产于高加索地区、土耳其、阿富汗。株高 100 cm,茎呈灰绿色,具纵沟及腺点,有香气。羽状复叶互生,小叶羽状细裂,叶轴下延;茎生叶稍小。头状花序伞房状着生,花芳香。有白、黄、粉花品种。花期在 6—8 月,种子有春化要求,秋播种子翌年开花,春播种子当年不开花。常作花境、干花、切花栽培。

同属常见栽培的还有:蓍草(*A. alpina*):全株被柔毛;株高 60~90 cm;花色有白色或淡红色;

花期 7—8 月。珠蓍(*A. ptarmica*):株高 30~100 cm;着花密,白色花,花期在 7—9 月。另有一些切花品种。矮珠蓍(*A. nana*):全株密被绒毛;茎不分枝;株高 5~10 cm;花呈灰白色,有芳香。

园林应用:蓍草类是重要的夏季园林花卉。花序大,开花繁密,开花时能覆盖全株,是花境中很理想的水平线条表现材料;片植能表现出美丽的田野风光;也可以作为切花。

18. 马蔺 *Iris lactea* var. *chinensis*(图 6-18)

科属:鸢尾科鸢尾属。

英文名:Chinese iris。

形态特征:马蔺是多年生草本植物。株高 30~60 cm。根茎粗短,须根细而坚韧。叶丛生,革质而硬,呈灰绿色,很窄,基部具纤维状老叶鞘,叶下部带紫色。花茎与叶等高,着花 2~3 朵;垂瓣光滑,花瓣窄;花色为堇蓝色,花期在 5—6 月。

生态习性:马蔺的适应性强,在任何土壤上均生长良好,耐践踏、寒、旱、水湿。根系发达,可用于水土保持和盐碱地的改良。

图 6-18　马蔺

繁殖与栽培:马蔺以分生繁殖为主,也可播种繁殖。分根茎时,每块根茎带 2~3 个芽;大量繁殖时可分切根茎扦插于湿沙中,在 20℃条件下,2 周可出不定芽。

园林应用:马蔺是优良宿根花卉,尤其是花境和岩石园的主要材料。还可以作地被。

19. 肥皂草 *Saponaria officinalis*(图 6-19)

科属:石竹科肥皂草属。

别名:石碱花。

英文名:soapwort,bouncing bet。

形态特征:肥皂草是多年生草本植物。株高 20~100 cm,全株呈绿色,无毛,基部稍铺散,上部直立。叶呈椭圆状、披针形或圆形,长 15 cm,宽 5 cm,具光泽,明显 3 条脉;密伞房花序或圆锥状聚伞花序;花色呈淡红色、鲜红色或白色;花径约 2.5 cm,花瓣呈长卵形,全缘,凹头,爪端有附属物,雄蕊 5,超出花冠;花期在 6—8 月。

图 6-19　肥皂草

生态习性:肥皂草性强健、耐寒,对环境要求不严格,一般土壤均能生长。自播繁衍力强。

繁殖与栽培:播种或分株繁殖;2~3 年分株 1 次,使老株更新复壮。种子发芽力可保持 2 年。

常见栽培种(品种):重瓣变种(var. *pleno*):花重瓣,有红、紫红、粉、白等花色。

园林应用:肥皂草适宜作花径、花境的背景,或布置野生花卉园,在林缘、篱旁丛植,亦可作地被材料或药用。

20. '抉择' 荆芥 *Nepeta faossenii* 'Select Blue'(图 6-20)

科属:唇形科荆芥属。

别名:'六座大山'荆芥。

英文名:blue catmint。

形态特征:荆芥是多年生草本植物,常作一年生草本植物栽培,株高 60~100 cm。具强烈香气,全株被灰白色短柔毛。茎方形,上部多分枝,基部呈棕紫色。叶对生,为羽状深裂,裂片呈披针形,全缘,背面有腺点。轮伞花序多轮密集于枝端,形成穗状,花小,花冠呈浅红紫色,二唇形。花期在 7—9 月,果期在 9—11 月。

图 6-20 '抉择'荆芥

生态习性:'抉择'荆芥耐热及瘠薄土壤。全国大部分地区均有栽培。

观赏特性:'抉择'荆芥是观叶、观花材料,但以观叶为主。

园林应用:'抉择'荆芥应用于花坛、花境或地被。

21. 矮麦冬 *Ophiopogon japonicus var.nana*(图 6-21)

科属:百合科沿阶草属。

别名:玉龙。

英文名:dwarf mondograss。

产地分布:矮麦冬原产于亚洲东部和南部,中国大部分地区都有分布。

图 6-21 矮麦冬

形态特征:矮麦冬是多年生草本植物,植株矮小,株高 5~10 cm。叶丛生,无柄,呈窄线形、墨绿色,革质,比同属其他种的细。花埋于株丛中,几乎看不到,夏季开淡蓝色小花,总状花序。花期在 6—7 月。蓝色浆果。

生态习性:植株生长慢,喜肥沃、排水良好土壤。需半阴或阴生环境。抗旱,耐低温。

繁殖与栽培:矮麦冬以分株繁殖为主。

园林应用:矮麦冬四季常绿,耐阴性强,适宜在树荫下和房子背阴处生长。可边缘栽植、盆栽或假山岩壁点缀美化,也是优雅的室内植物。植株低矮,在园林中可配植成观赏草坪。

22. 矮蒲苇 *Cortaderia selloana* 'pumila'(图 6-22)

科属:禾本科蒲苇属。

别名:蒲苇。

图 6-22 矮蒲苇

英文名:dwarf pampas grass。

形态特征:矮蒲苇是常绿多年生草本植物,株高 120 cm 左右,叶聚生于基部,长而狭,边有细齿,圆锥花序大,具羽毛状,呈银白色。

生态习性:矮蒲苇喜光、耐寒,要求土壤排水良好。对土壤要求不严,易栽培,管理粗放,可露地越冬。

繁殖与栽培:春季可分株繁殖,秋季分株则死亡。也可播种繁殖。

常见栽培种(品种):花叶矮蒲苇(*C.selloana* 'silver comet'):常绿,叶带金边,丛生,观叶植物。花叶皆赏。圆锥花序大,呈羽毛状、银白色;喜光、耐寒,孤植、片植于庭院、河岸边或花境配植。

观赏特性:矮蒲苇的花穗长而美丽,庭院栽培壮观、雅致,或植于岸边入秋赏其银白色圆锥花序。

园林应用:矮蒲苇是著名观赏草,用于园林绿化或河、湖岸边。

23. 凹叶景天 *Sedum emarginatum*(图 6-23)

科属:景天科景天属。

别名:石马苋、马牙半支莲。

英文名:emarginate stonecrop。

产地分布:我国西南、西北和华东都有分布。

形态特征:凹叶景天是多年生草本植物,植株细弱;株高 10~15 cm,倾斜,着地部分生有不定根。叶对生,呈匙状倒卵形至宽匙形,顶端凹缺,有时基部渐狭,近无柄,有短距。聚伞花序顶生,常 3 分枝,花色黄。无花梗。

图 6-23　凹叶景天

生态习性:耐旱,喜光。喜排水良好土壤,耐贫瘠,忌雨涝积水。植株强健,管理粗放。

繁殖方法:扦插繁殖或分株繁殖。

园林应用:凹叶景天适作封闭式地被植物材料。

24. 八宝景天 *Sedum spectabile*(图 6-24)

科属:景天科景天属。

别名:蝎子草、华丽景天、长药景天。

英文名:stonecrop。

形态特征:八宝景天的株高 30~50 cm。地下茎肥厚,地上茎簇生,粗壮而直立,全株略被白粉,呈灰绿色。叶轮生或对生,呈倒卵形,肉质,具波状齿。伞房花序密集如平头状,花色呈淡粉红色,常见栽培的尚有白色、紫红色、玫红色品种。花期在 8—10 月。

生态习性:八宝景天喜强光和干燥、通风良好环境,能耐 -30℃ 的低温;喜排水良好的土壤,

图 6-24　八宝景天

耐贫瘠和干旱,忌雨涝积水。植株强健,管理粗放。

繁殖与栽培:八宝景天用播种、分株、扦插繁殖,一般采用扦插繁殖。因该品种极易成活,在圃地直接扦插浇水即可。

园林应用:八宝景天可以作圆圈、方块、云卷、弧形和扇面等造型,也可以用作地被植物,填补夏季花卉在秋季凋萎、没有观赏价值的空缺。植株整齐,生长健壮,花开时似一片粉烟,群体效果极佳,是布置花坛、花境和点缀草坪、岩石园的好材料。

25. 白鲜 *Dictamnus albus*(图 6–25)

科属:芸香科白鲜属。

别名:白鲜皮、八股牛。

英文名:densefruit pittany。

产地分布:白鲜分布于我国东北、华北、西北、华东地区,朝鲜、蒙古、俄罗斯也有分布。

形态特征:白鲜是多年生宿根草本植物,株高达 1 m,全株有强烈香气,基部木质;根斜出、肉质,呈淡黄白色;幼嫩部分密被白色长毛并着生水泡状凸起腺点。奇数羽状复叶;小叶 9~13,纸质,呈卵形至卵状披针形,顶端渐尖或锐尖,基部呈宽楔形,边缘有锯齿,沿脉被毛。总状花序顶生,花柄基部有条形苞片 1;花大型、呈白色或淡紫色;花瓣 5;雄蕊 10,伸出于花瓣外。

图 6–25 白鲜

生态习性:喜温暖,耐寒,怕旱,怕涝,怕强光照。

繁殖与栽培:播种和分株繁殖。

园林应用:林下栽植或用于花境。

26. 百里香 *Thymus mongolicus*(图 6–26)

科属:唇形科百里香属。

别名:地椒、地花椒、山椒、山胡椒和麝香草。

英文名:common thyme。

产地分布:百里香原产于非洲北部、欧洲及亚洲温带,我国多产于黄河以北地区,特别是西北地区。

形态特征:百里香是多年生草本植物,亚灌木;最高约 38 cm,茎木质且多分枝;叶呈中度绿色,数量多,小而尖,小叶对生,全缘,呈椭圆形,有浓郁香味,可混合其他草药作香料;花冠呈管状,白色、粉色或紫色;根浓密,灰褐色。花期在 5—7 月。

图 6–26 百里香

生态习性:喜疏松且排水良好土壤,喜阳,耐寒。

繁殖与栽培:百里香可播种、扦插、压条、分株繁殖。

园林应用:百里香是优良地被材料,也可用于岩石园或花境栽培。

27. 橐吾 *Ligularia fischeri*(图 6-27)

图 6-27 橐吾

科属:菊科橐吾属。

别名:蹄叶橐吾。

英文名:groundsel。

产地分布:橐吾原产于我国东北和华北地区,俄罗斯、朝鲜、韩国、日本也有分布。

形态特征:橐吾是多年生草本植物,株高 50~150 cm。叶基生,有长柄,具褐色柔毛,呈戟状心形,边缘具齿,两侧裂片呈圆形。头状花序多数,密生于上部呈总状,舌状花呈黄色,花期在 7—8 月。

生态习性:喜湿润和半阴环境,耐寒,怕强光直射,适宜肥沃、排水好的壤土。

繁殖与栽培:常用分株繁殖。结合春季翻盆换土,脱盆后抖去宿土,将株丛分成 3~4 份,分别上盆。栽后管理可较粗放,冬季地上部枯死,翌春会自行发芽展叶。盆栽用园土、腐叶土和河沙等量混合作培养土。生长季节保持盆土湿润,但勿积水。

园林应用:橐吾可在庭院露地栽培,或作花境或林下栽植。

28. 斑叶芒 *Miscanthus sinensis* 'Zebrinus'(图 6-28)

图 6-28 斑叶芒

科属:禾本科芒属。

英文名:zebra grass。

产地分布:斑叶芒产于我国华北、华中、华南、华东及东北地区。

形态特征:斑叶芒是多年生草本植物常作一年生栽培。丛生状,茎高约 1.2 m。叶鞘长于节间,鞘口有长柔毛;叶片长 20~40 cm,宽 6~10 mm,下面疏生柔毛并被白粉,具黄白色环状斑。圆锥花序呈扇形,长 15~40 cm,小穗成对着生,基盘有白色至淡黄褐色丝状毛,秋季形成白色大花序。

生态习性:喜光,耐半阴,性强健,抗性强。

繁殖与栽培:常分株或播种繁殖。

园林应用:斑叶芒作观赏草应用于花境或河岸边,也可用于岩石园的美化。

29. 北景天 *Sedum kamtschaticum*(图 6-29)

科属:景天科景天属。

英文名:kamschatka sedum。

产地分布:北景天产于我国辽宁省、吉林省和华北、西北地区,朝鲜、韩国、日本、俄罗斯也有分布。

形态特征：北景天是多年生宿根花卉,株高15~40 cm,茎丛生。叶互生或对生,稀 3 叶轮生,呈椭圆状披针形,基部呈楔形。聚伞花序顶生,多花密集,花黄色。花期在 6—7 月。

生态习性：耐寒,耐旱,喜光,稍耐阴,不择土壤,忌湿涝。

繁殖与栽培：扦插或分株繁殖。

园林应用：北景天是优良地被植物,可栽于花坛、花境、草坪边缘或岩石园。

图 6-29 北景天

30. 博落回 *Macleaya cordata*(图 6-30)

科属：罂粟科博落回属。

英文名：plumepoppy。

产地分布：博落回原产我国和日本。

形态特征：博落回是多年生草本植物,株高150~200 cm。茎呈圆柱形,中空,直立而强壮,呈浅灰绿色,有毒的黄色汁液。叶互生,呈心形,羽状裂开。顶生圆锥花序,花小,白色,无花瓣。蒴果扁平,呈狭倒卵形或倒披针形,下垂。种子成熟时呈棕黑色,有光泽。花期在 6—8 月。果期在 10 月。

生态习性：喜阳光充足,耐寒,适宜疏松、排水良好土壤。

繁殖与栽培：播种或分株繁殖。

园林应用：博落回可应用于花境、林缘或岩石园。

图 6-30 博落回

31. 薄荷 *Mentha haplocalyx*(图 6-31)

科属：唇形科薄荷属。

别名：野薄荷、夜息香、南薄荷。

英文名：peppermint。

产地分布：主产地是美国,最好的薄荷产自英国。

形态特征：薄荷茎长约 90 cm,毛茸茸叶片呈锯齿状,花顶生,开紫色、白色和粉红色花穗。

生态习性：薄荷生于河沟边或山野潮湿地,有较强的耐寒能力。

繁殖方法：扦插或播种繁殖。

园林应用：薄荷用于花境、岩石园或芳香园

图 6-31 薄荷

的栽植。

32. 常春藤 *Hedera nepalensis* var.*sinensis*（图 6–32）

科属：五加科常春藤属。

别名：土鼓藤、钻天风、三角风、散骨风和枫荷梨藤。

英文名：ivy。

产地分布：原产于我国，分布于亚洲、欧洲及美洲北部，在我国主要分布在华中、华南、西南、甘肃和陕西等地。

形态特征：常春藤是常绿攀缘藤本。茎枝有气生根，幼枝被鳞片状柔毛。叶互生，2 裂，长 10 cm，宽 3~8 cm，先端渐尖，基部呈楔形，全缘或

图 6-32　常春藤

3 浅裂；花枝上的叶呈椭圆状卵形或椭圆状披针形，长 5~12 cm，宽 1~8 cm，先端长尖，基部呈楔形，全缘。伞形花序单生或 2~7 个顶生；花小，花色呈黄白色或绿白色。果呈圆球形，浆果状，黄色或红色。花期在 5—8 月，果期 9—11 月。

生态习性：常春藤附于阔叶林中的树干上或沟谷中阴湿岩壁上。性喜温暖、荫蔽环境，忌阳光直射，但喜光线充足，较耐寒，抗性强，对土壤和水分要求不严，以中性和微酸性为最好。

繁殖与栽培：常春藤用种子、扦插和压条繁殖。种子繁殖于果熟时采收，堆放后熟，浸水搓揉，洗净阴干，即可播种，也可用湿沙贮藏，翌年春播，播后覆土 1 cm，盖草保温、保湿。

园林应用：常春藤在庭院中可用以攀缘假山、岩石，或在建筑阴面作垂直绿化的材料。在华北宜选小气候良好的稍阴环境栽植。也可盆栽，供室内绿化观赏用。

33. 朝雾草 *Artemisia schmidtianai*（图 6–33）

科属：菊科艾属。

别名：银叶草。

英文名：silver mound。

产地分布：朝雾草原产于尼泊尔、我国西藏等地区。

形态特征：朝雾草是多年生草本植物，茎叶纤细、柔软，叶片羽状细裂，植株通体具银白色绢毛，茎常分枝，横向伸展，7—8 月开白色小花，头状花序呈穗状。因状似朝雾而得名。

生态习性：性喜温暖光照，畏寒，属阳性花卉。

图 6-33　朝雾草

繁殖与栽培：扦插繁殖为主。

园林应用：朝雾草是一种优良的彩叶植物，主要用于花境或盆栽观赏。

34. 赤胫散 *Polygonum runcinatum*（图 6–34）

科属：蓼科蓼属。

别名:散血莲、散血丹。

英文名:lobed leaf knotweed。

产地分布:赤胫散分布于我国西南及陕西、甘肃、安徽、浙江、江西、河南、湖北、湖南、广西和西藏等地。

形态特征:赤胫散是一年生或多年生草本植物。地下根茎细弱,呈黄色,须根黑色。茎较纤细,呈紫色,茎上有节。叶互生,为卵状三角形,基部常具2圆耳,宛似箭镞,上面有紫黑斑纹;叶柄处有筒状膜质托叶鞘。头状花序,常数个生于茎顶,上面开粉红色小花。7—8月开花,花后结黑色卵圆形瘦果。

图6-34 赤胫散

生态习性:耐阴,喜水湿环境。

繁殖与栽培:赤胫散以扦插繁殖。

园林应用:叶呈紫红色,适合林下地被、花境、水体绿化。

35. 丛生福禄考 *Phlox subulata*(图6-35)

科属:花葱科天蓝绣球属。

别名:针叶天蓝绣球。

英文名:creeping phlox,flowering moss,moss phlox。

产地分布:丛生福禄考原产于北美。

形态特征:丛生福禄考为多年生常绿耐寒(在温暖地区)宿根草本花卉,花有紫红色、白色、粉红色等,老茎半木质化,株高8~10 cm,枝叶密集,匍地生长。叶呈针状,簇生,革质,叶长约1.3 cm,春季叶色鲜绿,夏秋呈暗绿色,冬季经霜

图6-35 丛生福禄考

后变成灰绿色,叶与花同时开放。花呈高脚杯形,芳香,花瓣5枚,呈倒心形,有深缺刻,花瓣基部有1深红色圆环,花径2 cm。花期在5—12月,第1次盛花期4—5月,第2次花期8—9月。

生态习性:极耐寒,耐旱,耐贫瘠,耐高温。在我国东北可露地越冬。

繁殖与栽培:以扦插和分株繁殖为主。扦插繁殖可在5—7月进行,选择健壮的植株,采用当年半木质化、长度7~10 cm的枝条作插穗。扦插基质可用干净河沙或蛭石。分株繁殖可在春、秋季节进行。

园林应用:丛生福禄考可种植在裸露空地上;可点缀在边缘或种植在绿化带内;可栽种于岩石空隙间;可与郁金香、风铃草、矮化萱草等花卉混种;可种植在大树下,起到黄土不露天的美化效果;还可种植在边坡地段,不仅美化坡地,还能减少水土流失。

36. 大滨菊 *Chrysanthemum maximum*(图6-36)

科属:菊科茼蒿菊属。

别名:大白菊、西洋滨菊。

英文名:shasta daisy。

产地分布:大滨菊原产于西欧,我国新近引种栽培。

形态特征:大滨菊是多年生宿根草本植物,茎高 40~100 cm。基生叶呈倒披针形,具长柄;茎生叶无柄、呈线形。头状花序单生于茎顶,舌状花呈白色,有香气;管状花两性,呈黄色。花期 6—7 月;瘦果,果熟期 8—9 月。

生态习性:喜阳光,适生温度 15~30℃,不择土壤,园田土、沙壤土、微碱或微酸性土均能生长。

繁殖与栽培:大滨菊以播种和分株繁殖。

园林应用:多用于庭院绿化或布置花境,花枝是优良切花。

图 6-36　大滨菊

37. 德景天 *Sedum hybridum* ‘Immergrunchett’（图 6-37）

科属:景天科景天属。

别名:杂交景天。

英文名:hybrid stonecrop。

形态特征:德景天为多年生常绿草本植物。株高 15~20 cm,茎直立。叶对生或 3~4 枚轮生;叶片呈倒卵形或椭圆形,端部钝。聚伞花序顶生,花呈黄色。花期 6—7 月。

生态习性:德景天喜光照,耐寒,耐旱,耐贫瘠,稍耐阴。在肥沃、排水良好沙壤土中生长良好。

图 6-37　德景天

繁殖与栽培:德景天用扦插或分株繁殖。扦插在整个生长季节均可进行,在 5~6 月扦插,7~10 天生根,成活率高达 95% 以上。分株繁殖在春秋进行。

园林应用:德景天应用于布置花坛、花境或片植于林缘。

38. 灯心草 *Juncus effusu*（图 6-38）

科属:灯心草科灯心草属。

别名:蔺草、龙须草、野席草、马棕根和野马棕。

英文名:rush。

产地分布:灯心草分布于全世界的温暖地

图 6-38　灯心草

区,我国黑龙江、吉林、辽宁、河北、陕西、甘肃、山东和江苏等地均有。

形态特征:灯心草为多年生草本植物,株高 40~100 cm。根茎横走,密生须根。茎簇生,直立,呈细柱形,直径 1.5~4 mm,内充满乳白色髓,占茎的大部分。叶鞘呈红褐色或淡黄色,长者达 15 cm;叶片退化呈刺芒状。花序假侧生,聚伞状,多花,密集或疏散;花色呈淡绿色,具短柄;蒴果呈长圆状,先端钝或微凹。花期在 6—7 月,果期在 7—10 月。

繁殖与栽培:灯心草以分株繁殖为主。

园林应用:灯心草用于花丛或花境中的点缀。

39. 地榆 *Sanguisorba officinalis*(图 6-39)

科属:蔷薇科地榆属。

别名:黄瓜香、山地瓜、猪人参、血箭草。

英文名:radix sanguisorbae。

产地分布:地榆广布于欧洲、亚洲北温带,我国黑龙江、吉林、辽宁、内蒙古、河北、山西和陕西等地也有分布。

形态特征:地榆是多年生草本植物,株高 30~120 cm。根粗壮,多呈纺锤形、稀圆柱形,表面呈棕褐色或紫褐色,有纵皱及横裂纹,横切面呈黄白或紫红色,较平正。茎直立,有棱,无毛或基部有稀疏腺毛。基生叶为羽状复叶,有小叶 4~6 对,叶柄无毛或基部有稀疏腺毛;小叶片有短柄,

图 6-39 地榆

呈卵形或长圆状卵形,顶端圆钝稀急尖,基部呈心形至浅心形,边缘有多数粗大圆钝稀急尖的锯齿,两面绿色,无毛。

生态习性:喜温暖、湿润气候,耐寒,在我国北方栽培幼龄植株,冬季不需要覆盖防寒。以富含腐殖质的沙壤土、壤土及黏壤土栽培为好。

繁殖与栽培:主要用种子和分根繁殖。分秋播和春播两种。秋播多在 8 月中、下旬,春播多在三、四月进行。

园林应用:地榆用于花境的背景或点缀。

40. 东北铁线莲 *Clematis florida*(图 6-40)

科属:毛茛科铁线莲属。

别名:辣廖、辣廖铁线莲。

英文名:clematis hybridas。

产地分布:分布于我国东北、山西、山东、河北和内蒙古东部等地,朝鲜、俄罗斯远东地区也有。

形态特征:多年生攀缘草本植物,长达 1~1.5 m。根丛生,茎呈圆柱形,有细棱,节部密生毛。叶对生,1 至 2 回羽状复叶;小叶 5~7 枚,柄长 1~3 cm,柄弯曲或缠绕在他物上,叶片革质,呈披

图 6-40 东北铁线莲

针状卵形,长 2~7 cm,宽 1.2~4 cm,先端渐尖,基部近圆形或微心形,全缘,或 2~3 裂,上面呈绿色;下面呈淡绿色,叶脉明显,沿叶脉生有硬毛。圆锥花序;苞片 2,呈线状披针形,有硬毛,萼片 4~5,呈白色,长圆形至倒卵状长圆形,先端渐尖,基部渐狭,外面生细毛,边缘密生白绒毛;瘦果近卵形,先端有宿存花柱,弯曲,生羽毛。花期在 6—8 月。果期在 7—9 月。

生态习性:生于山野林边、田埂及路旁。

繁殖与栽培:以播种繁殖为主。

园林应用:主要用于矮墙、篱架、栏杆、铁丝网等处绿化。

41. 多花筋骨草 *Ajuga multiflora*(图 6–41)

科属:唇形科筋骨草属。

英文名:all-grass of manyflower bugle。

产地分布:原产于美国。

形态特征:多年生草本植物,株高 25~30 cm,茎 4 棱,具匍匐茎和直立茎,茎节有气生根。叶对生,边缘具粗锯齿,先端钝圆,基部呈楔形,叶片纸质,呈长椭圆形,叶面有皱褶裙,生长季节绿中带紫,入秋后叶片呈紫红色。花呈蓝紫色,轮伞花序,长年零星开放,较集中开放时间为 4—5 月和 10—12 月。

图 6–41   多花筋骨草

生态习性:性喜半阴和湿润气候,在酸性、中性土壤中生长良好,耐涝、耐旱、耐阴也耐曝晒,抗逆性强,长势强健。

繁殖与栽培:可采用分株或扦插繁殖。分株繁殖一般在生长旺盛的 5—6 月或 10 月进行。将母株挖出分为 4~5 株,在疏松土壤中做畦栽植。

园林应用:可成片栽于林下、湿地。

42. 矾根 *Heuchera micrantha*(图 6–42)

科属:虎耳草科矾根属。

别名:珊瑚钟。

英文名:alumroot。

产地分布:原产于北美中部和东部。

形态特征:多年生耐寒草本花卉,株高 30~45 cm,浅根性。叶基生,呈阔心形,掌状 5 浅裂,叶边缘有缺刻,表面呈深紫色,叶背面呈红紫色,全叶密被星状毛。顶生圆锥状聚伞花序,花小,呈钟状,红色,两侧对称。

图 6–42   矾根

生态习性:自然生长在湿润多石的高山或悬崖旁。耐寒,喜阳,耐阴。在肥沃、排水良好、富含腐殖质的土壤里生长良好。

繁殖与栽培:用播种繁殖,定植地应向阳。夏季炎热地区应在半阴条件下栽植。春季定植,株行距 30 cm。花后及时剪掉残花,延长花期。入冬后最好保留基生叶,翌年早春清理。

常见栽培种(品种):紫叶珊瑚钟(*Heuchera micrantha* 'palace purple'):常绿草本植物。叶片呈暗紫红色、圆弧形,边缘有锯齿,基部呈密莲座形。花白色、较小,呈铃形,穗状花序,花梗细长,呈暗紫色,花期在夏季。适宜生长在湿润但排水良好、半遮阴环境中。叶片终年呈紫红色,喜阴湿环境,是少有的彩叶阴生地被植物。适合于林下片植,营造地被景观,也适宜点缀于不同主题的花境中,增强色彩丰富度,亦可盆栽观赏。

园林应用:矾根可用于花坛、花境、岩石园或疏林下栽培。

43. 五星花 *Pentas lanceolata*(图 6-43)

科属:茜草科五星花属。

别名:繁星花、埃及众星。

英文名:star cluster。

产地分布:原产于热带非洲和阿拉伯南部。

形态特征:宿根性多年生草本花卉,株高30~40 cm,茎直立,分枝力强,叶对生,呈披针形,叶端渐尖,顶生聚伞形花序,小花呈筒状,花色 5 裂,呈五角星形,故名五星花。花期持久,有粉红、绯红、桃红、白色等花色,花期主要集中在 6—10 月。

图 6-43 五星花

生态习性:喜强光,发芽后让幼苗尽快接受阳光,以免徒长,并能促进植株迅速生长。耐旱、高温。

繁殖与栽培:以扦插繁殖为主,播种繁殖主要应用于园艺杂交育种上。在生产上常采用嫩枝扦插繁殖。在春、夏季选用未曾开花的枝条,长 6~8 cm,插于素沙或酸性土壤中,保持 80%~90% 的相对湿度,置于散射光下,3~4 周可生根,成活率较高。

园林应用:主要应用于花坛、花池、墙下等处群植,也可用作夏、秋季花境填空补缺材料。另常作室内盆栽观赏。

44. 菲白竹 *Sasa fortunei*(图 6-44)

科属:禾本科赤竹属。

英文名:dwarf white,stripe bamboo。

产地分布:菲白竹原产于日本。我国华东地区有栽培。

形态特征:菲白竹是低矮竹类,秆每节具分枝 2 至多数或下部为 1 分枝。叶片呈狭披针形,绿色底上有黄白色纵条纹,边缘有纤毛,两面近无毛,有明显的小横脉,叶柄极短;叶鞘呈淡绿色,一侧边缘有明显纤毛,鞘口有数条白毛。笋期 4—5 月。

图 6-44 菲白竹

生态习性:喜温暖湿润的气候,好肥,较耐寒,忌烈日,宜半阴,喜肥沃、疏松、排水良好的沙质土壤。

繁殖与栽培:菲白竹主要采用分株繁殖。在 2—3 月将成丛母株连地下茎带土移植,母株根系浅,有时带土有困难,应随挖随栽。生长季移植则必须带土,否则不易成活。栽后要浇透水并移至阴湿处养护一段时间。

园林应用：植株低矮,叶片秀美,常植于庭园观赏;栽作地被、绿篱或与假石相配都很合适;也是盆栽或盆景中配植的好材料。

45. 菲黄竹 *Sasa auricoma*（图 6-45）

科属：禾本科赤竹属。

英文名：pleioblastus auricoma。

产地分布：原产于日本。

形态特征：菲黄竹是混生竹。地被竹种,秆高 30~50 cm,直径 2~3 mm。嫩叶呈纯黄色,具绿色条纹,老后叶片变为绿色。

生态习性：喜温暖湿润气候,耐旱,较耐寒,忌烈日,宜半阴,喜肥沃、疏松、排水良好沙质土壤。耐修剪,基本无病虫害。

繁殖与栽培：同菲白竹。

园林应用：应用于园林绿化彩叶地被、色块或作山石盆景栽植观赏。

图 6-45　菲黄竹

46. 凤梨薄荷 *Mantha rotundifolia* 'Variegata'（图 6-46）

科属：唇形科薄荷属。

别名：花叶薄荷。

英文名：pineapple mint

形态特征：常绿多年生草本植物,芳香植株。株高 30~80 cm。叶对生,呈椭圆形至圆形,深绿色,叶缘有较宽的乳白色斑。全株有清凉香气。揉搓后有特殊清凉香气。花呈粉红色,多集中于 7 月中旬到 8 月中旬开花。一朵花开放 2~3 天,同一植株主枝上的花朵先开,分枝上的花朵后开放,开花次序由下而上,花期长达 20~30 天。

生态习性：栽培种植,我国华东地区栽培较多。适应性较强,喜光,喜湿润,耐寒,生长最适温度 20~30℃,属长日照植物。

繁殖与栽培：凤梨薄荷以扦插繁殖。

园林应用：可作花境材料或盆栽观赏。也可用作观叶地被植物。

图 6-46　凤梨薄荷

47. 芙蓉葵 *Hibiscus moscheutos*（图 6-47）

科属：锦葵科木槿属。

别名：大花秋葵、草芙蓉。

英文名：musky hibiscus。

图 6-47　芙蓉葵

产地分布:原产于北美。

形态特征:多年生草本植物,株高 1~2 m,落叶灌木状。叶大,呈广卵形,叶柄、叶背密生灰色星状毛。花大,单生于叶腋,花径可达 20 cm,有白、粉、红、紫等色。入冬地上部分枯萎,翌年萌发新枝,当年开花。花期 6—8 月。

生态习性:喜阳,略耐阴,宜温暖湿润气候,忌干旱,耐水湿,在临近水边的肥沃沙质壤土中生长繁茂。

繁殖与栽培:可用播种、扦插、分株和压条等法繁殖。

园林应用:宜栽于河坡、池边、沟边,为夏季重要的花境花卉。

48. 拂子茅 *Calamagrostis epigeios*(图 6-48)

科属:禾本科拂子茅属。

别名:怀绒草、狼尾草、山拂草、水茅草。

英文名:feather reed grass。

产地分布:原产于我国黑龙江、吉林、内蒙古、新疆、青海、山西(吕梁)和河北等地。分布于中亚。

形态特征:多年生草本植物,具根状茎;秆直立,平滑无毛或花序下稍粗糙,株高 45~100 cm。叶鞘平滑或稍粗糙;叶舌膜质,呈长圆形,先端易撕裂,叶片为扁平或边缘内卷,上面及边缘粗糙,下面较平滑。圆锥花序紧密,呈圆筒形,直立,具间断,分枝粗糙,直立或斜向上升。花果期在 6—9 月。

图 6-48 拂子茅

生态习性:喜生于平原绿洲、水分条件良好的农田、地埂、河边及山地,土壤常轻度至中度盐渍化。

繁殖与栽培:以播种或分株繁殖。

园林应用:用于岩石园或花境栽植。

49. 富贵草 *Pachysandra terminalis*(图 6-49)

科属:黄杨科富贵草属。

别名:转筋草、雪山苓、捆仙绳、上天梯、顶蕊三角咪和顶花板凳果。

英文名:pachysandra。

产地分布:原产于我国和日本。

形态特征:多年生草本植物,株高 10~20 cm。植株呈匍匐状。叶光滑,丛生于短茎顶端,呈倒卵形或菱状卵形,先端钝,基部楔形,缘有粗锯齿,叶面为革质状,呈深绿色,叶背浅绿色。穗状花序顶生;花单性,雌雄同株;花细小,呈白色。核果呈卵形,无毛。枝铺散,有乳汁。花单生枝

图 6-49 富贵草

顶或数朵组成总状花序。花期在 5—6 月。

生态习性：富贵草多生于海拔 1 200~2 200 m 的山坡或沟谷林下的阴湿处；极耐阴，耐寒，在北方能过冬；繁殖快，植株低矮；耐盐碱能力强。

繁殖与栽培：以播种、分株或扦插繁殖。可全年播种，生长迅速，自播种至成品需要 140~160 天，除适合地栽外，也可盆栽。盆栽用土以富含腐殖质、排水畅通的沙质壤土为宜。也可用分株繁殖，于春秋进行。

园林应用：在夏季顶生白色花序；冬季碧叶覆地，最适合作林下地被。

50. 鬼灯擎 *Rodgersia aesculifolia*（图 6–50）

科属：虎耳草科鬼灯擎属。

别名：水五龙、七叶鬼灯擎。

英文名：rodgersia。

产地分布：分布于东亚和我国西南部至东北部，上海一带栽培供观赏用。

形态特征：多年生草本植物，株高达 90 cm；根茎呈短圆柱形，粗大，具鳞状毛茎，无毛，不分枝；基生叶 1 枚，茎生叶约 2 枚，掌状复叶，小叶 3~7，呈狭倒卵形或倒披针形；圆锥花序顶生白色或淡黄色；蒴果，有 2 喙，喙间裂开，种子多；花期 6—7 月；果期 8 月。

图 6–50　鬼灯擎

生态习性：耐旱，耐寒，喜半阴环境。对土壤要求不严。

繁殖与栽培：以播种繁殖。

园林应用：用于林下地被或花境材料。

51. 过路黄 *Lysimachia christinae*（图 6–51）

科属：报春花科珍珠菜属。

别名：金钱草、真金草、走游草。

英文名：christina loosestrife。

产地分布：我国河南、陕西及长江流域和西南各省均有分布。

形态特征：多年生草本植物，有短毛或近于无毛；叶、萼、花冠均有黑色腺条；茎呈匍匐状，柔弱，由基部向顶端逐渐细弱呈鞭状，茎长 20~60 cm，节上生根；叶对生，呈宽卵形或心形，基部楔形或心形，全缘；花 2 朵成对生于叶腋；花冠 5 裂，呈黄色，基部联合。蒴果呈球形，有黑色短条状腺体。花期 5—7 月，果期 9—10 月。

图 6–51　过路黄

生态习性：生长在山坡、路旁较阴湿处；喜温暖、阴凉、湿润环境，不耐寒。适宜肥沃、疏松、腐殖质较多的沙质壤土。

繁殖与栽培：扦插繁殖或种子繁殖。种子繁殖：种有硬实性，一般硬实率为 40%~90%，播种前需用砂磨 3~5 min 或在 80~90℃热水中浸 2~3 min,可明显提高发芽率。因种子很小,不易采集,苗期生长缓慢,故生产上一般多采用扦插繁殖。

常见栽培种(品种):金叶过路黄(*Lysimachia nummularia*'Aurea'),又名金钱草,单叶对生,呈圆形,早春至秋季金黄色,冬季霜后略带暗红色;夏季 6—7 月开花,单花,黄色尖端向上翻,呈杯形、亮黄色,因花色与叶色相近,常不大受人注意。可作为色块,与宿根花卉、麦冬、小灌木等搭配,亦可盆栽。

园林应用:过路黄是优良的地被或花坛材料。

52. 海石竹 *Armeria maritima*(图 6-52)

图 6-52　海石竹

科属:蓝雪科海石竹属。

英文名:thrift。

产地分布:原产于欧洲、美洲。

形态特征:多年丛生状宿根草本植物,植株低矮,丛生状,株高 20~30 cm;叶呈线状长剑形,全缘,深绿色;花色为粉红色至玫瑰红色,春季开花,头状花序顶生,花茎细长;小花聚生于花茎顶端,呈半圆球形,紫红色,花茎约 3 cm。

生态习性:性喜阳光充足及排水良好的沙质土壤。

繁殖与栽培:用分株法繁殖,秋至冬季为适期。栽培土质以富含有机质的腐叶土为佳。排水、光照需良好。性喜温暖,忌高温高湿,生长适温为 15~25℃。

园林应用:小花聚生呈密集球状,群植可形成非常美丽的景观。花姿小巧可爱,花色鲜艳,适于花坛美化、花境、岩石园、切花及小盆栽或作地被。

53. 厚叶岩白菜 *Bergenia crassifolia*(图 6-53)

图 6-53　厚叶岩白菜

科属:虎耳草科岩白菜属。

别名:岩壁菜、石白菜、岩七、红岩七、雪头开花和亮叶子。

英文名:astilbe macroflora。

产地分布:原产于我国西南部。

形态特征:厚叶岩白菜是多年生常绿草本植物,株高达 30 cm;根茎粗而长,呈紫红色,节间短,叶基生,肉质厚。花茎长约 25 cm,带红色,蝎尾状聚伞花序;花梗有褐色绵毛,花萼呈钟状;花期在 3—4 月,果期在 5 月。

生态习性:喜温暖湿润和半阴环境,耐寒性强,怕高温和强光,不耐干旱。

繁殖与栽培:分株和播种繁殖。分株在春季或花后进行,将根茎切成长 1 cm 左右分栽。播种在初夏进行。

园林应用：叶片呈紫褐色，花朵呈紫红色，十分美丽。花叶俱美，是常见的观叶又观花宿根花卉。适宜水边、岩石间丛栽或草坪边缘栽植，也广泛用作地被植物。

54. 虎耳草 *Saxifraga stolonifera*（图 6-54）

科属：虎耳草科虎耳草属。

别名：石荷叶、狮子耳、耳聋草、金丝荷叶和金丝吊芙蓉。

英文名：saxifraga。

产地分布：原产于我国，朝鲜、日本也有分布。

形态特征：多年生草本植物，株高 15 cm，冬不枯萎；叶片呈圆形或肾形，基部呈心形，叶柄较长；根纤细；匍匐茎细长，呈紫红色，有时生出叶与不定根叶基生，通常数片花茎高达 25 cm，直立或稍倾斜，有分枝；圆锥状花序，花多数，花瓣 5，花色呈白色或粉红色，下方 2 瓣特长；蒴果呈卵圆形，先端 2 深裂，呈喙状；花期在 5—8 月，果期在 7—11 月。

图 6-54　虎耳草

生态习性：喜阴凉潮湿，不耐旱、不耐高温。土壤要求肥沃、湿润，以密茂多湿林下和阴凉潮湿坎壁上较好。

繁殖与栽培：分株繁殖。在春季新芽发生前或花后进行，栽培时适当遮阴。若是在林下栽培，要清除地面杂草和过密的灌木，按行、株距各约 17 cm 开穴，浅栽地表，把须根压在土里。若是在阴湿的石坎或石壁上栽培，可把苗栽在石缝里，用湿润的腐殖质土把须根压紧，浇水。

园林应用：虎耳草四季常绿，叶形奇特，花期整齐，可片植于常绿树林下或建筑物北面阴湿地，也可用于阴湿处的岩石园绿化。

55. 梳黄菊 *Euryops pectinatus*（图 6-55）

科属：菊科苘蒿属。

英文名：golden euryops，golden daisy。

产地分布：产于非洲南部。我国上海等地有栽培。

形态特征：常绿多年生亚灌木。株高 40~70 cm，全株有白色柔毛。叶呈灰绿色，叶长 7~8 cm。花黄色，一年四季均可开花。

生态习性：喜阳，抗寒，抗高温，耐修剪，对土壤要求不严。

图 6-55　梳黄菊

繁殖与栽培：用播种或扦插繁殖。

园林应用：宜植于花境、花坛或岩石园，也适于盆栽。

56. 黄芩 *Scutellaria baicalensis*（图 6-56）

科属：唇形科黄芩属。

别名：山茶根、土金茶根。

英文名:baical skullcap root。

产地分布:黄芩原产于我国东北、华北、西北、华东和西南地区。俄罗斯、朝鲜、韩国、日本也有分布。

形态特征:多年生草本植物,株高 30~70 cm。主根粗壮,略呈圆锥形,棕褐色。茎 4 棱,基部多分枝。单叶对生;具短柄;叶片呈披针形,全缘。总状花序顶生,花偏生于花序一边;花呈唇形,蓝紫色。小坚果近球形,呈黑褐色,包围于宿萼中。花期 7—10 月,果期 8—10 月。

生态习性:喜光,耐寒,成年植株地下部分可忍受 −30℃的低温。耐旱怕涝,适宜疏松土壤。

繁殖与栽培:黄芩用种子和分根繁殖,播种分直播和育苗两种,直播分春播和秋播。分根繁殖的优点是可提前 1~2 年收获,早春栽苗成活率高。

园林应用:黄芩是优良的花境和地被材料。

图 6-56　黄芩

57. 吉祥草 *Reineckia carnea*(图 6-57)

科属:百合科吉祥草属。

别名:竹根七、蛇尾七、松寿兰、小叶万年青。

英文名:pink reineckia。

产地分布:原产于我国西南地区。

形态特征:多年生常绿草本植物,茎呈匍匐根状,节端生根。叶丛生直立,呈线状披针形;花序呈穗状,长约 6 cm,低于叶丛,花色呈粉红;花期 9—10 月;果是鲜红色,球形。

生态习性:性喜温暖、湿润环境,较耐寒耐阴,对土壤要求不高,适应性强。

繁殖与栽培:常于早春萌芽前分株繁殖。虽可播种,但很少应用。栽培管理粗放。

园林应用:常用作地被或花境。

图 6-57　吉祥草

58. 大花剪秋罗 *Lychnis fulgens*(图 6-58)

科属:石竹科剪秋罗属。

别名:光辉剪秋罗。

英文名:catchfly,brilliant campion。

产地分布:原产于我国东北、华北地区,西伯利亚地区也有分布。

形态特征:多年生草本植物,株高 30~60 m。

图 6-58　大花剪秋罗

茎单生,直立,全株被白色毛;单叶对生,抱茎,呈卵形。花密集成顶生聚伞花序,呈深红色,花瓣4裂,先端2裂;花萼外密生绒毛。蒴果5瓣裂。花期在7—8月,果期在8—9月。

生态习性:喜凉爽、湿润、半阴环境,耐寒性强。

繁殖与栽培:常采用分株或播种繁殖。

园林应用:可用于花坛、花境或疏林下栽培,也可用于切花或盆栽观赏。

59. 尖叶唐松草 *Thalictrum acutifolium*（图6-59）

科属:毛茛科唐松草属。

产地分布:主要分布于我国山东、河北、内蒙古、东北、浙江及新疆。

形态特征:多年生草本植物,株高25~65 cm,根多数,肉质;基生叶1~3枚,有长柄,为二回三出复叶,小叶草质,呈心形,不分裂或不明显3浅裂,顶生小叶柄较长;茎生叶1~3,渐变小,三出复叶,柄短。圆锥花序顶生,花稀疏;萼片4,呈白色带粉红色;瘦果扁,呈狭长圆形,稍不对称,有时镰状弯曲,具8条细纵肋。

繁殖与栽培:以播种繁殖为主。

园林应用:用于花境背景。

图6-59　尖叶唐松草

60. 金边阔叶麦冬 *Liriope muscari* cv. 'Variegata'（图6-60）

科属:百合科山麦冬属。

英文名:lily turf。

形态特征:金边阔叶麦冬的植株高约30 cm,根细长,分枝多,有时局部膨大成为纺锤形小肉块根,有匍匐茎;叶呈宽线形,革质,叶片边缘为金黄色,边缘内侧为银白色与翠绿色相间的竖向条纹,基生密集成丛;花茎高出于叶丛,花色红紫,4~5朵簇生于苞腋,排列成细长的总状花序;种子球形,初期绿色,成熟时呈紫黑色。

生态习性:金边阔叶麦冬在北方地区可广泛

图6-60　金边阔叶麦冬

应用栽培。在潮湿、排水良好、全光或半阴的条件下生长得好;喜湿润、肥沃土壤和半阴环境;对光照要求不严,耐寒,耐热,耐湿,耐旱。

繁殖与栽培:分株繁殖。

园林应用:金边阔叶麦冬一般位于现代景观园的林缘,或是应用于草坪、水景、假山、台地作修饰类彩叶地被植物。

61. 金叶景天 *Sedum makinoi* 'Ogon'（图6-61）

科属:景天科景天属。

英文名:golden makinoi stonecrop。

形态特征:植株高 5~7 cm,茎匍匐生长,节间短,分枝能力强,丛生性好。单叶对生,密生于茎上,叶片呈圆形,金黄色,鲜亮,肉质。

生态习性:金叶景天喜光,耐寒,耐半阴,忌水涝。宜选择排水良好土壤,生长适温为15~32℃,冬季不低于 5℃。

繁殖与栽培:金叶景天多采用分株和扦插繁殖,分株于早春或秋季将整丛掘出并切成数丛,另行栽植。扦插在春、秋两季进行。

园林应用:金叶景天是优良彩色地被材料,也可用于花坛、花境栽植。

图 6-61　金叶景天

62. 九头狮子草 *Peristrophe japonica*(图 6-62)

科属:爵床科狮子草属。

别名:九节篱、六角英。

英文名:Japanese peristrophe herb。

产地分布:分布于长江流域以南的各地。

形态特征:多年生草本植物,株高 20~50 cm。根细长,须根呈黄白色。茎直立,有棱及纵沟,深绿色,节显著膨大。叶对生,呈披针形至卵状长圆形;聚伞花序短,集生于枝梢的叶腋;每朵花下有大、小两片叶状苞片,花冠呈粉红色至微紫色,长 2.5~3 cm,蒴果呈窄倒卵形,花期 5—9 月,果期 10—11 月。

生态习性:土壤以较阴湿、肥沃、疏松者为好。

繁殖与栽培:九头狮子草用播种、扦插或分株繁殖。

园林应用:九头狮子草可布置花境,也可作林下耐阴湿地被植物。

图 6-62　九头狮子草

63. 聚合草 *Symphytum officinale*(图 6-63)

科属:紫草科聚合草属。

别名:友谊草、爱国草、康复力。

英文名:rough comfrey。

产地分布:原产于欧洲及高加索地区,在我国分布于江苏、福建、湖北、四川等省。

形态特征:多年生草本植物,株高 30~90 cm,全株密被长短不等的开展或下弯白色短

图 6-63　聚合草

刚毛。基生叶丛生,长卵状披针形,边缘呈波状。花梗从叶丛中抽出,总状花序向一侧垂,每个花序有 30~50 个小花,呈淡紫色、紫红色至黄白色;花萼裂至近基部;花期在 6—10 月。

生态习性:性强健,喜阳,耐寒;喜排水良好土壤,耐旱,耐瘠薄,抗性强。

繁殖与栽培:以无性繁殖为主,主要以切根繁殖。管理粗放,易栽培,对水分敏感。

园林应用:可作庭园植物,也可植于草坪边缘、花境或疏林下。

64. 阔叶箬竹 *Indocalamus latifolius*(图 6-64)

科属:禾本科箬竹属。

别名:寮竹、箬竹、壳箬竹。

英文名:indocalamus。

产地分布:原产于我国,分布于华东、华中地区及陕南汉江流域。

形态特征:秆高可达 2 m,直径 0.5~1.5 cm;节间长 5~22 cm。

生态习性:阳性竹类,喜温暖湿润气候,宜生长于疏松、排水良好的酸性土壤,耐寒性较差。

繁殖与栽培:由移植母竹繁殖。容易成活。栽后应及时浇水,保持土壤湿润。

图 6-64　阔叶箬竹

园林应用:多植于疏林下,也可植于河边,护岸;或种植于林缘、水滨,也可点缀山石。

65. 蓝花鼠尾草 *Salvia farinacea*(图 6-65)

科属:唇形科鼠尾草属。

别名:一串兰、蓝丝线。

英文名:mealy blue sage。

产地分布:原产于北美南部。

形态特征:多年生草本植物,株高 30~60 cm,呈丛生状,全株被柔毛。茎为四棱,且有毛,下部略木质化。叶对生,呈长椭圆形,灰绿色,叶表有凹凸状织纹,且有褶皱,灰白色。具长穗状花序,花小呈蓝色,花量大。花期在 7—9 月。

生态习性:喜温暖、湿润和阳光充足环境,耐寒性强,怕炎热、干燥,宜在疏松、肥沃且排水良好的沙壤土中生长。生长强健,耐病虫害。

繁殖与栽培:播种或分株繁殖。以播种繁殖为主。

图 6-65　蓝花鼠尾草

园林应用:适用于花坛、花境和园林景点布置。也可点缀于岩石旁、林缘空隙地,显得幽静。摆放在自然建筑物前和小庭院,更觉典雅、清幽。

66. 蓝亚麻 *Linum perenne*(图 6-66)

科属:亚麻科亚麻属。

别名:宿根亚麻。

英文名:linseed。

产地分布:原产于欧洲,在我国东北和华北地区也有野生分布。

形态特征:多年生草本植物,株高 40~50 cm,基部多分枝;茎光滑,丛生,叶互生,呈条形至披针形,叶长 1.5~2.0 cm;聚伞花序顶生或生于上部叶腋处,稀疏花小,花梗较细下垂,清晨开放,下午凋谢;花径约 2.5 cm,呈倒卵形,淡蓝色,花瓣 5 枚,有放射状彩纹,蕾期及果期下垂;花期在 6—7 月。

生态习性:耐寒,稍耐旱,适应性强。喜光照充足、干燥而凉爽气候,在土质肥沃、排水通畅的土中生长良好,在偏碱土壤中生长不良。

图 6-66 蓝亚麻

繁殖与栽培:以播种繁殖为主,春秋均可进行。播种前可用温水浸种催芽,以提高种子的发芽率;出苗后要经过 1~2 次移植;也可以进行扦插繁殖。为了让蓝亚麻株型丰满,可在其生长过程中进行摘心处理。

园林应用:可用于布置花坛、花境、岩石园,也可在草坪、坡地上片植或点缀。蓝亚麻适应性比较强,野生状态下多分布于干燥草甸或河滩石砾质地间,因此在园林中应用可营造具自然野趣的景观效果。

67. 蓝羊茅 *Festuca glauca*(图 6-67)

科属:禾本科羊茅属。

别名:银羊茅。

英文名:blue fescue。

产地分布:此种为从国外引进的园艺品种,在我国长三角地区广为栽培应用。

形态特征:常绿草本植物,属冷季型草。植株丛生,株高 40 cm 左右,直径 40 cm 左右,植株具鞘内分枝;秆丛密,较细弱。直立平滑,叶片强内卷几乎呈针状或毛发状,呈蓝绿色,具银白霜。春、秋季节为蓝色。圆锥花序,长 10 cm,花期在 5 月。

图 6-67 蓝羊茅

生态习性:喜光,耐寒,耐旱,耐贫瘠。不耐热,喜中性或弱酸性、疏松土壤。全日照或部分荫蔽长势良好,忌低洼积水。耐寒至 −35℃,在持续干旱时应适当浇水。

繁殖与栽培:采用分株繁殖。应种植在疏松土壤中,夏季常浇水,梅雨季节及时排水。

园林应用:适合作花坛、花境、道路镶边用。盆栽、成片种植效果非常突出。

68. 狼尾草 *Pennisetum alopecuroides*(图 6-68)

科属: 禾本科狼尾草属。

别名：稂、童粱、孟、狼尾、守田、宿田翁、狼茅、芦秆莛、小芒草、老鼠根、狗仔尾、黑狗尾草、光明草和芮草。

英文名：fountain grass。

产地分布：我国，自东北、华北经华东、中南及西南各省区均有分布；日本、印度、朝鲜、缅甸、巴基斯坦、越南、菲律宾、马来西亚、大洋洲及非洲也有分布。

形态特征：狼尾草为多年生草本植物。秆直立，丛生，株高 30~120 cm，在花序下密生柔毛。叶鞘光滑，两侧压扁，主脉呈脊。花果期在夏秋季。

生态习性：喜寒冷湿润气候。耐旱，耐沙土。宜选择肥沃、稍湿润沙地栽培。

繁殖与栽培：狼尾草用种子和分株繁殖。种子繁殖在 2—3 月，将种子均匀撒入整好的沙地上，盖一层细土；分株繁殖是将草带根挖起，切成数丛，按行距 15 cm×10 cm 开穴栽种，盖土浇水。

园林应用：狼尾草可作观赏草用于花境，亦可作固堤防沙植物。

69. 凌风草 *Briza media*（图 6-69）

科属：禾本科凌风草属。

英文名：quaking grass。

产地分布：分布于北温带和南美。

形态特征：多年生矮小草本植物；圆锥花序开展；小穗有数小花，扁平，常悬垂于毛状柄上；小穗轴于小花间脱节；颖近相等、阔，纸质，呈心形，有脉数条。

生态习性：喜欢阳光充足。

繁殖与栽培：播种繁殖。

园林应用：用于庭院栽培，作观赏植物，也经常培育作为干花使用。

70. 柳兰 *Epilobium angustifolium*（图 6-70）

科属：柳叶菜科柳叶菜属。

英文名：fireweed, common fireweed。

产地分布：原产于北半球的温带及寒带。分布于我国西南、西北、华北至东北地区。北温带分布广，北美洲、欧洲至日本、小亚细亚至喜马拉雅等地均有分布。

图 6-68　狼尾草

图 6-69　凌风草

图 6-70　柳兰

形态特征:多年生草本植物。根状茎匍匐。茎高约1 m,直立,不分枝。单叶互生,无柄,叶呈长披针形,近全缘。总状花序长穗状,生于茎顶。花大而多,呈红紫色。花瓣呈倒卵形,顶端微凹或近圆形,基部是短爪。蒴果呈线状。花期在6—8月,果期在7—9月。

生态习性:自然生于海拔较高的林缘、林间、山坡草地、河岸草丛及火烧或采伐迹地。耐寒,喜凉爽、湿润气候及肥沃、排水良好土壤。稍耐阴。畏炎热、干旱环境。

繁殖与栽培:采用扦插、播种或分枝繁殖。

园林应用:可用于花境,植于疏林下或园路两侧,也可用来插花。

71. 柳叶马鞭草 *Verbena bonariensis*(图6-71)

科属:马鞭草科马鞭草属。

别名:南美马鞭草、长茎马鞭草。

英文名:purpletop verbena。

产地分布:柳叶马鞭草原产于南美洲巴西、阿根廷等地。

形态特征:柳叶马鞭草属多年生草本植物,茎为正方形;叶十字对生,幼叶为椭圆形,边缘略有缺刻,花茎抽高后的叶转为细长型如柳叶状,边缘仍有尖缺刻;全株都有纤毛。聚伞花序,小筒状花着生于花茎顶部,开紫红色或淡紫色花。

生态习性:性喜温暖气候,生长适温为20~30℃,不耐寒,10℃以下生长较迟缓,在全日照环境下生长为佳,对土壤选择不严,排水良好即可,耐旱能力强,需水量中等。

图6-71 柳叶马鞭草

繁殖与栽培:可利用播种法、扦插法及切根法繁殖。播种发芽适温为20~25℃,春、夏、秋均可,播种后1个月左右发芽。播种法虽然可以短时间获得较多的植株数量,但是从播种到开花的时间较长,所以一般还是多以扦插繁殖为主。扦插以春、夏两季为适期,以顶芽插为佳,极容易发根,扦插后约4周即可成苗。

园林应用:由于其片植效果极其壮观,柳叶马鞭草常被用于疏林下、植物园和别墅区的景观布置,开花季节犹如一片粉紫色云霞。在庭院绿化中,柳叶马鞭草可以沿路做带状栽植,分隔庭院空间的同时,还可以丰富路边的风景。在柳叶马鞭草的下层可配置美丽的月见草、紫花地丁、花叶八宝景天等,效果会更好。

72. 黄金菊 *Perennial chamomile*(图6-72)

科属:菊科菊属。

别名:罗马春黄菊。

英文名:chamomile。

图6-72 黄金菊

形态特征：黄金菊为多年生常作一年生栽培，羽状叶有细裂，花呈白色，花心黄色，夏季开花。全株具香气，叶略带草香及苹果的香气。

生态习性：黄金菊喜阳光，喜排水良好的沙质壤土或土质深厚、呈中性或略碱性土壤。

繁殖与栽培：播种期在春季或秋季，因种子很小，可与细沙混合进行播种，种子直播，每穴 2~3 粒，定植时株距 30~40 cm。半月施 1 次肥，充分浇水，有利于生长。

园林应用：黄金菊应用于地被植物、疏林草地。

73. 落新妇 *Astilbe chinensis*（图 6-73）

科属：虎耳草科落新妇属。

别名：红升麻、虎麻、金猫儿、升麻、金毛和三七。

英文名：Chinese astilbe。

产地分布：原产于我国，分布于我国东北、华北、西北、西南地区，朝鲜、日本、俄罗斯也有分布。

形态特征：多年生直立草本植物，株高 45~65 cm。全株被褐色长柔毛并杂以腺毛。基生叶为二至三回三出复叶，小叶呈卵形至长椭圆状卵形或倒卵形，边缘有尖锐的重锯齿，两面均被刚毛，脉上尤密；茎生叶 2~3 片，较小。圆锥状花序顶生，较狭。蒴果，成熟时呈橘黄色。种子多数。花期在 7—8 月，园艺品种多，花期差异大。

图 6-73　落新妇

生态习性：喜半阴、湿润环境，耐寒，适宜疏松、肥沃土壤。

繁殖与栽培：以播种或分株繁殖。春播为好，发芽适温 25~30 ℃。种子有休眠现象，用 250 mg/L 赤霉素或 500 mg/L 丙酮溶液可以打破部分种子的休眠。分株最好是在早春土壤解冻后进行。

园林应用：适宜种植在疏林下及林缘墙垣半阴处，也可植于溪边和湖畔。可作花坛、花境、切花或盆栽。矮生类型可布置岩石园。

74. 马利筋 *Asclepias curassavica*（图 6-74）

科属：萝摩科马利筋属。

别名：芳草花、莲生桂子花。

英文名：blood flower。

产地分布：原产于南美热带地区。

形态特征：多年生宿根性亚灌木状草本植物，茎基部半木质化，直立性，株高 30~180 cm，具乳汁，全株有毒。单叶对生或 3 叶轮生，呈披针形或矩圆形披针形，全绿；伞形花序顶生或腋生，花冠轮状 5 深裂，呈红色，下垂弯曲状，副花冠 5 枚，金黄色。花期在 6—8 月。果期在 9—10 月。

图 6-74　马利筋

蓇葖果呈鹤嘴型,内有多粒棕黑色种子,种子顶生 1 束绒毛。

生态习性:喜向阳、通风、温暖、干燥环境,不择土壤。

繁殖与栽培:以播种繁殖。春至秋季均能播种,种子萌发适温 22~27℃。盆栽可摘心矮化,或设支架防倒伏。花蕾期追施磷、钾肥,花谢后短截,加强管理,秋季可再次开花。

园林应用:可作为观赏作物用于园林绿化,但有毒,使用时应加以注意,以免产生不良后果。另外,马利筋还可以作为引蝶植物加以使用。

75. 蔓长春 *Vinca major*（图 6-75）

科属:夹竹桃科蔓长春花属。

别名:长春蔓,蔓长春花。

英文名:periwinkle。

产地分布:原产于地中海沿岸及美洲,印度等地也有。中国东部有栽培。

形态特征:属蔓性半灌木植物,叶片全缘对生,翠绿光滑而富于光泽,有汁液;叶对生;花单生,很少 2 朵,生于叶腋;花冠呈漏斗状;果为 2 个蓇葖。4—5 月开蓝色小花。

图 6-75　蔓长春

生态习性:喜温暖湿润,喜阳光也较耐阴,稍耐寒,喜欢生长在深厚、肥沃、湿润土壤中。

繁殖与栽培:以播种、扦插或压条繁殖。主要采用扦插繁殖,在整个生长期中都可以进行。做法是取茎的 2~3 节插于沙或土中,按时浇透水,遮阴,约 10 天就能生根。

常见栽培种(品种):花叶蔓长春(*Vinca major* 'variegata'),叶呈椭圆形,对生,有叶柄,呈亮绿色,有光泽,叶缘呈乳黄色,分蘖能力十分强。常作为盆栽或吊盆布置于室内或窗前、阳台,是一种良好的垂直观叶植物和地被植物。也可作盆景或插花用。

园林应用:在华东地区多作地被栽培,也可作盆栽观赏。

76. 美国薄荷 *Monarda didyma*（图 6-76）

科属:唇形科美国薄荷属。

别名:马薄荷、红花薄荷。

英文名:monarda didyma。

产地分布:原产于北美洲。我国上海及周边地区有栽培。

形态特征:多年生草本植物。株高 60~100 cm。叶芳香。茎为四棱形,具条纹,近无毛,仅在节上或上部沿棱上被长柔毛,易脱落。叶片呈卵状披针形,先端渐尖或长渐尖,基部呈圆形,边缘具不等大锯齿,纸质,上面呈绿色,下面较淡;上面疏被长柔毛,毛渐脱落,下面仅沿脉

图 6-76　美国薄荷

上被长柔毛。花冠呈紫红色,冠檐二唇形,上唇直立,先端稍外弯,全缘,下唇 3 裂,平展,中裂片较狭长,顶端微缺。花期 7 月。

生态习性:喜欢生长在土壤潮湿且排水良好地方。在阳光充足的全日照环境下,生长较为健壮,在半日照或无直射阳光环境下,开花数减少。

繁殖与栽培:除用种子有性繁殖外,也可以使用扦插、根插、压条及分株等方法来繁殖。种子在播种前,需先用层积法层积一段时间。当土壤温度接近 21℃,即可以开始播种。可以直接撒播在苗床上,或是先在温室内育苗。扦插时使用的插穗可以用嫩枝或老熟枝条。分株法是最常使用的繁殖方法,每隔 3~5 年分株 1 次,将生长成一大丛植株,分割成数个小丛,再重新种植。

园林应用:可以作为观赏植物、诱鸟植物及蜜源植物,常被种植在花坛、花境上。

77. 绵毛水苏 *Stachys lanata*(图 6-77)

科属:唇形科水苏属。

英文名:wooliy betony。

产地分布:原产于土耳其北部、伊朗北部及高加索南部。

形态特征:多年生宿根草花。株高 35~40 cm,冠幅 45~50 cm。叶对生,银灰色叶片柔软而富有质感,基部叶片呈长圆状匙形,上部叶片呈椭圆形,基部呈楔形渐狭,枝与叶均被有白色绵毛,花冠筒长 3 cm,呈粉色或紫色,上面生满白色绵毛。

生态习性:喜光,耐热,耐旱,耐寒,最低可耐 -29℃低温。适宜种植在轻质、排水良好的土壤上。

图 6-77　绵毛水苏

繁殖与栽培:以播种或分株繁殖。春季播种,种子在 20℃左右条件下 1~2 周即可萌发。分株春秋均可。

园林应用:应用于花境、岩石园、庭院观赏。茎叶适合作插花材料。

78. 牛至 *Origanum vulgare*(图 6-78)

科属:唇形科牛至属。

别名:止痢草、土香薷、小叶薄荷。

英文名:oregano。

产地分布:原产于我国,全国各地均有分布。

形态特征:多年生草本植物。株高 20~70 cm,茎直立或基部伏地。稍带紫色,上部四棱,具微卷短柔毛。叶片呈卵形或卵圆形,全缘,两面有细柔毛;叶呈绿色,霜后转为暗红色。穗状花序组成顶生伞房状圆锥花序,花冠呈紫红色或淡红色。花期在 7—10 月,果期在 10—11 月。

生态习性:喜光亦耐半阴,耐寒,适宜肥沃、疏松土壤。

图 6-78　牛至

繁殖与栽培：以播种、分株或扦插繁殖。

常见栽培种(品种)：金叶牛至(*Origanum vulgare* cv. 'aureum')：多年生草本植物,全株具芳香；叶片呈卵圆形或长圆状卵圆形,先端钝或稍钝,基部呈宽楔形至近圆形或微性形,全缘或有小锯齿,呈金黄色；伞房状圆锥花序,花多,花冠呈紫红色或白色；小坚果呈卵圆形,棕褐色。花期在7—9月,果期在10—12月。优良的彩色地被材料,也可用于花坛、花境栽植。

园林应用：应用于布置花境、岩石园或片植于园林,是良好的耐阴湿园林植物。

79. 欧亚活血丹 *Glechoma Hederacea*

科属：唇形科,活血丹属。

别名：金钱草。

英文名：longtube ground ivy。

产地分布：原产于欧洲与亚洲之间的地区。我国除西北、内蒙古外,全国各地均产。苏联远东地区、朝鲜也有分布。

形态特征：多年生常绿、匍匐状草本植物。植株低矮,生长茂密,茎细,有毛。叶呈肾形至圆心形,两面有毛或近无毛；花冠呈淡蓝色至紫色。小坚果长圆形,棕褐色。花果期4—6月。

生态习性：耐寒,耐旱,耐瘠薄,喜阴,耐湿。

繁殖与栽培：以扦插繁殖。节处生根,切茎挖出另栽；剪取2~3节枝茎扦插,成活率高。

图 6-79 花叶活血丹

常见栽培种(品种)：花叶活血丹(*Glechoma hederacea* 'variegata')(图 6-79)：又名金钱草或斑叶连钱草,常绿藤本植物,枝条细,叶呈小肾形,叶缘具白色斑块,冬季经霜变微红。速生,下垂可长达1.5 m。耐阴,喜湿润,较耐寒,华东地区以在室内越冬为宜。适于悬吊观赏或作地被植物。

园林应用：通常也是护坡、花境、林荫下、建筑物北侧、石山、桥梁下绿化、屋顶绿化及各种条件下草坪绿化的优秀地被植物。也作地被植物或盆栽悬挂观赏。

80. 穗花婆婆纳 *Veronica spicata* (图 6-80)

科属：玄参科婆婆纳属。

别名：卵子草、双铜锤、双肾草和桑肾子。

英文名：speedwell。

产地分布：穗花婆婆纳原产于北欧和亚洲。

形态特征：多年生草本植物,株高30~50 cm。叶对生,呈披针形,叶缘具锯齿。总状花序顶生；苞片呈叶状,互生；花冠呈蓝或粉色,花期在6—8月。

生态习性：喜光,耐寒,适宜疏松土壤。

繁殖与栽培：以种子或扦插繁殖。

图 6-80 穗花婆婆纳

园林应用：可用于花境、花坛或岩石园。

81. 千鸟花 *Gaura lindheimeri*（图 6-81）

科属：柳叶菜科山桃草属。

别名：山桃草、白桃花、白蝶花。

英文名：whirling butterflies，white gaura，butterfly gaura。

产地分布：原产于北美洲温带，我国的华东地区栽培较多。

形态特征：多年生宿根草本植物，株高 100~150 cm，全株具短毛。多分枝。叶对生，呈披针形，先端尖，叶缘具波状齿，外卷。穗状花序或圆锥花序顶生，花小，呈白色或粉红色。花期在 6—9 月。

图 6-81　千鸟花

生态习性：喜光，适应性强，不择土壤。

繁殖与栽培：以扦插或种子繁殖。养护管理粗放。

常见栽培种（品种）：紫叶千鸟花（*Gaura lindheimen* ‘crimson bunerny’）（图 6-93-1）：又名紫叶山桃草，株高 80~130 cm，全株具粗毛。多分枝。叶片呈紫色，披针形，先端尖，缘具波状齿。穗状花序顶生，细长而疏散。花小而多，呈粉红色。花期在 5—11 月。耐寒，喜凉爽及半湿润环境。要求阳光充足、疏松、肥沃、排水良好的沙质壤土。抗性低于原种。可用于花园、公园、绿地中的花坛、花境，或作地被植物群栽，与柳树配植或用于点缀草坪，效果甚好。

园林应用：千鸟花用于花坛、花境、坡地或草坪缀景。

82. 千叶兰 *Muehlenbeckia complexa*（图 6-82）

科属：蓼科千叶兰属。

别名：千叶草、千叶吊兰、铁线兰。

产地分布：原产于新西兰。

形态特征：多年生常绿灌木。植株匍匐丛生或呈悬垂状生长，茎细长，红褐色。小叶互生，叶片呈心形或圆形。

生态习性：习性强健，喜温暖湿润环境，在阳光充足和半阴处都能正常生长。具有较强的耐寒性，冬季可耐 0℃左右的低温，但要避免雪霜直接落在植株上，并要减少浇水；若根部泡在水中，会造成烂根，使植株受损。

图 6-82　千叶兰

繁殖与栽培：以分株、扦插繁殖。可在生长季节或利用春季剪下的枝条进行扦插，时间要避开夏季高温和冬季寒冷季节，插后保持土壤和空气湿润，很容易生根。生长期保持土壤和空气湿润，避免过于干燥，否则会造成叶片枯干脱落，每月施 1 次腐熟的稀薄液肥或观叶植物专用肥。夏季注意通风良好，并适当遮光，以防烈日暴晒。每年春季换 1 次盆，盆土宜用含腐殖质丰富、疏松、肥沃且排水透气性良好的沙质土壤。

园林应用：株形饱满,枝叶婆娑,具有较高的观赏价值,适合作吊盆栽种或放在高处的几架、柜子顶上,茎叶自然下垂,覆盖整个花盆,犹如一个绿球。

83. 三白草 *Saururus chinensis*(图 6-83)

科属：三白草科三白草属。

别名：五路白、白水鸡、白花照水莲、天性草、田三白、白黄脚、白面姑、三点白和白叶莲。

英文名：Chinese lizardtail。

产地分布：主产于我国江苏、浙江、湖南、广东等省。长江流域以南各省均有分布。

形态特征：多年湿生草本植物,株高 30~80 cm。根茎较粗,呈白色。茎直立,下部匍匐状。叶互生,纸质,基部与托叶合生为鞘状,略抱茎;叶片呈卵形或卵状披针形,先端渐尖或短尖,基部呈心形或耳形,全缘,两面无毛,基出脉 5。总状花序 1~2 枝顶生,果实分裂为 4 个果瓣,表面具多疣状突起,不开裂。种子呈球形。花期在 4—8 月,果期在 8—9 月。

图 6-83　三白草

生态习性：喜温暖湿润气候,耐阴。生长在沟边、池塘边等近水处。

繁殖与栽培：以种子繁殖。秋季果实开始开裂,开裂未脱落但充分成熟时采下果实,搓出种子,除去杂质,开浅沟条播,覆土 1~1.5 cm。分株繁殖,4 月份挖取地下茎,切成小段,每段具有 2~3 个芽眼,按行、株距各 30 cm 栽下,每穴栽 1 株。

园林应用：用于塘边、沟边、溪边等浅水处或低洼地绿化。

84. 伞花腊菊 '银雾' *Helichrysum microphyllum* 'Silver Mist'(图 6-84)

科属：菊科蜡菊属。

英文名：licorice plant silver mist。

产地分布：原产于南非。

形态特征：多年生草本植物,株高 15~20 cm,冠幅 45~60 cm,全株密被银白色茸毛。茎细弱,直立或匍匐,叶片呈圆形或椭圆形,全缘,茎秆及叶片呈银白色。头状花序直径可达 5 cm,伞房状排列,具乳黄色,花期为夏季。

生态习性：喜温暖、光照充足;喜通风良好、偏干燥的环境。光照多时,银白色更显著;在低光照条件下叶色更绿一些。

图 6-84　伞花腊菊 '银雾'

繁殖与栽培：以播种、扦插繁殖。春、秋为宜。发芽温度为 22~24 ℃。播种后不需覆盖。发芽期间保持较高的介质湿度,为 95%~100%,子叶出现后湿度逐渐降低。发芽期间不需要光照,子叶出现后逐渐增加光照度。

园林应用：株态秀美,叶色银白,枝条悬垂,适于作容器组合栽植中的边缘材料,也可植于花坛、花境或岩石园。

85. 散斑假万寿竹 *Disporopsis aspera*（图6-85）

科属：百合科竹根七属。

别名：散斑竹根兰。

产地分布：产于我国四川东部至西南部、云南西北部和西部、广西东北部、湖北西部和湖南等省。

形态特征：根状茎呈圆柱状。叶互生,厚纸质,呈卵状披针形或卵状椭圆形,顶端渐尖,基部近截形或略带心形,具柄。花1~2朵生于叶腋,呈黄绿色,多少具黑色斑点;花被呈钟形;花被筒长为花被全长的1/3,裂片6,呈矩圆形;副花冠的裂片膜质,与花被的裂片互生,呈卵状披针形或近卵形。浆果近球形,熟时呈紫蓝色。5—6月开花,8—9月结果。

图6-85　散斑假万寿竹

生态习性：生长在海拔1 300~1 700 m的山坡或沟谷林荫下草丛中。

繁殖与栽培：以播种或分株繁殖。

园林应用：应用于林下地被。

86. 山矢车菊 *Centaurea montana*（图6-86）

科属：菊科矢车菊属。

别名：高山矢车菊。

英文名：mountain brush。

产地分布：原产于欧洲中部、小亚细亚。

形态特征：山矢车菊为多年生草本植物,茎不分枝,有匍匐茎和翼。叶呈阔披针形,全缘,具银色绒毛;基生叶有柄,茎生叶互生,向上渐短。头状花序单生于顶端,舌状花发达,4~5裂呈指状;有蓝、紫、粉、白不同花色品种。

图6-86　山矢车菊

生态习性：耐寒、旱,喜光,不择土壤,但在肥沃、湿润的沙质土壤生长健壮。

繁殖与栽培：以分株、播种或扦插繁殖。播种可春播或秋播;分株繁殖4~5年进行1次;可9月扦插,也可根插。忌连作。

园林应用：应用于花坛、岩石园、盆栽。

87. 深蓝鼠尾草 *Salvia guaranitica* 'Black and Blue'（图6-87）

科属：唇形科鼠尾草属。

别名：瓜拉尼鼠尾草。

英文名：black and blue sage

产地分布：原产于北美南部,现我国各地均有栽培。

形态特征:多年生草本植物;分枝多,株高可达 1.5 m 以上。叶对生,呈卵圆形,全缘或具钝锯齿,灰绿色,质地厚,叶表有凹凸状织纹;含挥发油,具强烈芳香,能吸引蜂蝶。花腋生,呈深蓝色,比其他鼠尾草花大。花期在 4—12 月。

生态习性:选择日照充足、通风良好、排水良好的沙质壤土或土质深厚壤土为佳,有利生长。

繁殖与栽培:可种子繁殖,也可插枝繁殖。种子繁殖可于春季或初秋播种,播种前先用 50℃ 温水浸种,并需搅拌,保温 5 min 后,待温度下降至 30℃ 时,用清水冲洗几遍,再放于 25~30℃ 的温度中催芽,能提高出苗率并早出苗。直播或育苗移栽均可。如采用插枝繁殖,扦插期南方 5—6 月,北方保护地从 3 月开始进行。插条宜选择枝顶端不太嫩的茎梢(以截后虽断但皮仍连着为宜),长度 5~8 cm,在茎节下位剪断,摘去基部 2~3 片大叶,上部叶片摘去一半(以减少水分蒸发),插

图 6-87 深蓝鼠尾草

于沙质土或珍珠岩苗床中,深度 2.5~3 cm。插后浇水,并覆盖塑料膜保湿,20~30 天发出新根后便可定植。如用生根粉蘸插条基部后再扦插,则 1 周至 10 天便生根生长。

园林应用:应用于花境或地被和道路绿化。

88. 神香草 *Hyssopus officinalis*(图 6-88)

科属:唇形科神香草属。

别名:牛膝草、柳薄荷、海索草。

英文名:hyssop。

产地分布:原产于地中海地区及中亚干旱沙地。

形态特征:神香草属多年生草本至常绿亚灌木,株高 50~60 cm。枝条直立,丛生性强。单叶呈窄披针形至线形,绿色。穗状花序细长,小花密集,唇形花冠呈管状,花呈紫色,也有白色、玫红色等品种,花期在 6—9 月,小坚果呈长卵状,3 棱,平滑。

生态习性:喜欢温暖气候条件,对土壤要求不严格,以排水良好的微酸性沙质壤土为好;冬季地上部分枯死,地下部分翌春萌发。

图 6-88 神香草

繁殖与栽培:可播种、分株、扦插繁殖。播种在 4 月进行,发芽天数需 2 周左右,发芽后保持株距 25~30 cm 间苗;扦插在翌春进行,需遮阴条件;分株在翌秋进行。

园林应用:全草具有一种芳香气味,可用于岩石园、草药园种植,也可组合盆栽观赏。

89. 水果蓝 *Teucrium fruticans*(图 6-89)

科属:唇形科石蚕属。

别名:银石蚕。

英文名:tree germander。

产地分布:原产于地中海及西班牙,后广泛应用于欧、美各地。我国引入作园林栽培。

形态特征:常绿灌木,高可达 1.8 m。全株被白色绒毛而呈银灰色,叶对生,呈卵圆形,小枝 4 棱,花呈蓝紫色,花期春季。

生态习性:喜光,适应性强,生长迅速,耐修剪。

繁殖与栽培:以扦插繁殖为主。

园林应用:适合花境、绿篱。

图 6-89　水果蓝

90. 松果菊 *Echinacea purpurea*(图 6-90)

科属:菊科紫松果菊属。

别名:紫松果菊、紫锥花。

英文名:purple coneflower。

产地分布:原产于北美洲,世界各地多有栽培。

形态特征:多年生草本植物,株高 60~150 cm,全株具粗毛,茎直立;基生叶呈卵形或三角形,茎生叶呈卵状披针形,叶柄基部稍抱茎;头状花序单生于枝顶,或数多聚生,苞片革质,端尖刺状。花径达 10 cm,舌状花呈紫红色,管状花橙黄色。花期在 6—10 月。

生态习性:稍耐寒,喜生于温暖向阳处,喜肥沃、深厚、富含有机质的土壤。

繁殖与栽培:可播种或分株繁殖。

园林应用:应用于花丛、花境、切花。

图 6-90　松果菊

91. 松叶海棠 *Lampranthus tenuifolius*(图 6-91)

科属:番杏科松叶菊属。

别名:松叶牡丹、松叶菊、龙须海棠。

英文名:rose moss。

产地分布:原产于南非。

形态特征:松叶海棠属常绿肉质亚灌木。株高约 30 cm。茎纤细,呈红褐色,匍匐状,分枝多而向上伸展。叶对生,基部抱茎,肉质,切面为三角形。单花具长花梗,腋生,形似菊花。花期在 4—5 月。

生态习性:喜温暖、干燥、光照充足及通风良好环境,不耐炎热。

繁殖与栽培:松叶海棠采用扦插繁殖。10 ℃

图 6-91　松叶海棠

以下可安全过冬。生长期水肥不可过大,潮湿不利生长。花后植株休眠,可修剪过密枝条。

园林应用:松叶海棠应用于花坛、盆栽、吊盆观赏。

92. 嚏根草 *Helleborus niger*(图6-92)

科属:毛茛科嚏根草属。

别名:铁筷子。

英文名:black hellebore

产地分布:嚏根草原产于欧洲。分布在中国西部陕、甘两省。

形态特征:嚏根草属多年生常绿草本植物,株高约30 cm。基生叶1~2枚,有长柄,叶片鸟足状分裂,裂片5~7,呈长圆形或宽披针形,上部边缘有齿,茎生叶较小,无柄或有鞘状短柄,三回全裂;叶色从苹果绿到墨绿都有。花单生,有时2朵顶生,花色有粉红色、白色、绿色、紫色和黑紫色,有许多还带有斑点、条纹;花型有单瓣、半重瓣、重

图 6-92 嚏根草

瓣;花朵有直立的,也有下垂的。萼片5,呈绿色,基部有粉红色晕,花期3—4月,花后结蓇葖果,成熟时开裂,种子细小,呈黑色,6月成熟。

生态习性:喜温暖湿润、半阴环境,较耐寒,忌干冷。在疏松、肥沃、排水良好的沙质土壤中生长最佳,忌干冷及酸性土壤。

繁殖与栽培:嚏根草可用播种和分株繁殖。

园林应用:嚏根草适于作林下地被或花境栽植,点缀岩石园。

93. 天蓝鼠尾草 *Saivia uliginosa*(图6-93)

科属:唇形科鼠尾草属。

别名:洋苏叶。

英文名:bog sage。

产地分布:原产于地中海。

形态特征:多年生草本植物,茎基部略木质化,株高30~90 cm,全株组织内含挥发油,具强烈芳香和苦味,略有涩味。茎呈四方形,分枝较多,有毛。叶对生,呈长椭圆形,先端圆,长3~5 cm,有叶柄,全缘或具钝锯齿,呈绿色,质地厚,叶面有褶皱。唇形花10个左右轮生,开于茎顶或叶腋,花呈天蓝色,花冠呈唇形。花期在5—11月。

生态习性:喜温暖、阳光充足环境,不择土壤,耐干旱,但不耐涝,特别喜石灰质丰富或沙性、排水良好的土壤,极寒冷地区作一年生植物栽培。

图 6-93 天蓝鼠尾草

繁殖与栽培:可用播种、分株、扦插等方法繁殖。

园林应用：天蓝鼠尾草应用于花坛、花境，或做切花、干花之用。

94. 兔儿伞 *Syneilesis aconitifolia*（图 6-94）

科属：菊科兔儿伞属。

别名：一把伞、南天扇、伞把草、雨伞草。

英文名：shredded umbrella plant。

产地分布：产于江苏、贵州、湖南、陕西、河北和吉林等地。

形态特征：多年生草本植物，株高 70~120 cm。根状茎匍匐。茎直立，单一，无毛，略带棕褐色。根生叶 1 枚，幼时呈伞形，下垂。茎生叶互生；叶片呈圆盾形，掌状分裂，直达中心，裂片复作羽状分裂，边缘且有不规则锐齿，直达中心，上面呈绿色，下面呈灰白色。头状花序多数，密集呈复伞房状，顶生。总苞呈圆筒状；花两性，8~11 朵。瘦

图 6-94　兔儿伞

果，呈圆柱形，有纵条纹；冠毛为灰白色或带淡红褐色。花期在 7—9 月，果期在 9—10 月。

生态习性：生于山区荒地、林缘、路旁。喜半阴环境，耐寒。在腐殖质壤土及沙质壤土中生长较好。

繁殖与栽培：兔儿伞以种子或分株繁殖。

园林应用：兔儿伞用作林下地被植物。

95. 尾叶香茶菜 *Rabdosia excisa*（图 6-95）

科属：唇形科香茶菜属。

别名：龟叶草、狗日草、野苏子。

产地分布：主要分布于我国的吉林、陕西、山西、甘肃等省，在亚洲的朝鲜、日本以及俄罗斯远东等地也有一定分布。

形态特征：多年生草本植物。茎直立，多数，下部半木质，上部草质，4 棱，具 4 槽，有细条纹，呈黄褐色，有时带紫色，疏被微柔毛。茎叶对生，呈圆形或圆状卵圆形，先端具深凹，凹缺中有 1 尾状长尖顶齿，基部渐狭至中肋，全缘或下部有 1~2

图 6-95　尾叶香茶菜

对粗锯齿，叶片基部呈宽楔形或近截形，骤然渐狭下延至叶柄，边缘在基部以上具粗大的牙齿状锯齿。花冠有淡紫色、紫色或蓝色，外被短柔毛及腺点，内面无毛。花期在 7—8 月，果期在 8—9 月。

生态习性：中性偏喜光的阳生植物。

繁殖与栽培：可播种或分株繁殖，播种繁殖为主。

园林应用：可用于花境背景和营造自然景观。

96. 蚊子草 *Filipendula palmata*（图 6-96）

科属：蔷薇科蚊子草属。

别名：合叶子。

英文名:meadowsweet。

产地分布:产于黑龙江、吉林、辽宁、内蒙古、河北和山西等省区。

形态特征:多年生草本植物。根茎短而斜走。高 150~200 cm,茎直立,具细条棱。基生叶及茎下部叶有长柄,常为羽状复叶或掌状分裂,通常顶生小叶大,分裂;托叶大,常近心形。花多而小。花期在 6—7 月。

生态习性:生于阴湿地、林下或路旁林缘。喜半阴、湿润环境,耐寒,适宜疏松土壤。

繁殖与栽培:可播种或分株繁殖。

园林应用:花朵密集,叶片美丽,可供观赏,是布置花境的良好材料。

图 6-96　蚊子草

97. 细茎针茅 *Stipa tenuissima*(图 6-97)

科属:禾本科针茅属。

别名:墨西哥羽毛草、利坚草。

英文名:feather grass。

形态特征:多年生常绿草本植物,植株密集丛生,茎秆细弱柔软。叶片细长如丝状,成型高度为 30~50 cm。花序呈银白色,柔软下垂。花期在 6—9 月。

生态习性:生长在美洲大陆开阔的岩石坡地、干旱草地或疏林内,耐旱性强,适合种植于土壤排水良好的地方,喜光,耐半阴。喜欢冷凉气候,夏季高温时休眠。

繁殖与栽培:可播种繁殖或分株繁殖。

园林应用:花序呈银白色,柔软下垂,形态优美。可与岩石配置,也可种于路旁、小径,具有野趣。

图 6-97　细茎针茅

98. 小兔子狼尾草 *Pennisetum alopecuroides* 'Little Bunny'(图 6-98)

科属:禾本科狼尾草属。

英文名:fountain 'little bunny',miniature fountain grass。

形态特征:多年生草本植物。株高 20~30 cm,叶片呈披针形,叶片呈绿色。穗状花序,花似兔子尾巴,秋季开花。

生态习性:抗旱、耐湿、喜阳,适应性很强。

图 6-98　小兔子狼尾草

繁殖与栽培：以播种繁殖。

园林应用：根系较发达,具有良好的固土护坡功能。可用于道路两侧和花境边缘。

99. 雄 黄 兰 *Crocosmia × crocosmiiflora*（图 6-99）

图 6-99　雄黄兰

科属：鸢尾科雄黄兰属。

别名：火星花。

英文名：crocosmia,montbretia。

产地分布：主产于热带及南非。

形态特征：多年生草本植物,株高 50~120 cm,球茎呈扁圆球形,为棕褐色网状的膜质包被。叶多基生,呈剑形,基部鞘状,先端渐尖;穗状圆锥花序,花基部有 2 枚膜质苞片;花呈橙黄色,两侧对称,2 轮排列,花被管略弯曲;蒴果,呈 3 棱状球形,种子是椭圆形。花期 7—8 月,果期 8—10 月。

生态习性：喜充足阳光,耐寒。适宜生长于排水良好、疏松、肥沃的沙质壤土中,生育期要求土壤有充足水分。

繁殖与栽培：常用分球繁殖。一般 3 年分球 1 次,于春季新芽萌发前挖起球茎,分球栽植。栽植深度为 3~5 cm。生长期要注意浇水,保持土壤湿润。

园林应用：布置花境、花坛和做切花,也可成片栽植于街道绿岛、建筑物前、草坪上、湖畔等。

100. 血 草 *Imperata cylindrica* 'Rubra'（图 6-100）

图 6-100　血草

科属：禾本科白茅属。

英文名：Japanese blood grass。

形态特征：血草属多年生草本植物,株高 50 cm 左右。叶丛生,呈剑形,常保持深血红色。圆锥花序,小穗呈银白色,花期夏末。由日本引入,也有叫作"日本血草"。

生态习性：血草喜光或有斑驳光照处,耐热,喜湿润而排水良好的土壤。冬季休眠。

繁殖与栽培：血草常用分生繁殖。

园林应用：血草是优良的彩叶观赏草,常用于花境配置或盆栽观赏。

101. 鸭跖草 *Commelina communis*（图 6-101）

科属：鸭跖草科鸭跖草属。

英文名：wandering jew。

形态特征：植株上部直立或斜伸,茎呈圆柱形,长 30~50 cm,茎下部匍匐生根。叶互生,无柄,呈披针形至卵状披针形,叶有弧形脉,较肥厚,表面有光泽,叶基部下延成鞘,具紫红色条纹,鞘口有缘毛。小花每 3~4 朵 1 簇,由 1 绿色心形折叠苞片包被,着生在小枝顶端或叶腋处。蒴果呈椭圆形。种子呈土褐色至深褐色,表面凹凸不平。

生态习性:肥沃、疏松土壤、半阴环境。耐阴性强。

繁殖与栽培:种子繁殖。在黑龙江于 5 月上中旬出苗,6 月始花,7 月中旬种子成熟,发芽适温为 15~20℃,土层内出苗深度 0~3 cm,埋在土壤深层的种子 5 年后仍能发芽。

园林应用:鸭跖草是优良的阴生地被植物,也可吊盆观赏栽植。

图 6-101　鸭跖草

102. 沿阶草 *Ophiopogon bodinieri*(图 6-102)

科属:百合科沿阶草属。

英文名:mondo grass, lily turf, snakebeard。

产地分布:产于我国以及日本、越南、印度等地。

形态特征:多年生草本植物,根纤细,在近末端或中部常膨大成为纺锤形肉质小块根;茎短,包于叶基中;叶丛生于基部,呈禾叶状,下垂,常绿,长 10~30 cm,具 3~7 条脉;花葶较叶鞘短或更长,总状花序,花期在 5—8 月,花呈白色或淡紫色;种子呈球形,成熟时浆果呈蓝黑色,果期在 8—10 月。

生态习性:耐阴,耐热,能耐受最高气温 46℃;耐寒,沿阶草能耐受 –20℃ 的低温而安全越冬,且寒冬季节叶色始终保持常绿;耐湿性极强;耐旱。

图 6-102　沿阶草

繁殖与栽培:以播种和分株繁殖。春季播种,行距 15~20 cm,每穴下种 3~5 粒,覆土 2 cm 厚。第 3 年可移栽;也可于秋季种子成熟时采种,把浆汁洗净,随即播种,播深 2~3 cm,播后 20~30 天发芽。分株多在春季,分株时,挖出老株丛,将老叶剪去 2/3,苗存 5~7 天,抖掉泥土,剪开地下茎,分成每丛 3~5 小株。

常见栽培种(品种):黑沿阶草(*Ophiopogon planiscapus* ‘nigresens’):又名‘紫黑’扁葶沿阶草,多年生常绿草本植物。株高 20~30 cm,叶丛生,呈线形,先端渐尖,叶缘粗糙,呈黑色,革质;花葶从叶丛中抽出,有棱,顶生总状花序较短,着花约 10 朵,白色至淡紫色,花期在 8—9 月;种子肉质,呈半球形,黑色。耐寒力较强,喜阴湿环境,在阳光下和干燥环境中叶尖焦黄,对土壤要求不严,但在肥沃湿润土壤中生长良好。

园林应用:用于观赏其冬夏常青的秀叶和冬春观玩其豆粒大小蓝色球状浆果。常用作观赏草坪或林缘镶边。

103. 羊齿天门冬 *Asparagus filicinus*（图 6-103）

科属：百合科天门冬属。

英文名：fern asparagus。

产地分布：分布于我国山西、河南、陕西、甘肃、浙江、湖北、湖南、四川、贵州、云南和西藏等省区。

形态特征：多年生草本植物，株高 50~80 cm。块根肉质，呈纺锤形。茎直立，具条棱，上部分枝。叶状枝扁平。叶极小，退化呈鳞片状；常 2~5 成丛，扁平呈镰刀状，外观似羊齿植物，大小变化甚大。雌雄异株，花小，呈淡绿色。有时带紫色，1~2 朵簇生，花梗纤细，中部具关节。浆果呈球形，成熟时黑色。花期在 6—7 月。

生态习性：忌强光直射，喜温暖、湿润环境。

繁殖与栽培：以播种、分块根或分株繁殖。

园林应用：羊齿天门冬可以用于疏林下点缀或盆栽观赏。

图 6-103　羊齿天门冬

104. 淫羊藿 *Epimedium brovicornu*（图 6-104）

科属：小檗科淫羊藿属。

别名：仙灵脾。

英文名：Korean epimedium。

产地分布：淫羊藿原产于我国东北地区，朝鲜、韩国、日本、俄罗斯也有分布。

形态特征：淫羊藿属多年生草本植物，株高 30~40 cm。根茎长，横走。叶为二回三出复叶，有长柄，小叶片薄革质，呈卵形至长卵圆形，基部呈深心形，常歪斜。总状花序比叶短，顶端着生 4~6 朵花，花色呈黄白色或乳白色。蓇葖果呈纺锤形。花期在 4—5 月。果期在 5—6 月。

生态习性：喜阴，耐寒，适宜富含腐殖质、湿润土壤。

繁殖与栽培：以分株繁殖。

园林应用：淫羊藿可用于点缀花境、花丛，也可植于疏林下。

图 6-104　淫羊藿

105. 银蒿 *Artemisia austriaca*（图 6-105）

科属：菊科蒿属。

别名：银叶蒿。

英文名：Austrian wormwood。

图 6-105　银蒿

产地分布:分布于我国内蒙古及新疆等地,伊朗、俄罗斯及欧洲也有。

形态特征:多年生草本植物,有时呈半灌木状。主根木质,斜向下;茎直立,多数,株高15~50 cm,基部常扭曲,木质,分枝长或短,斜向上或贴向茎;茎、枝、叶两面及总苞片背面密被银白色或淡灰黄色略带绢质绒毛。叶纤细,呈银灰绿色,株形匀整。

生态习性:喜光,耐寒,生长强健,对土壤要求不高。

繁殖与栽培:银蒿以扦插繁殖为主。

园林应用:可用在花坛或花境中,也可用于庭院景观布置及盆栽观赏。

106. 银莲花 *Anemone cathayensis*(图 6-106)

科属:毛茛科银莲花属。

别名:活节花、风花。

英文名:windflower。

产地分布:原产于地中海沿岸。

形态特征:多年生草本植物。基生叶 4~8,叶柄长 6~30 cm,疏生长柔毛。叶片呈圆肾形,3 全裂。花 2~5 朵,直径 3.5~5 cm,呈白色或带粉红色,花型多变,有重瓣、半重瓣等,花期春季,花期长,瘦果上有长绵毛。

生态习性:喜温暖,也耐寒,怕炎热和干燥,每年夏季和冬季处于休眠和强迫休眠阶段。要求日光充足,富含腐殖质土壤。

图 6-106　银莲花

繁殖与栽培:用球茎繁殖。栽植球茎时,土壤覆盖住球茎顶端即可,或覆盖 1~2 cm 的软木屑。播种到湿度正常基质土中,不需浇额外的水。在空气相对湿度 90% 的环境下保证根系发育即可。

园林应用:银莲花可应用于花境、岩石园栽培,也可作为盆栽观赏。

107. 银瀑马蹄金 *Dichondra repens* 'Silver Falls'(图 6-107)

科属:旋花科马蹄金属。

英文名:silver kidney creeper,silver falls dichondra。

形态特征:多年生草本植物,茎细长,匍匐地面,长至 30 cm,节处着地生不定根。银白色茎秆上长着圆扇形或肾形银色叶片。单叶互生,先端为圆形,有时微凹,全缘,基部呈深心形。花冠呈钟状黄色,深 5 裂,裂片呈长圆状披针形,蒴果近球形,种子呈黄至褐色,被毛。

生态习性:喜阳光充足环境,悬吊不耐寒,但耐阴,抗旱性一般,适于细质、偏酸、潮湿、肥力低的土壤,不耐紧实潮湿土壤,不耐碱。

图 6-107　银瀑马蹄金

繁殖与栽培:可播种和分株繁殖,春秋均可播种。发芽的适宜温度为 22~24℃,播后覆薄土。

播种后至子叶出现前应保持较高的空气相对湿度,温暖、干燥生长环境。两次浇水之间应让土壤干透。光照度越高则叶片越显银白色,茎节也越短。

园林应用:应用于组合盆栽或单独作吊篮栽培。也可作地被植物。

108. 鱼腥草 *Houttuynia cordata*(图 6-108)

科属:三白草科蕺菜属。

别名:蕺菜、折耳根、菹菜、猪鼻孔、臭菜和侧耳根。

英文名:chameleon plant。

产地分布:分布于我国陕西、甘肃及长江流域以南各地,日本也有分布。

形态特征:多年生草本植物,株高 30~50 cm,全株有腥臭味,茎上部直立,常呈紫红色,下部匍匐,节上轮生小根。叶互生,薄纸质,有腺点,背面尤甚,呈卵形或阔卵形,基部呈心形,全缘,背面常紫红色,掌状叶脉 5~7 条,无毛,托叶膜质,下部与叶柄合生成为鞘。花小,夏季开,穗状花

图 6-108　鱼腥草

序在枝顶端与叶互生,呈白色。蒴果近球形,顶端开裂,具宿存花柱。种子多数,呈卵形。花期在 5—6 月,果期在 10—11 月。

生态习性:野生于阴湿或水边低地,喜温暖潮湿环境,忌干旱。怕强光,在 -15℃ 可越冬。以肥沃沙质壤土及腐殖质壤土生长最好,不宜于黏土和碱性土壤栽培。

繁殖与栽培:鱼腥草可用种子和分根繁殖。主要采用分根繁殖。剪地下茎时应从节的中段下剪,千万不能在节上剪,因为种茎主要靠节上萌芽生根,长出新植株。

园林应用:主要用于花坛、花境或湿地栽植,也作盆栽观赏。

109. 玉带草 *Phalaris arundinacea* var. *picta*(图 6-109)

科属:禾本科芦竹属。

别名:斑叶芦竹、彩叶芦竹。

英文名:*reed canary grass*,*ribbon grass*。

产地分布:原产于地中海及我国华北和东北。

形态特征:多年生宿根草本植物。株高 20~50 cm,植株丛生,具匍匐生长的根状茎,因其叶扁平、线形、绿色且具白边及条纹,质地柔软,形似玉带,故得名。圆锥花序呈穗状,花期在 6—7 月。颖果呈长卵形,果熟期 8—9 月。

生态习性:喜温暖和阳光充足环境,耐半阴、干旱和寒冷,怕雨涝。对土壤要求不严,在田园土、沙质土、微酸或微碱性土壤中都能生长。

繁殖与栽培:可以采用播种和分株繁殖。播

图 6-109　玉带草

种通常在春季进行;分株可在春、秋季进行,3~4 株为 1 丛,株行距以 10 cm × 10 cm 为宜。当年便能覆盖地面,在哈尔滨地区适当保护可以露地越冬。每年夏季需要修剪 1 次,一般情况留茬 10 cm 左右为佳。

园林应用:株形秀美,叶色素雅,耐寒性好,除直接用于地被外,还可作花坛的镶边或布置花境,也可盆栽装饰会场、厅堂等处。

110. 玉竹 *Polygonatum odoratum*(图 6-110)

科属:百合科黄精属。

别名:地管子、尾参、萎蕤、铃铛菜等。

英文名:angular solomon's seal。

产地分布:产于我国西南地区,野生分布很广。

形态特征:多年生草本植物,株高 40~65 cm。地下根茎横走,呈黄白色,密生多数细小的根。茎单一,自一边倾斜,光滑无毛,具棱。叶互生于茎中部以上,无柄;叶片略带革质,呈椭圆形或狭椭圆形,罕为长圆形,先端钝尖或急尖,基部呈楔形,全缘,上面呈绿色,下面呈淡粉白色,叶脉隆

图 6-110 玉竹

起。花腋生,花梗长 1~1.4 cm,着生花 1~2 朵;花白色,呈钟形下垂。浆果近球形,成熟后为黑色。花期在 5—6 月。果期在 8—9 月。

生态习性:宜温暖湿润气候,喜阴湿环境,耐寒。宜选土层深厚、肥沃、排水良好、微酸性沙质壤土栽培。切忌积水。

繁殖与栽培:常用分株和播种繁殖。分株繁殖,宜秋季或早春进行,将根茎挖出,剪取长 10 cm 1 段,每段至少留 2 个节。每 2~3 年分株繁殖 1 次。播种繁殖,秋播或种子沙藏,翌年春播,播后 20~25 天发芽,实生苗需培育 3~4 年后开花。

园林应用:宜植于林下或建筑物遮阴处及林缘作为观赏地被种植,宜用于花境或林缘作观赏地被植物,也可盆栽观赏。

111. 竹节海棠 *Begonia maculata*(图 6-111)

科属:秋海棠科秋海棠属。

别名:慈姑秋海棠。

英文名:spotted begonia。

产地分布:原产于巴西。

形态特征:多年生小灌木,株高 0.7~1.5 m。平滑而秃,分枝,茎具明显呈竹节状节。单叶互生;叶柄呈圆柱形,紫红色;叶片厚,为偏歪的长椭圆形,长 10~20 cm,宽 4~5 cm,先端尖,基部呈心形,边缘呈浅波状,叶表面为深绿色,并有多数圆形小白点,背部为紫红色。花色呈淡玫瑰色或白色,聚伞花序腋生而悬垂。蒴果。花期在夏秋

图 6-111 竹节海棠

间,果期在秋季。

生态习性:性喜半阴、湿润和温暖,不耐寒,忌暴晒、炎热和水涝,适宜生长温度为15~25℃。抗旱性能强,怕积水,喜欢疏松、肥沃的沙质壤土。

繁殖与栽培:以扦插繁殖为主,5—6月剪取开过花而生长健壮的枝条,每3~4节1段,插于粗沙中。为保持成活率,每天于中午前后喷水1次,保持20~24℃温度条件,半个月后即可生根,播种也可。

园林应用:应用于花坛、花境,或作为盆栽花卉观赏。

112. 半柱花 *Hemigraphis colorata*(图6-112)

科属:爵床科小狮子草属。

产地分布:分布于广东、海南、广西等地。

形态特征:亚灌木状草本植物,株高达1 m。茎上部直立,有分枝,被粗毛,基部伏地,生根。叶对生;叶柄长4~10 mm;生于主茎上的叶呈长圆形,长达6 cm,宽约2.5 cm;生于小枝上的叶很小,呈椭圆状长圆形,长2~3 cm,先端短尖,基部渐狭而成一短柄,两面均被粗毛,边缘有钝锯齿。花为稠密头状花序,顶生和腋生;花冠呈黄色,花呈管状,下部呈圆柱形,上部膨大,裂片5,近相等,旋转排列。蒴果呈线形,有种子4颗。花期在8—12月。

图6-112 半柱花

繁殖与栽培:扦插繁殖。

园林应用:半柱花为观叶植物,常用扦插的小苗布置立体花坛和屋顶绿化。

113. 草茱萸 *Chamaepericlymenum canadense*(图6-113)

科属:山茱萸科草茱萸属。

产地分布:我国的浙江、安徽有分布,生于山沟、溪旁或较湿润的山坡。朝鲜、日本、俄罗斯远东地区以及北美洲也有分布。

形态特征:草茱萸为多年生草本植物,株高13~17 cm。根状茎细长,爬生,直立茎纤细,少分枝,呈淡绿色,无毛。叶对生或6枚于枝顶近于轮生,纸质,呈倒卵形至菱形,先端突尖,基部渐窄,全缘,上面呈绿色,有少数白色短柔毛,下面呈淡绿色,被白色细毛,侧脉弯曲3对,叶柄短,微扁。伞形状聚伞花序顶生,总苞片4,呈白色花

图6-113 草茱萸

瓣状,宽卵形,先端钝尖,基部突然收缩呈柄状,有7条弧形的细脉纹;花小,为白绿色。核果近球形,红色。花期8月。

生态习性:草茱萸喜温暖、湿润、疏松、肥沃的土壤。

园林应用:草茱萸的叶、花、果均有较高的观赏价值,可植于庭园角隅、草坪、林缘。

114. 翠芦莉 *Ruellia brittoniana*（图 6-114）

科属：爵床科蓝花草属。

别名：蓝花草

产地分布：原产于墨西哥。

形态特征：翠芦莉的茎直立，株高 55~110 cm，单叶对生，线状披针形。叶暗绿色，新叶及叶柄常呈紫红色。叶全缘或疏锯齿，花腋生，花冠漏斗形，5 裂。在 7—8 月开花。

生态习性：翠芦莉的植株抗逆性强，适应性广，对环境条件要求不严。耐旱和耐湿力均较强。喜高温，耐酷暑，生长适温 22~30℃。不择土壤，耐贫瘠，耐轻度盐碱土壤。对光照要求不严，全日照或半日照均可。

图 6-114　翠芦莉

繁殖与栽培：翠芦莉可用播种、扦插或分株繁殖，在春、夏、秋三季均可进行。播种繁殖：蒴果由绿色转为灰褐色后即可采收。因种子是分批成熟，且果皮容易开裂，故应及时采收。分株繁殖：在春季气温回升、新芽尚未萌发之前，结合换盆或移栽进行分株。将地下根茎连同叶片分切为数丛，使每丛带 3~5 支茎秆，然后分别上盆或露地种植。

园林应用：翠芦莉为观花植物，花期正值少花的夏季，适合庭园成簇美化或盆栽，也可用于花境布置。

115. 蝴蝶花 *Iris japonica*（图 6-115）

科属：鸢尾科鸢尾属。

产地分布：原产于我国长江以南的广大地区，日本也有。

形态特征：多年生草本植物。根状茎可分为较粗的直立根状茎和纤细的横走根状茎，直立根状茎呈扁圆形，具多数较短的节间，呈棕褐色；横走的根状茎节间长，呈黄白色。须根生于根状茎的节上，分枝多。叶基生，呈暗绿色，有光泽，近地面处带红紫色，呈剑形，顶端渐尖，无明显中脉。花茎直立，高于叶片，顶生稀疏总状聚伞花序，花呈淡蓝色或蓝紫色。蒴果呈椭圆状柱形，

图 6-115　蝴蝶花

顶端微尖，基部钝，无喙，6 条纵肋明显，成熟时自顶端开裂至中部；种子为黑褐色，为不规则的多面体，无附属物。花期在 3—4 月，果期在 5—6 月。

生态习性：蝴蝶花耐阴、耐寒。散生于林下、溪旁阴湿处。

繁殖与栽培：蝴蝶花为分株或播种繁殖。

园林应用：蝴蝶花在园林中常栽在花坛或林中作地被植物。

116. 花叶野芝麻 *Lamium galeobdolon*（图 6-116）

科属：唇形科野芝麻属。

产地分布：分布于东北、华北、华东华中以及四川、贵州等地，生于阴湿的路旁、山脚或林下。

　　形态特征：多年生草本植物，株高可达 1 m；根状茎有地下匍匐枝。茎单一，具四棱，有浅槽，几无毛。叶对生，为纸质，呈卵圆形、卵圆状披针形或心脏形，先端尾尖，基部呈心形，边缘有牙齿状锯齿，齿尖有小突尖。

　　生态习性：喜阴湿环境。

　　繁殖与栽培：以扦插繁殖，极易生根。

　　园林应用：花叶野芝麻为观叶植物，蔓延性强，覆盖性好，适宜大面积地被栽植或覆盖树盘种植，入侵能力强，要实施严格栽培措施，防止其杂草化后产生生态危害。

图 6-116　花叶野芝麻

　　117. 金鸡菊 '天堂之门' *Coreopsis rosea* 'Heaven's Gate'（图 6-117）

　　科属：菊科金鸡菊属。

　　形态特征：为多年生草本植物，叶细羽状分裂，花瓣呈粉红色，花期在 5—10 月。

　　生态习性：性耐寒，常绿，忌暑热，喜光，耐干旱贫瘠，栽培管理粗放。

　　繁殖与栽培：以播种繁殖。

　　园林应用：用于园林中丛植、片植、花境配置。

图 6-117　金鸡菊 '天堂之门'

　　118. 金雀儿 *Cytisus scoparius*（图 6-118）

　　科属：蝶形花科金雀儿属。

　　产地分布：中国

　　形态特征：常绿灌木，株高 80~250 cm。枝丛生，直立，分枝细长，无毛，具纵长的细棱。上部常为单叶，下部为掌状三出复叶；具短柄；小叶呈倒卵形至椭圆形，全缘，茎上部的单叶小，先端钝圆，基部渐狭至短柄，上面无毛或近无毛，下面稀被贴伏短柔毛。花单生于上部叶腋，于枝梢排成总状花序，基部有苞片呈叶状；花冠呈鲜黄色，旗瓣卵形至圆形，先端微凹，翼瓣与旗瓣等长，钝头，龙骨瓣阔，弯头；荚果扁平，近阔线形，缝线上被长柔毛；有多数种子。种子近椭圆形，灰黄色。花期在 5—7 月。

图 6-118　金雀儿

　　生态习性：喜光，常生于山坡向阳处。根系发达，具根瘤，抗旱耐瘠，能在山石缝隙处生长。忌湿涝。萌芽力、萌蘖力均强，能自然播种繁殖。在深厚、肥沃、湿润的沙质壤土中生长更佳。

　　繁殖与栽培：用播种或分株繁殖。当荚果颜色发褐时，及时采收置箩筐中曝晒收种，秋播或春播均可。春播种子前宜先用 30℃温水浸种 2~3 日,待种子露芽时播下,出苗快而整齐。分株通常在早春萌芽前进行,在母株周围挖取带根萌条栽在园地,但需注意不可过多损伤根皮,以利成活。也可盆栽。

园林应用:在春季金黄色的花布满枝头,明亮灿烂,适于配置山石、庭院造景、布置花境等。

119. 垂序马蓝 *Strobilanthes japonica*(图 6-119)

科属:爵床科黄猄草属。

产地分布:产于四川峨眉、峨山、屏山、贵州安龙、兴义,日本间断分布。

形态特征:直立草本植物,茎草质,多分枝,幼茎 4 棱,呈紫红色,后近圆柱形,纤细,节膨大。叶对生,具柄,叶片呈卵状椭圆形,披针形,顶端长渐尖,基部呈楔形或宽楔形,边缘具圆齿,脉明显,光滑无毛,开展,两面有粗大线状凸起的钟乳体,叶柄、叶片被白色长毛,叶上面基部毛较多,背面脉基部毛较密。穗状花序顶生,花色为白色,花期夏季。

图 6-119　垂序马蓝

繁殖与栽培:垂序马蓝为播种繁殖。

园林应用:叶色浓绿,在夏季少花季节开花,花呈白色,清新淡雅,可于庭院入口、拐角处造景。

120. 宽叶韭 *Allium hookeri*(图 6-120)

科属:百合科葱属。

产地分布:分布于中国西南部、云、贵、川、藏等地和中印、中缅交界处。

形态特征:根系着生于盘状的短缩茎上,呈肉质状,直径可达 0.5 cm 以上,长 8~25 cm,肉质根上附有须根。根状茎生长点的上位成蘖芽,长出后称为分蘖。花茎顶端有总苞,总苞内有花,花茎长可达 40 cm 以上。叶分为叶鞘及叶身两部,叶鞘基部着生于根状茎顶端,叶片宽可达 2 cm以上,叶色呈浅绿,中肋明显。花呈白色,花被短小,花梗细小极易脱落,果实种子极少完全发育,后期黄化脱落。

图 6-120　宽叶韭

生态习性:生于海拔 1 500~4 000 m 的山坡林下、溪边或草甸。性喜冷凉、忌高温多湿,生育适温 15~20℃。

繁殖与栽培:分株繁殖。

园林应用:可成片种植于疏林下或林缘步道旁。

121. 留兰香 *Mentha spicata*(图 6-121)

科属:唇形科薄荷属。

产地分布:原产于南欧、加那利群岛、马德拉群岛、俄罗斯。我国河北、河南、江苏、浙江、广东、广西、四川、贵州、云南等地有栽培或逸为野生,新疆有野生。

形态特征:多年生草本植物。茎直立,无毛或近于无毛,呈绿色,钝四棱形,具槽及条纹。叶无柄或近于无柄,呈卵状长圆形或长圆状披针形,先端锐尖,基部呈宽楔形至近圆形,边缘具尖锐而不规则的锯齿,草质,上面呈绿色,下面呈灰绿色。轮伞花序生于茎及分枝顶端,间断但向上密集的圆柱形穗状花序。花冠呈淡紫色,两面无毛。花期在7—9月。

生态习性:留兰香性喜湿润,适应性强。耐寒,在上海能露地越冬,但连续栽3年后植株生长不良,耐寒力也明显减弱。需要充足的阳光,不适宜在荫蔽条件下栽培。

图6-121　留兰香

繁殖与栽培:留兰香以扦插繁殖为主。留兰香对环境条件的适应性较强,在全国各地均能种植,一般喜阳光充足、温暖、湿润的环境,耐热、耐寒能力强,温度在30℃以上时仍能正常生长,在 -30~-20℃的低温下,地下根茎仍能存活。早春当地表温度达到5℃左右时开始萌发出土,幼苗可耐 -5℃的低温,一般适宜生长的温度为25~30℃,昼夜温差越大,越有利于植株体内精油的积累。留兰香喜潮湿,但怕涝,一般田间持水量在75%较有利于生长。留兰香对土壤要求不严,一般的土壤均适合生长,尤其是沙壤土、壤土。土壤盐碱过大,可导致植株矮小,生长缓慢,影响产量。土壤 pH6.5~7.5 为宜。

园林应用:留兰香可作地被植物,能快速铺地形成景观。

122. 美丽月见草 *Oenothera speciosa*(图6-122)

科属:柳叶菜科月见草属。

产地分布:原产于美洲温带。

形态特征:根为圆柱状,茎直立,幼苗期呈莲座状,基部有红色长毛,叶互生,茎下部分有柄,上部的叶无柄;叶片呈长圆状或披针形,边缘有疏细锯齿,两面被白色柔毛。花单生于枝端叶腋,排成疏穗状,萼管细长。花色为白色至粉红色,花径达8 cm以上,5—10月花开不断。

生态习性:适应性强,耐旱,对土壤要求不严,一般中性、微碱性或微酸性、排水良好、疏松的土壤上均能生长,土壤太湿,根部易生病。

图6-122　美丽月见草

繁殖与栽培:以播种繁殖。种子播种后,土壤要保持湿润,播种后10~15天,种子即可萌发。

园林应用:可用于花境、庭院沿边布置或假山石隙点缀,也宜作大片地被花卉。

123. 香水草 *Heliotropium arborescens*（图 6–123）

科属：紫草科天芥菜属。

别名：南美天芥菜。

产地分布：原产于南美秘鲁。

形态特征：多年生草本植物。茎直立或斜升，基部木质化，不分枝或茎上部分枝，密生黄色短伏毛及开展的稀疏硬毛。茎下部叶具长柄，中部及上部叶具短柄；叶片呈卵形或长圆状披针形，先端渐尖，基部呈宽楔形，上面粗糙，被硬毛及伏毛，下面柔软，密生柔毛；叶柄密生硬毛及伏毛。镰状聚伞花序顶生，集为伞房状，花期密集；花无梗或稀具短梗；花冠有紫罗兰色或紫色，稀白色，芳香；核果近圈球形，无毛。花期 2—6 月。

图 6–123　香水草

生态习性：喜光、温暖、肥。

繁殖与栽培：以播种繁殖和扦插繁殖。香水草的种子寿命只有一年，播种苗生长缓慢，多进行扦插繁殖。成苗后应当摘心，促使其萌生侧枝以增加着花部位，它们虽是喜阳性植物，但不能忍受烈日暴晒，春、夏两季应适当遮阴。多年生老株开花稀少。

园林应用：应用于切花、花坛、盆栽。

124. 山菅兰 *Dianella ensifolia*（图 6–124）

科属：百合科山菅兰属。

产地分布：分布于我国广东、广西、云南、贵州、江西、福建、台湾、浙江。

形态特征：多年生草本植物，株高 30~60 cm，根状茎呈圆柱状，横走，茎粗壮。叶线形基生，2 列，革质，圆锥花序顶生，长 10~40 cm，花被片 6，呈淡紫色。浆果呈紫蓝色，球形，成熟时如蓝色宝石。花期夏季。

生态习性：生于向阳山坡地、裸岩旁及岩缝内，喜半阴或光线充足环境，喜高温多湿，越冬温度在 5℃以上，对土壤条件要求不严。

繁殖与栽培：以分株繁殖，播种繁殖。

图 6–124　山菅兰

常见栽培种（品种）：花叶山菅兰 *Dianella ensifolia* ‘Silvery Stripe’：园艺栽培品种，是多年生草本植物，叶具白色条纹，其他性状同山菅兰。耐寒性较山菅兰差。

园林应用：常作地被植物观赏，用于林下、园路边、山石旁，室内亦可作盆栽观赏。

125. 蛇莓 *Duchesnea indica*（图 6–125）

科属：蔷薇科蛇莓属。

形态特征：多年生草本植物。具长匍匐茎，羽状复叶，3 小叶。小叶片呈菱状卵圆形或倒卵形，

叶长 1.5~3 cm,宽 1.2~1.8 cm,先端稍钝,基部呈
楔形,边缘具钝锯齿,两面散生长柔毛或上面近
无毛;托叶呈卵圆状披针形。花单生于叶腋,直
径 1.2~1.8 cm。花瓣呈黄色,长圆形,先端微凹或
圆钝,几与萼片等长。花托膨大成半球形或长椭
圆形,较柔软,呈红色,上着生多数瘦果。瘦果小,
呈长圆状卵形,暗红色。

生态习性:蛇莓性耐寒,喜生于阴湿环境,常
生于沟边潮湿草地。对土壤要求不严,但以肥沃、
疏松湿润的沙质壤土为好。

繁殖与栽培:蛇莓用种子或分株繁殖。播种
在秋季进行,可播于露地苗床,亦可于室内盆播。
其匍匐茎节处着土后可萌生新根形成新植株,
将幼小的新植株另行栽植即为分株,按 30 cm×
30 cm 的行株距种植即可。

园林应用:蛇莓的叶、花、果均具有较高观赏
价值,园林中常做地被使用。

126. 头花蓼 *Polygonum capitatum*(图 6-126)

科属:蓼科蓼属。

产地分布:产于我国江西、湖南、湖北、四川、
贵州、广东、广西、云南及西藏。生于山坡、山谷湿
地,常成片生长在海拔 600~3 500 m 处。印度北部、
尼泊尔、锡金、不丹、缅甸及越南也有分布。

形态特征:多年生草本植物。茎匍匐,丛生,
基部木质化,节部生根,节间比叶片短,多分枝,疏
生腺毛或近无毛,一年生枝近直立,具纵棱。叶呈
卵形或椭圆形,顶端尖,基部呈楔形,全缘,边缘具
腺毛。两面疏生腺毛,上面有时具黑褐色新月形斑
点;叶柄基部有时具叶耳;托叶鞘呈筒状,膜质,长
5~8 mm,松散,具腺毛,顶端截形。有缘毛。花序头
状,直径 6~10 mm,单生或成对、顶生;瘦果,具 3 棱,
呈黑褐色。花期在 6—9 月,果期在 8—10 月。

生态习性:喜阴湿环境。常生在草甸石上,
水沟边。

园林应用:植株低矮,淡红色头状花序星星
点点点缀于叶丛,小巧可爱,可成片栽植于林缘、
园林步道两侧,花境边缘,也是优良牧草。

127. 夏枯草 *Prunella vulgaris*(图 6-127)

科属:唇形科夏枯草属。

图 6-125　蛇莓

图 6-126　头花蓼

图 6-127　夏枯草

产地分布:产于我国江苏、浙江、安徽、湖北等地。

形态特征:夏枯草属多年生草本植物。根茎匍匐,在节上生须根。茎高 20~30 cm,上升,下部伏地,自基部多分枝,钝四棱形,呈紫红色,被稀疏糙毛或近于无毛。茎叶呈卵状长圆形或卵圆形,大小不等,先端钝,基部呈圆形、截形至宽楔形,叶柄自下部向上渐变短;花序下方的一对苞叶似茎叶,近卵圆形。轮伞花序密集组成顶生长 2~4 cm 的穗状花序,花萼呈钟形,花冠有紫色、蓝紫色或红紫色,先端边缘具流苏状小裂片。小坚果呈黄褐色。花期在 4—6 月,果期在 7—10 月。

生态习性:主要生长于疏林、荒山及路旁。

繁殖与栽培:夏枯草以播种繁殖和分株繁殖。

园林应用:植株低矮,花期从春季可延续至夏季,可布置花境、成片丛植于林下、林缘。

128. 伏生紫堇 *Corydalis decumbens*(图 6-128)

科属:罂粟科紫堇属。

别名:夏天无。

形态特征:多年生草本植物。块茎小,茎高 10~25 cm,柔弱,细长,不分枝,具 2~3 叶。叶二回三出,小叶片呈倒卵圆形,全缘或深裂成卵圆形或披针形裂片。总状花序,具 3~10 花。花近白色至淡粉红色或淡蓝色。萼片早落。外花瓣顶端下凹,常具狭鸡冠状突起。上花瓣长 14~17 mm,瓣片多少上弯;距稍短,渐狭,平直或稍上弯;蜜腺体短,占距长的 1/3~1/2,末端渐尖。下花瓣呈宽匙形,通常无基生的小囊。内花瓣具超出顶端的宽而圆鸡冠状突起。蒴果呈线形。花期春季。

生态习性:喜阴湿环境、凉爽气候,怕高温,忌干旱。

繁殖与栽培:以播种繁殖或用块茎繁殖。

园林应用:应用于林下地被。

图 6-128 伏生紫堇

129. 野棉花 *Anemone vitifolia*(图 6-129)

科属:毛茛科银莲花属。

形态特征:多年生草本植物,株高 60~100 cm。根茎斜生。基生叶,叶柄长 25~60 cm,有柔毛;叶片呈心状卵形或心状宽卵形,长 11~22 cm,宽 12~26 cm,顶端急尖,3~5 浅裂,边缘有小牙齿,上面疏被短糙毛,下面密被白色短绒毛。花葶粗壮直立,有柔毛;聚伞花序长 20~60 cm,2 至 4 回分枝;苞片 3,轮生,叶状,但较小,柄长 1.4~7 cm;花梗长 3.5~5.5 cm,密被短绒毛;花两性;萼片 5,呈花瓣状,白色或带粉红色,倒卵形,长 1.4~1.8 cm,宽 8~13 mm,外面被白色绒毛;花瓣无;聚合果球形,直径约 1.5 cm;瘦果长约 3.5 mm,密被绵毛,果柄细。花期在 7—10 月,果期在 8—11 月。

生态习性:野棉花喜阳、凉爽温暖气候。

繁殖与栽培:野棉花以播种繁殖。

园林应用:野棉花可用于庭院造景或布置花境。

图 6-129 野棉花

130. 银香菊 Santolina chamaecyparissus（图 6-130）

　　科属：菊科神圣亚麻属。

　　形态特征：常绿多年生草本植物，株高 50 cm，枝叶密集，新梢柔软，具灰白柔毛，叶呈银灰色，花黄色。在遮阴和潮湿环境中，叶片呈淡绿色。花朵黄色，如纽扣，花期在 6—7 月。耐干旱，耐瘠薄，耐高温，耐修剪，芳香，具独特叶色。

　　生态习性：喜光，耐热，忌土壤湿涝。

　　繁殖与栽培：以扦插、分株繁殖。

　　常见栽培种（品种）：银香菊'艾伦'：与银香菊不同之处是叶呈绿色。

　　园林应用：广泛运用于花境、岩石园、花坛、低矮绿篱，也可栽于树坛边缘。在上海地区，宜采用块状和带状栽培，不宜片植。

图 6-130　银香菊

131. 紫露草 Tradescantia reflexa（图 6-131）

　　科属：鸭跖草科紫露草草属。

　　产地分布：紫露草原产于墨西哥。

　　形态特征：茎多分枝，带肉质，呈紫红色，下部匍匐状，节上常生须根，上部近于直立，叶互生，呈披针形，全缘，基部抱茎而生叶鞘，下面为紫红色，花密生在 2 叉状花序柄上，下具线状披针形苞片；萼片 3，呈绿色，卵圆形，宿存；花瓣 3，呈蓝紫色，广卵形；蒴果呈椭圆形，有 3 条隆起棱线；种子呈三棱状半圆形。花期在春季。

　　生态习性：紫露草喜日照充足，但也能耐半阴。生性强健，耐寒，在华北地区可露地越冬。对土壤要求不严。

　　繁殖与栽培：紫露草常用扦插繁殖。把茎秆剪成 5~8 cm 长一段，每段带 3 个以上叶节，也可用顶梢做插穗。

　　常见栽培种（品种）：紫露草'红花'、紫露草'金叶'。

　　园林应用：紫露草用于花坛、花境、道路两侧丛植效果较好，也可在室内盆栽，树丛下片植。

图 6-131　紫露草

132. 地涌金莲 Musella lasiocarpa（图 6-132）

　　科属：芭蕉科地涌金莲属。

　　产地分布：我国云南省中部至西部。

图 6-132　地涌金莲

形态特征:叶面大,如芭蕉叶,花硕大,从假鳞茎中抽出花序,形状如花瓣的黄色大苞片,六枚苞片为一轮,顶生或腋生,呈莲座状在花序上方,层层逐渐开展,由上而下,花期长久不凋谢,约 250 天。花序下部者为雌花,上部雄花。

生态习性:喜光照充足、温暖,在 0℃ 以下低温,地上部分会受冻。喜肥沃、疏松土壤。易移栽。

繁殖与栽培:我国南方常用地栽法,春秋分株,栽植后必需浇水。秋末和初春在植株周围开一条沟,施以腐熟有机肥,并在假茎根基部培以肥土,促进生长开花。干旱时要适当浇水,雨季时需及时排水。开花之后地上的部分假茎会逐渐枯死,要将它们砍掉,隔年才可以再发新芽。

园林应用:可栽植于花坛中心,也可以与山石配置成景或植于窗前,角隅。

133. 络石 *Trachelospermum jasminoides*(图 6-133)

科属:夹竹桃科络石属。

产地分布:我国山东、山西、河南、江苏等地。

形态特征:络石属常绿木质藤本植物,长达 10 m,具乳汁;茎呈赤褐色,圆柱形,有皮孔;小枝被黄色柔毛,老时渐无毛。叶为革质或近革质,呈椭圆形至卵状椭圆形或宽倒卵形,叶长 2~10 cm,宽 1~4.5 cm,顶端锐尖至渐尖或钝,有时微凹或有小凸尖,基部渐狭至钝,叶面无毛,叶背被疏短柔毛,老渐无毛;叶面中脉微凹,侧脉扁平;叶背中脉凸起,侧脉每边 6~12 条,扁平或稍凸起;叶柄短,被短柔毛,老渐无毛;叶柄内和叶腋外腺体钻形,长约 1 mm。二歧聚伞花序腋生或顶生,花

图 6-133 络石

多朵组成圆锥状,与叶等长或较长;花呈白色,芳香;花蕾顶端钝,花冠筒呈圆筒形,中部膨大;种子多颗,呈褐色,线形顶端具白色绢质种毛。花期在 3—7 月,果期在 7—12 月。

生态习性:络石喜温暖、湿润、半阴环境。具有一定的耐寒力,在华北南部可露地越冬。对土壤要求不严,但以疏松、肥沃、湿润的壤土栽培较好。

繁殖与栽培:首选方法是压条,特别是在梅雨季节,其嫩茎极易长气根,利用这一特性,将其嫩茎采用连续压条法,秋季从中间剪断,可获得大量幼苗。或是于梅雨季节,剪取长有气根的嫩茎,插入素土中,置于半阴处,成活率很高,但老茎扦插成活率低。盆栽络石花后一般不结籽,地栽络石花后可结圆柱状果,10 月成熟收取后,翌春播种,但播种苗要三四年后才开花,而压条、扦插苗翌年便可开花,故一般不用播种法。

常见栽培种(品种):黄金锦络石 *Trachelospermum asiaticum* 'Ougonnishiki':产于日本,常绿木质藤本植物,老叶近绿色或淡绿色,第一轮新叶呈橙红色,或叶边缘呈暗色斑块,每枝多数为一对,少数 2~3 对橙红色叶;新叶下有数对叶为黄色或叶边缘有大小不一的绿色斑块,且绿斑有逐渐扩大的趋势,呈不规则状;多数叶脉呈绿色或淡绿色,从新叶到老叶,叶脉绿色逐渐加深。有花叶络石 *Trachelospermum asiaticum* 'Variegatum'、彩叶络石 *Trachelospermum asiaticum* var. *variegate* 等。

园林应用:络石类叶色丰富,观赏性强,在园林中多作地被或盆栽观赏,也是花境布置的常用植物。

134. 石菖蒲 *Acorus tatarinowii*（图 6–134）

科属：天南星科菖蒲属 。

产地分布：四川、浙江、江苏、湖南等地。

形态特征：多年生草本植物。根茎横卧,芳香,粗 5~8 mm,外皮呈黄褐色,节间长 3~5 mm,根肉质,具多数须根,根茎上部分枝甚密,因而植株成丛生状,分常被纤维状宿存于叶基。叶片薄,呈线形,长 20~30 cm,基部对折,中部以上平展,宽 7~13 mm,先端渐狭,基部两侧膜质,叶鞘宽可达 5 mm,上延几达叶片中部,呈暗绿色,无中脉,平行脉多数,稍隆起。花序柄三棱形。叶状佛焰苞长 13~25 cm,为肉穗花序长的 2~5 倍或更长,稀近等长;肉穗花序呈圆柱状,长 2.5~8.5 cm,上部渐尖,直立或稍弯。花为白色。幼果呈绿色,成熟时呈黄绿色或黄白色。花、果期 2—6 月。

图 6–134　石菖蒲

生态习性：喜阴湿环境,在郁闭度较大的树下也能生长,但不耐阳光暴晒,否则叶片会变黄。不耐干旱,稍耐寒。

繁殖与栽培：以分株繁殖。

常见栽培种(品种)：金叶石菖蒲 *Acorus gramineus* 'Ogon':常绿草本植物,叶具黄色条纹,其他性状同石菖蒲。

园林应用：叶片常绿而具光泽,能适应湿润、较阴条件,宜在较密林下作地被植物,金叶石菖蒲可带状或成片种植,营造夺目地被景观,也可与宿根花卉、花灌木、观赏草等搭配,营造出不同主题的花境景观。

135. 紫叶鸭耳芹 *Cryptotaenia japonica* 'Atropurpurea'（图 6–135）

科属：伞形科鸭耳芹属 。

形态特征：多年生草本植物。茎高 30~70 cm,呈叉式分枝。叶片呈广卵形,长 5~18 cm,3 出,中间小叶片呈菱状倒卵形,长 3~10 cm,宽 2.5~7 cm,顶端短尖,基部呈楔形,两侧小叶片呈斜倒卵形,小叶片边缘有锯齿或有时 2~3 浅裂。叶柄长 5~17 cm,茎上部叶无柄,小叶片呈披针形。整个花序呈圆锥形,果呈棱细线状圆钝。花期在 4—5 月。

图 6–135　紫叶鸭耳芹

生态习性：适宜生长温度为 10~25℃。其株高生长和基部新叶生长速度均较快,但不耐高温,在 25℃以上生长明显减慢,30℃以上时从下部叶片开始发黄,但较耐低温。

繁殖与栽培：分株繁殖。

园林应用：可与佛甲草等常绿多年生草本植物配植,夏季佛甲草生长旺盛,成片开花,秋季紫叶鸭耳芹生长健壮,色泽艳丽,在相对萧瑟的冬季,紫叶鸭耳芹与佛甲草红绿相间,充满勃勃生机。成片栽植,与上层乔灌木进行合理配置,不仅能丰富群落层次,而且能增添景观效果。

136. 狐尾三叶草 *Trifolium rubens*(图 6-136)

科属:豆科三叶草属。

别名:红毛三叶草。

产地分布:原产于地中海地区。

形态特征:多年生草本植物。叶色和花极具观赏性,根系发达多分枝,每株有 20~30 支发达侧根,主根不明显,入土深达 80 cm,有很强的抗旱及抗寒能力。株型直立、丛生,株高 40~80 cm,每丛地上分枝 40~60 个,叶片为三叉复叶,单叶呈长椭圆形,叶呈浅黄绿色。花序为棒状或长纺锤形,长 4~7 cm,宽 1.5~2 cm,花色为深紫红色或玫瑰红色,花期 40 天左右,5 月初至

图 6-136 狐尾三叶草

6 月中旬,盛花期可形成一片紫红色花丛,极具观赏性。

生态习性:喜凉爽环境,较耐阴,适生温度为 15~25℃,适于在疏松的沙质壤土中生长。

繁殖与栽培:以播种繁殖。果实成熟后要及时采摘,晾晒后去掉果皮,将种子装袋放入 0~5℃冰箱或冰柜内贮存。播种可在春秋季露地直播。播种前须将土地平整并适量施有机肥、厩肥、鸡粪等。种子与细沙以 1:5 的比例混合,这样播种时出苗整齐。幼苗长至 5~6 cm 时,每两周追肥一次,有机肥、复合肥均可。施肥后立即灌水,以免肥料烧伤根系,影响植株生长。

园林应用:狐尾三叶草既能赏花又能观叶,覆盖地面效果好,园林中可作为林下地被。此外,还可用于花坛镶边或布置花境。

137. 菊苣 *Cichorium intybus*(图 6-137)

科属:菊科菊苣属。

别名:苦苣、卡斯尼、皱叶苦苣、明目菜、咖啡萝卜。

产地分布:原产于地中海地区,19 世纪末引入美国,在荷兰、比利时、法国、德国广泛栽培,在北美、我国上海也有栽培。

形态特征:多年生草本植物,株高 40~100 cm。茎直立,单生,分枝开展或极开展,茎枝呈绿色,有条棱,被极稀疏长而弯曲的糙毛或刚毛或几无毛。基生叶呈莲座状、倒披针状、长椭圆形,叶长 15~34 cm,宽 2~4 cm,基部渐狭有翼柄,羽状深裂或不分裂而边缘有稀疏尖锯齿,侧裂片 3~6 对或更多,顶侧裂片较大,向下侧裂片渐小,全部侧裂片呈镰刀形或不规则镰刀形或三角形。茎生叶

图 6-137 菊苣

少数,较小,呈卵状倒披针形至披针形,无柄,基部呈圆形或戟形扩大半抱茎。全部叶质地薄,两

面被稀疏长毛,叶脉及边缘的毛较多。头状花序多数,单生或数个集生于茎顶或枝端,或 2~8 个为一组沿花枝排列成穗状花序。舌状小花呈蓝色,长约 14 mm,有色斑。瘦果,呈褐色,有棕黑色色斑,冠毛极短。花果期 5—10 月。

生态习性:生于滨海荒地、河边、水沟边或山坡。

繁殖与栽培:播种繁殖。菊苣属半耐寒性植物,地上部能耐短期的 −2~−1℃的低温,而直根具有很强的抗寒能力,在北京地区冬季用土埋住肉质根稍加覆盖,只要不被霜雪直接接触根皮,即能安全越冬。植株生长的最适温度为 17~20℃。

园林应用:可作野趣园材料或疏林地被栽植。

138. 蔓锦葵 *Callirhoe involucrate*(图 6-138)

科属:锦葵科蔓锦葵属。

产地分布:原分布在美国中部及南部各州。

形态特征:蔓锦葵属多年生匍匐性草本植物。具肥大直根;叶从根出,外形圆,有 5~7 个深裂,裂片呈倒披针至倒卵形,边缘有缺口或缺刻,托叶长 3 cm,生于花萼基部;花单生,直立在延长的花梗上,花冠呈酒杯状,花瓣深红色或浅红先端截形多有不整齐齿牙,花茎 7.5 cm,雄蕊相连成筒状,花柱分枝,丝状,柱头生于内侧边缘,春夏之间开花。

图 6-138　蔓锦葵

生态习性:蔓锦葵的适应性强。

繁殖与栽培:带根的茎或地下茎均可繁殖,并有自播繁衍能力,可自成群落。

园林应用:与杂草竞争力强,管理粗放;它能以较小栽植密度而取得较高地面覆盖率,且植株遭到破坏后恢复快;可做地被或布置花境。

139. 草乌头 *Aconitum kusnezoffii*(图 6-139)

科属:毛茛科乌头属。

别名:鸡头草。

产地分布:分布于东北、华北;朝鲜、西伯利亚也有分布。

形态特征:多年生草本植物。株高 80~150 cm,通常不分枝。块根呈圆锥形或胡萝卜形,叶片纸质或近革质,五角形,三全裂;顶生总状花序具 9~22 朵花;萼片呈紫蓝色;花瓣距长 1~4 mm,向后弯曲或近拳卷,花期在 7—9 月。

生态习性:生于山坡、草甸或疏林中。耐寒性较强,喜阳光充足、凉爽湿润环境。适宜肥沃而排水良好的沙质土壤。

图 6-139　草乌头

繁殖与栽培:草乌头以播种或分株繁殖。

园林应用:草乌头可作庭院观赏花卉,可在灌木丛中配植,也可布置花境或做切花。

140. 肿柄菊 *Tithonia diversifolia*（图 6-140）

科属：菊科肿柄菊属。

别名：墨西哥向日葵。

产地分布：原产于墨西哥，中国云南、广东、海南、福建、广西有栽培或野生。

形态特征：主根粗大，深 1 m 以下；茎直立丛生，幼嫩时密被短柔毛，生长一年的株高 2~3 m，粗 1.5~2.5 cm，生长多年的高 3 m 以上，茎节处稍微凸起；单叶互生，呈掌状，边缘有细锯齿，正反两面均有短柔毛，叶柄长；头状花序顶生，花呈舌状或管状，黄色，总苞片有四层，覆瓦状排列，花托凸起，瘦果呈长椭圆形，扁平似箭状，黑褐色，细小。

图 6-140　肿柄菊

生态习性：喜光，耐贫瘠、耐旱，并有较强的抗病虫能力；沙土或黏土均能生长；耐湿和耐寒性差。

繁殖与栽培：以种子或扦插繁殖。用种子繁殖时需采用育苗移栽法；扦插繁殖时，可先假植后移栽，也可直接用插穗定植，插穗需选用二年生老枝或当年生枝条的中下部。

园林应用：肿柄菊是我国南方重要的绿肥作物。本种根系发达，固沙性能好，可作为改造沙荒地的先锋作物。可用于花境、缀花草坪及切花。

141. 白屈菜 *Chelidonium majus*（图 6-141）

科属：罂粟科白屈菜属。

别名：八步紧、断肠草（北京）、雄黄草等。

英文名：herb of greater celandine

产地分布：产于我国东北、华北、西北及西南地区，韩国、日本及俄罗斯也有分布。

形态特征：白屈菜属多年生草本植物，株高 30~100 cm，植株含橘黄色乳汁。茎直立，具白色细长柔毛，叶互生。1~2 回奇数羽状分裂，叶边缘具不整齐缺刻。花数朵排列成伞状聚伞花序，花梗长短不一，花呈黄色，花期 5—8 月。

图 6-141　白屈菜

生态习性：生于山谷湿润地及水沟边。喜半阴、湿润环境，耐寒，适宜疏松土壤。

繁殖与栽培：白屈菜以播种或分株繁殖。

园林应用：可植于花境、园路两侧或疏林下。全株亦可入药。

142. 荚果蕨 *Matteuccia struthiopteris*（图 6-142）

科属：球子蕨科荚果蕨属。

图 6-142　荚果蕨

别名:黄瓜香、野鸡膀子。

英文名:ostrich fern。

产地分布:东北、华北、陕西、四川、西藏等地。

形态特征:大中型陆生蕨。植株高达 100 cm。根茎直立,连同叶柄基部密被披针形大鳞片。叶簇生,二型;不育叶呈矩圆倒披针形,2 回深羽裂。新生叶直立向上生长,全部展开后则呈鸟巢状。孢子叶从叶丛中间长出,有粗硬而较长的柄,挺立,长度为不育叶的一半,羽片呈荚果状。孢子叶 10 月份成熟,此时为最佳观赏期。

生态习性:多成片生于海拔 900~3 200 m 的高山林下及山谷阴湿处。喜冷凉、湿润环境。

繁殖与栽培:分株繁殖,可于春秋两季进行,春秋季从野外直接采挖分株栽植,效果较好。也可用孢子繁殖。

园林应用:荚果蕨是北方地区非常理想的地被植物,解决了极阴条件下的绿化难题。它覆盖率大,株型美观,也适于盆栽观赏,孢子叶可做切花材料。

143. 银叶菊 *Senecio cineraria*(图 6-143)

科属:菊科千里光属。

别名:雪叶菊、银叶莲。

产地分布:银叶菊原产地中海沿岸。

形态特征:银叶菊的株高 15~40 cm,全株具白色绒毛,呈银灰色。叶质厚,为羽状深裂。头状花序成紧密的伞房状,花呈黄色,花期在夏、秋季。

生态习性:喜温暖,不耐高温;喜光照充足、疏松、肥沃的土壤。

图 6-143　银叶菊

繁殖与栽培:银叶菊以扦插繁殖为主,也可以分株或播种繁殖。取带顶芽的嫩茎作插穗,20~30 天生根。种子发芽适温 15~20℃。幼苗可摘心促分枝,施肥要均衡;氮肥过多,叶片生长过大,白色毛会减少,影响美观。温度过高成半休眠状。

园林应用:全株覆盖白毛,犹如被白雪,是观叶花卉中观赏价值很高的种类。主要用于花坛、花境,或进行丛植、盆栽。

144. 射干鸢尾 *Belamcanda chinensis*(图 6-144)

科属:鸢尾科射干属。

别名:扁竹花、蚂螂花射干。

英文名:blackberry lily。

产地分布:原产于中国、日本及朝鲜。

形态特征:多年生宿根花卉,具粗壮的根状茎。叶呈剑形,扁平而扇状互生,被白粉。二歧状伞房花序顶生;外轮花瓣有深紫红色斑点;花谢后,花被片呈旋转状。

生态习性:性强健,耐寒性强,喜干燥。对土壤要求不严,以含沙质的黏质土为好。

图 6-144　射干鸢尾

繁殖与栽培：以分株繁殖，也可播种繁殖。春天分株，每段根茎带少量根系及 1~2 个幼芽，待切口稍干后即可种植；播种繁殖在春季和秋季皆可进行，播种后约 2 周才能发芽。栽培管理简便，花期前后略施薄肥，以利开花。

园林应用：花态轻盈，叶形优美，可作基础栽植，或在坡地、草坪上片植或丛植，或作小路镶边，是花境的优良材料。也是切花、切叶的好材料。

145. 木贼 *Equisetum hyemale*（图 6-145）

科属：木贼科木贼属。

别名：锉草、节节草等。

英文名：rough horsetail。

产地分布：东北、河北、陕西、甘肃、新疆和四川等地，北半球温带其他地区也有。

形态特征：多年生草本蕨类植物。株高 50~120 cm。地上茎单一，中空，粗 6~10 mm，有纵棱脊 20~30 条，叶鞘基部和鞘齿成黑色两圈，鞘齿顶部尾头早落而成钝头，孢子囊穗呈钜圆形，无柄，具小尖头。

图 6-145　木贼

生态习性：生于山谷疏林下的小溪边或浅水中，水位较高的低洼地或河滩草丛中。喜冷凉潮湿环境，喜光耐阴。

繁殖与栽培：多用分株繁殖，也可孢子繁殖，但木贼为绿色孢子植物，孢子成熟后很短时间即失去活力，因此采集孢子后应立即播种。

园林应用：木贼适宜盆栽观赏，南方园林栽培中用作地被植物，与山石景观配置，也可作为切花配材。

146. 旋覆花 *Inula japonica*（图 6-146）

科属：菊科旋覆花属。

英文名：inula flower。

产地分布：广产于我国北部、东北部、中部、东部各省。

形态特征：多年生草本植物，根状茎短，横走或斜升，有或多或少的粗壮须根。茎单生，有时 2~3 个簇生，直立，茎高 30~70 cm，节间长 2~4 cm。基部叶常较小，在花期枯萎；中部叶呈长圆形、长圆状披针形或披针形，长 4~13 cm，宽 1.5~3.5 cm，头状花序，多数或少数排列成疏散的伞房花序；花期在 6—10 月，果期在 9—11 月。

图 6-146　旋覆花

生态习性：以温暖湿润气候最适宜。生于山坡路旁、湿润草地、河岸和田埂上。

园林应用：花境。

本种是亚洲东部许多地区常见的种，与欧亚旋覆花 *I. britanica* 极近似，常被视为后者的一个变种 (var. *japonica*) 或亚种 (ssp. *japonica*)

147. 狼尾花 *Lysimachia barystachys*（图 6-147）

科属：报春花科珍珠菜属。

别名：狼尾巴花、野鸡脸、珍珠菜。

产地分布：我国东北、华北、西北、华中、华东及西南地区。

形态特征：多年生草本植物。根状茎平卧或斜伸。茎直立，单一或有时上部具分枝，叶互生或近对生，呈矩圆形，先端尖，稀钝，全缘，稍反卷，上面被平伏短柔毛，背面被多细胞长柔毛。总状花序顶生，常向一侧弯曲，花密集；苞片呈线形；花冠呈白色，筒短，裂片 5；花期在 7—8 月。

图 6-147　狼尾花

生态习性：生于山坡草地、林缘或路边。喜光，较耐阴，要求温暖湿润气候，较耐寒，耐干旱，适应性强。

园林应用：狼尾花可作花境、花带镶边栽培。

148. 鹿药 *Smilacina japonica*（图 6-148）

科属：百合科鹿药属。

别名：九层楼、偏头七、狮子七、山糜子。

英文名：root and rhizome of Japanese false solomonseal。

产地分布：分布于我国西南、西北、东北和华北等地。

形态特征：多年生草本植物，株高达 40 cm。根茎横卧，肉质肥厚，有多数须根。茎单生，直立，有粗毛，下部有鳞片。叶互生，着生于茎的上半部，通常 5~7(9) 片，卵状椭圆形或广椭圆形，先端尖，基部呈圆形，边缘及两面密被粗毛；具短柄。圆锥花序顶生；花小，白色；浆果呈球形。初绿色，有紫斑，成熟时呈黄色或淡黄色。花期夏季。

图 6-148　鹿药

生态习性：鹿药生于林下及山坡阴处。

常见栽培种（品种）：同属植物鄂西鹿药，其花被结合成高脚碟形。根茎可供药用。

园林应用：可作花境或林下地被。

149. 轮叶婆婆纳 *Veronica spuria*（图 6-149）

科属：玄参科婆婆纳属。

别名：草本威灵仙。

产地分布：我国东北、新疆西北部，欧洲至西伯利亚和中亚地区。

形态特征：茎高 30~100 cm，直立，上部分枝，

图 6-149　轮叶婆婆纳

密被短曲毛。叶 3~4 枚轮生或对生,叶片呈长椭圆形至披针形,边缘具狭三角状尖齿,有时为重齿,顶端叶常近于全缘,两面被短毛。总状花序呈长穗状,复出,集成圆锥状,花萼与花梗近等长;花期 7—8 月。

生态习性:生于山坡草地。

园林应用:花境。

150. 商陆 *Phytolacca acinosa*(图 6-150)

科属:商陆科商陆属。

别名:见肿消、章柳根,牛大黄、山萝卜、红人参。

英文名:pokeberry root。

产地分布:原产于我国和日本。

形态特征:多年生草本植物,株高 70~100 cm,全株无毛,块根粗壮,肉质,呈圆锥形,外皮淡黄色。茎直立粗大,多分枝,呈绿色或紫红色,具纵沟。叶互生,呈椭圆形或卵状椭圆形,全缘。总状花序,初呈白色,后变淡红色,花期在 6—8 月,果期在 8—10 月。

图 6-150　商陆

生态习性:喜温暖,不耐寒。对土壤要求不严,宜疏松、肥沃沙质壤土,低洼地不宜种植。

繁殖与栽培:用种子繁殖,播种期为春播。

常见栽培种(品种):美洲商陆(*Phytolacca amernthera*)等。

园林应用:用作花境背景或花境中点缀栽植。

复习题

1. 简述宿根花卉的含义及其范畴。
2. 为什么说"春季分芍药,到老不开花"？这句话的意义是什么?
3. 举例说明宿根花卉的繁殖方法与栽培要点。
4. 菊花、萱草怎样繁殖?
5. 举出 6 种夏季开花的宿根花卉。
6. 举出 6 种秋季开花的宿根花卉。
7. 举出 6 种春季开花的宿根花卉。
8. 选用适合当地气候条件的宿根花卉,配置 1 个 3 季可观花的花境。
9. 试述宿根花卉的特点。

实训　宿根花卉和种子的识别

一、实训目的

熟悉宿根花卉及其种子的形态特征、生态习性,并掌握它们的繁殖方法、栽培要点与观赏用途。

二、材料用具

放大镜、解剖镜、镊子、钢卷尺、直尺、卡尺、铅笔和笔记本等。宿根花卉 30 种。

三、方法步骤

教师现场讲解指导学生学习,学生课外复习。

1. 教师现场讲解每种花卉的名称、科属、生态习性、种子的形态特征及识别方法、繁殖方法、栽培要点和观赏用途。学生记录。

2. 学生分组进行课外活动,复习花卉名称、科属、生态习性、繁殖方法、栽培要点和观赏用途。

学生分组识别花卉种子,掌握常见宿根花卉种子的形态特征。

四、考核评估

(1) 优秀:能正确识别宿根花卉并能掌握其生态习性、观赏特性、繁殖栽培技术要点。

(2) 良好:能正确识别宿根花卉,能掌握其观赏特性,基本掌握它们的生态习性、繁殖栽培技术要点。

(3) 中等:能正确识别宿根花卉并了解它们的生态习性、观赏特性、繁殖栽培技术要点。

(4) 及格:基本能识别宿根花卉,了解它们的生态习性、观赏特性、繁殖栽培技术要点。

五、作业、思考

1. 将 30 种花卉按种名、拉丁学名、科属、观赏用途列表记录。

2. 记录识别的 20 种花卉种子。

单元小结

本单元介绍了常见宿根花卉的生态习性、繁殖栽培技术要点,以及在园林中的用途。

学习方法指导

通过老师的讲解,结合教材上植物的形态描述、繁殖栽培技术等内容,识别图片和实物,能识别和掌握常见宿根花卉的生态习性、观赏价值和繁殖栽培技术要点。

掌握球根花卉概念及范畴,理解球根花卉的特点;掌握常见球根花卉的生态习性、观赏特性、繁殖栽培技术要点及其园林用途;为学习花卉栽培技术、园林植物配置与造景和植物应用设计等专业课打下基础。

能识别 20 种常见球根花卉;能熟练应用球根花卉,独立进行球根花卉的繁殖栽培和养护管理。

球根花卉

具备园林植物系统分类、植物栽培和植物形态的基础知识。

7.1　概　　述

球根花卉属于多年生花卉,是指花卉的地下器官变态(包括根和地下茎)膨大呈块状、根茎状、球状等的一类。球根花卉都具有地下贮藏器官,这些器官可以存活多年,有的每年更新球体,有的只是依靠每年生长点的移动,完成新老球体的交替。多种球根花卉仅在旺盛的生长时期有绿叶,其他时期地上部分枯死,如水仙属、百合属等。因变态部分各不相同,球根花卉可分为以下几类:

一、鳞茎类(Bulbs)

鳞茎是变态的地下茎,有短缩且呈扁盘状的鳞茎盘。鳞茎盘下端产生根原基,形成须根;顶端为生长点(顶芽);周围列生变态叶——鳞片,由叶基或叶鞘基肥大而成,如朱顶红,鳞片全部由叶基转化而成,郁金香的鳞片全部由叶鞘基转化而成,水仙的鳞片则由叶基与叶鞘基共同转化而成。成年鳞茎的顶芽可分化花芽,幼年鳞茎的顶芽为营养芽,鳞茎盘上鳞片的腋内分生组织形成腋芽,形成茎、叶或小鳞茎。

根据鳞片排列的状态,通常将鳞茎分为层状鳞茎与鳞状鳞茎两类。层状鳞茎(laminate bulb),也称有皮鳞茎(tunicate bulb),鳞片呈同心圆层状排列,肉质鳞片为闭合物,生长期中,其外层鳞片木化或栓化成为鳞茎外皮,称鳞茎皮(tunic),保护鳞茎,如郁金香、水仙、风信子、朱顶红、文殊兰和石蒜等。鳞状鳞茎(scaly bulb)是以茎的短轴为中心,呈覆瓦状叠合着生着彼此分离的鳞片,鳞茎球体外围无皮膜包被,故又称无皮鳞茎(nontuni-cated bulb),如百合、贝母等。

依鳞茎的寿命分为一年生鳞茎与多年生两类。一年生鳞茎每年更新,母鳞茎的鳞片在生育期间由于贮藏的营养耗尽而自行解体,由顶芽或腋芽形成的子鳞茎代替,如郁金香、球根鸢尾等。多年生鳞茎的鳞片可连续存活多年,生长点每年形成新的鳞片,使球体逐年增大,早年形成的鳞片被推挤到球体外围,并依次先后衰亡,如水仙、风信子、石蒜、百合等。

二、球茎类(Corms)

球茎是由茎轴基部(地下部)的薄壁细胞膨大到呈球状或扁球状的实心球体,上有明显的节,节上着生叶鞘和叶的变态体,呈膜质包于球体上。顶端有顶芽,节上有侧芽。侧芽的着生位置与叶序相一致。顶芽和侧芽萌发生长形成新的花茎和叶,茎基肥大而形成下一代新球。母球由于营养耗尽而萎缩,被 1 个或多个新球茎所代替。

球茎有两种根,一种为从母球茎底部发生的须根,其主要功能为吸收营养和水分;另一种根是在新球茎底部发生的粗壮根,其功能为牵引新球茎不远离母体和不露出地面,特称牵引根(contractile,root)或收缩根。在新球茎发育的同时,其基部还产生多数小球茎。

主要的球茎花卉如唐菖蒲、小苍兰、番红花、秋水仙、观音兰、矮鸢尾、穗状鸢尾、裂缘莲和喇叭鸢尾等。

三、块茎类(Tubers)

块茎是由地下茎顶部膨大而成的变态茎,有明显节与节间,块茎基部的细长根颈与母株相连,其顶部为顶芽。马铃薯为典型块茎,花卉中有彩叶芋等。

通常把块状茎也归于块茎。块状茎(tuberous stem)由种子的下胚轴和少部分上胚轴及主根基部膨大而成,须根着生于块状茎的下部或中部,芽着生于块状茎顶部。块状茎能连续多年生长,如仙客来、大岩桐、球根秋海棠等。

四、根茎类(Rhizomes)

根茎又称根状茎。地下茎肥大,主轴沿水平方向伸展,根茎有明显的节与节间,节上有芽并可发生不定根,通常以顶芽形成花芽开花,侧芽形成分枝,主要花卉如铃兰、美人蕉、鸢尾等。

五、块根类(Tuberous Roots)

块根由侧根或不定根膨大而成,其功能为储存养分和水分。块根一般只有须根,无节、无芽,一般在块根上部形成不定芽,故块根一般不直接作繁殖用。如大丽花、花毛茛、欧洲银莲花等。

7.2　常用球根花卉

1. 郁金香 *Tulipa gesneriana*（图 7–1）

科属:百合科郁金香属。

别名:洋荷花、草麝香。

英文名:common tulip,common garden tulip。

形态特征:多年生草本花卉,鳞茎扁圆近锥形,外被淡黄至棕褐色皮膜,周径 8~12 cm,内有肉质鳞片 2~5 枚。株高 20~40 cm,直立性。茎叶光滑,被白粉。叶 3~5 枚,呈带状被针形至卵状披针形,全缘并呈波状,常有毛,其中 2~3 枚宽广而基生。花单生于茎顶,大形,呈直立杯状,花色有洋红色、鲜黄色至紫红色,基部常具墨紫色

图 7–1　郁金香

斑;花被片 6 枚,离生,呈倒卵状长圆形,花期在 3—5 月,白天开放,夜间及阴雨天闭合;蒴果,室背开裂,种子扁平。种子的成熟期在 6 月。

生态习性:郁金香为秋植球根花卉,喜冬季温暖湿润、夏季凉爽干燥的气候,生长的适合温度为白天 20~25℃、夜晚 10~15℃,冬季能耐 –35℃的低温,当温度达到 8℃以上时开始生长,其根系生长的适宜温度为 9~13℃,5℃以下停止生长。定植初期需水分充足,发芽后要减少浇水,保持湿润,开花时要控制水分保持适当干燥,但如过于干燥,可使生长延缓。喜肥沃、腐殖质丰富、排水良好的沙质壤土,pH 7~7.5。郁金香属于日中性植物,喜光,但半阴环境下也生长良好,特别在种球发芽时需防止阳光直射,避免花芽生长受抑制。

繁殖方法:

（1）分球繁殖:子鳞茎是最常用的繁殖材料。不同品种子球的增殖率各异,通常为 2~3 个,多的 4~6 个。子球达到开花需要 1~3 年,依大小而定。为增加子球的繁殖系数,可采用"消花法",即在收获球根后给予高温处理,使顶端分生组织的花芽分化受到抑制,促进侧芽分化,从而增加子球形成的数量。

（2）种子繁殖:新收获种子的未成熟胚处于休眠状态,蒴果顶部的种子往往小而畸形。种子发芽需要湿润与低温条件,超过 10℃发芽迟缓,在 25℃以上则不能发芽。秋播种子于春季萌发,有的品种如遇暖冬,由于未能满足低温需求,要等第 2 年经低温越冬后,到第 3 年萌发。当年只形成 1 片真叶,形成 1 个圆形小鳞茎,一般需经 3~5 年生长方能开花。为加速郁金香的种子萌发,可剥除种皮、切除胚乳、单独培养未成熟的胚等。

（3）组织培养:所有器官均可作组培外植体。用子球作外植体需 6 个月才能诱导出芽,用花茎切段只需 8 周就可诱导出芽。将鳞茎经过 5℃低温预冷 9~15 周,可促进芽的诱导。组织培养的苗株到开花需要的时期长,与种子实生苗相似,一般只用于新品种扩繁和脱毒复壮。

栽培管理:

（1）露地栽培:应选避风向阳的地点及疏松肥沃土壤,先深耕整地,施足基肥,筑畦或开沟栽

植,覆土厚度达球高的2倍即可。不可过深,否则不易分球且常引致腐烂。但栽植过浅,易受冻害和旱害。栽植行距15 cm左右,株距视球的大小,5~15 cm不等。栽后适当灌水,促使生根。北方寒冷地区的冬季需适当加以覆盖,有助于秋冬根系生长及翌年开花。早春化冻前应及早除去覆盖物。开花期间应及时检查拔除混杂的不纯正品种,因其品种间极易杂交,最好隔离栽植。切花时切忌损伤叶片,以免影响球根的充实。不作切花栽植的植株,也应摘除花朵使其不能结实,以免影响鳞茎长肥长大。初夏茎叶枯黄时掘起鳞茎,阴干后贮藏于凉爽干燥处,因鳞茎含淀粉多,贮藏时易被老鼠吃掉,应注意。

(2) 盆栽:多用于促成栽培。秋季上盆,选用充实肥大的鳞茎,盆径17~20 cm,每盆栽4~5球,盆中用一般培养土即可,因叶丛偏向于鳞茎扁平之侧,应加注意,盆土不需压实,鳞茎顶部与土面平齐即可,灌透水后将盆埋入冷床或露地向阳处,覆土15~20 cm,以防雨水侵入,经过8~10周的低温,根系充分得到生长而芽开始萌动时,12月上、中旬,将盆取出移入温室或半阴处,保持室温5~10℃,不可过高,否则会因抽蕾导致叶很小,待叶渐生长,可在叶面喷水增加湿度;显蕾前移至阳光下,使室温增高为15~18℃,追肥数次后,便可于元旦开花。欲使春节开花,可相应延迟移入温室的时间。盆栽后的鳞茎一般生长不充实,可弃之或下地培养1~2年,方能再开花。

国外进行促成栽培,方法是先将在17℃下挖出的鳞茎经34℃处理1周,再放到20℃下贮藏1个月至花芽分化完,再移至17℃下经1~2周预备贮藏,然后保持9℃下进行正式冷藏(荷兰)或在13~15℃下冷藏3周,再经6周1~3℃的冷藏(日本),然后栽植。在温暖地区,无冷藏者,2月以后温床覆盖以促开花。

病虫害防治:

(1) 斑叶病:斑叶病使叶脉间产生浅色条纹,全叶逐渐变成黄绿色;叶缘呈波状弯曲。花被片上产生白、黄或红色斑纹。应防治蚜虫,及时拔除病株。

(2) 灰色腐烂病:使鳞茎内部由白色变为灰色或红灰色,在外部或鳞片间产生多数菌核或布满灰白色的菌丝层,使鳞茎逐渐干腐。应烧除病株。

(3) 菌核病:鳞片上产生黄色或褐色略凸起的圆形斑点,内部略凹处产生菌核。叶片上发生浅色斑点并沿叶脉扩大呈灰白色。花色减退产生白色斑点,后渐皱缩干枯。茎部受侵则发生长椭圆形病斑。应拔除病株并烧掉,同时喷洒140倍等量式波尔多液。

(4) 根虱:会侵食鳞茎内部,使鳞茎生长不良或易于腐烂。可用2波美度的石硫合剂洗涤鳞茎。或用二硫化碳熏两昼夜以杀除,用量为每1 000 m^3 1.5~2.5 kg。

常见栽培种(品种):栽培历史悠久,品种繁多,达8 000余个。这些品种的亲缘关系极为复杂,是由许多原种经多次杂交培育而成的,也有些是通过芽变选育而成的。因此,现代栽培的郁金香具有极其丰富的变异性,不仅花期早晚不同,而且花型、花色也多变化。花型有碗型、卵型、球型、百合花型和重瓣型等。花色有白色、粉色、红色、紫色、褐色、黄色和橙色等深浅不一。单色或复色,唯缺蓝色。花被片也有多变,全缘或带缺刻或有锯齿、皱边等。

郁金香的园艺品种非常多,国际上尚未制定出统一的分类系统。现将近年来国际上通用的荷兰分类方法介绍如下。

(1) 早花种

杜·万·曳尔系(Duc Van Tol):花期最早,但多为单瓣型,花小,植株低矮,株高15~18 cm,适合于盆栽及岩石园配置。本系多为老品种,现已少见。

早花单瓣系(single early):花期在 4 月上、中旬。花色美艳丰富,除缺少堇蓝色及黑褐色外,各色具备。植株也较矮,适于盆栽及花坛应用。

早花重瓣系(double early):花期早,花重瓣,形似芍药;花色丰富美丽。植株矮生,适于盆栽及花坛用。

孟德尔系(Mendel):本系在荷兰由杜·万·曳尔系与达尔文系杂交而成。1921 年发表,1923年正式命名。花期与早花单瓣系内开花最迟的品种相同。花色丰富,其中有些品种常用作切花而促成栽培。

特瑞安福系(triumph):本系于 1923 年出现,由早花系与达尔文系杂交而成。花期早,但略晚于孟德尔系,早于达尔文系。花梗比孟德尔系硬,比达尔文系短。花单瓣,色彩美丽。

(2) 晚花种

达尔文系(Darwin):本系于 1889 年开始出现,至今已成为现代郁金香中最受欢迎的种类,品种极多。花色丰富美观;花形呈杯状,底部平,近于直角。花梗硬而长,达 60 cm 左右,最宜做切花用,也适合于花坛布置。花期在 4 月下旬至 5 月上旬。促成栽培中所用的品种大多属于本系,唯黄花品种很少,有时虽出现黄色品种,但常会失去达尔文系特征。

达尔文杂交系(Darwin hybrid):本系是在二次大战后发展起来的,在荷兰育成,由达尔文系(母本)与福氏郁金香(父本)杂交而成。后代具母本外形,又具父本性质,称为达尔文杂交亚系。与父、母本反交后,后代外形似福氏郁金香,而又具父本的性质,所以后代称为福氏杂交亚系。两亚系泛称达尔文杂交系。它们均有达尔文系特有的强健花梗,为花色橙红或深黄而有红斑的大型花,鲜艳醒目,适于花坛及促成栽培用。

布丽达系(breeder):本系品种与达尔文系和卡特艺系很相似,花色多为黄铜色、褐色、茶色、红褐色等。缺点是抗病毒能力较弱。5 月开花。

百合花系(lily flowered):花瓣先端尖而稍反卷。与卡特芝系相似,但花期略早。

卡特芝系(cottage):本系为单瓣晚花种类,为郁金香园艺品种中花期最迟的。花形多变化,以长大形的较多,尚有圆瓣形的长梗品种和短梗品种。花色也较多,而以白色或黄色为多。

瑞布峦特系(rembrat):本系与达尔文系属同一类型,但有彩色斑纹,如深红色花上有白色斑、乳白色花上有紫色斑等。花期在 4 月下旬至 5 月上旬。品种数量不多。

毕扎尔系(bizarre):本系为布丽达系的带斑纹种类。东方国家极少栽培。

帕依布陆姆系(bijbloemen):本系也属布丽达系带斑纹种类。东方国家也极少栽培。

派罗特系(parrot):据记载该系于 1620 年出现。花被片的先端裂开变为畸形,花梗极细弱,但有些是从达尔文系转变来的品种,花梗很强健。

彼奥尼系(peony flowered):本系为晚花重瓣品种群,花为芍药形。植株高,花梗长,花期与达尔文系及卡特芝系相同。多用于布置花坛。

其他原种及其杂种系(botanical species and hybrids):本系包括其他的原种以及由这些原种中培育出的品种。

园林应用:郁金香为重要的春季球根花卉,品种繁多,花期早,花色明快而艳丽,宜做切花、花境、花坛布置或草坪边缘自然丛植,也常与枝叶繁茂的二年生草本花卉配置应用,中矮品种可盆栽观赏。

2. 亚洲百合 *Lilium asiatica*（图 7-2）

科属：百合科百合属。

别名：百合蒜、强瞿、蒜脑薯。

英文名：lily。

形态特征：多年生草本花卉。地下具鳞茎，呈阔卵状球形或扁球形；外无皮膜，由多数肥厚肉质的鳞片抱合而成。地上茎直立，不分枝或少数上部有分枝，茎高 50~150 cm。叶多互生或轮生；呈线形、披针形至心形；具平行叶脉。有些种类的叶腋处易着生珠芽。花单生、簇生或成为总状花序；花大，形似漏斗状、喇叭状或杯状等，下垂、平伸或向上着生；花具梗和小苞片；花被片 6，形相似，平伸或反卷，基部具蜜腺；花色有白色、粉色、淡绿色、橙色、橘红色、洋红色及紫色，或有赤褐色斑点；常具芳香。蒴果 3 室；种子扁平。

图 7-2　亚洲百合

生态习性：绝大多数性喜冷凉湿润的气候，要求肥沃、腐殖质丰富、排水良好的微酸性土壤及半阴环境。多数种类耐寒性较强，耐热性较差。忌连作。

百合种类多，自然分布广，所要求的生态条件不尽相同。一些分布广的种类，其适应性较强，种性强健，亦能略耐碱土和石灰质土，如王百合、湖北百合、川百合、卷丹等。卷丹和湖北百合比较喜温暖干燥气候，较耐阳光照射，要求高燥肥沃的沙质壤土。麝香百合则适应性较差，不耐碱性土，对酸性土要求较严格；其种性亦不如前者，易患病害和退化。

百合类为秋植球根花卉，一般秋凉后萌发基生根和新芽，但新芽常不出土，待翌春回暖后方破土而出，并迅速生长、开花。花期一般自 5 月下旬至 9、10 月，花期的早晚和开花的难易程度因种而异，差别较大，但均属球根花卉中开花最迟的一类。易开花的种类有王百合、湖北百合、川百合和卷丹等。而麝香百合对温度较敏感，其自然花期为 6—7 月，但常行促成栽培，令其冬春开花。百合类开花后，地上部分逐渐枯萎并进入休眠，休眠期一般较短，但亦因种而异。解除球根休眠需经一定低温，通常 2~10℃即可，花芽分化多在球根萌芽后并生长到一定大小时进行，具体时间也因种而异，如麝香百合生长 50 枚叶片后方可分化花芽。百合类又为自花授粉结实植物，但因长期营养繁殖的结果，有些种类自花不孕，一般野生种类易自花授粉并结实良好。种子成熟期因种子和品种而异，早者 60 天成熟，晚者 150 天方可成熟，一般需 80~90 天。种子生活力 2 年。百合类的鳞茎系多年生，其鳞片寿命约 3 年。鳞茎中央的芽伸出地面形成直立地上茎后，又在其旁发生 1 至数个新芽，自芽周围向外渐次形成鳞片，并逐渐扩大增厚，几年后便分生为新的小鳞茎，进行更新衍替。与此同时，埋于土中的茎节处也可形成珠芽。

繁殖方法：百合类的繁殖方法较多，可以分球、分珠芽、扦插鳞片以及播种繁殖等。以分球法最为常用；扦插鳞片亦较普遍应用；而分珠芽和播种则仅用于少数种类或培育新品种。

（1）分球法：母球（即老鳞茎）在生长过程中，于茎轴旁不断形成新的小球（新鳞茎）并逐渐扩大，与母球自然分裂。将这些小球与母球分离，另行栽植。每个母球经 1 年栽培后，可分生 1~3 个或数个小球，常因种子和品种而异。百合地上茎基部及埋于土中的茎节处均可产生小鳞茎，同样可把它们分离，作为繁殖材料另行栽植。为使百合多产生小鳞茎，常行人工促成方法，即适当深栽鳞茎或在开花前后切除花蕾,均有助于小鳞茎的发生。也可花后将茎切成小段,每段带 3~4 片叶,平铺于湿沙中,露出叶片,经 20~30 天便自叶腋处发生小鳞茎。上述小鳞茎经 1 年(大者)或 2~3 年(小者)培养,便可作为种球栽植。

(2) 分珠芽法:适用于产生珠芽的种类,如卷丹、沙紫百合(L.sargentiae)等,可在花后珠芽尚未脱落前采集珠芽并随即播入疏松的苗床内或贮藏沙中,待春季播种。管理细致周到时,2~3 年可望开花。比播种繁殖快。

(3) 扦插鳞片法:选取成熟的大鳞茎,阴干数日后,将肥大健壮之鳞片剥下,斜插于粗沙或蛭石中,注意使鳞片内侧面朝上,顶端微露出土面即可,入冬移入温室,保持室温 20℃,以后自鳞片基部伤口处便可产生子球并生根,经 3 年培养便可长成种球。一般 1 个母球可剥取 20~30 片鳞片,可育成 50~60 个子球。

(4) 播种法:因种子不易贮藏(干燥低温下可贮藏 3 年),播后生长慢且常有品质变劣的缺点,故只在培育新品种时或结实多又易发芽的种类,如台湾百合,才用此法。一般种子成熟采后即播,20~30 天便可发芽。如无播种条件,亦可阴干后翌春播种。自播种至开花所需的时间,因种类和条件而异。如山丹播种后翌年即能开花;王百合播种后 14 个月即能开花;紫背百合播种后需 3~4 年方能开花。

近年来,亦多用组织培养法繁殖,利用百合花朵的不同部位,如花丝、花柱、子房以及远缘杂种幼胚等进行培养获得新株,解决了由于多年持续进行营养繁殖引起老化现象而降低生活力的问题;也防止了病害感染,使种球不断得以复壮;并能培育远缘杂种苗。

栽培管理:百合类栽培法因不同种类差别较大,现就一般种类论述。宜选半阴环境或疏林下,要求土层深厚、疏松而排水良好的微酸性土壤,最好深翻后施入大量腐熟堆肥、腐叶土、粗沙等,以利于土壤疏松和通气。栽植时期多数以花后 40~60 天为宜,即在 8 月中、下旬至 9 月;秋季开花种类可较迟栽植。百合类栽植宜深,尤对具茎根的种类,深栽以利茎根吸收肥分,一般深度为 18~25 cm。栽好后,入冬时用马粪及枯枝落叶进行覆盖。

生长季节不需特殊管理,可在春季萌芽后及在旺盛生长期天气干旱时灌溉数次,追施 2~3 次稀薄液肥;花期增施 1~2 次磷、钾肥。平时只宜除草,不宜中耕,以免损伤“茎根”。“茎根”又名“底根”(下根),寿命可达数年,故不宜每年挖起,一般可隔 3~4 年分栽 1 次。百合类系无皮鳞茎,易干燥,因此采收后即行分栽,若不能及时栽植,应用微潮沙子假植,并置阴凉处。

促成栽培在 9—10 月,选肥大健壮的鳞茎种植于温室地畦或盆中,尽量保持低温;11—12 月室温为 10℃。新芽出土后需有充足的阳光,并升至 15℃,经过 12~13 周开花。如于显蕾后给予 20~25℃环境温度并每天延长光照 5 h,可提早 2 周开花。如欲于 12 月至翌年 1 月开花,鳞茎必须于秋季经过冷藏处理。麝香百合最宜控制花期,9 月底以前种植于温室中,可望元旦前开花。鳞茎冷藏储存时,可周年分批栽种,能够不断供应鲜花。切取鲜花宜于含蕾初放时剪取,及早摘除花药以免污染衣物,并可延长水养时间。美国和日本已有大规模的百合四季切花生产,用冷藏设备空运远销。美国用人工诱导多倍体方法育成若干四倍麝香百合新品种,已投入四季切花生产中,这种百合花大、瓣厚、耐储运,很受市场欢迎。

病虫害防治:百合类病虫害较多,且较严重。主要的病虫害有以下几种:

(1) 鳞茎腐烂病:发生于贮藏期中的鳞茎上,由真菌感染,受害部分的表面呈褐色水浸状,先变软后腐烂,最后在表面产生白色霉。贮藏前应将鳞茎充分干燥,保持贮藏环境的干燥和通风良好。

(2) 百合疫病:此病由真菌感染,多发生于潮湿、连阴雨季节。应避免连作;拔除病株,用 100 倍的甲醛溶液对土壤消毒,喷洒等量式波尔多液。

(3) 立枯病:发生于鳞茎及茎、叶上。根端首先开始腐烂,仅剩余纤维。在叶上产生淡黄绿色斑点,后变成暗褐色,呈不整齐形状。应将鳞茎浸于 2% 甲醛中 15 min 消毒,或浸于 20% 石灰乳中 10 min;避免过多施氮肥;要排水良好,勿过于潮湿;发病期喷洒等量式波尔多液。

(4) 叶枯病:由真菌感染,受害后在茎、叶和花上产生斑点,呈红褐色水浸状并逐渐扩大,最后干枯。应及时拔除病株;在土壤中喷洒等量式波尔多液。

(5) 斑叶病:由病毒感染,叶上发生不同深浅颜色的嵌镶状斑纹,或呈褐色斑点状坏死;叶缘呈波状反卷,叶形变小,花形也变小,畸形,不易开花。应拔除病株,杀灭蚜虫,换栽无病新株。

(6) 根壁虱:施用未腐熟的堆肥时易发生此虫害。白色虫体在鳞茎底部吸食汁液使根及鳞茎腐烂,间接助长了立枯病和腐烂病的传播。用稀石灰乳浸渍 10 min 或在 45℃的温水中浸泡 40~50 s 即可将虫杀死。

此外,尚有夜盗虫、灯蛾、卷叶虫和蝙蝠蛾等均能危害茎叶,可用触杀剂及胃毒剂杀除。

常见栽培种(品种):百合属约 100 种,原产于北半球的温带和寒带,热带极少分布,南半球没有野生种的分布。我国有 20 种,以云南为分布中心。日本也有 20 种,北美 17 种,欧洲 8 种,余者分布世界其他各地。

天香百合(*L. auratum*):别名山百合。本种鳞茎呈扁球形,直径 6~7 cm,最大可达 12 cm 以上;呈黄绿色,阳光照射下变桃红色。鳞片端有桃红色细点。地上茎高 1~1.8 cm;直立或斜生,具淡绿色或带紫色斑点。叶互生,呈狭披针形至长卵形。总状花序,着花 4~5 朵或可达 20 余朵,平展或向下;花大形,花径 23~30 cm,长 15 cm,呈白色,具红褐色大斑点;花被中央具辐射状黄色纵条纹;具浓香;花期在夏、秋。原产于日本,我国中部也有分布。变种很多,主要有:宽叶天香百合(var. *latilolium*):叶呈长卵形,较宽,花被片也较宽;红纹天香百合(var. *rubrovittatum*):花被中央具紫红色条纹和红色大斑点;白星天香百合(var. *virginale*):花被上具乳白色斑点;口红天香百合(var. *pictum*):花被尖端呈红色,本种花大芳香,宜做切花,鳞茎供食用。

百合(*L. brownii* var. *viridulum*):别名布朗百合、野百合、淡紫百合、香港百合和紫背百合。鳞茎呈扁平状球形,直径 6~9 cm,为黄白色有紫晕。地上茎直立,茎高 0.6~1.2 m,略带紫色。叶呈披针形至椭圆状披针形,多着生于茎之中、上部,且越向上越小,至呈苞状。花 1~4 朵;平伸;花色为乳白色,背面中肋带褐色纵条纹;花径约 14 cm;花药呈褐红色,花柱极长;极芳香;花期在 8—10 月。原产于我国南部沿海各省以及西南诸省,河南、河北、陕西也有分布。于 1681 年传入日本,1704 年输入欧洲,作为蔬菜食品栽培。本种多野生于山坡林缘草地上,鳞茎除食用外尚可入药,治咳嗽和神经衰弱等症。

条叶百合(*L. callossum*):鳞茎呈卵圆形,直径约 2 cm。地上茎细,茎高 40~100 cm。叶散生,呈线形或线状披针形。花 1~4 朵,但栽培品种中有多至 15 朵者,形小,花径约 4 cm;花色呈橘红色或橙黄色,基部有不明显斑点,端部有加厚的微凸头,上半部反卷,下部呈狭管状;花期在 8 月。常见变种为黄花条百合(var. *flaviflorum*, *L. kanashiroi*):花色自橙黄色至姜黄色。原产于我国,日本也有分布。本种花期最迟,可供切花栽培和抑制栽培,性喜阳光和湿润黏质土壤。

渥丹(*L. concolor*):鳞茎呈卵圆形,径 2~2.5 cm,鳞片较少,呈白色。地上茎高 30~60 cm,有绵毛。叶呈狭披针形。花 1 至数朵顶生,向上开放呈星形,不反卷,红色,无斑点;花期 6—7 月。

原产于我国中部及东北部,分布较广,适应性强,鳞茎可食。有许多变种,其中有斑百合(var. *pulchellum*):茎光滑呈绿色,花色红色至橙色,具褐色斑点;花被开展不反卷或略反卷;花期 5—6 月;我国华北、东北山地常见,鳞茎也可食。

兴安百合(*L. dauricum*):别名毛百合。本种鳞茎较小,直径约 3 cm;白色;鳞片狭而有节,抱合较松。地上茎高 60~80 cm,呈绿色稍带褐点,上部有白毛。叶轮生;呈披针形。花单生或 2~6 朵顶生,直立向上呈杯状,花径 7~12 cm;花被片分离,无筒部;呈黄赤色,从中央至底部有淡紫色小斑点;花药为褐色;花丝及花柱为绿色;花期 5—6 月。原产于我国大兴安岭一带和河北;朝鲜、日本、蒙古、俄罗斯远东地区也有分布。性强健、耐寒。鳞茎可食。

川百合(*L. davidii*):别名大卫百合。鳞茎呈扁卵形,较小,直径约 4 cm,白色。地上茎高 60~180 cm,略被紫褐色粗毛。叶多而密集,呈线形。着花 2~20 朵,下垂,呈砖红色至橘红色,带黑点;花被片反卷;花期 7—8 月。原产于我国西南及西北部,性强健、耐寒。除观赏外,鳞茎可食,亦常作育种材料。

台湾百合(*L. formosanum*):鳞茎近球形,直径 3~4 cm,黄色。地上茎高 30~180 cm,带紫褐色。叶散生,呈线状披针形。花 1 至多朵,平伸,呈狭漏斗形;花径 12~13 cm,花白色,外晕淡红褐色。花期一般 7 月下旬,但可随播种期不同而调节,或因促成栽培方法不同以控制花期。种子易发芽,且发芽率可高达 95%~99%。原产于我国台湾,为重要的栽培种。

湖北百合(*L. henryi*):鳞茎近扁球形,直径可达 17 cm。地上茎高 1.5~2 m,呈绿色具褐色斑点。叶二型,上部叶呈卵圆形,密生,无柄;下部叶呈宽披针形,具短柄。花 6~12 朵,可多达 20 朵,花径 6~6.5 cm,长 7 cm,花色为橙黄色,有黑褐色细点;花被反卷。基部中央为绿色;蜜腺无毛,两边有流苏状突起;花期 7 月。原产于我国湖北、贵州等省,古代早有栽培。本种的花并非特殊优美,但抗病性强,常作为育种材料。

卷丹(*L. lancifolium*):鳞茎近圆形至扁圆形,直径 5~8 cm,色白至黄白色。地上茎高 50~150 cm,紫褐色,被蛛网状白色绒毛。叶呈狭披针形,腋有黑色珠芽。圆锥状总状花序,花梗粗壮,花朵下垂,花径约 12 cm;花被片呈披针形,开后反卷,呈球状,橘红色,内面散生紫黑色斑点;花药深红色;花期 7—8 月。原产于我国以及日本、朝鲜。性耐寒,耐强烈日照。可栽于微碱性土壤,为主要食用种。

麝香百合(*L. longiflorum*):别名铁炮百合、龙牙百合。鳞茎近球形或扁球形,黄白色,鳞茎抱合紧密。地上茎高 45~100 cm,呈绿色,平滑而无斑点。叶多数,散生,呈狭披针形。花单生或 2~3 朵生于短花梗上,平伸或稍下垂,花色蜡白色,基部带绿晕,筒长 10~15 cm,上部扩张呈喇叭状,花径 10~12 cm;具浓香;花期 5—6 月。原产于我国台湾以及日本南部诸岛。本种因自花结实容易,所以变种、品种很多,并有许多种间杂种及多倍体品种。为当代世界主要切花之一,深受各国人民欢迎。

王百合(*L. regale*):别名王香百合、峨眉百合。鳞茎近卵形至椭圆形,紫红色,直径 5~12 cm。地上茎高 1.0~1.8 m,呈绿色带紫斑点。叶密生,细软而下垂,呈披针形,浓绿色。花 2~9 朵,通常 4~5 朵,横生,呈喇叭状,直径 12~13 cm,长 12~15 cm;花白色,内侧基部黄色,外具粉紫色晕;芳香;花期 6—7 月。原产于我国四川、云南等省,分布于海拔 760~2 200 m 的山谷石缝中。性较耐寒、喜阳光处生长,在我国华北地区可以露地过冬。

鹿子百合(*L. speciosum*):别名药百合。本种鳞茎较高而大,直径 8 cm,高 7~10 cm,鳞片也较长,为紫色或褐色。地上茎高 60~150 cm,直立或斜生或呈弧形生长。呈阔披针形至长卵形。花4~10 朵或多至呈穗状,着花可达 40~50 朵,下垂或斜上开放,花白色,带粉红晕,基部有紫红色突起斑点;具香气;花期在 7—8 月。尚有粉红至浅红和浓红品种,也有具白边和大花的品种、变种。原产于日本、朝鲜。我国华中、华南所产'五爪龙'(var. *gloriosoides*)花被片反卷较重,上着朱红斑点。

细叶百合(*L. tenuifolium*):别名山丹。鳞茎近长椭圆形或圆锥形,直径 2~3 cm,不具茎根;鳞片少而密集;无苦味,可食用。地上茎高 30~80 cm。叶多且密集于茎的中部;呈线形。花单生或数朵呈总状;花下垂,径 4~5 cm;橘红色,几乎无斑点,有香气;花期 6 月。原产于我国东北、内蒙古、西北地区,西伯利亚等地。本种喜生于向阳山坡、岩石、草地间,性强健,耐寒,易结实。

青岛百合(*L. tsingtauense*):鳞茎近球形,白色或略呈黄色。地上茎高 50~80 cm。叶轮生,呈椭圆状披针形,花单生或数朵呈总状花序;花被片开展而不反卷,呈星状,橙红色,具淡紫色斑点;花期在 5 月中旬至 6 月中旬。原产于我国山东省,朝鲜也有分布。本种除观赏外,鳞茎亦可食用。

大百合(*L. giganteum*):鳞茎呈暗绿色,高 10~18 cm;无茎根。地上茎高达 2~4 m,中空。叶宽大呈心形;叶柄亦长大。花 20 余朵,形似铁炮百合;花被内侧为白色,外带绿晕;花期在 7—8 月。分布于喜马拉雅山区,宜半阴处生长,栽植宜浅,埋土至球顶即可。花后母球死亡,新球需经 3~4年才能开花。

园林应用:百合种类和品种繁多,花期长,花大姿丽,有色有香,为重要的球根花卉。最宜大片纯植或丛植于疏林下、草坪边、亭台畔。也可作花坛、花境及岩石园材料或盆栽观赏。多数种类更宜做切花,如王百合、麝香百合系名贵切花。百合类鳞茎多可食用,国内、外多有专门生产的基地,如我国南京、宜兴及兰州等地,对百合的食用栽培已有较好的基础和经验。食用百合中以卷丹、川百合、山丹、百合、毛百合及沙紫百合等品质最好。多种百合还可入药,为滋补上品。花具芳香的百合尚可提制芳香浸膏,如山丹、百合等。

3. 风信子 *Hyacinthus orientalis*(图 7-3)

科属:百合科风信子属。

别名:洋水仙、五色水仙。

英文名:common hyacinth。

形态特征:多年生草本植物,鳞茎近球形或扁球形,外被有光泽的皮膜,其色常与花色有关,有紫蓝、粉或白色。叶基生,4~6 枚,呈带状披针形,端圆钝,质肥厚,有光泽。花葶高 15~45 cm,中空,总状花序密生其上部,着花 6~12朵或 10~20 朵;小花具小苞,斜伸或下垂,呈钟状,基部膨大,裂片端部向外反卷;花色原为蓝紫色,有白、粉、红、黄、蓝和堇等色,深浅不一,单瓣或重瓣,多数园艺品种有香气。花期在 4—5 月。蒴果近球形。

生态习性:风信子为秋植球根,冬喜温暖湿润,夏季凉爽干燥,生长适温为 18~20℃。根系生长的适宜温度为9~13℃。夏季高温进入休眠期,冬季较耐寒。喜阳光充足,日照长短对开花没有影响。土壤以富含有机质、排水良好

图 7-3　风信子

的沙质土壤为宜,pH 6~7。

繁殖方法:风信子以分球繁殖为主。为培育新品种亦可播种繁殖。

(1) 分球繁殖:秋季栽植前将母球周围自然分生的子球分离,另行栽植。但分球不宜在采收后立即进行,以免分离后留下的伤口夏季贮藏时腐烂。对于自然分生子球少的品种可行人工切割处理,即于 8 月晴天时将鳞茎基部切割呈放射形或十字形切口,深约 1 cm,切口处可敷硫黄粉以防腐烂,将鳞茎倒置太阳下吹晒 1~2 h,然后平摊室内吹干,以后在鳞茎切伤部分可发生许多子球,秋季便可分栽。

(2) 播种繁殖:种子成熟后即可播种,用种子繁殖需要培养 4~5 年才能开花。

栽培管理:风信子的栽培管理方法基本同郁金香。为保证安全越夏和贮藏,应注意以下几点:① 栽培后期应节制肥水,避免鳞茎"裂底"而腐烂。② 及时采收鳞茎,过早采收生长不充实,过迟常遇雨季,土壤太湿,鳞茎因不能充分阴干而不耐贮藏。③ 贮藏环境必须保持干燥凉爽,将鳞茎分层摊放以利通风。④ 鳞茎不宜留在土中越夏,每年必须挖起贮藏。

促成栽培应选择宜于促成的品种,具有大而充实的鳞茎。25.5℃下可促进花芽分化。选外花被已达形成期的鳞茎,在 13℃下放置两个半月,然后在 22℃下促进生长,待花蕾抽出后放于15~17℃下。

风信子还可进行水养促成,即用特制的玻璃瓶,瓶内装水,将与瓶口大小相适应的鳞茎放在瓶口上面,不使其漏空隙,亦不使鳞茎的下部接触水面。然后将瓶放置于黑暗处令其发根,1 个月后发出许多白根并开始抽花葶,此时把瓶移向有光照处,使其开花。水养期间,每 3~4 天换 1次水。

常见栽培种(品种):

(1) 重要变种:3 个变种,花小,从 11 月开始有花。

罗马风信子(var. *albulus*):早生性,植株细弱,叶直立有纵沟。每株抽生数枝花,花小,花色白色或淡青色,宜作促成栽培。原产于法国南部。

大筒浅白风信子(var. *praecox*):鳞茎外皮为堇色。外观与前变种很相似,唯花冠筒膨大且生长健壮。原产于意大利。

普罗旺斯风信子(var. *provincialis*):全株细弱,叶为浓绿色有深纵沟。花少而小且疏生,花筒基部膨大,裂片呈舌状。原产于法国南部、意大利及瑞士。

(2) 主要品种:栽培品种很多,但品种间差异较小,难以分辨,通常根据花色分类。

白色系:'carnegie'白色;'L. Innocence'象牙白色;'white pearl'白色。

粉色系:'Anna Marie','pink surprise'浅粉色;'early bird''marconi''pink pearl'深粉色。

红色系:'jan bos'洋红色。

蓝色系:'blue giant''delft'蓝色;'jacket'深蓝;'blue star''atlantic'紫罗兰色;'ostara'蓝紫色。

紫色系:'amethyst'淡紫色;'Anna Lisa'紫色。

园林应用:风信子为重要的球根花卉。由于气候条件的关系,风信子在我国许多地方常退化,植株矮小,花朵变劣,鳞茎萎缩,不易栽好。

4. 石蒜 *Lycoris radiata*(图 7-4)

科属:石蒜科石蒜属。

别名：红花石蒜、老鸦蒜、蟑螂花。

英文名：shorttube lycoris，red spider lily

形态特征：多年生球根花卉。鳞茎近广椭圆形。叶丛生，呈线形，深绿色，叶两面中央色浅，于秋季花后抽出。花葶高 30~60 cm，伞形花序有 4~12 朵，为鲜红色或有白色边缘。花筒短，裂片有皱褶，外翻。雌、雄蕊伸出花冠，与花冠同色。有白色变种。花期在 9—10 月。

图 7-4　石蒜

生态习性：适应性强，喜温和湿润的半阴环境。耐旱、耐强光，半耐寒。不择土壤，但以土层深厚、排水好、富含有机质的沙质壤土为好。

繁殖与栽培：多数种可结实进行播种，常用分球繁殖，叶枯后花葶未抽出之前繁殖为好。亦可于秋末花后未抽叶之前进行。暖地多行秋栽，寒地春栽。栽植深度以鳞茎顶部埋入土面为宜，过深则翌年不能开花。栽后可经 4~5 年起球分植 1 次。

园林应用：石蒜宜植林下、草地或溪边坡地，配以绿色背景布置花境，也可盆栽或用作切花。

5. 水仙类 *Narcissus* spp.

科属：石蒜科水仙属。

英文名：narcissus。

形态特征：水仙类属多年生草本植物。地下部分具肥大的鳞茎，其形状、大小因种而异，但多数为卵圆形或球形，具长颈，外被褐黄色或棕褐色皮膜。叶基生，呈带状、线形或近圆柱状，多数排成互生二列状，为绿色或灰绿色。花单生或多朵呈伞形花序着生于花葶端部，下具膜质总苞。花葶直立，呈圆筒状或扁圆筒状，中空，高 20~80 cm；花多为黄色、白色或晕红色，侧向或下垂，部分种类的花具浓香；花被片 6，基部联合成不同深浅的筒状，花被中央有杯状或喇叭状的副冠，其形状、长短、大小以及色泽均因种而异，植物学上和栽培上常依此作为水仙属分类的依据。

生态习性：水仙属植物喜温暖湿润气候及阳光充足的地方，尤以冬无严寒，夏无酷暑，春秋多雨的环境最为适宜，但多数种类也甚耐寒，在我国华北地区不需保护即可露地越冬，如栽植于背风向阳处，生长开花更好。对土壤要求不甚严格，除重黏土及沙砾地外均可生长，但以土层深厚、肥沃、湿润而排水良好的黏质壤土最好，土壤 pH 以中性和微酸性为宜。

本类为秋植球根，一般初秋开始萌动生长，秋冬在温暖地区，萌动后根、叶仍可继续生长，而较寒冷地区仅地下根系生长，地上部分不出土。翌年早春迅速生长并抽葶开花，花期早晚因种而异，多数种类于 3—4 月开花。中国水仙花期早，于 1—2 月开放，6 月中、下旬地上部分的茎叶逐渐枯黄，地下鳞茎开始休眠。花芽分化通常在休眠期进行，具体时间因种而异，如喇叭水仙的分化最早，一般在 5 月中、下旬开始分化，当地上部的叶子枯萎时，副冠已经开始分化，花芽的分化期为两个半月，最适温度为 20℃或稍低些，而花芽于翌春生长前需经过 9℃的低温。中国水仙的花芽分化较晚，在北京、上海一般于 8 月上、中旬开始形态分化。

繁殖方法：水仙类的繁殖以分球为主，球内的芽点较多，发芽后均可成长为新的小鳞茎，因此可将母球上自然分生的小鳞茎(俗称脚芽)掰下来作为种球，另行栽植培养。此法简便易行，但繁殖系数小，每 1 个母球仅能分生 1 至数个小球。为快速增殖，改良性状，自 20 世纪 60 年代以来，国内、外有不少关于水仙的组织培养获得大量种苗和无菌球的报道。如 Rees、Hussey、Gordon 等人都曾报道过水仙双鳞茎切块繁殖法,认为此法是快速繁殖水仙的好方法。

为培育新品种可用播种法。种子成熟后于秋季播种,翌春出苗,待夏季叶片枯黄时挖出小球,秋季再栽植,加强肥水管理,4~5 年可形成开花的大球。但中国水仙为同源三倍体,具高度不孕性,虽子房膨大但种子空瘪,故仅能分球或组培繁殖。

栽培管理:水仙类要大面积生产栽培,通常有两种方法:① 露地一般栽培法,即通常秋植球根的栽培方法,比较简便。选择温暖、湿润、土层深厚、肥沃并有适当遮阴的地方,于 9 月下旬栽种,栽前施入充足的基肥,生长期间追施 1~2 次液肥,其他不需特殊管理,夏季叶片枯黄时将球根挖出,贮藏于通风阴凉的地方。一般常与郁金香、风信子以及夏季作物如马铃薯等组成轮作制,既可经济地使用土地,又能充分发挥土壤肥力,国外露地栽培均采用此方式。如喇叭水仙、红口水仙、橙黄水仙以及我国的崇明水仙均用此法栽培。② 露地灌水法:即在高畦的四周挖成灌溉沟,沟内经常保持一定深度的水,使水仙在整个生长发育时期都能得到充足的土壤水分和空气相对湿度。此法是我国著名的漳州水仙特有的生产球根的栽培方法,在管理上比较严格、细致。所培育出的漳州水仙就以球大、花多、球形整齐、优美而驰名中外,成为我国重要的出口花卉。

我国对水养观赏的漳州水仙有独特的传统艺术雕刻方法,将水仙球经过一定艺术加工,雕刻或拼扎成动物、花篮等各种各样造型。如蟹爪水仙、花篮水仙、桃型水仙、孔雀开屏等,宛如一幅幅有生命的立体艺术珍品,深受人们喜爱。

病虫害防治:主要病虫害有以下几种:

(1) 水仙蝇:雌虫在球根附近的土壤中产卵,孵化出幼虫,侵入球内为害,使球腐烂变黑。可用二硫化碳熏球防治;也可用 $HgCl_2$ 23 g 溶于 36 L 水中,于生长期浇灌。

(2) 线虫:每年发生 3~4 次,寄生球内,致使植株枯死。用甲醛浸泡 5 min 消毒。

(3) 水仙斑点病:叶面上发生白色斑点,中央为浓褐色,病斑扩大致使整个叶片枯死。可用波尔多液喷射,或剪除病叶烧掉。

(4) 水仙腐烂病:生长期及贮藏期均会发生。可于球挖出后浸入石灰水或波尔多液中消毒,然后晒干贮藏。在生长期中发生此病时,应将病株拔除,并在其生长的地方用石灰水消毒。

(5) 斑叶病:叶面产生淡黄色的条斑,以后各条斑互相融合,整个叶片变成黄色,严重时植株萎缩,不能开花。防治方法:拔除病株,选育抗病品种。

常见栽培种(品种):水仙属有 30 种,栽培常用的有以下几种:

喇叭水仙(*Narcissus pseudonarcissus*):别名洋水仙、漏斗水仙。本种鳞茎近球形,直径 2.4~4 cm。叶扁平呈线形,长 20~30 cm,宽 1.4~1.6 cm,灰绿色而光滑,端圆钝。花单生;大形,花径约 5 cm;具黄色或淡黄色,稍具香气;副冠与花被片等长或稍长;呈钟形至喇叭形,边缘具不规则齿牙和皱褶;径约 3 cm;花期 3—4 月。本种有许多变种和园艺品种,常见的有:浅黄喇叭水仙(var. *johnstonii*):花为浅黄色。二色喇叭水仙(var. *bicolor*):花被片为纯白色,副冠为鲜黄色。大花喇叭水仙(var. *major*):花特大形。小花喇叭水仙(var. *minimus*):植株及花均小形。重瓣喇叭水仙(var. *planus*):花呈重瓣状。香喇叭水仙(var. *moschatum*):花初开时带黄色,后变酪白色或亮白色;花被片边缘呈波状。此外尚有宽叶或窄叶等品种。

中国水仙(*Narcissus tazetta* var. *chinensis*)(图 7-5):别名水仙花、金盏银台、天蒜、雅蒜。中国水仙为多花水仙(*N. tazetta* L.,即法国水仙)的主要变种之一。其鳞茎肥大,呈卵状至广卵状球形,外被棕褐色皮膜。叶狭长呈带状,叶长 30~80 cm、宽 1.5~4 cm,端钝圆,边全缘。花葶于叶丛中抽出,稍高于叶,中空,呈筒状或扁筒状。一般每球抽花葶 1~2 支,若肥水充足,生长健壮的大球可出 3~8 支或更多;每葶着花 3~11 朵,通常 4~6 朵,呈伞房花序;花具白色,芳香,副冠呈高脚碟状,花期在 1—2 月。

图 7-5　中国水仙

明星水仙(*N. incomparabilis*):别名橙黄水仙。本种为喇叭水仙与红口水仙的杂交种。鳞茎近卵圆形,直径 2.5~4 cm。株丛高 30~45 cm。叶扁平状似线形,长 30~40 cm,宽 1 cm,灰绿色,被白粉。花葶有棱,与叶同高;花单生,平伸或稍下垂;径 5~5.5 cm,花冠筒的喉部略扩展,为绿色;花被裂片狭似卵形,端尖;副冠呈倒圆锥形,边缘皱褶,为花被片长之半,与花被片同色或异色,为黄色或白色;花期在 4 月。主要变种为:黄冠明星水仙(var. *aurantius* Baker):副冠端部为橙黄色,基部为浅黄色。白冠明星水仙(var. *albus* Baker):副冠为白色。

丁香水仙(*N. jonquilla*):别名长寿花、黄水仙、灯心草水仙。本种鳞茎较小,外被黑褐色皮膜。叶 2~4 枚,呈长柱状,有明显深沟,浓绿色。花上 2~6 朵聚生,侧向开放,具浓香;花呈高脚碟状,花径约 2.5 cm;花被片为黄色,副冠呈杯状,与花被同长同色或稍深,呈橙黄色;花期在 4 月。

红口水仙(*N. poeticus*):别名口红水仙。本种鳞茎较细,近卵形,直径 2.5~4 cm。叶 4 枚,呈线形,长 30 cm 左右,宽 0.8~1.0 cm。花单生,少数 1 葶 2 花;苞片干膜质,长于小花梗;花径 5.5~6 cm,花被片为纯白色,副冠呈浅杯状,有黄色或白色,边缘波皱带红色;花期在 4—5 月。

仙客来水仙(*N. cyclamineus*):本种植株矮小,鳞茎也小,近球状,直径 1 cm。叶狭呈线形,背隆起呈龙骨状。花 2~3 朵聚生,小而下垂或侧向开放;花冠筒极短,花被片自基部极度向后反卷,为黄色;副冠与花被片等长,径 1.5 cm,鲜黄色,边缘具不规则的锯齿。花期 2—3 月。

园林应用:水仙类的株丛低矮清秀,花形奇特,花色淡雅、芳香,久为人们所喜爱。既适宜在室内的案头、窗台点缀;又宜在园林中布置花坛、花境;也宜在疏林下、草坪上成丛成片种植。此类花卉一经种植,可多年开花,不必每年挖起,是很好的地被花卉。水仙类花朵水养持久,为良好的切花材料。

6. 美人蕉 *Canna indica* L. (图 7-6)

科属:美人蕉科美人蕉属。

英文名:canna。

形态特征:多年生草本植物。具粗壮肉质根茎;地上茎直立不分枝。叶互生,宽大,叶柄呈鞘

图 7-6　美人蕉

状。单歧聚伞花序排列呈总状或穗状,具宽大叶状总苞。花两性,不整齐;萼片3枚,呈苞状;花瓣3枚呈萼片状;雄蕊5枚均瓣化为色彩丰富、艳丽的花瓣,成为最具观赏价值的部分。其中一枚雄蕊瓣化瓣常向下反卷,称为唇瓣;另一枚狭长并在一侧残留一室花药。雌蕊亦瓣化形似扁棒状,柱头生其外线。蒴果近球形;种子较大、具黑褐色、种皮坚硬。花期很长,自初夏至秋末陆续开放。

生态习性:性强健,适应性强,几乎不择土壤,具一定的耐寒力。在原产地无休眠性,周年生长开花。在我国的海南岛及西双版纳亦同样无休眠性,但在华东、华北等大部分地区冬季则休眠。尤在华北、东北地区根茎不能露地越冬。本属植物性喜温暖、炎热的气候,好阳光充足及湿润、肥沃的深厚土壤。可耐短期水涝。生育适温为25~30℃,为闭花受精植物。本属中多数为二倍体品种,易结实,有些结实少或不良;三倍体品种均不结实。

繁殖方法:以普通分株繁殖。将根茎切离,每丛保留2~3芽就可栽植(切口处最好涂以草木灰或石灰)。为培育新品种可用播种繁殖。种皮坚硬,播种前应将种皮刻伤或开水浸泡(也可温水浸泡2天)。发芽温度在25℃以上,2~3周即可发芽,定植后当年便能开花;生育迟者需2年才能开花。发芽力可保持2年。

栽培管理:美人蕉一般在春季栽植,暖地宜早,寒地宜晚。丛距80~100 cm,覆土约10 cm。除栽前充分施基肥外,生育期间还应多追施液肥,保持土壤湿润。寒冷地区栽植的美人蕉在秋季经1~2次霜后,待茎叶大部分枯黄时可将根茎挖出,适当干燥后贮藏于沙中或堆放于室内,温度保持在5~7℃即可安全越冬。暖地冬季不必采收,但经2~3年后须挖出后重新栽植。

美人蕉的促成栽培也很简便,欲使在"五一"节开花可在1月份催芽,即将贮藏的根茎平放于温室地床上,用掺有等量肥的土堆盖起来,维持日温30℃、夜温15℃条件,经10余天出芽后定植于盆内,保持盆土湿润,酌量追肥。4月上旬开始出花蕾,中旬以后逐渐开窗通风,"五一"上花坛时部分植株可以开花。

常见栽培种(品种):美人蕉(*C. indica*):别名小花美人蕉、小芭蕉。为现代美人蕉的原种之一。株高1~1.3 m。茎叶绿而光滑。叶呈长椭圆形,长10~30 cm,宽5~15 cm。花序总状,着花稀疏;小花常2朵簇生;形小,瓣化瓣狭细而直立,呈鲜红色;唇瓣呈橙黄色,上有红色斑点。原产于美洲热带。

蕉藕(*C. edulis*):别名食用美人蕉。植株粗壮高大,高2~3 m。茎为紫色。叶呈长圆形,长30~60 cm,宽18~20 cm,表面为绿色,背面及叶缘有紫晕。花序基部有宽大总苞;花瓣呈鲜红色,瓣化瓣橙色,直立而稍狭;花期于8—10月,但在我国大部分地区不见开花。原产于西印度和南美洲。

黄花美人蕉(*C. flaccida*):别名柔瓣美人蕉。株高1.2~1.5 m,根茎极长大。茎绿色。叶呈长圆状披针形,长25~60 cm,宽10~20 cm。花序单生而疏松,着花少,苞片极小;花大而柔软,向下反曲,下部呈筒状,淡黄色,唇瓣呈圆形。原产于美国佛罗里达州至南卡罗来纳州。

粉美人蕉(*C. glauca*):别名白粉美人蕉。株高1.5~2 m,根茎长而有匍枝,茎叶为绿色,具白粉。叶呈长椭圆状披针形,两端均狭尖;边缘白而透明,花序单生或分叉;着花少;花较小,黄色;瓣化瓣狭长;唇瓣端部凹入。有具红色或带斑点的品种。原产于南美洲、西印度。

紫叶美人蕉(*C. warscewiezii*):别名红叶美人蕉。株高1~1.2 m,茎叶均具紫褐色并具白粉。总苞为褐色;花萼及花瓣均为紫红色;瓣化瓣呈深紫红色,唇瓣呈鲜红色。原产于哥斯达黎加、巴西。

大花美人蕉(*C.generalis*):法国美人蕉系统的总称,是由原种美人蕉(*C.indica*)杂交改良而来的系统。株高约 1.5 m。一般茎、叶均被白粉。叶大,呈阔椭圆形;长约 40 cm,宽约 20 cm。花序总状,有长梗;花大,花径约 10 cm,有深红、橙红、黄、乳白等色;基部不呈筒状。花萼、花瓣亦被白粉;瓣化瓣 5 枚,呈圆形,直立而不反卷;花期在 8—10 月。

园林应用:茎叶茂盛,花大色艳,花期长,适合大片自然栽植,或花坛、花境以及基础栽培。低矮品种作盆栽观赏。美人蕉类还是净化空气的良好材料,对有害气体的抗性较强,据我国广东、上海及江苏等地调查和试验表明,在排放 SO_2 的车间周围长期栽培,生长基本正常,并能开花结实;在距氯气源 8 m 处生长良好;在距氟源 150 m 处生长良好,很少有受害症状;在距氯化物污染源 50 m 处试验,叶片虽常受害,但仍能开花。人工熏气试验表明,它是草花中抗性较强的种类。美人蕉吸收有毒气体的能力也很强,据广东、江苏及云南的试验和分析表明,美人蕉对氯、氟及汞等有害气体的吸收力比广玉兰、桂花、紫荆强,比棕榈、夹竹桃等低。有些种类还有经济价值。如蕉藕的根茎富含淀粉,可供食用。美人蕉的根茎和花可入药,有清热利湿、安神降压的效用。主治黄疸型急性传染性肝炎、神经官能症、高血压病、白带和红崩等。鲜根捣烂外敷治跌打损伤和疮疡肿毒。

7. 大丽花 *Dahlia pinnata*(图 7-7)

科属:菊科大丽花属。

别名:大理花、天竺牡丹、西番莲、地瓜花。

英文名:dahlia。

形态特征:多年生草本植物,地下部分具粗大纺锤状肉质块根,形似地瓜,故名地瓜花。株高依品种而异,为 40~150 cm。茎中空,直立或横卧;叶对生,1 至 2 回羽状分裂,裂片呈卵形或椭圆形,边缘具粗钝锯齿;总柄微带翅状。头状花序具总长梗,顶生,其大小、色彩及形状因品种不同而富于变化;外周为舌状花,一般中性或雌性;中央为筒状花,两性;总苞两轮,内轮薄膜质,呈鳞片状;外轮小,多呈叶状;总

图 7-7　大丽花

花托呈扁平状,具颖苞;花期为夏季至秋季。瘦果呈黑色、压扁状的长椭圆形;冠毛缺。

生态习性:原自生于墨西哥海拔 1 500 m 的高原上,因此,既不耐寒又畏酷暑,而喜高燥凉爽、阳光充足、通风良好环境,且每年需有一段低温时期进行休眠。土壤以富含腐殖质和排水良好沙质壤土为宜。大丽花为春植球根和短日照植物。春天萌芽生长,夏末秋初气温渐凉、日照渐短时进行花芽分化并开花,直至秋末经霜后,地上部分凋萎而停止生长,冬季进入休眠。短日照条件下能促进花芽的发育,通常在 10~12 h 短日照下便能急速开花;长日照条件下能促进分枝,增加开花数量,但延迟花的形成。

大丽花的块根由茎基部原基发生的不定根肥大而成,肥大部分无芽,不会抽生不定芽,仅在根颈部分发生新芽,生长发育成新的个体。种子繁衍时,一般舌状花呈中性或雌性,常不结实,筒状花两性,易结实,为雄蕊先熟花。

繁殖方法:大丽花属一般以扦插及分株繁殖为主,也可进行嫁接和播种繁殖。

(1) 扦插繁殖:一年四季皆可进行,但以早春扦插最好。2—3 月,将根丛在温室内囤苗催芽(即根丛上覆盖上沙土或腐叶,每天浇水并保持室温,白天 18~20℃,夜晚 15~18℃),待新芽长高

至 6~7 cm、基部有 1 对叶片展开时,剥取扦插。亦可在新芽基部 1 对叶以上处切取,随着以后的生长,留下的 1 对叶腋内的腋芽伸长到 6~7 cm 时,又可切取扦插,这样可以继续扦插到 5 月为止。扦插用土以沙质壤土加少量腐叶土或泥炭土为宜,保持室温在白天 20~22℃,夜间 15~18℃,2 周后生根,便可分栽。春插苗不仅成活率高,而且经过夏、秋的充分生长,当年即可开花。6—8 月初可自成长的植株上取芽,进行夏播,成活率不及春插。9—10 月以及冬季均可扦插并于温室内培养。但成活率均不如春插而略高于夏插。

(2) 分株繁殖:春季 3—4 月进行,取出贮藏的块根,将每一块根及附着生于根颈上的芽一齐切割下来(切口处涂草木灰防腐),另行栽植。若是根颈部发芽少的品种,可以每 2~3 条块根带 1 个芽切割。无根颈或根颈上无发芽点的块根均不出芽,不能栽植。若根颈上发芽点不明显或不易辨认时,可于早春提前催芽,待发芽后取出,再按上述方法进行切割。此法简便易行,成活率高,植株健壮,但繁殖系数不如扦插法多。

(3) 播种繁殖:培育新品种以及矮生系统的花坛品种时,多用播种繁殖。大丽花夏季因湿热而结实不良,故种子多采自秋凉后的成熟者,并且又以外侧 2~3 轮筒状花结实最为饱满者,越向中心的筒状花结实越困难。极少数的舌状花能结实,故应以筒状花作母本。通常雄蕊先熟。花粉散出后,雌蕊急速生长,所以应将母本筒状花的雄蕊在成熟前去除(用剪除筒状花端部办法去雄),待雌蕊成熟时进行授粉。因舌状花凋萎后常残存在花托上,着雨水后会腐败,从而影响筒状花结实,所以授粉前应当完全拔除。供父本用的花,可先切取放于室内水养,待花粉成熟时取出保存备用。授粉一般在午前 9—10 时进行。经过 30 天左右种子成熟,若在成熟之前遇严重霜冻,种子便丧失发芽力,所以应在霜冻前切取,并置于向阳通风处,吊挂起来催熟。种子调制后贮藏至翌春播种,一般 7~10 天发芽。于当年秋天即可开花,其生长势较扦插苗和分株苗均为强健。

因大丽花园艺品种为多源杂种,是由不同系统的同源 4 倍体杂交而成的异源 8 倍体,遗传基因丰富而复杂,播种后变异性大而丰富,所以对培育新品种极为有利。

栽培管理:大丽花的栽培,因目的不同而异,通常有露地栽培和盆栽两种方式。

(1) 露地栽培:宜选通风向阳和高燥地,充分翻耕,施入适量基肥后作成高畦以利排水。栽植时期因地而异,华南地区 2—3 月种植;华中地区 4 月中、下旬种植;而华北地区则于 5 月间种植。种植深度以使根颈的芽眼低于土面 10 cm 为度,随着新芽的生长而逐渐覆土至地平。栽时即可埋设支柱,避免以后插入误伤块根。株距依品种而定,高大品种 120~150 cm,中高品种 60~100 cm,矮小品种 40~60 cm。

生长期间应注意整枝修剪及摘蕾等工作。整枝方式依栽培目的及品种特性而定。基本有两种:一种是不摘心单秆培养法,即独本大丽花培育法,保留主枝的顶芽继续生长,除靠近顶芽的 2 个侧芽作为防顶芽损伤的替补芽外,其余各侧芽均自小就除去,促使花蕾健壮生育,花朵硕大,此法适用于特大和大花品种。另一种是摘心多枝培养法,即多本大丽花培育法。当主枝生长至 15~20 cm 时,自 2~4 节处摘心,促使侧枝生长开花。全株保留的侧枝数,视品种和要求而定,一般大花品种留 4~6 枝,中、小花品种留 8~10 枝。每个侧枝保留 1 朵花,开花后各枝保留基部 1~2 节处再剪除,使叶腋处发生的侧枝再继续生长开花。该法适用于中、小花品种及茎粗而中空、不易发生侧枝的品种。

大丽花各枝的顶蕾下常同时发生 2 个侧蕾,为避免意外损伤,可在顶、侧蕾长至黄豆粒大小时,挑选其中 2 个饱满者,余者剥去,再待花蕾较大时(约 1 cm),从中选择健壮的 1 个花蕾,即定蕾,留作开放花朵。

大丽花性喜肥,但忌过量,生长期间每 7~10 天追肥 1 次,但夏季气候炎热,超过 30℃时不宜施用。立秋后气温下降,生育旺盛,可每周增施肥料 1~2 次。常用肥料有腐熟人粪尿、麻酱渣、棉籽饼、麻籽饼以及硫酸铵、尿素、硫酸亚铁等。应掌握先淡后浓的原则。

切花栽培时,应选分枝多、茎干细而挺直、花朵持久的中、小花品种。整枝时可留较多分枝。主干或主侧枝顶端的花朵,往往花梗粗短,不适合做切花观赏,故应除去顶蕾,使侧蕾或小侧枝的顶蕾开花而用作切花。注意要及时剥除无用的侧蕾。

(2) 盆栽:宜选用扦插苗,尤以低矮中、小花品种为好,也可用少数中高品种,以花型整齐者为宜。

扦插苗生根后即可上盆,盆土配制应以底肥充足、土质松软、排水良好为原则,并随植株的大小和换盆的大小进行调制。通常由腐叶土、园土以及沙土等按比例混合配制。盆栽大丽花的整形修剪也视观赏要求而定,有独本和多本两种方式,具体方法与露地栽培基本相同,但是株形高低、枝条粗细以及花朵大小的调整均更为严格。另外,盆栽大丽花的浇水应严加控制,以防徒长和烂根,掌握不干不浇、见干见湿的原则。尤其在夏季高温多湿地区,通风防雨是极为重要的环节,稍有疏忽,盆孔堵塞,盆内积水就会导致植株死亡。

大丽花在秋后经过几次轻霜,地上部分完全凋萎而停止生长时,应将块根挖起,使其外表充分干燥,再用干沙埋存于木箱或瓦盆内放置在 5~7℃、相对湿度 50% 的环境条件下。大量块根也可贮藏于地窖中。盆栽者在剪除地上茎叶后,可将原盆放置贮藏。

病虫害防治:主要病害有:

(1) 根腐病:常因土壤过湿,排水不良或空气相对湿度过大而引起。染病后茎叶很快枯萎,进而块根腐烂,植株迅速死亡。防治办法即避免连作,栽前将土壤消毒,进行合理浇水和排水,保持通气通风良好。

(2) 褐斑病:在晚夏至初秋季节,天气多雨和空气相对湿度大时易发生此病,患病植株同时遭受到红蜘蛛的危害,使叶片产生褐色斑点,继而扩大变为暗褐色,最后使叶片干枯脱落,导致植株死亡。防治办法,一是要及时摘除并烧掉病叶,另外可喷洒波美 0.5 度的石灰硫黄合剂于叶面上,或在土壤中施以石灰。

(3) 花叶病:由蚜虫或其他害虫传播而引起的病毒病。发病初期,叶片上生成图案状花纹,叶脉处及其附近变成浅白绿色。影响块根,使之发育不良,影响开花。故要及时注意消灭蚜虫,清除残枝病叶,达到防治目的。

(4) 白粉病:为大丽花常见重要病害,发病时,叶背出现褪绿的小斑点,进而呈白粉状斑,使全株的叶片枯萎,植株死亡。发病时需及时清除病叶,并在叶面喷洒石灰硫黄合剂或 800 倍液的退菌特进行防治。

主要虫害有:

(1) 红蜘蛛:高温干燥时易遭此虫危害,虫体常群居叶背的叶脉两侧张结细网,被害叶片出现黄白色圆斑,进而焦枯脱落,影响生长和开花。防治办法可喷射 40% 乐果 1 000~ 1 500 倍液或 0.5 波美度石灰硫黄合剂等。干燥时期可行叶面喷水以防止红蜘蛛繁殖。

(2) 蚜虫:气温高、通风不良易招致蚜虫危害,虫体群集于叶片、顶芽、花蕾上吸吮组织内的汁液,使受害部分卷缩变黄,排出黏液,致使植株死亡。用 40% 乐果 1 000~1 500 倍液喷施并保持通风良好,便可防治蚜虫侵害。

(3) 金龟子类:危害嫩芽、嫩叶及花朵(尤以白色、黄色花受害严重),严重时可将上述植物组织全部咬掉。用药剂防除法效果不大,最好在清晨捕杀。

常见栽培种(品种):近几十年来,大丽花的选种育种工作在世界各地广泛开展,到目前全世界已培育大丽花品种多达 3 万种,这些品种多由野生种与天然种杂交,再经人工杂交选择而成异源八倍体,其亲缘关系十分复杂。常见类型如下:

(1) 单瓣型(single dahlia):舌状花 1~2 轮,花瓣稍重合,花朵较小,结实性强。花坛用品种以及播种繁殖的植株多属此型,如'单瓣红'。

(2) 领饰型(collarette dahlia):外瓣舌状花 1 轮,平展;环绕筒状花外还有 1 轮深裂成稍细而短、形似衣领的舌状花,故称领饰型。其色彩与外轮花瓣不同,如'芳香唇'。

(3) 托桂型(anemone dahlia):外瓣舌状花 1~3 轮;筒状花发达突起呈管状,如春花。

(4) 牡丹型(paeony flowered-dahlia):舌状花 3~4 轮,平滑扩展,相互重叠,排列稍不整齐,露心,如'天女散花'。

(5) 球型(show dahlia):舌状花多轮,大小近似,重叠整齐排列呈球形,多为中、小型花。

(6) 小球型(pompon flowered-dahlia):花部结构与球型相似,唯花径较小,不超过 6 cm。舌状花均向内抱呈蜂窝状,故亦称"蜂窝型"。花色较单纯,花梗坚硬,宜做切花。

(7) 装饰型(decorative dahlia):舌状花多轮,重叠排列成重瓣花,不露花心。舌状花为平瓣,排列整齐者称"规整装饰型";若舌状花稍卷曲,排列不甚整齐者称"非规整装饰型",如'金古殿''宇宙'。

(8) 仙人掌型(coctus dahlia):舌状花长而宽,边缘外卷呈筒状,有时扭曲,多为大花品种。依舌状花形状又分以下 3 型:① 直瓣仙人掌型(straight cactus):舌状花狭长,多纵卷呈筒状,向四周直伸。② 曲瓣仙人掌型(incurved cactus):舌状花较长。边缘向外对折,纵卷而扭曲,不露花心。③ 裂瓣仙人掌型(semi-cactus)舌状花狭长,纵卷呈筒状,瓣端分裂成为 2~3 深浅不同的裂片。

园林应用:国内、外常见花卉之一。花色艳丽,花型多变,品种极其丰富,应用范围较广,宜作花坛、花境及庭前丛栽;矮生品种最宜盆栽观赏;高型品种宜做切花,是花篮、花圈和花束制作的理想材料。块根内含有"菊糖",在医药上有葡萄糖之功效。此外,块根还有清热解毒、消肿作用。

8. 花毛茛 *Ranunculus asiaticus*(图 7-8)

科属:毛茛科毛茛属。

别名:芹菜花。

英文名:common garden ranunculus,persian buttercup。

形态特征:地下部分为簇生纺锤形块根,长 1.5~2.5 cm,根颈部有若干芽眼。地上茎有分枝,茎高 30~60 cm,中空。根出叶有长柄,茎生叶有短柄,1 至 3 回羽状深裂。茎端着生花 1~4 朵;花瓣 5 枚;呈倒卵形;花径 2.5~4 cm,呈黄色。蓇果。花期春季。

图 7-8　花毛茛

生态习性：花毛茛喜凉爽，具一定的耐寒力，喜光并耐半阴。秋季种植，春季开花，夏季休眠。

繁殖方法：花毛茛以播种、分球繁殖，与大丽花相同。种子于 8—9 月秋播，保持 10℃左右，10~20 天出苗。于 10—11 月移苗，定植，翌春开花。实生苗第 1 年开花小而少，翌年可充分表现品种特性。球根于 9—10 月种植，大型品种间距为 5~20 cm，小型品种 10 cm。覆土深 3 cm。土壤要求排水通畅，疏松，富含有机质。生长期需充足水肥。越冬期间要注意防寒、防旱。花后要加强管理。叶枯后起出地下块茎，经消毒杀菌、充分晾干后贮藏于通风干燥处或细沙中。

栽培管理：促成栽培时将越夏的块根先置于 15℃中，经 3 周，后在 5~8℃中经 3 周，再定植于中温温室，保持在夜温 5~8℃，昼温 15~20℃，可于 11—12 月开花。如果从 9 月到翌年 1 月每隔 2 周种植 1 批，则可在 3—5 月不断开花。

常见栽培种（品种）：

（1）波斯花毛茛系：此为花毛茛原种，主要为半重瓣、重瓣品种，花大，生长稍弱。花色丰富，有红色、黄色、白色、栗色和很多中间色。花期稍迟。

（2）法兰西花毛茛：此为花毛茛的园艺变种，植株高大，半重瓣，花大，有红、淡红、橘红、金黄、栗和白等色。

（3）土耳其花毛茛：此为花毛茛的另一变种，叶片大，裂刻浅。花瓣波状并向中心内曲，重瓣，花色多种。

（4）牡丹型花毛茛：杂交种。有重瓣与半重瓣之分。花型特大，株型最高。

园林应用：花型、花色多样，色彩鲜艳，是优良的切花和盆花材料，还适宜花坛及林缘草地。

9. 白头翁 *Pulsatilla chinensis*（图 7-9）

科属：毛茛科白头翁属。

别名：老公花、毛姑朵花。

英文名：chinese pulsatilla。

形态特征：地下茎肥厚，根近圆锥形，有纵纹。全株被白色长柔毛，株高 20~40 cm。叶基生，3 出复叶具长柄。花茎自叶丛中央抽出，顶端着花 1 朵；萼片呈花瓣状，蓝紫色，外被白色柔毛，花柱呈银丝状，花期在 4—5 月。

生态习性：多年生球根花卉。原产于我国，华北、东北、江苏、浙江等地均有野生。喜凉爽气候，耐寒性较强，忌暑热，在微阴环境中生长较好。喜排水良好的沙质壤土，不耐盐碱和低、湿地。

图 7-9　白头翁

繁殖方法：以秋植球根播种或分割块茎繁殖。可在秋末掘起地下块茎，用湿沙堆积于室内沙藏，翌年 3 月上旬在冷床内栽植催芽，萌芽后将块茎用刀切开，将每块带有萌发顶芽的块茎栽于露地或盆内。

栽培管理：栽培管理简单，华北地区可露地过冬，似宿根类栽培。

常见栽培种（品种）：日本白头翁（*P. cernua*）：花呈暗紫红色；欧洲白头翁（*P. vulgaris*）：全株被长毛，花呈蓝色至深紫色。

园林应用:白头翁全株被毛,十分奇特,常配植于林间隙地及灌木丛间,或以自然方式栽植在花境中,也可用于花坛或盆栽观赏。

10. 葡萄风信子 *Muscari botryoides*(图 7-10)

图 7-10 葡萄风信子

科属:百合科蓝壶花属。

别名:蓝壶花、葡萄百合、葡萄水仙。

英文名:common grape。

形态特征:葡萄风信子为多年生草本植物,鳞茎近卵状球形,皮膜白色。叶基生;呈线形,稍肉质,暗绿色,边缘常向内卷;长 10~30 cm,宽 0.6 cm,常伏生地面。花葶自叶丛中抽出,1~3 支,高 10~30 cm,直立,呈圆筒状;总状花序顶生;小花多数,密生而下垂,具碧蓝色;花被片联合呈壶状或坛状,故有"蓝壶花"之称;花期在 3 月中旬至 5 月上旬。

生态习性:葡萄风信子性耐寒,在我国华北地区可露地越冬。喜深厚、肥沃和排水良好的沙质壤土。耐半阴环境。葡萄风信子为秋植球根花卉,9—10 月发芽,当年能生长至近地表处(在上海地区以绿叶状态过冬),翌春迅速生长、开花,至夏季地上部分枯死。

繁殖方法:葡萄风信子通常以分球繁殖。将母株周围自然分生的小球分开,秋季另行栽植,培养 1~2 年即能开花,也可播种,但很少应用。

栽培管理:适应性强,栽培管理简便,同一般秋植球根的栽培管理。促成栽培,须经低温处理方能开花,可在 12 月至翌年 1 月移入温室内,经过 1 个多月即可开花。在园林布置中,可 3~5 年后分栽 1 次。

常见栽培种(品种):同属 40~50 种,常见栽培的有:阿美尼亚葡萄风信子(*M. armeniacum* Leichtlin):鳞茎较小,近球形,皮膜灰褐色;叶软,表面呈灰绿色,有深沟;花为深蓝色。'album'开白花;'garneum'有肉红色花及淡蓝色花等品种。

园林应用:株丛低矮,花色明丽,花期早而长,可达 2 个月,宜作林下地被和花境、草坪及岩石园等丛植,也作盆栽观赏和切花。

11. 朱顶红 *Hippeastrum rutilum*(图 7-11)

图 7-11 朱顶红

科属:石蒜科孤挺花属。

别名:孤挺花、对红、对角兰、华胄兰。

英文名:barbadoslily。

形态特征:多年生草本植物,地下茎肥大,呈球状鳞茎。叶长 50 cm,呈宽带形。花葶高出叶丛,伞形花序顶生,开 2~4 朵花,呈漏斗状。花大型,花色有白色、粉色、红色、深红色、白花红边、红花喉部白色和有白色红条纹等。球形蒴果,自然花期在 5—6 月。

生态习性:常绿或半常绿球根花卉。生长期要求温暖、湿润环境,夏季宜凉爽,适温为 18~23℃;冬季休眠期要求冷凉、干燥,气温为 10~13℃,不能低于 5℃。耐半阴环境,忌烈日暴晒。喜湿润但畏涝。要求富含有机质的沙质壤土,在中性偏碱土壤中生长较好。

繁殖方法:以分球繁殖为主。老鳞茎基部每年能分生 1~3 个小鳞茎,于春季上盆前,将其掰下分栽,经过 1~2 年的栽培,即能长成大球。也可播种繁殖,但长成能开花的大球需 3~4 年。还可将大球茎切成 8~10 块,每块再分成 2 个小鳞茎为 1 个单元的扦插体,扦插体的基部需带部分鳞茎盘,晾至萎蔫后,插入湿沙中即能长出带叶小鳞茎,然后分栽,养成大球。

栽培管理:

(1) 定植:我国北方地区作温室盆栽,我国云南可露地栽培,在华东地区稍加覆盖即可越冬。在北京地区 10 月下旬挖出种球,先把老叶剪掉,鳞茎晾晒几天后即可沙藏,温度保持在 10℃左右。翌年的 3 月中、上旬,选直径在 7 cm 以上的鳞茎上盆(因 7 cm 以上才能开花,直径 15 cm 左右的可抽出 6~7 个花葶)。种植不久后便长出叶片,一般 4 片叶丛出花葶。花葶生长速度比叶片快,一般花葶挺出叶丛即开花。花期 5—6 月,花后叶片继续生长,入夏后植株生长停止,于 8—9 月在鳞茎内进行花芽分化,10 月下旬由于低温,叶片枯萎进入休眠期。若在温室栽培,叶片可保持常绿。

(2) 管理:盆栽,20 cm 口径的盆可栽种 1 球,栽种深度以鳞茎上部的 1/3 露出土表为宜。盆土的混合比例为腐叶土(4):草炭土(4):沙(2)。初栽时不灌水,待叶片抽出 10 cm 左右时开始灌水。初期灌水量较少,至开花前渐渐增加灌水量,开花期应充分灌水。花后经常追肥。盛夏置于半阴处,8 月以后减少灌水和施肥,入冬保持干燥。

(3) 促成栽培:冬季观花,北京从 8 月就要停止浇水,促其休眠,将鳞茎贮藏在 17℃的条件下 4~5 周,而后升至 23℃保持 4 周,最后上盆,放在 20℃左右的温室内养护,于 12 月上、中旬即可开花。开花后置于冷凉处可延长花期,花谢后切除花葶,于 5 月中旬移出室外养护。

常见栽培种(品种):

(1) 圆瓣类:花大型,花瓣先端呈圆形,适合盆栽观赏。较新的品种有:'red lion':红色;'picotee':花冠呈银白色,镶红边;'vera':粉色;'orange souvercign':橘红色等。

(2) 尖瓣类:花瓣先端尖,生长健壮,适合于切花生产。

园林应用:花大色艳,叶片鲜绿洁净,宜于切花和盆栽观赏。在昆明地区还可配置于露地庭园中,如花径、花坛和林下自然布置。

12. 铃兰 *Convallaria majalis*(图 7-12)

科属:百合科铃兰属。

别名:草玉铃、君影草。

英文名:lily of the valley。

形态特征:铃兰属多年生草本植物,株高 20~30 cm,地下具横行而分枝的根状茎,茎端具肥大地下芽。叶 2~3 枚基生而直立,呈长圆状卵圆形或椭圆形,端急尖,基部狭窄并下延呈鞘状互抱叶柄,外面具数枚鞘状膜质鳞片。花葶自鳞片腋内伸出,与叶近等高;总状花序顶端微弯曲且偏向一侧,着花 6~10 朵;花呈钟状,白色,具芳香;

图 7-12　铃兰

花期在 4—5 月;浆果呈球形,熟时为红色。

生态习性:铃兰在自然界常野生于林下,性喜凉爽、湿润和半阴环境,阳光直射处也可生育开花。忌炎热;耐严寒。要求富含腐殖质酸性或微酸性壤土及沙质壤土,pH 4.5~6。中性及微碱性土壤也可生长。为秋植球根花卉。

繁殖方法:铃兰通常以分割根状茎及根茎端的小鳞茎进行繁殖,春、秋均可,但以秋季分栽生长开花为好。将单芽或 2~3 芽为 1 丛栽植,覆土 1~2 cm,翌年 4 月中、下旬便可开花,至仲夏气候炎热时,叶片枯黄而进入休眠。每隔 3~4 年分栽 1 次,但不宜连作,最好换地重栽或与其他花卉轮作。

栽培管理:铃兰也常作促成栽培,秋末选择健壮花芽已经形成的株丛,割取根茎,置于 2~3℃的室内,经过 2~3 周休眠后,上盆置于背风向阳处。于所需花期前 5 周移入温室,适当浇水并置于黑暗处,保持在 12~14℃,10~15 天后移置于阳光下。室温升至 20℃,地温 22℃,增加浇水和追肥,水温以 25℃为宜,经 3 周后便可开花。

促成栽培时,必须先给予低温和黑暗,否则常不能萌发或花葶与叶片生长不齐,有碍观赏。自促成至开花所需日数:11 月份促成需 4 周,12 月至翌年 1 月份促成需 2 周,2 月份以后促成则需 3 周。

抑制栽培方法较为简便,将根茎贮藏于 0℃以下冷室或冷藏库中,可以延长休眠期至夏季开花。该法于德国盛行使用,以保证周年供应切花。

常见栽培种(品种):大花铃兰('fortunei'):花大而多,生长健壮,开花迟,花与叶均较大。粉红铃兰('rosea'):花被上有粉红色条纹。重瓣铃兰('prolificans'):花重瓣,白色。花叶铃兰('variegata'):叶片上有黄或白色条纹。

园林应用:株丛低矮,花具清香,性较强健,宜作林下或林缘地被植物或盆栽、切花,也常作花境、草坪、坡地以及自然山石旁和岩石园的点缀。铃兰全草还可入药,可强心利尿,医治充血性心力衰竭。

13. 晚香玉 *Polianthes tuberosa*(图 7-13)

科属:石蒜科晚香玉属。

别名:夜来香、月下香、玉簪花。

英文名:tuberose。

形态特征:晚香玉属多年生草本植物。地下部分具圆锥状鳞块茎(上半部呈鳞茎状,下半部呈块茎状)。中叶基生,呈带状披针形,茎生叶较短,越向上越短并呈苞状。穗状花序顶生;小花成对着生,每穗着花 12~32 朵。花白色,呈漏斗状,端部 5 裂,筒部细长,具浓香,至夜晚香气更浓,故名"夜来香"。花期在 7 月上旬至 11 月上旬,盛花期则在 8—9 月。蒴果呈球形;种子黑色,呈扁锥形。

生态习性:原产地为常绿草本植物,气温适宜则终年生长,四季开花,而以夏季最盛。但在我国因大部分地区冬季严寒,无法生长,故仅作春植球根栽培,即春天萌芽生长,夏秋开花,冬季休眠(强迫休眠)。自花授粉,但由于雌蕊晚于雄蕊成熟,所以自然结实率很低。

图 7-13 晚香玉

晚香玉性喜温暖湿润,阳光充足环境,生长适温在 25~30℃,临界温度的夜温在 2℃以上;日温在 14℃ 以上。花芽分化于春末夏初生长时期进行,此时期要求最低气温在 20℃ 左右,但亦与球体营养状况有关,一般球体质量大于 11 g 以上者,均能当年开花,否则当年不开花。对土质要求不严,以黏质壤土为宜;对土壤湿度反应较敏感,喜肥沃、潮湿而不积水的土壤,干旱时,叶边上卷,花蕾皱缩,难以开放。

繁殖方法:晚香玉主要以分球繁殖为主,亦可播种繁殖。母球自然增殖率很高,通常 1 个母球能分生 10~25 个子球(当年未开过花的母球分生子球少些)。子球大者,当年栽培,当年能开花,否则需培养 2~3 年方能开花。

播种繁殖常用于培养新品种。种子千粒重 9.35 g;发芽率 75% 以上;发芽适温为 25~30℃,播种后 1 周即可发芽。

栽培管理:通常于 4—5 月份种植,种球事先在 25~30℃ 的环境中经过 10~15 天湿处理后再栽植,可提前 7 天萌芽。先将土壤翻耕耙平,充分施入基肥,然后栽植。应将大、小球以及去年开过花的老球(俗称"老残")分开栽植。大球株行距 20 cm × 25(或 30)cm;小球 10 cm × 15 cm 或更密。栽植深度应较其他球根稍浅,但亦应视栽培目的、土壤性质以及球之大小而异。北京黄土岗花农的经验认为"深长球,浅抽葶",即深栽有利于球体生长和膨大,浅栽则有利于开花。一般栽大球以芽顶稍露出土面为宜;栽小球和"老残"时芽顶应低于或与土面齐平为宜。

晚香玉的促成栽培方法简便,11 月份将球根栽于高温室内,置于阳光充足、空气流通的地方,注意养护管理,2 个多月便可开花。2 月种植,5—6 月即可开花。

常见栽培种(品种)

(1) 单瓣种 'Mexican early bloomi':早生品种,周年开花;'albino':花纯白色,单瓣。

(2) 重瓣种 'tall double':大花重瓣品种,花茎长,宜做切花;'pearl':茎高 75~ 80 cm,花序短,着花多而密,花冠筒短,宜做切花。

园林应用:晚香玉是重要切花材料,亦宜在庭园中布置花坛或丛植、散植于石旁、路旁及草坪周围、花灌丛间。花白色浓香,至晚更浓,是夜晚供游人纳凉游憩地方极好的布置材料。其花朵又可提取香精油。

14. 百子莲 *Agapanthus umbellatus*(图 7-14)

科属:石蒜科百子莲属。

别名:紫君子兰、蓝花君子兰。

英文名:African lily。

产地分布:百子莲原产于南非,在我国各地多有栽培。

形态特征:百子莲是多年生草本花卉,因其花后结子众多而得名,百子莲叶呈线状披针形或带形,生于短根状茎上,左右排列,叶色浓绿。每个花葶可着花 20~50 朵,花蓝紫色,伞形花序。喜温暖湿润气候,在肥沃、疏松、排水好的土壤中生长良好。盆栽在室内能安全越冬,越冬温度为 5℃。

图 7-14　百子莲

生态习性:喜温暖、湿润气候和充足阳光。

繁殖与栽培:百子莲常用分株和播种繁殖。分株:在春季 3—4 月结合换盆进行,将过密的老株分开,每盆以 2~3 丛为宜。分株后翌年开花,如秋季花后分株,翌年也可开花。播种:播后 15 天左右发芽,小苗生长慢,需栽培 4~5 年才开花。喜肥喜水,但盆内不能积水,否则易烂根。每 2 周施肥 1 次,花前增施磷肥,可使花开繁茂,花色鲜艳。花后生长减慢,进入半休眠状态,应严格控制浇水,宜干不宜湿。

园林应用:叶色浓绿、光亮,花蓝紫色,也有白色、紫花、大花和斑叶等品种。6—8 月开花,花形秀丽,适于盆栽,作室内观赏;南方置半阴处栽培,也作岩石园和花径点缀植物。

15. 扁叶葱 *Allium senescens*(图 7-15)

科属:百合科葱属。

别名:岩葱、山葱。

英文名:onion。

产地分布:扁叶葱原产于我国东北、华北和西北地区。

形态特征:扁叶葱具平伸的粗壮根状茎。叶基生,呈狭线形至宽线形,肥厚,上部扁平,常呈镰状弯曲。花葶呈圆柱形,高 20~60 cm,伞形花序呈半球形至球形,多花,花淡红色至紫红色,花期在 7—8 月。

生态习性:扁叶葱生于草原、草甸或山坡上。喜光,耐寒,耐旱,忌湿,对土壤的适应性强,喜疏松、排水良好的沙质土壤。

图 7-15　扁叶葱

繁殖与栽培:扁叶葱以播种或分鳞茎繁殖。栽种地不宜连作。夏季要注意排水。

园林应用:扁叶葱是很好的花坛、花境、地被材料。也可在草坪上成丛栽植。

16. 忽地笑 *Lycoris aurea*(图 7-16)

科属:石蒜科石蒜属。

别名:铁色箭、黄花石蒜。

英文名:golden stonegarlic。

产地分布:忽地笑原产于我国福建、台湾一带,现分布于陕西、河南、江苏、浙江、福建、广东、广西、贵州和云南等省区。日本、老挝也有。

形态特征:属多年生草本植物,花茎高 40~60 cm;鳞茎肥大,近球形,直径约 5 cm;叶基生,质厚,呈宽条形,秋季花茎抽生,花葶高 30~60 cm,伞形花序具 5~10 朵花,花为黄色或橙色;花期 8 月底,蒴果,每室有种子数枚。

图 7-16　忽地笑

生态习性:生于阴湿岩石上或石崖下土壤肥沃的地方。阴性植物,喜温暖、阴湿环境,亦稍耐寒冷,有夏季休眠习性,不择土壤,但以腐殖质丰富、湿润而排水良好的土壤为宜。

繁殖与栽培：忽地笑以分鳞球茎的方法进行栽培繁殖。分鳞球茎的时间以 4—6 月为好。忽地笑还可以进行水培观赏。

园林应用：忽地笑可用于园林配置，点缀竹林幽径，还可盆栽、水培，置于室内、庭院，奇特的花叶更迭，给人以清新、爽目的自然美感。

17. 火炬百合 *Kniphofia uvaria*（图 7-17）

科属：百合科火炬花属。

别名：火把莲、火炬花、火焰花、红热火棒、火凤凰、凤凰百合。

英文名：kniphofia。

产地分布：火炬百合原产于南非。

形态特征：叶从根出，丛生，呈宽线形，先端锐尖，长 60~80 cm，灰绿色；花茎高出叶丛，顶生穗状总状花序，由多数下倾花呈覆瓦状排列而成，如同火炬一般，下部的花呈黄色，上部呈深红色；花被筒呈圆柱形，很长，先端裂片呈半圆形，短小；花期 6—10 月；10 月果熟。

生态习性：喜充足阳光，也耐半阴。

繁殖与栽培：火炬百合常用分株和播种繁殖。分株在春季新叶萌发前或秋季花后进行，每个块根上需留须根。一般隔 3~4 年分株 1 次。播种，秋播，播后 20~25 天发芽，实生苗需 3 年开花。

图 7-17　火炬百合

园林应用：可丛植于草坪之中或假山石旁，用作配景，花与枝可供切花，也可盆栽观赏。

18. 韭兰 *Zephyranthes grandiflora*（图 7-18）

科属：石蒜科葱兰属。

别名：韭菜兰、花韭、红菖蒲莲、红菖蒲、假番红花和赛番红花。

英文名：rosepink zephyrlily。

产地分布：韭兰原产于美洲热带的墨西哥等地，现我国各地多有栽培。

形态特征：韭兰的株高 15~30 cm，成株丛生状。叶片呈线形，极似韭菜。花茎自叶丛中抽出，花瓣 6 枚。韭兰花形较大，呈粉红色，花瓣略弯垂；花期 4—9 月。

繁殖与栽培：韭兰可用分株法或鳞茎栽植，全年均能进行，但以春季最佳。栽培土质以肥沃的沙质壤土为佳。

园林应用：韭兰最适宜作花坛、花境、草地镶边栽植，或作盆栽，供室内观赏，亦可作半阴处的地被花卉。

图 7-18　韭兰

19. 蛇鞭菊 *Liatris spicata*（图 7-19）

科属：菊科蛇鞭菊属。

别名：舌根菊、麒麟菊、马尾花、利亚多利斯。

英文名:spikegay feather,button snakeroot。

产地分布:蛇鞭菊原产于北美洲墨西哥湾及附近大西洋沿岸一带,世界各国均有栽培。

形态特征:蛇鞭菊属多年生球根花卉,地下具黑色块根。茎基部膨大呈扁球形,地上茎直立,株形呈锥状。基生叶呈线形,长达 30 cm。茎生叶互生,呈线形或披针形,全缘,平直或卷曲,上部叶平直,斜向上伸展。头状花序排列呈密穗状,淡紫红色,自花穗基部依次向上开放,花期 7—8 月。

生态习性:耐水湿、贫瘠,喜光,较耐寒,在北京地区可露地越冬。对土壤要求不严,但以疏松、肥沃、排水好的土壤为宜。

繁殖与栽培:在春、秋分株繁殖,也可播种繁殖。块根上带有新芽一起分株。栽植前施些堆肥等作基肥,对生长有利。生长期要保持土壤湿润。华北地区可露地,似宿根类栽培,不必年年采收。

园林应用:蛇鞭菊宜做花坛、花境和庭院植物,是优秀的园林绿化新材料,亦可作切花。

20. 水鬼蕉 *Hymenocallis littoralis*(图 7-20)

科属:石蒜科水鬼蕉属。

别名:美洲水鬼蕉、蜘蛛百合。

英文名:spider lily。

产地分布:水鬼蕉原产于美洲南部和中部。我国广东、福建等地有分布。

形态特征:属多年生草本植物。有鳞茎。叶集生于基部,抱茎,呈剑形,深绿色,多脉。花茎扁平,实心,基部极阔;花白色,无柄,3~8 朵生于花茎之顶。

生态习性:不耐寒,喜温暖、湿润环境。土壤适应性广,适合于黏质土壤栽培。

繁殖与栽培:水鬼蕉以分球繁殖,于春季结合换盆进行。冬天放于温室内阳光充足处栽培,适当控制浇水;夏天置阴棚下栽培,进入花期,应充分供水。若露地栽培,于 4 月将鳞茎放于温室中光照充足、温暖处,促使根部活动。栽植场所应选在光照充足、富含腐殖质的沙质或黏质壤土处。

园林应用:水鬼蕉可用于花境、盆栽,温暖地区可在林缘、草地边带植、丛植。

21. 细茎葱 *Allium aflatuense*(图 7-21)

科属:百合科葱属。

图 7-19　蛇鞭菊

图 7-20　水鬼蕉

图 7-21　细茎葱

英文名：persian onion。

产地分布：细茎葱原产于亚洲中部地区，我国辽宁有栽培。

形态特征：多年生草本植物，鳞茎呈卵形，外皮为膜质灰色，株高 40~50 cm。叶基生，6~8 片，呈长条状。顶生球状伞形花序，小花多数密生；呈粉紫色；花期在 6—7 月，果期在 8—9 月。

生态习性：耐寒、喜冷凉；喜阳光充足，忌湿热；耐旱、瘠薄。

繁殖与栽培：细茎葱以播种或分球繁殖。因鳞茎分生能力弱，常采用播种繁殖，在秋季播种。

园林应用：细茎葱常用于布置花境或点缀草坪及林缘，也可做切花。

22. 蜘蛛兰 *Hymenocallis speciosa*（图 7-22）

科属：石蒜科水鬼蕉属。

别名：美洲水鬼蕉、水鬼蕉、海水仙、螯蟹花和蜘蛛百合。

英文名：spider lily。

产地分布：蜘蛛兰原产于中、南美洲。

形态特征：多年生草本植物。地下部分具球形鳞茎，直径 7~10 cm。株高 1~2 m。叶基生，鲜绿色，呈倒披针形，端锐尖，叶面有光泽，中脉凹陷较为明显，基部有纵沟。花葶粗壮，呈灰绿色，压扁，实心；伞形花序顶生，着花 10~15 朵；花大形，白色；有香气；花由外向内顺次开放；花瓣细长，基部联合，盛开时花瓣前端略向下翻，形状如蜘蛛。花期在夏秋。

生态习性：喜半阴环境，忌强光暴晒。喜温暖，不耐严寒。对土壤要求不严。

图 7-22　蜘蛛兰

繁殖与栽培：蜘蛛兰以分株和分球繁殖为主。栽培中要长期保持盆土湿润而不积水，每 15 天左右施 1 次复合肥或腐熟稀薄液肥。每年春季换盆 1 次，并结合换盆进行分株繁殖，盆土尽量肥沃，栽植深度以鳞茎顶部与土面齐平为宜。

园林应用：蜘蛛兰是布置庭院和室内装饰的佳品，尤适于夜花园的配置。也可作花坛或成排列植于道路两旁，十分壮观。

23. 紫娇花 *Tulbaghia violacea*（图 7-23）

科属：石蒜科紫娇花属。

别名：野蒜、非洲小百合。

英文名：society garlic，pink agapanthus。

产地分布：紫娇花原产于南非。

形态特征：多年生球根花卉，植株高可达 70 cm。鳞茎近球形，外被膜质鳞皮。成株丛生状。茎叶均含有韭味。叶基生，叶片呈线形，先端渐尖，基部呈鞘状、抱茎。长葶由叶丛中抽出，单一，直立，平滑无毛；伞形长序密而多花，近球形，顶生；花呈淡紫红色或淡紫色；花期在 6—8 月。

生态习性：喜光、高温，也耐低温。在荫蔽处开花不良或不开花，生育适温为 24~30℃。土质肥沃则开花旺盛。在排水良好的沙质壤土上发育最佳。生长快，易栽培。不择土壤，

图 7-23　紫娇花

耐瘠薄,但喜富含腐殖质和排水良好的疏松土壤。

繁殖与栽培:紫娇花可用播种、分株或鳞茎种植。分株或鳞茎繁殖全年均可施行,成活率极高,只要挖取带有鳞茎的幼株或成株另植即可。

园林应用:紫娇花可用于花坛、花境、路缘、水岸边坡、林缘或疏林下,也可盆栽观赏。

24. 紫叶酢浆草 *Oxalis triangularis*(图 7-24)

科属:酢浆草科酢浆草属。

别名:红叶酢浆草、三角紫叶酢浆草、紫蝴蝶。

英文名:love plant,purple shamrock。

产地分布:紫叶酢浆草原产于南美、巴西和墨西哥。

形态特征:多年生宿根草本植物,株高 15~30 cm,具纺锤形或长卵形根状球茎,叶基生,具长柄,柄顶端着生 3 小叶,无柄,呈三角形或倒宽箭形,上端凹陷,叶紫红色,被少量白毛。花葶高出叶面 5~10 cm,伞房花序,有花 5~8 朵,花瓣 5 枚,呈淡红色或淡紫色,花期在 4—11 月。在盛夏生长缓慢或进入休眠期。果实为蒴果。花、叶对光敏感。晴天开放,夜间及阴天光照不足时闭合。

生态习性:喜温暖、湿润环境和排水良好、富含腐殖质的沙壤土。既耐干旱,也耐轻寒。全日照、半日照环境或稍阴处均可生长,生长适温为 24~30℃,盛夏高温季节生长缓慢或进入休眠;冬季浓霜过后地上部分叶片枯萎,以根状球茎在土中越冬,翌年 3 月萌发新叶。

图 7-24　紫叶酢浆草

繁殖与栽培:紫叶酢浆草主要用分株和播种繁殖。分株全年均可进行,以春季 4—5 月最好,将地下横生的根茎切成 3~4 cm 长,盆栽即可。播种在春季进行,播后约 15 天发芽,实生苗当年能开花供观赏。生长期要求光照不宜过强,否则叶片色彩暗淡。保持较高的空气相对湿度,浇水时要注意避免土壤污染叶片,影响观赏效果。每月施肥 1 次。叶片的向光性较强,盆栽需经常转换花盆的位置。每年需重新栽植更新。

园林应用:紫叶酢浆草除了以盆栽观赏外,也可栽植于庭院草地,或大量使用于住宅小区、园林绿化以及道路河流两旁的绿化带,让其蔓连成一片,形成美丽的紫色色块。是一种珍稀、优良彩叶地被植物。

25. 紫芋 *Colocasia tonoimo*(图 7-25)

科属:天南星科芋属。

别名:水芋、野芋子、东南芋、老虎广菜。

产地分布:紫芋原产于我国。

形态特征:紫芋是多年生草本植物。植株高可达 1.2 m,地下有球茎,叶柄及叶脉呈紫黑色,块茎粗厚。侧生小球茎,呈倒卵形,表面生褐色须根。花为佛焰苞花序,佛焰苞

图 7-25　紫芋

呈金黄色,基部前面张开,肉穗花序单性。花期在 7—9 月。

生态习性:性强健,喜高温,耐阴,耐湿,基部浸水也能生长,全日照或半日照条件均可。

繁殖与栽培:紫芋以分株或分球繁殖。

园林应用:叶色美观,叶片呈卵形,翠绿,成簇生长于水中,株态十分清雅、优美,单株和群体的景观效果都好,主要用于园林水景的浅水处或岸边潮湿地中,或用于水池和盆栽。

26. 虎眼万年青 *Ornithogalum caudatum*,*Ornithogalum thyrsoides*(图 7-26)

科属:百合科虎眼万年青属。

别名:鸟乳花。

英文名:whiplash star of bethlehem。

产地分布:虎眼万年青原产于非洲南部。

形态特征:鳞茎呈卵状球形,绿色;有膜质外皮,栽植时全露于地面之上。叶基生,呈带状,端部呈尾状长尖,长 30~60 cm,宽 3~5 cm。花葶长 30~80 cm;密集总状花序,边开花边延长,1 支花序可着花 50 余朵;花径 2~2.5 cm,花被片 6,分离,呈白色,中间为 1 绿带,背面白色,中间为 1 绿色的背棱。花期在春季。

图 7-26 虎眼万年青

生态习性:喜凉爽、湿润和阳光充足的环境。耐寒、半阴,怕强光直射和干旱,不耐水湿,喜肥沃、疏松和排水良好的沙质壤土。鳞茎在夏季有休眠习性。

繁殖方法:虎眼万年青以分株或播种繁殖。分株于 8—9 月挖起鳞茎,按大小分级栽种。播种以春播为主,发芽适温为 16~18℃,播后 20~25 天发芽,培育 3~4 年才能开花。

栽培管理:① 适合栽植于阳光充足和湿润的环境,土壤要深厚、肥沃及排水良好。② 盆栽要保持盆土湿润,花茎抽出后增施 1 次磷、钾肥。

园林应用:5 月开出白色星状花,优雅、朴素,是布置自然式园林和岩石园的优良材料。还可应用于切花和盆栽观赏。

27. 白及 *Bletilla striata*(图 7-27)

科属:兰科白及属。

别名:紫兰、苞舌兰、连及草。

英文名:common bletillah。

产地分布:白及原产于我国,广布于长江流域各省。朝鲜、日本也有分布。

形态特征:白及为多年生草本植物。假鳞茎块根状,白色,肥厚。茎粗壮,直立,茎高 30~60 cm。叶 3~6 枚,呈披针形或广披针形,先端渐尖,基部呈鞘状抱茎。总状花序顶生,稀疏,有花 3~8 朵,大而美丽,紫红色。花瓣 3,唇瓣呈倒卵长圆形,深 3 裂,中裂片边缘有波状齿;萼片 3,呈花瓣状。蒴果,呈圆柱状。

图 7-27 白及

生态习性:多生在野生山谷林下阴湿处。喜温暖、阴湿环境。稍耐寒,长江中下游地区能露地栽培。

繁殖与栽培:白芨常用分株繁殖。春季新叶萌发前或秋冬地上部分枯萎后,掘起老株,分割假鳞茎进行分植,每株可分 3~5 株,均须带顶芽。

园林应用:白芨可布置花坛,宜在花境、山石旁丛植或作稀疏林下的地被植物,也可盆栽,供室内观赏。

28. 红花酢浆草 *Oxalis corymbosa*（图 7-28）

科属:酢浆草科酢浆草属。

别名:三叶草、大叶酢浆草、红花盐酸仔草、酢浆草、酸味草、紫花酢浆草和铜锤草。

英文名:corymb woodsorrel。

产地分布:红花酢浆草原产于南美巴西。

形态特征:红花酢浆草为多年生草本植物,株高 15~25 cm;具块状纺锤形根茎;全株被白色纤细毛;叶基生,具长柄,3 枚小叶掌状着生,呈倒心形,先端凹,基部呈宽楔形,叶背被软毛;花茎基部抽出,伞房花序顶生,稍高出叶面;花梗与叶柄等长。花呈深玫瑰色,带纵条,花于白天开放,夜间、傍晚闭合,有白花及紫花变种;花期在 4—11 月。

图 7-28 红花酢浆草

生态习性:喜温暖,不耐寒,忌炎热,盛夏生长慢或休眠,喜阴,耐阴性极强,宜生长在含腐殖质、排水良好的土壤。

繁殖与栽培:红花酢浆草可以使用种子进行繁殖,也可以使用球茎繁殖和分株繁殖。繁殖过程最好在春秋季节进行,以提高成活率。

园林应用:红花酢浆草用于布置花坛、花槽等,是极好的地被植物,也可盆栽观赏。

复习题

1. 宿根花卉与球根花卉有哪些区别?
2. 简述球根花卉的含义及其分类。
3. 简述球根花卉的应用特点。
4. 简述大丽花的繁殖栽培技术要点。
5. 简述百合的繁殖栽培技术要点。
6. 简述唐菖蒲的繁殖栽培技术要点。

实训　球根花卉和球茎的识别

一、实训目的

熟悉球根花卉及其球茎的形态特征、生态习性,并掌握它们的繁殖方法、栽培要点、观赏特性与园林用途。

二、材料用具

铅笔、笔记本等。球根花卉 15 种。

三、方法步骤

教师现场讲解、指导学生识别,学生课外复习。

1. 教师现场讲解每种花卉的名称、科属、生态习性、球茎的形态特征及识别方法、繁殖方法、栽培要点、观赏特性和园林用途。学生记录。

2. 学生分组进行课外活动,复习花卉名称、科属、生态习性、繁殖方法、栽培要点和观赏用途。

四、考核评估

(1) 优秀:能正确识别球根花卉并能掌握其生态习性、观赏特性、繁殖栽培技术管理要点。

(2) 良好:能正确识别球根花卉,掌握其观赏特性,基本掌握它们的生态习性、繁殖栽培技术要点。

(3) 中等:能正确识别球根花卉并了解它们的生态习性、观赏特性、繁殖栽培技术要点。

(4) 及格:基本能识别出球根花卉,了解它们的生态习性、观赏特性、繁殖栽培技术管理要点。

五、作业、思考

1. 将 20 种球根花卉的科属、生态习性、繁殖方法、栽培要点和观赏用途列表记录。

2. 将 10 种球根花卉的球茎用自己的语言进行描述。

单元小结

本单元介绍了常见球根花卉的生态习性、繁殖栽培技术要点以及在园林中的用途。

学习方法指导

通过老师的讲解,结合教材上植物的形态描述、繁殖栽培技术等内容,识别图片和实物,能识别和掌握常见球根花卉的生态习性、观赏价值和繁殖栽培技术要点。

第 8 单元　园林水生花卉

8.1　概　　述

一、水生花卉的含义及类型

(一) 含义

　　园林水生花卉是指生长于水体(water plant)、沼泽地(bog plant)、湿地(wet plant)中,观赏价值较高的花卉,包括一年生花卉、宿根花卉、球根花卉等。

(二) 类型

　　根据水生花卉在水体中生长状况的不同,将其分为以下 3 类:

1. 挺水花卉

　　挺水花卉的根生长于水下泥中,茎、叶挺出水面之上,包括沼生到 1.5 m 水深的植物。栽培地点一般是在 80 cm 水深以下。如荷花、千屈菜、水生鸢尾、香蒲、菖蒲等。

2. 浮水花卉

　　浮水花卉的根生长于水下泥土中,叶片漂浮于水面上,包括水深 1.5~3 m 的植物。栽培地点一般是在 80 cm 水深以下。如睡莲类、萍蓬草、王莲、芡实等。

3. 漂浮花卉

　　漂浮花卉的根生长于水中,植株体漂浮在水面上。如凤眼莲、浮萍。

　　作为园林景观的水生花卉主要是挺水和浮水花卉,也使用少量漂浮花卉。水生植物中的另一类——沉水植物,在园林中的大水体中自然生长,可以起到净化水体的作用,没有特殊要求一般不专门栽植。

二、水生花卉园林应用特点

(1) 水生花卉是园林水体周围及水中植物造景的重要花卉。

(2) 水生花卉是花卉专类园——水生园的主要材料。

(3) 水生花卉常栽植于湖岸或各种水体中作为主景或配景,在规则式水池中常作主景。

三、生态习性

水生花卉在世界各地都有分布。由于水中生态环境的变化没有陆地上剧烈,因此同一种花卉分布的地域常常较广。其生态习性如下:

1. 对温度的要求

水生花卉因原产地的不同而有很大差异。睡莲耐寒种类可以在西伯利亚露地生长;而王莲的生长适温为 40℃,在我国大部分地区不能露地过冬,需要在温室中栽培。

2. 对光照的要求

水生花卉都要求阳光充足。

3. 对土壤的要求

水生花卉喜黏质土壤,池底有丰富的腐殖质。

4. 对水分的要求

不同水生花卉要求的水深不同。挺水和浮水花卉的种和品种一般要求 60~100 cm 的水深;近沼生习性的花卉要求 20~30 cm 的水深即可;湿生花卉只适宜种在岸边的潮湿地。水体有一点流动,对花卉的生长有益,可以提供更多的氧气。

四、繁殖栽培要点

(一) 繁殖要点

大多数水生花卉是多年生花卉,主要繁殖方式为分生繁殖,即分株或分球。一般在春季种子开始萌动前进行,适应性强的种类在初夏亦可分栽。

播种繁殖一般是种子随采随播。还可以扦插繁殖,方法同宿根花卉。

(1) 盆播:种子播于培养土中,上面覆土或细沙,然后浸入水池或水槽中,保持 0.5 cm 深的水层,随种子萌发的进程而逐渐增加水深。出苗后再分苗、定植。

(2) 池播:在夏季高温季节,把种子裹上泥土沉入水中,条件适宜则可萌发生长。

(二) 栽培要点

1. 土壤和养分管理

选用池底有丰富腐烂草的黏质土壤水体。地栽种类主要在基肥中解决养分问题。新挖的池塘缺少有机质,需施入大量有机肥。盆栽用土以富含腐殖质的池塘土配一般栽培用土,使土壤成为黏质壤土。

2. 种植深度要适宜

不同的水生花卉对水深的要求不同,同一种花卉对水深的要求一般是随着生长不断加深,旺盛生长期达到最深水位。

3. 越冬管理

耐寒种类直接栽植在池中或水边,冬季不需要特殊保护,休眠期对水的深浅要求不严;半耐寒种类直接种在水中,初冬结冰前提高水位,使花卉根系在冰冻层下过冬;盆栽种类沉入水中,入冬前取出,倒掉积水,连盆一起放在冷室中过冬,保持土壤湿润即可。不耐寒种类要盆栽,冬天移入温室过冬。特别不耐寒的种类大部分时间要在温室中栽培,夏季温暖时可以放在室外水体中观赏。

4. 水质要清洁

清洁的水体有益于水生花卉生长发育,水生植物对水体的净化能力是有限的。水体不流动时,藻类增多,水浑浊,小面积可以使用 $CuSO_4$,分小袋悬挂在水中,4 g/m³;大面积可以采用生物防治,如放养金鱼藻、狸藻等水草或螺蛳、河蚌等软体动物。轻微流动的水体有利于植物生长。

5. 防止鱼食

同时放养鱼时,在植物基部覆盖小石子可以防止小鱼的伤害;在花卉周围设置细网,稍高出水面,以不影响景观为度,可以防止大鱼啃食。

6. 去残花枯叶

残花枯叶不仅影响景观,也影响水质,应及时清除。

8.2　常用水生花卉

1. 荷花 *Nelumbo nucifera*（图 8-1）

科属:睡莲科莲属。

别名:莲、芙蓉、芙蕖、菡萏。

英文名:east indian lily, hindu lotus。

形态特征:地下根茎有节,其上生根,称为藕;在藕内有多数通气的孔眼。株高 100 cm,叶基生,具长柄,有刺,挺出水面;叶呈盾形,全缘或稍呈波状,表面蓝绿色,被蜡质白粉,背面淡绿色;叶脉明显隆起;幼叶常自两侧向内卷。花单生于花梗顶端,具清香,夏季开花;雌蕊多数,埋藏于倒圆锥形、海绵质的花托(莲蓬)内,以后形成坚果,称莲子。

图 8-1　荷花

生态习性:荷花喜光和温暖,炎热夏季是其生长最旺盛的时期。其耐寒性也很强,只要池底不冻,即可越冬;我国东北地区南部尚能在露地池塘中越冬。23~30℃为其生长发育的最适温度。对光照的要求也高,在强光下生长发育快,开花也早。喜湿怕干,缺水不能生存,但水过深淹没立叶,则生长不良,严重时可导致死亡。目前除西藏、内蒙古和青海等地外,我国绝大部分地区都有栽培。

繁殖与栽培:荷花的栽培水深为 60~80 cm。以分株繁殖为主,也可播种繁殖。种皮坚硬,播前需刻伤后浸种,每天换 1 次水,长出 2~3 片幼叶时,再播种;发芽适温为 25~30℃,翌年可开花。清明前后选择生长健壮的根茎,每 2~3 节切成一段作为种藕,每段必须带顶芽并保留尾节,用手保护住顶芽,将插穗呈 20~30°角斜插入缸、盆中或池塘内。

种藕的顶芽萌发,产生第 1 片叶,不出水,称为"钱叶";之后,顶芽向前长出细长的根茎,称"藕鞭",其节处产生须根,向上长叶,浮于水面,称"浮叶";"藕鞭"向前生长到一定长度后,节处向上长出的叶大,有粗壮的叶柄,叶挺出水面,称"立叶"。此后,每 30~90 cm 有节,节处就产生立叶和须根,直到 5 月底至 6 月初抽生出花蕾。立秋后不再抽生花蕾,最后当"藕鞭"变粗形成新藕时,向上抽生出最后 1 片大叶,称"后把叶";在前方抽生出 1 个小而厚、晕紫的叶叫"止叶";以后停止发叶,根茎向深泥中长去,逐渐肥大成为新"藕",藕节处还可分生出藕。

春季栽植。池栽前先将池水放干,翻耕池土,施入基肥,然后灌入数厘米深的水。灌水的深度应按不同的生育期逐渐加深,初栽水深 10~20 cm,夏季加深至 60~80 cm,至秋冬冻水前放足池水,保持深度 1 m 以上,以免池底的泥土结冰,保证根茎在不冰冻的泥土中安全越冬。栽种后每隔 2~3 年重新分栽 1 次。喜肥,栽培要有充足基肥。池塘栽培时,一般不施追肥;盆、缸栽植若基肥充足,也不必施追肥。追肥需掌握"薄肥勤施"原则。不同栽培类型、不同品种对肥分要求也不同,花莲类的品种喜磷、钾肥,而藕莲类品种则喜氮肥。

池塘栽植荷花尚需解决鱼、荷混养以及不同品种的混植问题。要使池塘内鱼、荷并茂,则应设法分割出一部分水面栽荷花,使荷花的根茎限制在特定范围内,以免窜满整个池塘。如果多品种同塘栽培,则必须在塘底砌埂,高约 1 m,以略低于水面为宜,每埂圈内栽植 1 个品种,防止长势强盛品种的根茎任意穿行。

常见栽培种(品种):荷花的栽培品种很多,依应用目的不同分为藕莲、子莲和花莲。藕莲类以生产食用藕为主,植株高大,根茎粗壮,长势强劲,但不开花或开花少。子莲类开花繁密,单瓣花,但根茎细。花莲根茎细而弱,生长势弱,但花的观赏价值高;开花多,群体花期长,花型、花色丰富。

观赏特性:花具红、粉红、白、乳白、黄等多种颜色,具清香。叶片碧绿,挺出水面;藕亦具观赏性。"nelumbo"为斯里兰卡语,意为"莲花";"nucifera"为拉丁文,意为"坚果"。本属有 2 个种,另一种黄睡莲(*Nymphaea mexicana*)分布在北美洲、西印度群岛和南美洲。荷花的分布以温带和亚洲热带为中心,其确切原产地说法不一,以前认为是在亚洲热带的印度等地,近年来根据一些新的考证,认为我国南方为原产地。至今我国是世界上栽培荷花最普遍的国家之一。

荷花被誉为"花之君子"。《诗经》云:"彼泽之陂,有蒲与荷。有美一人,伤如之何,寤寐无为,涕泗滂沱"。古人运用比兴的手法,把荷比作美女,蒲喻为美男,来描写荷花的自然之美。北宋周敦颐《爱莲说》中的名句"出淤泥而不染,濯清涟而不妖",不仅描写了荷花的自然属性,而且还把荷花的这种属性和鄙薄世俗、洁身自好的人格联系起来,把荷花的自然美加以发挥和延伸,给荷花赋予了文化内涵和精神内容。

园林应用:荷花碧叶如盖,花朵娇美高洁,是园林水景中造景的主题材料。可以在大水面片植,形成"接天莲叶无穷碧,映日荷花别样红"的壮丽景观。一般小水面可以丛植。也可盆栽或缸栽布置庭院。还可以作荷花专类园。此外,有极小型的品种,可以种在碗中观赏,称碗莲。

荷花不仅是良好的观赏材料,也是重要的经济作物,其根茎、种子均可食用,是营养丰富的滋补食品;其叶、梗、蒂、节、种子、花蕊等可以入药;叶、梗还是包装材料和某些工业原料。

2. 睡莲 *Nymphaea* spp.(图 8-2)

科属:睡莲科睡莲属。

别名:水芹花、午子莲。

英文名:water lily。

形态特征:睡莲的地下根状茎平生或直生。叶基生,具细长叶柄,浮于水面;叶光滑近革质,呈圆形或卵状椭圆形,上面呈浓绿色,背面暗紫色。花单生于细长花柄顶端,有的浮于水面,有的挺出水面。

生态习性:睡莲喜阳光充足,通风良好,水质清。要求肥沃、中性、黏质土壤。喜温暖。

图 8-2　睡莲

繁殖与栽培:睡莲的栽培水深为 10~60 cm。以分株繁殖为主,也可播种繁殖。分株繁殖:耐寒类于 3—4 月进行;不耐寒类于 5—6 月水较温暖时进行。将根茎挖出,用刀切成数段,每段长约 10 cm,另行栽植。播种繁殖宜于 3—4 月进行。因种子沉入水底易流失,故应在花后加套纱布袋,使种子散落于袋中,以便采种。又因种皮很薄,干燥即丧失发芽力,故应在种子成熟时即播或贮藏于水中。通常盆播,播前用 20~30℃的温水浸种,每天换温水。盆土距盆口 4 cm,播后将盆浸入水中或盆中放水至盆口。温度以 25~30℃为宜。不耐寒类 10~20 天发芽;翌年即可开花;耐寒类常需 1~3 个月才能发芽。

在气候条件合适的地方,常直接栽于大型水面的池底种植槽内;小型水面则常栽于盆、缸中后,再放入池中,便于管理。也可直接栽入浅水缸中。边生长,边提高水位,最深不超过 1 m。通常池栽者,应视生长势强弱、繁殖以及布置需要,每 2~3 年挖出分株 1 次,而盆栽或缸栽者,可 1~2 年分株 1 次。在生育期间均应保持阳光充足,通风良好,否则生长势弱,易遭蚜虫。施肥多在春天将盆、缸沉入水中之前进行。冬季应将不耐寒类移入冷室或温室越冬。

常见栽培种(品种):本属近 40 种,大部分原产于北非和东南亚的热带地区,少数产于北非、欧洲和亚洲的温带和寒带地区。我国有 7 种以上。本属还有许多种间杂种和品种。目前栽培的多为园艺杂种,有上百种。

据耐寒性不同可分两类:

(1) 不耐寒类:原产于热带,耐寒力差,需越冬保护。其中许多为夜间开花种类。热带睡莲属于此类。

蓝睡莲(*N. caerulea*):叶全缘。花呈浅蓝色,花径 7~15 cm,白天开放。原产于非洲。

埃及白睡莲(*N. lotus*):叶缘具尖齿。花呈白色,花径 12~25 cm,傍晚开放,午前闭合。原产于非洲。

红花睡莲(*N.rubra*):花呈深红色,花径 15~25 cm,夜间开放。原产于印度。有很多品种,白天开放。

黄花睡莲(墨西哥黄睡莲)(*N. mexicana*):叶表面浓绿具褐色斑,叶缘具浅锯齿。花呈浅黄色,稍挺出水面,花径 10~15 cm,中午开放。原产于墨西哥。

热带睡莲在叶基部与叶柄之间有时生小植株,称"胎生"(viviparity)。

(2)耐寒类:原产于温带,白天开花。适宜浅水栽培。

子午莲(矮生睡莲)(*N. tetragona*):"tetragona"意为"四角的",指花托的形状。叶小而圆,表面为绿色,背面为暗红色。花白色,花径 5~6 cm,每天下午开放到傍晚;单花期 3 天。为园林中最常栽种的原种。

香睡莲(*N. odorata*):叶革质全缘,叶背呈紫红色。花具白色,花径 8~13 cm,具浓香,午前开放。原产于美国东部和南部。有很多杂种,是现代睡莲的重要亲本。

白睡莲(*N. alba*):叶圆,幼时为红色。花具白色,花径 12~15 cm。有许多园艺品种。是现代睡莲的重要亲本。

观赏特性:睡莲在夏秋开花,花色有深红、粉红、白、紫红、淡紫、蓝、黄、淡黄等。"Nymphaea"是希腊和古罗马神话中的女神名。睡莲自古以来就与人们的文化生活密切相关。古埃及视其为太阳的象征和神圣之花,上至历代王朝的加冕仪式,下至民间壁画和雕刻工艺品种,都把它当作供品和装饰品,渗透了人们对睡莲的情思,并流下了许多动听的传说。现在,睡莲被选为泰国的国花。

园林应用:睡莲飘逸悠闲,花色丰富,花型小巧,体态可人,在现代园林水景中,是重要的浮水花卉,最适宜丛植,点缀水面,丰富水景,尤其适宜在庭院水池中布置,亦可盆栽观赏。

3. 王莲 *Victoria amazonica*(图 8-3)

科属:睡莲科王莲属。

别名:亚马逊王莲。

英文名:royal water lily, Amazon water lily。

形态特征:王莲为多年生浮水植物,地下具短而直立的根状茎。叶有多种形态,从第 1 到第 10 片叶,依次为针形、箭形、戟形、椭圆形、近圆形,皆平展。第 11 片及以后的叶具有较高观赏价值,圆而大,直径 1~2.5 m,叶缘直立高 8 cm 左右;表面呈绿色,背面呈紫红色,有凸起的具刺网状叶脉;叶柄粗,有刺;成叶可承重 50 kg 左右。花单生,花瓣多数;每朵花开 2 天,第 1 天为白色,第 2 天为淡红色至深紫红色,第 3 天闭合,沉入水中。

图 8-3　王莲

生态习性:王莲喜高温高湿、阳光充足和水体清洁的环境。通常要求水温为 28~32 ℃,室内栽培时,室温需要在 25~30 ℃,若低于 20 ℃便停止生长。空气相对湿度以 80% 为宜。王莲喜肥,尤以有机基肥为宜。同属约 3 种,原产于南美洲,不少国家的植物园和公园已有引种。我国北京、华南及云南的植物园和各地园林机构也引种成功。

繁殖与栽培:王莲在我国多作一年生栽培,用播种繁殖。栽培水深为 30~40 cm。种子采收后需在清水中贮藏,否则失水干燥,丧失发芽力。一般于 12 月至翌年 2 月将种子浸入 28~32 ℃的温水中,距水面 3 cm 深,经过 20~30 天便可发芽。种子先在 15 ℃下沙藏 8 周,发芽率最高。

待长出 2~3 片叶同时根长出后,上盆。

　　盆土宜用草皮土或沙土。将根埋入土中,务必将生长点露出水面,然后将盆浸入水池内距水面 2~3 cm 处。幼苗生长很快,每 3~4 天可生长 1 片新叶。随着植株的生长,逐次换盆,每次的盆径要比原盆大 2~3 cm,并逐次调整距水面的深度,从最初的 2~3 cm 至 15 cm。后期换盆应加入少量基肥。幼苗期需光照充足,光照要 12 h 以上,冬季光照不足,需要灯光照明。

　　温室的水池栽培,经 5~6 次换盆,叶片生长至 20~30 cm,水温在 24~25℃时,可以定植。栽植 1 株王莲,需水池面积 30~40 m²,池深 80~100 cm,池中设立种植槽或台,并设排气管和暖气管,以保证水体清洁和水温正常。水深随生长而加深,生长旺季距水面 30~40 cm 为宜。

　　常见栽培种(品种):同属的克鲁兹王莲(*V. cruziana*)也有栽培。其叶径小于前种,生长期始终为绿色,叶背亦为绿色,叶缘直立部分高于前种,花色也淡,要求的温度较低,生长温度为 18~32℃,低于 15℃停止生长;同样条件下,10~15 天可发芽。

　　观赏特性:王莲主要观叶,表面呈绿色,背面呈紫红色,叶片宛如大圆盘漂于水面之上。花色:白、淡红、深红,在夏、秋开花。

　　园林应用:叶巨大、肥厚、别致,漂浮于水面,十分壮观,是水池中的珍宝;美化水体,有极高的观赏价值,是优美的水平面花卉;种子含丰富淀粉,可供食用,有"水中玉米"之称。

4. 千屈菜 *Lythrum salicaria*(图 8-4)

　　科属:千屈菜科千屈菜属。

　　别名:水枝柳、水柳、对叶莲。

　　英文名:purple loosestrife, spiked loosestrife。

　　形态特征:千屈菜为多年生宿根挺水花卉,地下根茎粗硬,木质化。株高 30~100 cm,茎 4 棱,直立多分枝,基部木质化。植株丛生状。叶对生或轮生,呈披针形,有毛或无毛。长穗状花序顶生,小花多而密集,呈紫红色。

图 8-4　千屈菜

　　生态习性:千屈菜喜强光和潮湿以及通风良好环境。尤喜水湿,通常在浅水中生长最好,但也可露地栽植。耐寒性强,在我国南北各地均可露地越冬。对土壤要求不严,但以表土深厚、含大量腐殖质的壤土为好。全属约 35 种,原产于欧、亚两洲的温带,现广布全球,我国南北各省均有野生。

　　繁殖与栽培:栽培水深 5~10 cm。以分株繁殖为主,也可用播种和扦插繁殖。早春或秋季均可分栽。将母株丛挖起,切取数芽为 1 丛,另行栽植即可。扦插可于夏季进行,嫩枝盆插或地床插,及时遮阴,30 天左右可生根。播种宜在春季盆播或地床播。盆播时将播种盆的下部浸入另一水盆内,在 15~20℃下经 10 天左右即可发芽。

　　栽培管理较简单。露地栽培或水池、水边栽植,仅需在冬天剪除枯枝,任其自然过冬。盆栽时,应选用肥沃壤土并施足基肥,在花穗抽出前经常保持盆土湿润但不积水,待花将开放前可逐渐增加水深,并保持水深为 5~10 cm,可使花穗多而长,开花繁茂。生长期间应将盆放置在阳光充足、通风良好处;冬天将枯枝剪除,放入冷室越冬。

　　常见栽培种(品种):常见栽培的有毛叶千屈菜(var. *tomentosum*):全株被绒毛,花穗大。品种有花穗大、呈深紫色的'紫花千屈菜';花穗大、呈暗紫红色的'大花千屈菜';花穗大、呈桃红色的'大花桃红千屈菜'等。

观赏特性:株丛整齐清秀,花色鲜艳醒目,姿态娟秀洒脱,夏季开花,花色紫红,花期长。"lythrum"意为"黑血",指花色;"salicaria"意为"似柳的"。

园林应用:千屈菜适用于水边丛植、水池栽植、盆栽、观赏、花境;水边浅处成片种植千屈菜,不仅可以衬托睡莲、荷花等的艳美,同时也可遮挡单调的驳岸,对水面和岸上的景观起到协调作用。丛植于岸边也很美丽。也是花境中重要的竖线条花卉。

5. 凤眼莲 *Eichhornia crassipes* (图 8–5)

科属:雨久花科凤眼莲属。

别名:水葫芦、水浮莲、凤眼兰。

英文名:common water-hyacinth。

产地分布:凤眼莲原产于南美洲,我国引种后广为栽培,尤其在西南地区的池塘水面极为常见,现长江、黄河流域也广为引种。

形态特征:凤眼莲为多年生宿根漂浮花卉,须根发达,悬垂于水中。茎极短缩。叶丛生而直伸,呈倒卵状圆形或卵圆形,全缘,呈鲜绿色而有光泽,质厚,叶柄长,叶柄中下部膨胀,呈葫芦状海绵质气囊。生于浅水的植株,其根扎入泥中,植株挺水生长,叶柄则膨胀呈气囊状。花茎单生,高 20~30 cm,端部着生短穗状花序,小花为堇紫色。

图 8–5　凤眼莲

生态习性:凤眼莲对环境的适应性很强,在池塘、水沟和低洼渍水田中均可生长,但最喜水温为 18~23℃。具有一定的耐寒性,北京地区虽已引种成功,但种子不能成熟,老株尚须保护方可露地越冬。喜生浅水,在流速不大的水体中也能生长,随水漂流。繁殖迅速,1 年中,1 个单株可布满几十平方米水面。生长适温在 20~30℃,超过 35℃也能正常生长,气温低于 10℃停止生长,冬季越冬温度不低于 5℃。

繁殖与栽培:栽培水深 60~100 cm。以分株繁殖为主,春天将母株丛分离或切离母株的腋生小芽(带根切下),放入水中,可生根,极易成活。也可播种繁殖,但不多用。种子寿命长,可保存 10~20 年。种植密度为 50~70 株 /m²。栽培管理简单。生长期间酌施肥料,可促其枝繁叶茂。盆栽宜用腐殖土或塘泥并施以基肥,栽植后灌满清水。寒冷地区冬季可将盆移至温室内,室温 10℃以上越冬。

常见栽培种(品种):有 2 个品种:'大凤眼莲' ('major'):花大,粉紫色;'黄花凤眼莲' ('aurea'):花黄色。

观赏特性:叶色光亮,花色美丽,叶柄奇特,是重要的水生花卉。夏季开花。"Eichhornia"来自人名, "crassipes"为"有粗柄",意指叶柄而言。凤眼莲的名字来自它的花朵形状。它的花朵中间有 1 片特大花瓣,为堇蓝色,花瓣中间有 1 块蓝斑,在蓝斑中央有一鲜黄色小斑块,状如传说中的凤眼,故名凤眼莲。又因其颜色是蓝色,花朵似兰花,所以又有凤眼蓝、凤眼兰的别名。另外,凤眼莲的叶柄中部以下膨大为气囊,状如葫芦,浮于水面,所以人们又称它为水葫芦。

园林应用:风眼莲可以片植或丛植于水面。还可以用于鱼缸装饰。有很强的净化污水能力,可以清除废水中的汞、铁、锌、铜等金属和许多有机污染物质。对砷敏感,在含砷水中 2 h,叶尖即受害。过度繁殖时,会阻塞水道,影响水上交通。全株入药。叶可作饲料。花还可作切花用。

6. 香蒲 *Typha orientalis*(图 8-6)

图 8-6　香蒲

科属:香蒲科香蒲属。

别名:长苞香蒲、蒲黄、鬼蜡烛。

英文名:longbract cattail。

产地分布:1 科 1 属,约 18 种,我国原产约 10 种。本种广布于我国东北、西北和华北地区。

形态特征:香蒲为多年生宿根挺水花卉,地下具匍匐状根茎。地上茎直立,不分枝,茎高 150~350 cm。叶由茎基部抽出,二列状着生,呈长带形,渐细,端圆钝,基部呈鞘状抱茎,色灰绿。穗状花序呈蜡烛状,浅褐色,雄花序在上,雌花序在下,中间有间隔,露出花序轴。

生态习性:香蒲对环境条件要求不甚严格,适应性强,耐寒,但喜阳光,喜深厚肥沃的泥土,最宜生长在浅水湖塘或池沼内。

繁殖与栽培:栽培水深 20~30 cm。以分株繁殖为主。春季将根茎切成 10 cm 左右的小段,每段根茎上带 2~3 个芽,栽植后根茎上的芽在土中水平生长,待伸长至 30~60 cm 时,顶芽弯曲向上抽出新叶,向下发出新根,形成新株,生长热逐渐衰退,应更新种植。栽培管理粗放。如生活环境四季湿润,且土壤富含腐殖质,则生长良好。

常见栽培种(品种):同属栽培的有小香蒲(*T. minima*):植株低矮,50~70 cm,茎细弱,叶呈线形,雌、雄花序不连接。原产于我国西北、华北,欧洲和亚洲中部有分布。宽叶香蒲(*T. latifolia*):株高 100 cm,叶较宽,雌、雄花序连接。原产于欧、亚和北美,我国南北都有分布。

观赏特性:香蒲既可观叶又可观花,叶丛秀丽潇洒,雌雄花序同花轴,整齐圆滑形似蜡烛,别具一格。夏季开花,果序宿存。

园林应用:香蒲是水边丛植或片植的好材料,可以观叶和花序;亦可盆栽观赏;还是切花良好材料。叶丛基部(蒲菜)和根茎先端幼芽(草芽)为蔬菜;花粉可加蜜糖食用(蒲黄);花可入药止血;叶可编织薄包;花序浸透油可以代替蜡烛。

7. 水葱 *Scirpus tabernaemontani*(图 8-7)

图 8-7　水葱

科属:莎草科藨草属(莞草属、莞属)。

别名:莞、翠管草、冲天草、欧水葱。

英文名:tabernaemontanus bulrush。

产地分布:本属约 200 种,广布于全世界。我国产 40 种左右,7 种生于水中,各地多有分布;本种在北京和河北北部有野生。

形态特征：水葱为多年生宿根挺水花卉。株高 1.5~1.8 m，地下具粗壮而横走的根茎。地上茎直立，呈圆柱形，中空，粉绿色。叶褐色，呈鞘状，生于茎基部。聚伞花序顶生，稍下垂。

生态习性：水葱性强健。喜光、温暖、湿润。耐寒、阴，不择土壤。在自然界中常生于湿地、沼泽或池畔浅水中。

繁殖与栽培：栽培水深 5~10 cm。春季分株繁殖，露地每丛保持 8~12 根茎秆，盆栽每丛保持 5~8 根茎秆，温度保持在 20~25℃，20 天可发芽生根。

生长温度为 15~30℃，低于 10℃停止生长。喜肥。栽种前施足基肥。水盆栽植时宜用腐殖质丰富的疏松壤土，上面经常保持有 5~10 cm 深的清水。夏季，水盆宜放于半阴处，并在叶面上经常喷水以保持叶面清洁。待霜降后剪除地上的枯茎，将盆放置地窖中越冬。

常见栽培种（品种）：主要变种是'花叶水葱'（var. 'zebrinus'）：其茎面有黄白斑点，观赏价值极高，常盆栽观赏。

观赏特性：水葱既可观茎又可观花，株丛翠绿挺立，色泽淡雅洁净，能引来蜻蜓等昆虫在上驻足，十分有趣。观赏期从初夏至秋末，花期在 6—8 月。"scirpus"为拉丁文原名，"tabernaemontani"为植物学家人名。

园林应用：水葱常用于水面绿化或作岸边、池旁点缀，是典型的竖线条花卉，甚为美观；也常盆栽观赏；还可切茎用于插花；茎可入药；秆可作造纸原料，编织席子和草包。

8. 慈姑 *Sagittaria trifolia*（图 8-8）

科属：泽泻科慈姑属。

别名：茨菰、箭搭草、燕尾草、欧慈姑。

英文名：oldworld arrow-head。

产地分布：同属约 25 种，我国约有 6 种，南、北各省均有栽培。本种广布于亚洲热带和温带地区，欧、美也有栽培。

形态特征：慈姑为多年生球根挺水花卉。株高 100 cm。地下具根茎，其先端形成的球茎即慈姑。叶基生，出水叶片呈戟形，大小及宽窄变化大，顶端裂片呈三角状披针形，基部具 2 个长裂片。圆锥花序；花具白色，在夏、秋开放。

生态习性：慈姑对气候和土壤的适应性很强，池塘、湖泊浅水处、水田或水沟渠中均能良好生长，但最喜欢气候温暖、阳光充足的环境；土壤以富含腐殖质而土层不太深厚的黏质壤土为宜。喜生于浅水中，但不宜连作。

图 8-8　慈姑

繁殖与栽培：慈姑的栽培水深 10~20 cm。以分球繁殖为主，也可播种繁殖。分球时，种球最好在翌春栽植前挖出，也可在种球抽芽后挖出栽植。最适栽植为晚霜过后。整地施基肥后，灌以浅水，耙平，将种球插入泥中，使其顶芽向上隐埋于泥中。播种繁殖于 3 月底至 4 月初进行。种子播在小盆内，覆土镇压后，将小盆放入大盆内，保持水层 3~5 cm，在 25~30℃下，经 7~10 天即可发芽，翌年便可开花。

慈姑作为园林栽培时，管理较简单粗放。盆栽在 4 月初种植，盆土以含大量腐殖质的河泥并施入马蹄片作基肥为好；株距 15~20 cm；泥土上面保持水层 10~20 cm；放置在向阳通风处；霜降前取出根茎，晾干沙藏。如在园林水体中种植，若根茎留在原地越冬，须注意不应使土面干涸，应适当灌水,保持水深 1 m 以上,以免泥土冻结。

观赏特性:叶形独特,植株美丽,在水面造景中,以衬景为主。"sagittaria"意为"箭形叶的"。

园林应用:慈姑在园林水景中,一般是数株或数十株散植于池边,对浮叶花卉起到衬托作用;亦可盆栽观赏;茎叶还可做切花材料。球状根,色泽白而莹滑,生食味道鲜而甘甜。在我国南方,人们把它当作一种时令水果或蔬菜。

9. 芡实 *Euryale ferox*(图 8-9)

科属:睡莲科芡属。

别名:鸡头莲、鸡头米、芡。

英文名:gordon euryale。

产地分布:1 属 1 种,广布于东南亚、俄罗斯、日本、印度和朝鲜。我国南、北各地的湖塘中多有野生。

形态特征:芡实为一年生浮水花卉。全株具刺。根茎肥短。叶丛生,浮于水面,呈圆状盾形或圆状心脏形,直径可达 1.2 m,最大者可达 3 m 左右,表面呈绿色,背面紫色;叶脉隆起,两面均有刺。花单生于叶腋,具长梗,挺出水面;花瓣多数,呈紫色;花托多刺,状如鸡头,故称"鸡头米",夏季开花。

图 8-9　芡实

生态习性:芡实多为野生,适应性强,深水或浅水均能生长,而以气候温暖、阳光充足、泥土肥沃之处生长最佳。

繁殖与栽培:芡实在深水、浅水中均可,但应小于 100 cm。常为自播繁衍。园林水体中栽培或盆栽时,可播种繁殖。因种皮坚硬,播前先用 20~25℃水浸种,每天换水,15~20 天萌发,然后播于 3 cm 水深的泥土中,待苗高 15~30 cm 时移入深水池中。在肥沃的黏土中生长良好。幼苗期应注意除草,否则容易被杂草侵害。待植株长大,叶面的覆盖度增加时就不易受侵害了。管理简单。种子采收时应注意提前,最好连同花梗一起割下,以防种子成熟自行脱落。生长适温为 20~30℃,低于 15℃生长缓慢,10℃以下停止生长。全年生长期为 180~200 天。雨季水深超过 1 m,要排水。

观赏特性:芡实主要赏叶,叶片巨大,平铺于水面,极为壮观。观赏期从初夏至秋末。"ferox"意为"多刺的"。

园林应用:叶形、花托奇特,用于水面水平绿化颇有野趣。芡实果实中的淀粉就是制作菜肴的"芡粉"。

10. 旱伞草 *Cyperus alternifolius*(图 8-10)

科属:莎草科莎草属。

别名:伞草、风车草、水竹、台湾竹。

英文名:umbrella flatsedge。

产地分布:原产于非洲,我国南、北各省区均

图 8-10　旱伞草

有栽培。

形态特征:旱伞草为多年生、湿生挺水花卉。株高 40~150 cm,茎秆粗壮,直立生长,茎近圆柱形,丛生,上部较为粗糙,下部包于棕色叶鞘中。叶状苞片较明显,约 20 枚,近于等长,长为花序的 2 倍以上,宽 2~12 mm,呈螺旋状排列在茎秆顶端,向四面辐射开展,扩散呈伞状。聚伞花序,小花白色。小坚果呈椭圆形近 3 棱形。

生态习性:旱伞草喜温暖、阴湿及通风良好的环境,适应性强,对土壤、水质要求不十分严格,可水池或盆栽,生长适温为 20~30℃,不耐寒。

繁殖与栽培:有性或无性繁殖均可,常用无性繁殖。有性繁殖在 3—4 月播种,进水后放于25℃环境下,保持湿度,一般 15 天左右发芽。无性繁殖分株一般在 4~5 月进行,将老株从地、盆中挖出,抖掉泥土,去除老的根、茎,用快刀切成若干块状或单株,作繁殖材料;扦插一年四季均可进行。盆栽,宜选择内径在 40 cm 左右,不泄漏水或有孔的盆,在盆底施足基肥,放入培养土,中间挖穴栽植,栽植后保持盆内湿润或浅水,也可沉水栽培。露地栽培是将切成块状茎的顶芽直接在水景区(点)进行栽种。旱伞草喜阴湿,夏季应避免阳光直射,秋冬可适当见光。

观赏特性:株丛繁密,叶形奇特,是良好的水生观叶花卉。

园林应用:旱伞草的盆栽是制作盆景、室内装饰的材料,也可水培或做切花之用。在长江中下游地区露地栽培,配置于水景的假山石旁做点缀,别具自然景趣。

11. 萍蓬莲 *Nuphar pumilum*(图 8-11)

科属:睡莲科萍蓬草属。

别名:萍蓬草、黄金莲、水粟。

英文名:yellon pond-lily,cowlily spatterdock。

产地分布:全属共有约 25 种,原产于北半球寒、温带,分布广,日本、欧洲、西伯利亚地区都有。我国东北、华北、华南均有分布。

形态特征:萍蓬莲是多年生球根浮水花卉。地下具块茎。叶基生,浮水叶呈卵形、广卵形或椭圆形,先端圆钝,基部开裂且分离,裂深为全叶的1/3,近革质,表面呈亮绿色,背面紫红色,密被柔毛;沉水叶半透明,膜质;叶柄长,上部呈 3 棱形,

图 8-11　萍蓬莲

基部呈半圆形。花单生于叶腋,伸出水面,具金黄色,花径 2~3 cm;萼片呈花瓣状。

生态习性:萍蓬莲喜温暖、阳光充足。喜流动水体,生于池沼、湖泊及河流等浅水处。不择土壤,但以肥沃黏质土为好。生长适温为 15~32℃,低于 12℃时停止生长。

繁殖与栽培:萍蓬莲的栽培水深 30~60 cm。以分株繁殖为主,春季分割块茎,每块为 6 cm 长左右,每块带芽;或于生长期 6~7 月分株,切开地下茎即可。

养护管理简单。萍蓬莲在华东地区可露地水下越冬,北方冬季需要保护,休眠期温度保持在0~5℃即可,保留 5 cm 水层。

观赏特性:萍蓬莲在初夏开放,叶亮绿,金黄娇嫩的花朵从水中伸出,小巧而艳丽,是夏季水景园的重要花卉。"nupahar"为希腊文的植物原名,"pumilum"是拉丁文,意为"矮生的"。

园林应用:萍蓬莲可以片植或丛植,也可盆栽装点庭院。一般小池以 3~5 株散植于亭、榭边

或桥头,有如"晓来一朵烟波上,似画真妃出浴时",花虽小,但淡雅飘逸,饶有情趣。种子和根、茎可食,根可净化水体,根、茎可入药。

12. 荇菜 *Nymphoides peltata*(图 8-12)

科属:龙胆科荇菜属。

别名:水荷叶、大紫背浮萍、水镜草、莕菜。

英文名:shield floating-heart,floating bogbean。

产地分布:同属植物约 20 种,广布于温带至热带的淡水中,我国已知有 5 种。本种分布于我国华东、西南、华北、东北和西北等地;日本和俄罗斯也有分布。

图 8-12　荇菜

形态特征:荇菜为多年生宿根浮水花卉。茎细长柔弱,多分枝,匍匐水中,节处生须根,扎入泥中。叶互生,呈心状椭圆形,近革质,基部开裂呈心脏形,全缘或微波状,表面绿色而有光泽,背面带紫色,漂浮于水面。伞形花序于腋生,小花鲜黄色。

生态习性:荇菜耐寒,强健,对环境适应性强,常野生于湖泊、池塘静水或缓流中。可自播繁衍。对土壤要求不严,以肥沃、稍带黏质的土壤为好。生长适温为 15~30℃,低于 10℃停止生长。能耐一定低温,但不耐严寒。

繁殖与栽培:栽培水深为 100~200 cm。以分生繁殖,切匍匐茎分栽即可,易成活。种植于静水区,能迅速生长,不需多加管理,极易成活。保持在 0~5℃,可在冻层下过冬。盆栽初期水浅,旺盛生长期则需高出水面 20~30 cm。

观赏特性:叶小而翠绿,黄色小花覆盖于水面,很美丽,在园林水景中大片种植可形成"水行牵风翠带长"之景观。"nymphoides"意为"似睡莲的","peltata"意为"盾状的"。

园林应用:作为水面绿化,荇菜与荷花伴生,微风吹来,花颤叶移,姿态万端。在造景中,还要注意为荇菜的动态美留有足够空间。植株发酵后可作猪饲料或沤制绿肥。全株可入药。鲜草捣烂后敷于伤口,可治蛇咬伤。

13. 水竹芋 *Thalia dealbata*(图 8-13)

科属:竹芋科塔利亚属。

别名:再力花、水莲蕉、塔利亚。

英文名:hardy water canna。

产地分布:原产于美国南部和墨西哥的热带。

形态特征:多年生挺水草本植物。叶呈卵状披针形,浅灰蓝色,边缘呈紫色,长 50 cm,宽 25 cm。复总状花序,花小,呈紫堇色。全株附有白粉。

生态习性:在微碱性的土壤中生长良好。好

图 8-13　水竹芋

温暖、水湿、阳光充足的气候环境,不耐寒,入冬后地上部分逐渐枯死。

繁殖与栽培:以根茎分株繁殖。初春,从母株上割下带 1~2 个芽的根茎,栽入盆内,施足底肥(以花生麸、骨粉为好),放进水池养护,待长出新株,移植于池中生长。

园林应用:株形美观洒脱,叶色翠绿可爱,是水景绿化的上品花卉,或作盆栽观赏。

14. 大藻 *Pistia stratiotes*(图 8-14)

　　科属:天南星科大藻属。

　　别名:水萍、水莲、肥猪草、水芙蓉。

　　英文名:water lettuce。

　　形态特征:多年生漂浮水花卉。主茎短缩,叶呈莲座状,从叶腋间向四周分出匍匐茎,茎顶端发出新植株,须根白色成束。叶簇生,叶片呈倒卵状楔形,顶端钝圆而呈微波状,两面均有白色细毛。花序生于叶腋间,呈佛焰苞白色,背面生毛。浆果。花期在 6—7 月。

　　生态习性:性喜高温、高湿,不耐严寒,冬季忌霜雪。喜生长在淡水池塘、沟渠或水田中。

图 8-14　大藻

　　繁殖与栽培:常以分株繁殖。

　　园林应用:可点缀水面,宜植于池塘、水池中观赏。亦可作为猪、鱼饲料。叶可作药用。

15. 梭鱼草 *Pontederia cordata*(图 8-15)

　　科属:雨久花科梭鱼草属。

　　别名:北美梭鱼草。

　　英文名:pickerelweed。

　　产地分布:原产于北美。

　　形态特征:梭鱼草为多年生挺水或湿生草本植物,茎叶丛生,株高 80~150 cm。叶柄绿色,呈圆筒形,叶片较大,深绿色,叶形多变。大部分为倒卵状披针形,叶基生呈广心形,端部渐尖。穗状花序于顶生,花葶直立,通常高出叶面。花被裂片 6 枚,近圆形,裂片基部连接为筒状。果实初期为绿色,成熟后为褐色;果皮坚硬,种子呈椭圆形。花果期在 5—10 月。

图 8-15　梭鱼草

　　生态习性:梭鱼草喜温、阳、肥、湿,不耐寒,静水及水流缓慢水域中均可生长,适宜在 20 cm 以下的浅水中生长,生长适温为 15~30℃,越冬温度不宜低于 5℃。梭鱼草生长迅速,繁殖能力强,在条件适宜前提下,可在短时间内覆盖大片水域。

　　繁殖与栽培:梭鱼草采用分株法和种子繁殖。分株可在春、夏两季进行,自植株基部切开即可;种子繁殖一般在春季进行,种子发芽温度需保持在 25℃左右。

　　园林应用:叶色翠绿,花色迷人,花期较长,可用于家庭盆栽、池栽,也可广泛用于园林美化,栽植于河道两侧、池塘四周、人工湿地,与千屈菜、花叶芦竹、水葱、再力花等相间种植。每到花开时节,串串紫花在片片绿叶映衬下,别有一番情趣。

16. 香菇草 *Hydrocotyle vulgaris*(图 8-16)

科属:伞形科天胡荽属。

别名:南美天胡荽、金钱莲、水金钱、铜钱草。

英文名:pennywort marsh。

形态特征:香菇草为多年生挺水或湿生观赏植物。植株具有蔓生性,株高 5~15 cm,节上常生根。茎顶端呈褐色。叶互生,具长柄,呈圆盾形,直径 2~4 cm,缘呈波状,草绿色,叶脉 15~20 条放射状。花两性;伞形花序;小花为白色。果为分果。花期在 6—8 月。

图 8-16　香菇草

生态习性:香菇草喜光照充足环境,如环境荫蔽,则植株生长不良。性喜温暖,怕寒冷,在 10~25℃的温度范围内生长良好,越冬温度不宜低于 5℃。

繁殖与栽培:香菇草多利用匍匐茎扦插繁殖,多在每年 3—5 月进行,易成活。也可以播种繁殖。

园林应用:香菇草是很好的观叶植物,常在水体岸边丛植、片植,是庭院水景造景,尤其是景观细部设计的好材料,可用于室内水体绿化或水族箱前景栽培。

17. 雨久花 *Monochoria korsakowii*(图 8-17)

科属:雨久花科雨久花属。

别名:水白菜、蓝鸟花。

英文名:herb of korsakow monochoria。

产地分布:雨久花分布于我国东北、华南、华东、华中。日本、朝鲜、东南亚也有栽种。

形态特征:雨久花是多年生、挺水草本植物,株高 30~80 cm,全株光滑无毛,具短而匍匐的根茎,地上茎直立或稍倾斜,茎基部呈紫红色。挺水叶互生,具短柄,呈阔卵状心形,具弧状脉,先端急尖或渐尖,全缘,基部呈心形。沉水叶具长柄,呈狭带形,基部膨大成鞘,抱茎。浮水叶呈披针形。总状花序顶生,花被片 6,为蓝紫色。种子呈短圆柱形,深棕黄色,具纵棱,能自播。花期在 7—8 月,果期在 9—10 月。

图 8-17　雨久花

生态习性:性强健,耐寒,多生于沼泽地、水沟及池塘边缘。

繁殖与栽培:繁殖用播种、分根皆可,极易成活。分株繁殖最后在早春进行。雨久花的种子随着成熟掉于潮湿泥土中,翌春在适宜的环境条件下萌芽,自行繁殖。分株繁殖:在春季将根状茎挖出,切段后直接分栽,成活率高。露地栽培,在春季 4—5 月进行,株行距 25 cm × 25 cm,当年即可生长成片。生长期保持浅水栽培,及时清除杂草,花期追施钾肥,用可腐性纸袋装好后塞入泥中。一般生长期追肥 2~3 次。冬季要清除枯枝落叶,预防病虫害的发生。

园林应用:花大而美丽,叶色翠绿、光亮,是一种优秀水生花卉,在园林水景布置中常与其他水生观赏植物搭配使用,亦可盆栽观赏,花序可做切花。

18. 芦苇 *Phragmites australis*(图 8–18)

科属:禾本科芦苇属。

别名:泡芦、毛苇、苇子、葭、芦和苇。

英文名:reeds。

产地分布:在我国分布广泛,其中以东北的辽河三角洲、松嫩平原、三江平原,内蒙古呼伦贝尔和锡林郭勒草原,新疆博斯腾湖、伊犁河谷及塔城额敏河谷,华北平原的白洋淀等为大面积芦苇集中分布地区。

形态特征:多年生草本植物,植株高大,地下有发达的匍匐根状茎。茎秆直立,秆高 1~3 m,节下常生白粉。叶鞘呈圆筒形,无毛或有细毛。叶舌有毛,叶片呈长线形或长披针形,排列成两行。圆锥花序分枝稠密,向斜伸展。

生态习性:芦苇生长于池沼、河岸、河溪边多水地区,常形成苇塘。多生于低湿地或浅水中。

繁殖与栽培:以种子、根状茎繁殖。以种子繁殖为主,种子可随风传播。

图 8–18 芦苇

园林应用:芦苇常用于水面绿化、花境点缀或背景。可作为保土固堤植物。

19. 花叶芦竹 *Arundo donax* var.versiocolor(图 8–19)

科属:禾本科芦竹属。

别名:斑叶芦竹、彩叶芦竹。

英文名:variegated giant reed。

产地分布:花叶芦竹原产于地中海一带,我国已广泛种植。

形态特征:花叶芦竹是多年生宿根草本植物,根部粗而多结;秆高 1~3 m,茎部粗壮近木质化;圆锥花序长 10~40 cm,花序形似毛帚;叶宽 1~3.5 cm,互生,排成两列,弯垂,具白色条纹;地上茎挺直,有间节,似竹。

生态习性:通常生于河旁、池沼、湖边,常大片生长形成芦苇荡。喜温,喜光,耐湿较耐寒。在北方需保护越冬。

繁殖与栽培:播种、分株、扦插方法繁殖,一般用分株方法。早春用快锹沿植物四周切成有 4~5 个芽 1 丛,然后移植。扦插可在春天将秆剪成 20~30 cm 1 节,每个插穗都要有间节,扦插入湿润泥土中,30 天左右间节处会萌发白色嫩根,然后定植。

园林应用:花叶芦竹主要用于水景园背景材料,也可点缀于桥、亭、榭的四周,可盆栽,用于庭院观赏。花序可用作切花。

图 8–19 花叶芦竹

20. 水生美人蕉 *Canna glauca*（图 8-20）

科属：美人蕉科美人蕉属。

别名：佛罗里达美人蕉。

英文名：maraca amarilla，water canna。

产地分布：水生美人蕉原产于南美洲，广布于美国东南部。

形态特征：水生美人蕉属多年生大型草本植物，株高 1~2 m；叶片呈长披针形，蓝绿色；总状花序顶生，多花；雄蕊瓣化；花径大，约 10 cm；花呈黄色、红色或粉红色。

生态习性：生性强健，适应性强，喜光，怕强风，适宜于潮湿及浅水处生长，在肥沃土壤或沙质土壤上都可生长良好。

繁殖与栽培：水生美人蕉可进行有性繁殖和无性繁殖。播种在 3—4 月于室内进行，播前需用钢锉锉破种皮，用温水浸泡 1 天，然后将种子捞出，控干水分再播。无性繁殖用分割块茎办法，栽植。3—4 月取出土中块茎，清除杂物，用铁锹或快刀进行分割，每个块茎都具 2~3 个健壮的芽作繁殖材料。适宜温度为 15~28 ℃，低于 10 ℃不利于生长。在原产地无休眠期，周年生长开花，在北方的寒冷地区冬季休眠。根茎需温室保护越冬。

图 8-20　水生美人蕉

园林应用：叶茂花繁，花色艳丽而丰富，花期长，适合大片湿地自然栽植，也可点缀在水池中，是庭院观花、观叶的良好花卉植物，还可做切花材料。

复习题

1. 简述水生花卉的含义及类型。
2. 试述水生花卉的繁殖栽培技术要点。
3. 讨论水生花卉在园林绿化中的作用。
4. 查阅资料，了解目前城市绿化中常用哪些水生花卉，并根据不同地区进行归类。
5. 根据其对水分的要求对所学过的水生花卉进行归类。

实训　水生花卉的识别

一、实训目的

熟悉水生花卉的分类、生态习性，并掌握它们的繁殖方法、栽培要点、观赏特性与园林用途。

二、材料用具

笔记本、笔等，水生花卉 10 种。

三、方法步骤

教师现场讲解、指导学生识别，学生课外复习。

1. 教师现场讲解每种花卉的名称、科属、生态习性、形态特征及识别方法、繁殖方法、栽培要点、观赏特性和园林用途。学生记录。

2. 学生分组进行课外活动，复习花卉名称、科属、生态习性、繁殖方法、栽培要点、观赏用途。

四、考核评估

(1) 优秀:能正确识别水生花卉,掌握其生态习性、观赏特性、繁殖栽培技术要点。

(2) 良好:能正确识别水生花卉,掌握其观赏特性,基本掌握它们的生态习性、繁殖栽培管理要点。

(3) 中等:能正确识别水生花卉,了解其生态习性、观赏特性、繁殖栽培技术要点。

(4) 及格:能基本识别水生花卉,了解其生态习性、观赏特性、繁殖栽培技术要点。

五、作业、思考

1. 将 10 种水生花卉按种名、拉丁学名、科属、观赏用途列表记录。

2. 简述园林水生花卉的含义及其分类。

3. 举出 15 种常见的园林水生花卉。

4. 简述荷花的繁殖栽培管理技术要点。

单元小结

本单元介绍了常见水生花卉的生态习性、繁殖栽培技术要点以及在园林中的用途。

学习方法指导

通过老师的讲解,结合教材上植物的形态描述、繁殖栽培技术等内容,识别图片和实物,能够识别和掌握常见水生花卉的生态习性、观赏价值和繁殖栽培技术要点。

第4篇

室内常用花卉

室内花卉大多比较耐阴、喜温暖环境、对栽培基质水分的变化不太敏感，是室内装饰的重要组成部分。室内花卉不仅能装饰环境，而且能调节室内温度、湿度，净化空气。室内花卉种类繁多，每一种类都以各自的花、果、叶、干等显示其独特的姿态、色彩、芳香、神韵，从而体现美感。这些种类或花团锦簇，或花形奇特，或果实累累、色香俱备，或叶色、叶形丰富多彩。本篇首先介绍了室内花卉所需环境条件和常用繁殖方法，然后根据室内花卉的观赏特性和园林应用，分观叶类、观花类、观果类、常见切花类等进行介绍。主要介绍常见室内花卉的形态特征、生态习性、园林用途等，为学生掌握常见室内花卉的栽培技术和识别要点，熟练应用各种常见的室内花卉奠定基础。

丽格秋海棠

红掌

铁兰

铁十字秋海棠

一品红

倒挂金钟

第 9 单元　室内观叶类花卉

学习目标

　　了解室内观叶花卉概念,掌握常见室内观叶花卉的生态习性、观赏特性、繁殖栽培技术要点及其园林用途,为学习花卉栽培技术、园林植物配置与造景和室内植物绿化等专业课打下基础。

能力标准

　　能识别 50 种常见室内观叶花卉,并能独立进行室内观叶花卉的繁殖栽培和养护管理。

关键概念

　　观叶花卉

相关理论知识

　　具备园林生态、植物栽培、植物营养和植物形态的基础知识。

9.1　概　　述

一、室内观叶植物的生态习性

　　室内观叶植物泛指原产于热带、亚热带,主要以赏叶为主,同时也兼赏茎、花、果的一个形态各异的植物群。由于受到原产地气象条件及生态遗传性的影响,在系统的生长发育过程中,室内观叶植物形成了基本的生态习性,即要求较高的温度、湿度,不耐强光。室内观叶植物的种类繁多,品种极其丰富,且形态各异,对环境条件的要求各异。

　　1. 温度

　　室内观叶植物要求较高温度,大多数适于在 20~30℃的环境中生长。冬季低温往往是限制室内观叶植物生长乃至生存的一大障碍。由于它们原产地纬度的不同及其形态结构上的差异,各种植物所能忍耐的最低温度也有差别。在栽培上,必须针对不同类型的室内观叶植物对温度需求的差别而区别对待,以满足各自的越冬要求。

　　2. 水分

　　室内观叶植物除个别种类比较耐干燥外,大多数在生长期都需要有比较充足的水分。水分包括土壤水分和空气中的水分两部分。室内观叶植物多是原产于热带、亚热带森林的附生植物和林下喜阴植物,空气中的水分对它们来讲显得特别重要。

　　此外,室内观叶植物对空气相对湿度的要求随着季节变化而有所不同。一般在旺盛生长期需要较充足的土壤水分和较高的空气相对湿度;休眠期则需要较少的水分,只要保证生理需要即可。春、夏季气温高,阳光强烈,遇到风大、空气干燥的天气,必须给予充足的水分;秋季气温较高,蒸发量也大,空气相对湿度较低,也须给予充足的水分;秋末及冬季气温低,阳光弱,则需水量较少。

3. 光照

观花植物开花时需要更多的光照,有的种类还需要一定的光周期,才能满足营养生长和生殖生长的需要。相对而言,室内观叶植物对光照的需要不如其他花卉那么强烈。室内观叶植物原来都在林荫下生长,所以更适于在半阴环境中栽培。但不同种类和不同品种在原产地林荫下所处层次的不同,以及植株形态结构的多样化,决定了它们对光照需求的不同。光照的影响是多方面的,其中光照度和光质是主要的两个方面。

二、室内观叶植物的繁殖方法

室内观叶植物种类繁多,形态各异,其繁殖方法与其他花卉相似,分有性繁殖和无性繁殖两种方法。

1. 有性繁殖

(1) 种子繁殖:与其他观花花卉相比,种子繁殖方法在室内观叶植物中并不多用。主要有以下 3 个方面的原因:① 室内观叶植物大多容易用无性繁殖,且无性繁殖成苗快,而种子繁殖成苗慢。② 许多观叶品种(如凤梨等)想要得到成熟的种子,必须通过人工授粉方能实现。③ 种子繁殖的后代性状不易稳定,容易使一些彩斑性状消失,失去应有的观赏价值。在培育新品种或大量繁殖时使用种子繁殖这一方法。

(2) 孢子繁殖:室内观叶植物中的蕨类植物在自然界中多靠孢子繁殖。蕨类大多生长于荫蔽、湿润的环境中,它的孢子成熟后自然散落在地表阴湿水苔上,发芽长成孢子体。所以在生产上可以利用其特点,采用孢子播种繁殖。

2. 无性繁殖

室内观叶植物以营养体生长及观赏为主,所以扦插繁殖是其主要的繁殖方法。还有些室内观叶植物经过一定的生长期后,其地下根茎就会自然地分蘖,成为一定量丛生的群体,此时可以分株进行繁殖。此外,有些室内观叶植物(如凤梨、吊兰、红脉竹芋等)在植株的基部或走茎萌生基芽、子芽,分株时也将其分切直接上盆,生根后即可形成新的植株。块茎类(如花叶芋等)多用分栽子球或分切带芽的新块茎进行繁殖。

室内观叶植物在栽培时要求有类似原产地的生长环境。选择栽培基质时,不仅应考虑其固有的养分含量,而且要考虑其保持和供给植物养分的能力。所以,栽培基质必须具备两个基本条件:① 物理性质好,即必须具有疏松、透气与保水、排水的性能。基质疏松、透气好,才能有利于根系的生长;保水好,可保证经常有充足的水分供植物生长发育需要;排水好,不会因积水导致根系腐烂。此外基质还应疏松、质地轻,便于运输和管理。② 化学性质好,即要求有足够的养分,持肥、保肥能力强,以供植物不断吸收利用。

9.2　室内常用草本观叶类花卉

1. 吊兰 *Chlorophytum comosum*（图 9-1）

科属：百合科吊兰属。

别名：垂盆草、桂兰、钩兰、折鹤兰、蜘蛛草、飞机草。

英文名：tufted bracketplant。

产地分布：吊兰原产于非洲南部,在世界各地广为栽培。

形态特征：吊兰是多年生常绿观叶植物,具簇生的圆柱形肥大须根和根状茎。叶基生,呈条形至条状披针形,狭长,柔韧似兰,叶长 20~45 cm、宽 1~2 cm,顶端长、渐尖;基部抱茎,着生于短茎上。吊兰的最大特点在于成熟的植株会不

图 9-1　吊兰

时长出走茎,长 30~60 cm,先端均会长出小植株。花葶细长,长于叶,弯垂;总状花序单一或分枝,有时还在花序的上部节上簇生 2~8 cm 的条形叶丛;花呈白色,数朵 1 簇,疏离地散生在花序轴上。花期在春、夏之间,冬季在室内也可开花。

生态习性：性喜温暖、湿润、半阴的环境。它的适应性强,较耐旱、耐寒。不择土壤,在疏松的沙质壤土中生长较佳。对光线要求不严,一般适宜在中等光线条件下生长,亦耐弱光。生长适温为 15~25℃,越冬温度为 5℃。

繁殖与栽培：吊兰可用分株繁殖。除冬季气温过低不适于分株外,其他季节均可进行。将盆栽 2~3 年的植株,在春季换盆时将密集的盆苗去掉旧培养土,分成两至数丛,分别盆栽成为新株。吊兰也可利用走茎上的小植株繁殖。在生长季剪取走茎上的小植株,种植在培养土或水中,待小植株长根后移植至盆中。此外,还可用种子播种,但一般少用。

吊兰盆栽常用腐叶土或泥炭土、园土和河沙等量混合并加少量基肥作为基质。每 2~3 年换盆 1 次,重新调制培养土。其肉质根贮水组织发达,抗旱力较强。在 3—9 月生长旺期需水量较大,要经常浇水及喷雾,以增加湿度;秋后逐渐减少浇水量,以提高植株的抗寒能力。在生长旺期要每月施 2 次稀薄液肥。肥料以氮肥为主,但金心和金边品种不宜施氮肥过量,否则叶片的线斑会变得不明显。吊兰喜半阴环境,如放置地点光线过强或不足,叶片就容易变成淡绿色或黄绿色,缺乏生气,失去应有的观赏价值,甚至干枯而死;如阳光直射,空气干燥,最容易引起吊兰枯焦,所以应置于阴凉通风处,并注意保持环境的湿度。吊兰不易发生病虫害,但如盆土积水且通风不良,除会导致烂根外,也可能会发生根腐病,应注意喷药防治。

常见栽培种（变种）：目前吊兰的园艺品种除了纯绿叶之外,还有大叶吊兰、金心吊兰和金边吊兰 3 种。前二者的叶缘呈绿色,而叶的中间为黄白色;金边吊兰则相反,绿叶边缘两侧镶有黄白色条纹。其中大叶吊兰的株型较大,叶片较宽大,叶色柔和,属于高雅的室内观叶植物。

园林应用：吊兰是最为传统的居室垂吊植物之一。它的叶片细长柔软,从叶腋中抽生的匍匐

茎长有小植株,由盆沿向下垂,舒展散垂,似花朵,四季常绿;它既刚且柔,形似展翅跳跃的仙鹤,故古有"折鹤兰"之称。总之,它那特殊的外形构成了独特的悬挂景观和立体美感,可起到别致的点缀效果。吊兰不仅是居室内极佳的悬垂观叶植物,而且也是一种良好的室内空气净化花卉。吊兰具有极强的吸收有毒气体功能,一般房间养一两盆吊兰,即可吸收空气中的有毒气体,故吊兰又有"绿色净化器"之美称。

2. 红苞喜林芋 *Philodendron erubescens*(图 9-2)

科属:天南星科喜林芋属。

别名:喜林芋。

英文名:redbract philodendron,blushing philodendron。

产地分布:红苞喜林芋原产于美洲热带,世界各地多有引种,我国南北均有栽培。

形态特征:红苞喜林芋是天南星科喜林芋属的常绿藤本植物。叶鞘顶部常为舌状,叶片较肥厚,呈椭圆形,顶部尖,基部呈心形,边缘有不规则浅裂,呈翠绿色至深绿色。节间有气根,攀附力强。佛焰苞肥厚,肉穗花序从中抽出,成为烛状花。

生态习性:红苞喜林芋原为热带雨林中的植物,喜静风、温湿气候,忌干风,抗寒力低。我国除华南南部地区可在露地安全越冬、用作室外园林绿化外,其余绝大部分地区均只能盆栽,作室内陈列或攀附于室内墙壁,室温保持在 10℃ 以上。喜弱光,能耐荫蔽,但长期光照过弱也不宜。

图 9-2 红苞喜林芋

繁殖与栽培:喜肥沃、湿润的土壤,耐水湿,不耐干旱,喜肥力持久、持水性强的腐殖土,黏重土不宜。地植宜挖大坎,客土施基肥。抽藤后每隔 1~2 个月施氮肥水 1 次。盆栽宜用塘泥或腐殖土,拌施饼肥或复合肥,少施氮肥,以免藤蔓生长过快,增加修剪人工。管理中应不时修剪老茎或分枝,及时进行攀附。主要用扦插法育苗,也可用压条法繁殖。扦插于春末至夏初,气温在 22℃ 左右时进行,嫩茎或较老的茎均可作插穗。扦插方法如绿萝等,成活率亦可达 90% 以上。压条育苗亦如绿萝等。扦插苗和压条苗当年可出圃定植,翌年即可成景。

园林应用:红苞喜林芋为重要观赏藤本植物,适宜种植在公园、水滨、棚架等处作立体绿化,也宜用于门辕、茶座厅等建筑物的内部装饰。园林中多用大盆栽植,中间设立柱或支架,攀缘为大型盆景,陈列于厅堂、会议室或楼梯转角等处,用以美化居室环境。同属绒叶喜林芋:叶片较薄,为优美观叶藤。

3. 竹芋类 *Maranta* spp.

科属:竹芋科竹芋属。

英文名:maranta arrowroot。

产地分布:竹芋类原产于南美洲热带雨林。

形态特征:本属植物株型矮小,大多数种类的地下部分具有块状根,叶片呈圆形或卵形,具各色美丽的斑纹,为主要欣赏部位。

生态习性:竹芋类喜温暖、湿润和半阴环境,不耐寒,越冬温度不低于 10℃,不耐高温,夏季温度超过 32℃,会抑制植株生长。忌强光暴晒,以肥沃、疏松、排水良好的微酸性腐叶土为好。

繁殖与栽培：竹芋类以分株及扦插繁殖。分株结合早春换盆,气温达到15℃以上时进行。去除宿土将根状茎扒出,选取健壮整齐的幼株分别上盆;栽后充分浇水并置于半阴处养护。扦插,切取带2~3叶的幼茎,插于沙床中,半个月可生根。

竹芋属植物在夏秋季节以半阴环境为好,甚怕强光。不耐土壤和空气干燥,在生长期,盆土要保持湿润,并且每天向叶面喷水,增加空气相对湿度。秋后盆土保持在越冬温度10℃,置于散射光充足处,保持盆土稍干燥,可以保持地上叶片不凋,叶色亮丽。盆栽竹芋属植物根系较浅,多用浅盆栽植。生长数年的成株,茎过于伸长,破坏株形,应及时修剪,剪下的枝叶可用于扦插;同时,地下根状茎易老化,萌枝力减弱,应重新分株更新。

常见栽培种(品种):竹芋(*M. arundinacea*):又称为麦伦脱、葛郁金,多年生草本植物。株高可达60~180 cm。地下部分具块状根茎,呈白色,地上茎细,多分枝,丛生。叶具长柄,呈卵状长圆形至卵状披针形,端尖,呈绿色有光泽,叶背色淡。总状花序,顶生,花白色。原产于墨西哥至南美洲,不耐寒,喜半阴环境;适宜疏松、通气、排水良好的壤土。

二色竹芋(*M. bicolor*)(图9-3):又称为花叶竹芋,多年生常绿草本植物。株高可达1 m以上。叶片呈长椭圆形,长25~30 cm,宽8~15 cm。主脉两侧有白色带与暗绿色带交互呈羽状排列。叶背及叶柄呈紫红色。茎上有细茸毛。该品种原产于巴西、哥斯达黎加,喜温暖、湿润和半阴的环境。忌酷暑烈日暴晒。适宜疏松、肥沃、排水良好的壤土。

白脉竹芋(*M. leuconeura*):又称为条纹竹芋,为多年生常绿草本植物。茎短,表面呈灰绿色,有光泽,主脉及侧脉为白色,边缘有暗绿色斑点,叶背呈青紫色,具短柄。该品种原产于巴西,喜温暖、湿润的环境。适宜疏松、肥沃、排水良好的壤土。

图9-3　二色竹芋

豹纹竹芋(*Maranta leuconeura*):多年生常绿草本植物,植株低矮,常匍匐生长。叶倒卵形,叶长7~10 cm,宽4~6 cm,色呈鲜绿,主脉两侧有黑绿色条纹交错排列。新长出的叶片,叶面为白绿色,更加雅致。该品种性喜温暖、湿润和半阴环境。栽培以松软、透气的壤土为宜。浇水过多会引起烂根。繁殖力强,采用分株繁殖,温度适宜,四季均可栽培。豹纹肖竹芋植株矮小,多与中、高型观叶植物搭配,摆设在橱窗、花架或案头上,显得特别雅致,亦可作吊盆悬挂。

园林应用:叶形优美丰富,颜色漂亮多变,盆栽观赏效果甚好,在室内摆放的时间长,周年可供观赏,而且管理简便。进口竹芋进入市场后一直为消费者所钟爱,市场需求猛增,成为观叶植物家族中的新亮点。竹芋品种众多,双线竹芋与豹纹竹芋是其中的佼佼者。

4. 椒草类 *Peperomia* spp.

科属:胡椒科椒草属。

英文名:pepper。

产地分布:椒草品种繁多,全世界有1 000多种。广泛分布于热带、亚热带地区,尤其是美洲;原产于我国的有9种。

形态特征：椒草有两种类型：一种是直立型的，从植株基部分枝；另一种是丛生型的，即根出叶，没有明显的基部，从植株基部丛生叶片，大部分椒草属于这一类。性喜高温、高湿与半阴环境。光线太强会引起叶变色。耐寒性强，直立性的品种，一般 5℃以上就可安全越冬。丛生型的品种，耐寒力较直立型品种差，越冬温度宜稍高，10℃以上。椒草虽然喜湿，但它的厚叶可以贮藏水分，因而也耐旱。

生态习性：椒草盆栽最好采用通气、排水良好的疏松土壤作为基质。一般以腐叶土或泥炭土为主，掺和河沙及部分基肥，生长期应充分浇水，但每次浇水不宜太多，以免引起腐烂死亡；一般只要保持盆土均匀、湿润即可，同时注意在叶周围喷雾，以提高空气相对湿度，秋末及冬季应减少浇水量，以增强植株耐寒能力。生长期间每个月施稀薄液肥 1 次，使其生长健壮、叶色鲜艳。椒草品种有绿叶和斑叶之分，且它们对光线的要求也有别。一般具有绿叶的椒草品种在微弱光线下亦能生长良好；斑叶品种，在微弱光线下往往会使斑纹消失，大大降低原有的观赏价值，所以应给予明亮的散射光。

繁殖与栽培：椒草的繁殖可用茎插、叶插或分株，但不同类型的品种所采用的方法有别。直立型椒草（如花叶椒草、玲珑椒草、五彩椒草）都是用扦插法。扦插时期在 5—10 月。剪取茎部先端的 3~4 节为插穗，顶端保留 1~2 枚叶片；剪下后稍晾干，使切口干燥，然后再插于河沙、珍珠岩或蛭石培成的苗床中。丛生性椒草（如西瓜皮椒草、皱叶椒草）可用分株或叶插法，时期也在 5—10 月，叶插繁殖即在植株上切取生长充实的叶片，保留叶柄 2~3 cm；晾干后斜插于苗床中，保持湿润；待其发生不定根与不定芽后移植上盆。生长茂密的丛生型椒草亦可利用换盆时进行分株繁殖。值得注意的是，无论是茎插或叶插，插床都不可过湿，以免肉质插穗发生腐烂。

常见栽培种（品种）：西瓜皮椒草（*Peperomia argyreia*）（图 9-4）：又称为西瓜皮。原产于巴西。为根出叶，株高 20~30 cm。叶近基生，呈倒卵形；叶长 3~4 cm、宽 2~4 cm；厚而有光泽、半革质；叶面绿色，叶背红色，在绿色叶面的主脉间有鲜明的银白色斑带，状似西瓜皮的斑纹，故名。花细小，为白色。栽培要求用疏松、排水良好的腐殖土或泥炭土。

皱叶椒草（*P. caperata*）：皱叶椒草又称为四棱椒草。茎极短，株高约 20 cm。呈小型丛生状。叶片心形多皱，叶长 3~5 cm、宽 2~2.5 cm；叶面暗褐绿色，带有天鹅绒光泽，叶背灰绿色。肉穗花序，白绿色细长。

图 9-4　西瓜皮椒草

花叶椒草（*P. tithymaloides*）：花叶椒草又称为花叶豆瓣绿、乳纹椒草。原产于巴西。为蔓生草本植物。茎为茶褐色，肉质。叶宽卵形，长 5~12 cm、宽 3~5 cm；叶绿色，带黄色的花斑。

园林应用：椒草作为世界著名的观叶植物，其叶片肥厚、光亮翠绿、四季常青、株形美观，给人以小巧玲珑之感。适合于小盆种植，是家庭和办公场所理想的美化、观叶植物，常用于布置窗台、书案、茶几等处，其蔓性种类又为理想的悬吊植物。又因其在乔木或灌木等荫蔽下生长繁茂，故又为很好的地被和岩石园观赏植物。它的观赏价值高，管理简单，适应性强，有较强的耐阴能力,在较明亮的室内可连续观赏 1~2 个月,是一类很有推广价值的室内观叶植物。

5. 红网纹草 *Fittonia verschaffeltii*(图 9-5)

科属:爵床科网纹草属。

别名:费通草。

英文名:painted net leaf。

产地分布:红网纹草原产于南美秘鲁。

形态特征:红网纹草为多年生常绿草本植物。植株低矮,呈匍匐状,匍匐茎节处易生根。叶对生,卵圆形,红色叶脉纵横交替,形成网状。叶柄与茎上有茸毛。顶生穗状花序,花黄色。

生态习性:喜高温多湿和半阴环境。红网纹草对温度特别敏感,生长适温为 18~24℃。冬季温度不低于 13℃,13~16℃可维持正常生长。温度在 13℃以下,生长停止,部分叶片开始脱落,但

图 9-5　红网纹草

茎干不会受冻,如室温回升到 18℃以上,可继续萌发新叶。若温度低于 8℃,植株受冻死亡。红网纹草宜多湿环境,生长期需较高的空气相对湿度,特别是夏季高温季节,水分蒸发量大,空气干燥,除浇水增加盆土湿度以外,叶面喷水和地面洒水更加必要。保持较高的空气相对湿度,有利于红网纹草的茎叶生长。但盆土排水要好,不能积水,叶片也不能长期浸泡在水雾之中,否则叶片色泽变白,容易引起脱落和腐烂。但在冬季或阴雨天,盆土可稍干燥些,空气湿度要适中。红网纹草以散射光最好,忌直射光。夏季需设遮阳网,以 50%~60% 遮光率最适宜。冬季需充足阳光,中午时稍遮阴保护,雨雪天增加辅助光,叶片就会生长健壮,叶色翠绿,叶脉清楚。若长期过于荫蔽,茎叶易徒长,叶片观赏价值欠佳。土壤宜用含腐殖质丰富的沙质壤土。

繁殖与栽培:红网纹草常用扦插、分株和组培繁殖。在适宜的温度条件下,全年可以扦插繁殖,以 5—9 月温度稍高时扦插效果最好。从长出盆面的匍匐茎上剪取插条,长 10 cm 左右,一般需有 3~4 个茎节,去除下部叶片,稍晾干后插入沙床。如扦插土壤的温度在 24~30℃时,插后 7~14 天可生根;若温度过低,插条生根较困难,一般在插后 1 个月可移栽上盆。

分株繁殖:对茎叶生长比较密集的植株,有不少匍匐茎节上已长出不定根,只要匍匐茎在 10 cm 以上带根剪下,都可直接盆栽,在半阴处恢复 1~2 周后转入正常养护。

盆栽红网纹草用 8~10 cm 的盆或 12~15 cm 的吊盆。盆栽土常用培养土、泥炭土和粗沙的混合基质,也可用椰壳、珍珠岩混合基质进行无土栽培。10 cm 盆栽 3 棵扦插苗,15 cm 吊盆栽 5 棵扦插苗。促使茎叶尽快覆盖盆面,成为商品。当苗具 3~4 对叶片时摘心 1 次,促使多分枝,控制植株高度,达到枝繁叶茂。生长期每半月施肥 1 次。由于枝叶密生,施肥时注意肥液勿接触叶面,以免造成肥害。也可施用"卉友 20-20-20"通用肥,对红网纹草生长更为有利,植株更加干净、清洁。生长期使用 0.05%~0.1% 硫酸锰溶液喷洒叶片 1~2 次,使红网纹草的叶片更加翠绿、娇洁。一般红网纹草栽培到翌年要修剪匍匐茎,促使萌发新叶再度观赏。第 3 年应重新扦插更新,否则老株茎节密集,生长势减弱,观赏性欠佳。

常见栽培种(品种):目前,市场上网纹草类品种繁多,叶色各异。常见本属观赏种类有白网纹草,匍匐茎,有粗毛,叶片卵圆形,翠绿色,叶脉呈银白色。小叶白网纹草,为矮生品种,株高

10 cm,叶小,叶长 3~4 cm、宽 2~3 cm,叶片呈淡绿色,叶脉呈银白色。大网纹草,茎直立、多分枝,叶先端有短尖,叶脉为洋红色。

园林应用:叶片清新美观,特别适合于盆栽观赏。用它摆放在宾馆、商厦、机场的休息室、橱窗、大厅,无论单放或成片摆设,都能有较好效果。盆栽或吊盆用于居室点缀,摆放在书桌、茶几或窗台上,翠绿清秀,轻快柔和,让人感到新鲜、舒畅。小叶网纹草在欧美还常用于制作瓶景或箱景观赏,也别具一格。

6. 花叶芋 *Caladium bicolor* (图 9-6)

科属:天南星科花叶芋属。

别名:彩叶芋、二色芋。

英文名:caladium,angel-wing。

产地分布:花叶芋原产于南美巴西。

形态特征:花叶芋为多年生草本植物。地下具膨大块茎,扁球形。基生叶盾状箭形或心形,绿色,具白、粉、深红等色斑,佛焰苞呈绿色,上部为绿白色,呈壳状。常见同属观赏种有杂种花叶芋。其栽培品种繁多,按叶脉颜色可分为绿脉、白脉、红脉 3 大类。绿脉类:'白鹭':叶白色,主脉及边缘呈绿色;'白雪公主':小叶种,叶纯白色,主脉及边缘为深绿色;'洛德''德比':叶玫

图 9-6　花叶芋

瑰红色,边缘皱褶,主脉及叶缘呈绿色;'克里斯夫人':叶面呈白色,叶面具血红色斑纹,主脉及叶缘呈深绿色;'玛丽·莫伊尔':叶呈纯白色,主脉呈深绿色,叶面有血红色斑块。白脉类:'穆菲特小姐':叶淡绿色,主脉白色,叶面具深红色小斑点;'主题':大叶种,叶中心为乳白色,叶缘为绿色,主脉为白色,叶面嵌有深红斑块;'荣誉':叶长披针形,叶面呈粉红至乳白色,叶缘绿色,基部玫瑰红色,主脉白色;'乔戴':叶小,心形,叶脉为白色,脉间具红色斑块,叶缘为绿色。红脉类:'雪后':叶为白色,略皱,主脉为红色;'冠石':大叶种,叶呈深绿色,具白色斑点,主脉呈橙红色;'阿塔拉':大叶种,叶面具粉红和绿色斑纹,主脉具红色;'血心':叶片中心为玫瑰红色,外围为白色,叶缘为绿色,脉为深红色;'红美':大叶种,叶为玫瑰红色,主脉为红色,叶缘为绿色;'红色火焰':叶玫瑰红色,中心深紫红色,周围具白色斑纹,主脉呈红色。另外有小叶花叶芋:叶小,卵圆心形,叶脉为深绿色,叶面具乳白色不规则斑纹。

生态习性:喜高温、多湿和半阴环境,不耐寒。生长期在 6—10 月,适温为 21~27℃;10 月至翌年 6 月为块茎休眠期,适温 18~24℃。生长期低于 18℃,叶片生长不挺拔,新叶萌发较困难。气温高于 30℃新叶萌发快,叶片柔薄,观叶期缩短。块茎休眠期如室温低于 15℃,块茎极易腐烂。

繁殖与栽培:花叶芋常用分株繁殖。5 月,在块茎萌芽前,将周围的小块茎剥下。若块茎有伤口,则用草木灰或硫黄粉涂抹,晾干数日,待伤口干燥后盆栽。为了发芽整齐,可先行催芽,将块茎排列在沙床上,覆盖 1 cm 的细沙,保持沙床湿润,室温为 20~22℃,待发芽生根后盆栽。块茎较大、芽点较多的母球,可进行分割繁殖。用刀切割带芽块茎,待切面干燥、愈合后再盆栽。

花叶芋要求土壤肥沃、疏松和排水良好的腐叶土或泥炭土。土壤过湿或干旱对花叶芋的叶片生长不利,块茎湿度过大容易腐烂。花叶芋喜散射光,烈日暴晒叶片易发生灼伤现象,叶色模

糊,脉纹暗淡,观赏性差。如遮阴时间过长,叶片柔嫩,叶柄伸长,叶色不鲜,叶柄容易折断。因此,花叶芋对光线的反应比较敏感,必须严格掌握。盆栽花叶芋,一般采用 12~15 cm 的盆,每盆视块茎大小可栽 3~5 个块茎。栽植后土壤保持湿润,在 20~25℃的条件下很快萌芽展叶。在 6—10 月展叶观赏期间,特别在盛夏季节,要保持较高的空气相对湿度,每天喷水,每半月施肥 1 次。红叶品种可多见阳光,使色彩更加鲜艳,但要避免强光直射,以免灼伤叶片。展叶期见变黄下垂的老叶要及时剪除,不能用手拔,否则影响根系生长。待地上部分全部枯萎后,可挖出块茎放在通风处,干燥后进行沙藏,室温保持在 15℃以上。

观赏特性:花叶芋绿叶嵌红、白斑点似锦如霞,加上白叶绿脉、红叶白脉,更加艳丽夺目。作为室内盆栽配置在案头、窗台,极为雅致。在热带地区可室外栽培观赏,点缀花坛、花境,十分潇洒、动人。

7. 肖竹芋类 *Calathea* spp.

科属:竹芋科肖竹芋属(斑叶竹芋属)。

英文名:calathea。

产地分布:肖竹芋类大多原产于巴西,分布在南美洲至中美洲的热带地区,部分产于非洲以及大洋洲与印度尼西亚之间的群岛,生长于热带雨林。我国的广东、广西、云南可露地栽培。

形态特征:叶片密集丛生,叶柄从根状茎长出。叶单生,平滑,具蜡质光泽,全缘,革质。穗状或圆锥状花序自叶丛中抽出,小花密集着生。绝大多数种类具有美丽的叶片,叶面斑纹及颜色的变化极为丰富,并且幼叶与老叶常具有不同的色彩变化。

生态习性:喜温暖、湿润的半阴环境。不宜强光直射,但过阴则叶柄较弱,叶片失去特有的光泽。不耐寒,越冬温度须高于 10℃。生长期需较高的空气相对湿度,但盆土浇水过量可能引起根腐烂。要求排水良好、富含腐殖质的肥沃、沙质壤土。

繁殖与栽培:肖竹芋以分株繁殖。春秋皆可进行,气温在 20℃以上,通常以每 3~5 芽为 1 丛栽植,用新的培养土栽培上盆。上盆初期应适当控水,待发出新根后,再充分灌水。

常见栽培种(品种):彩虹肖竹芋(*C. roseopicta*):又称玫瑰竹芋、彩叶竹芋、红边肖竹芋。植株矮生,株高 20~30 cm。叶片长 15~20 cm;叶面呈橄榄绿色,叶脉两侧排列墨绿色线条纹,叶脉和叶缘有黄色条纹,犹如金链,叶背有紫红斑块。有时条纹可能会褪色,呈银白色。适宜于室内小型盆栽。

箭羽肖竹芋(*C. insignis*, *C. lancifolia*)(图 9-7):又称披针叶竹芋、花叶葛郁金、紫背肖竹芋、猫眼竹芋。叶披针形至椭圆形,直立伸展,长可达 50 cm,形状恰似鸟类的羽毛;叶面呈灰绿色,边缘色稍深,与侧脉平行,又嵌有大小交替的深绿色斑纹,叶背呈红色;叶缘似波浪状起伏。整个叶片富于浪漫情趣。

斑叶肖竹芋(*C. zebrine*):又称绒叶肖竹芋、斑纹竹芋、斑马竹芋。株高 30~80 cm。叶大,长圆形;叶面有浅绿色和深绿色交织的斑马状的阔羽

图 9-7 箭羽肖竹芋

状条纹,具天鹅绒光泽,叶背初为灰绿色,随后变成紫红色。

黄花肖竹芋(*C.crocata*):又称金花肖竹芋、金花冬叶、黄苞竹芋。株高 20~80 cm。叶椭圆形;叶面呈暗绿色,叶背红褐色。花为橘黄色;花期为 6—10 月。花叶观赏价值俱佳。

孔雀肖竹芋(*C. makoyana*):别名孔雀竹芋、马寇兰花蕉,英文名 peacock plant。多年生常绿草本植物。株高 20~35 cm,叶片薄,革质,阔椭圆形,叶长 10~20 cm,宽 5~6 cm,呈黄绿色,主脉两侧交互排列羽状暗绿色斑纹,状如美丽的孔雀尾羽。古城孔雀肖竹芋:叶背带紫红色,叶柄呈深紫红色。

丽叶斑纹竹芋(*Calathea picturata*):株高约 90 cm,叶阔披针形,叶柄长,叶缘具波浪状,叶片多,向上坚挺。叶面呈黄绿色,沿侧脉两侧有斜向、绿色、大块不等的斑条,此斑条呈突起状,很有规则地镶嵌在叶面上,十分美观。

圆叶竹芋(*Calathea lorisae*):株高 40~60 cm,具根状茎,叶柄为绿色,直接从根状茎上长出,叶片硕大,薄革质,卵圆形,新叶为翠绿色,老叶为青绿色,沿侧脉有排列整齐的银灰色宽条纹,叶缘有波状起伏。

园林应用:中、小型盆栽。肖竹芋属植物的株态秀雅,叶色绚丽多彩,斑纹奇异,犹如精工雕刻,别具一格,是优良的室内观叶植物。也是插花的珍贵衬叶。

8. 果子蔓凤梨 *Guzmania lingulata*(图 9-8)

科属:凤梨科果子蔓属。

别名:红杯凤梨、擎凤梨。

英文名:tongueshaped guzmania。

产地分布:原产于哥伦比亚、厄瓜多尔安第斯山脉的雨林中。

形态特征:果子蔓凤梨为多年生、附生性、常绿草本植物。株高 30 cm,叶舌状,基生,叶长达 40 cm,宽约 4 cm,弓状生长,全缘,呈绿色,有光泽。总花梗不分枝,挺立在叶丛中央,周围是鲜红色苞片,可观赏数月之久。花呈浅黄色,每朵花开 2~3 天。花期晚春至初夏。

图 9-8　果子蔓凤梨

生态习性:喜半阴、温暖、湿润环境,要求富含腐殖质、排水良好的土壤。

繁殖与栽培:花后叶腋多萌生侧芽,可切取扦插繁殖,1 个月后便可生根;也可将切取的侧芽用湿苔藓包裹,直接栽植在花盆内,保持湿润,即可生根。夏季应置于荫棚下养护,加强通风。在生长旺季,1 个月追施稀薄液肥 1 次,也可叶面喷施 0.1%~0.3% 的尿素等。秋末进温室栽培,生长适温为 16~18℃,最低温度应不低于 7℃。

园林应用:叶色终年常绿,花梗挺拔,色姿优美,是室内摆设佳品,还是受欢迎的切花。

9. 紫万年青 *Rhoeo discolor*(图 9-9)

科属:鸭跖草科紫万年青属。

别名:蚌兰、紫锦兰、紫万年青。

英文名:oyster plant,boat lily。

产地分布:原产于墨西哥和西印度群岛。

形态特征:紫万年青为常绿多年生草本植物,茎直立,高约 20 cm。叶呈莲座状,密生于茎顶,叶形为剑状,叶长 15~30 cm,宽 3~4 cm,基部抱茎,表面呈青绿色,背面紫色,花腋生,呈密集伞形花序,花小,花被片 6 枚,白色,生于 2 枚蚌壳状紫色大苞片内,花期在 8—10 月。

生态习性:喜温暖、湿润、光线充足的环境。不耐寒,不可低于 5℃,夏季不宜阳光暴晒,应置于适当遮阴处,宜疏松、肥沃、排水良好的土壤。

图 9-9　紫万年青

繁殖与栽培:紫万年青用播种、扦插、分株繁殖。播种于春天在温室中进行,播前须浸种半小时,发芽室温为 18~25℃,约 7 天发芽。扦插任何时间均可进行,剪取顶端嫩枝,长 8~10 cm,为插穗,只留顶部 2 枚叶片,插入沙床中,保持湿润,半月可生根。分株于春季结合换盆进行,切下母株旁带根的萌蘖,另行分栽上盆即可。

园林应用:叶面、叶背色彩不同,全年生机盎然,紫色苞片形似蚌壳,白色小花点缀其间,奇特而美丽,有较高观赏价值,是优美的盆栽、观叶植物。

10. 吊竹梅 *Zebrina pendula*(图 9-10)

科属:鸭跖草科吊竹梅属。

别名:吊竹草、吊竹兰、斑叶鸭跖草、水竹草。

英文名:inch plant,wanderingiew zebrina。

产地分布:吊竹梅原产于墨西哥。

形态特征:吊竹梅为多年生常绿草本植物。茎细弱,稍肉质,多分枝,匍匐或下垂,疏生柔毛。叶互生,基部呈鞘状,叶长卵形,叶长 7 cm,宽 4 cm 左右,全缘,先端渐尖;叶面具紫色及灰白色纵条纹,叶背为紫色,叶鞘有毛。花序腋生,呈粉红色,多数聚生于 2 枚紫红色叶状苞内。花期夏季。

生态习性:喜温暖、湿润,不耐寒,越冬温度为 10℃左右;在光照充足的条件下,生长健壮,茎粗叶密,叶色艳丽,但忌强光,也颇耐阴,若过阴则茎叶徒长,叶色变淡。宜生长在疏松、肥沃、排水良好的土壤。

图 9-10　吊竹梅

繁殖与栽培:吊竹梅可行扦插、分株和播种繁殖。扦插由春至秋均可进行。剪取顶端的嫩枝 8~10 cm 为插穗,仅留顶端的 2 枚叶片,插入沙床中,保持湿润,半月可生根。因生根容易,插后不萎蔫,茎叶仍艳丽如初,常带较多叶片,插后即可销售。分株于春季结合换盆进行切离母株旁带根的萌蘖,分栽即可。亦可将栽植母株的花盆置于地上,则茎节着地生根,切断茎节即可上盆。播种于春天在温室盆播,适温为 18~25℃,约 7 天发芽,秋天就可上市。吊竹梅适应性强,栽培管理简单。盆土可用腐叶土、泥炭土和河沙等量混合而成,再加入适量基肥。生长期应保持充足的光照、较高的空气相对湿度和盆土的湿润;每半月追肥 1 次,夏天在荫棚下栽培,冬季放于室内光线充足,通风良好处;生长适温为 15~25℃,低于 8℃即停止生长,每年春季换盆 1 次。

园林应用:株形丰满,匍匐下垂,叶片紫白相间,四季常青,是常见的室内观叶花卉,尤以吊盆观赏。

11. 花叶万年青 *Dieffenbachia picta*(图 9-11)

科属:天南星科花叶万年青属。

别名:黛粉叶。

英文名:spotted dumbcane。

产地分布:原产于巴西。

形态特征:多年生常绿亚灌木状草本植物,茎秆直立,粗壮,少分枝,表皮呈灰绿色,叶大,集生茎端部,呈长椭圆形,全缘,叶长 15~30 cm,宽约 15 cm,叶面为深绿色,具白色或淡黄色不规则的斑块,佛焰苞卵圆形,长约 10 cm,为绿色,肉穗花序色淡。园艺变种有:狭叶花叶万年青:叶较窄,有白色斑纹。白柄花叶万年青:叶柄与中脉为白色,叶片有白斑,产于巴西。白纹花叶万年

图 9-11 花叶万年青

青:茎较细弱,叶细长,有光泽,为深绿色,主脉两侧有箭状、斜向的乳白色斑纹。斑点花叶万年青:叶柄细长,具白色细点,叶脉间散布黄绿色和白色的斑点。

生态习性:喜高温、多湿的半阴环境,忌强烈日光,生长室温为 18~25℃。冬季生长温度在 15℃以上,如低于 10℃则叶片发黄脱落。要求疏松、肥沃、排水良好的土壤。

繁殖与栽培:花叶万年青多用扦插繁殖,茎插、枝插均可。花叶万年青喜肥,生长期可追肥 2~3 次。高温、干燥易生红蜘蛛和蚜虫,通风不良常发生介壳虫,应经常检查,及时防除。

园林应用:花叶万年青挺拔直立,气势雄伟,叶色秀丽,四季常青,是受人们欢迎的室内观叶植物。其汁液有毒,不可误食,慎防汁液沾染人体的黏膜部分。

12. 天门冬 *Asparagus* spp.(图 9-12)

科属:百合科,天门冬属。

英文名:asparagus。

产地分布:同属植物有 300 余种,多数原产于热带。我国有 24 种,分布于南北各地。

形态特征:根系稍肉质,具小块根,茎柔软丛生,叶片多退化,呈鳞片状,其叶实为窄细叶

图 9-12 天门冬

状茎。

生态习性：喜温暖、湿润的气候条件，耐寒，可耐 2~3℃低温，不耐高温，气温高于 32℃时停止生长，室内以明亮的散射光为好，耐半阴。

繁殖与栽培：播种或分株繁殖。在 2—4 月份种子成熟后，去掉果皮，晒干，可随采随播或沙藏。播种前浸种 24 h，将种子点播于湿润沙土中，保持在 15~20℃，经过 30~40 天发芽出土；或在春季换盆时结合分株繁殖。夏季阳光直射，极易造成叶片发黄、焦灼。生长季要保证水分供应，尤其是空气湿润，干旱或积水则生长不良。生长期浇水过多，易叶片发黄、脱落、烂根。春夏为生长旺季，要保证充足水、肥，秋后要控制水肥。冬季入室，置于光照充足处，经常向叶面喷水，保持空气湿润，有利于叶色亮丽。果实变为鲜红色。

常见栽培种(品种)：文竹(*A. Setaceus*)：又称为云片竹、山草、云竹、羽毛天门冬。为多年生攀缘性草本植物。幼时茎直立，生长多年可长达几米以上；茎细，绿色，其上具三角形倒刺。叶状枝纤细，刚毛状，6~12 枚成簇，水平排列呈羽毛状。在 6—7 月开花，小型，白色。浆果黑色，呈球形。有低矮的栽培品种。茎叶纤细，质感轻柔，叶状枝成层分布，亭亭玉立，恰似缩小的迎客松，小型盆栽或点缀于山石盆景，或置于案头、茶几，显得格外幽雅、宁静。成龄植株攀附于各种造型的支架上，置于书房、客厅、窗前，犹如拨云散影，情趣盎然。

'狐尾天门冬'(*A. densiflorus* 'Myers')：'狐尾天门冬'又称为狐尾天冬、非洲天门冬、万年青、狐尾武竹。株高 30~50 cm。茎自植株基部以放射形长出，直立向上。叶状枝密生，呈圆筒状、针状但柔软，形似狐尾。应用于盆栽观叶或切叶。

绣球松(*A. umbellatus*)：又称为松叶天冬、密叶天冬。常绿亚灌木。具纺锤状块根。株高可达 1 m 左右。茎直立，丛生，多分枝，茎上有刺。叶状枝，呈针形，密集簇生，呈浓绿色，犹如小松针。小花呈白色，有香气。可盆栽观赏，宛如小松树，为重要的切叶花卉。

天冬草(*A. densiflorus* var. *sprengeri*)：天冬草又称为密叶武竹，株高 30 cm，茎蔓性，呈拱枝状。叶翠绿，浆果红色。用于花坛布置。

园林应用：株丛茂密，色浓绿或翠绿。"叶"细碎，质感柔和，是美丽的绿色植物。一些种类适宜在室内盆栽或垂直绿化，一些可用于花坛，也是重要的切叶花卉。

13. 龟背竹 *Monstera deliciosa*(图 9-13)

科属：天南星科龟背竹属。

别名：蓬莱蕉、电线草、穿孔喜林芋、团龙竹。

英文名：ceriman，splitleaf philodendron，window plant。

产地分布：龟背竹原产于美洲墨西哥的热带雨林中。我国云南西双版纳也有野生。

形态特性：龟背竹为攀缘藤本植物。茎粗，蔓长，节明显，其上生有细柱状气生根，呈褐色，形如电线，故称电线草。幼时叶片无裂口，呈心形，长大后叶片出现羽状深裂，叶脉间有椭圆形穿孔，其裂纹如龟背图案，故又称为龟背竹；成熟叶片长达 60~80 cm。

图 9-13　龟背竹

生态习性:喜温暖、多湿和半阴的环境。耐寒性强,越冬温度不低于 5℃;不耐高温,气温高于 35℃进入休眠;忌强光暴晒和干燥,光照时间越长,叶片生长越大,周边裂口越长、越深;也较耐阴,低光照条件下可放置数月,叶片仍然翠绿,夏日宜在半阴下栽培;不耐干旱;适宜富含腐殖质的中性、沙质壤土。

繁殖与栽培:龟背竹以扦插和播种方式繁殖。扦插繁殖:切取带 2~3 茎节的茎段,去除气生根,带叶或去叶插于沙土中,保持 25~30℃和较高湿度,20~30 天生根,当长出新芽时,即可上盆栽植。北方盆栽很少开花,可人工授粉得到种子。因种子粒大,播种前用 40℃温水浸种 10~12 h,点播于已消毒的盆土中,保持在 25~30℃,25~30 天发芽。实生苗生长迅速,可 2~3 株移植于同一盆中,攀附图腾柱生长,成立面美化,成型较快。但实生苗的叶片多不分裂和穿孔,观赏效果较差。

园林应用:龟背竹应用于大、中型盆栽或垂直绿化。叶形奇特而高雅,盆外数条细长的气生根生机勃勃,象征开拓与创新。其叶片及株形巨大,适宜于布置厅堂、会场、展览大厅等大型场所,豪迈大方。不宜与其他植物混合群植。为独特切叶材料。

14. 一叶兰 *Aspidistra elatior*(图 9-14)

科属:百合科蜘蛛抱蛋属。

别名:蜘蛛抱蛋、大叶万年青、箬兰。

英文名:common aspidistra。

产地分布:同属植物有 13 种,分布于亚洲的热带和亚热带地区。我国产 8 种,分布于长江以南的各省(区)。

形态特征:根状茎粗壮,横生于土壤表面。叶基生,丛生状;呈长椭圆形,深绿,叶缘呈波状;叶柄粗壮、挺直而长。花单生于短花茎,贴近土面,呈紫褐色,外面有深色斑点。球状浆果,成熟后果皮油亮,外形好似蜘蛛卵,靠在不规则、状似蜘蛛的块茎上生长,故得名"蜘蛛抱蛋"。

生态习性:野生于树林边缘或溪沟岩石旁,适应性强。喜温暖、湿润的半阴环境。耐阴性及耐寒性强,有"铁草"之称,可长期置于室内阴暗处养护,盆栽 0℃不受冻害,叶色翠绿,在室外栽植能耐 -9℃的低温。对土壤要求不严,以疏松、肥沃的壤土为宜。

图 9-14　一叶兰

繁殖与栽培:一叶兰以分株繁殖。早春新芽萌发之前,结合换盆进行。剪去枯老根和病残叶,带叶分割根状茎,每段带 3~5 个叶芽,即可分别上盆,浇足水,半年后可长满盆。生长期需薄肥勤施,水分充足,利于叶丛密集茂盛。夏、秋高温干旱期,叶面需常喷水,加强通风,否则介壳虫侵蚀叶柄和叶背,使叶面呈现点点黄斑。此期阳光暴晒,极易造成叶面灼伤。如果室内放置于半阴处的时间过长或室内空气相对湿度过低,叶片就会缺乏光泽,发生黄化,并影响来年新叶的萌发和生长,应定期更换至明亮处养护。尤其在新叶萌发生长期,不宜太阴,否则叶片细长,失去观赏价值。

园林应用:叶片浓绿光亮,质硬挺直,植株生长丰满,气氛宁静,整体观赏效果好,又耐阴、耐干旱,是室内盆栽观叶植物中的佳品。还可作切叶。

15. 冷水花 *Pilea notata*（图 9-15）

科属：荨麻科冷水花属。

别名：白雪草、花叶荨麻、铝叶草、透明草和水冰花。

英文名：common clearweed。

产地分布：原产于中南半岛，世界各国都有栽培。

形态特征：冷水花是多年生草本植物。地下根状茎横生，株高 15~50 cm，地上茎肉质，半透明，节间膨大，多汁，基部多分枝；叶对生，肉质，呈椭圆状卵形，叶缘上部具疏钝锯齿，下半部全缘，3 条主脉明显，脉间有银白色纵向条纹，似白雪飘落，条纹部分凸起似蟹壳状。新叶光泽明亮。花色呈白色。

图 9-15　冷水花

生态习性：自然状态下均为林间半阴处生长。适应性强，喜温暖、湿润和明亮光照，不耐寒，较耐阴。忌阳光暴晒，生长适温为 15~25℃，冬季温度不低于 5℃，对光照反应较敏感。叶面透亮具光泽。对土壤要求不严，以富含有机质的壤土最好。可放在室内光线明亮处。适应性强，病虫害少。

繁殖方法：冷水花以扦插、分株繁殖为主。在 20℃条件下，全年均可进行。插条剪取有顶端的枝条 8 cm 左右，除去下部叶片，插于湿沙中即可，也可水插。10~20 天可生根。分株繁殖，结合翻盆换土时进行。

栽培管理：① 生长旺盛期要经常修剪，注意通风。② 植株若多阳光直射则叶片变为褐色。③ 若长期放在背阴处，水又浇得过量，则徒长并打乱株形。④ 冷水花盆栽后生长较快，肥、水必须充足供给，夏季除每天浇水外，叶面需经常喷水。

园林应用：冷水花植株小巧可爱，叶片花纹美丽，适应散射光环境，是室内装饰佳品。是耐阴性强的室内装饰植物，适宜盆栽和吊盆栽培，也可作室内花园或片状地栽布置，南方常作地被植物。

16. 枪刀药 *Hypoestes purpurea*（图 9-16）

科属：爵床科枪刀药属。

别名：鹃泪草、红点草、嫣红蔓。

英文名：freckle face，pink polka-dot plant。

产地分布：枪刀药原产于非洲马达加斯加。

形态特征：枪刀药是多年生常绿草本植物，直立，方茎，基部半木质化，株高 40~60 cm，多分枝；单叶，对生，呈卵形或长卵形，全缘，具深绿色，叶面布满红色或白色斑点，有叶面呈银白色斑点的品种；花呈雪青色，夏、秋季开花。

图 9-16　枪刀药

生态习性：喜温暖湿润和半阴环境，如光照不足斑点会逐渐淡化。不耐寒，怕高温和强光直射，怕干风和供水不足。生长适温为 20~28℃，耐热，喜疏松、肥沃和排水良好的微酸性沙质壤土。

繁殖与栽培:枪刀药在生长期扦插。近年来有用种子繁殖。秋、冬季待土干再浇水,夏季最好每日浇水 1 次。

园林应用:枪刀药适于盆栽观赏,也可成片栽植,布置花坛、花境等。

17. 镜面掌 *Pilea peperomioides*(图 9-17)

科属:荨麻科冷水花属。

别名:镜面草、金钱草、翠屏草、一点金。

英文名:peperomialike clearweed。

产地分布:原产于我国云南省西北部,海拔 2 000 m 左右的悬崖峭壁或岩洞阴处。

形态特征:镜面掌是多年生常绿草本植物。株高 35~40 cm。茎极短,粗壮,肉质,呈棕褐色。老茎木质化,节上有深褐色托叶和叶痕,叶近丛生,呈圆形或卵圆形,盾状着生,革质,表面有光泽,呈鲜绿色,具长柄,似一面手镜。

图 9-17　镜面掌

生态习性:喜温暖、湿润及适度遮阴环境,在光线充足的室内也能生长良好。忌阳光直射。较为耐寒,但低于 0℃即受冻害。生长适温为 20℃。要求富含腐殖质、疏松、肥沃、排水良好的腐殖质土。生长期需充分浇水。越冬温度为 12℃。

繁殖方法:镜面掌用分株或叶插繁殖。分株:植株基部易生不定芽,抽生幼株,可于春季结合换盆时分植。扦插:选生长成熟的叶片,带 1 主脉,削成楔形,插于沙中,温度在 20~ 25℃,3 周即可生根。播种:在原产地能够结实,可行播种繁殖。

栽培管理:栽培中要求较高的空气相对湿度。尤其夏季高温干燥时,可向叶面和周围环境喷水,以降低温度,提高湿度。每年春季换盆。生长季节,每 2 周追施薄液肥 1 次。老龄植株的观赏价值降低,需要及时更新。

园林应用:镜面掌叶形奇特,株态优美,四季常青,在光线较好的室内,可以常年栽培观赏,适宜布置在窗台、书案、茶几或花架上;也可悬吊观赏,是室内小型观叶植物中的佳品。

18. 紫鹅绒 *Gynura aurantiaca*(图 9-18)

科属:菊科紫鹅绒属(三七草属)。

别名:红凤菊、紫绒三七。

产地分布:原产于爪哇及亚洲其他热带地区。

形态特征:紫鹅绒是多年生常绿草本植物,茎柔软,多汁,幼茎直立,长大后下垂或蔓性。叶片呈宽卵形,叶缘有粗锯齿,幼叶呈紫色,长大后呈深绿色。全株被紫红色茸毛,叶背为紫红色。

生态习性:喜温暖湿润环境,宜散射光,不

图 9-18　紫鹅绒

耐寒,怕强光暴晒,喜疏松、排水良好的壤土。

繁殖方法:春、夏季扦插。把带 3~4 枚叶的枝条切下,切口晾干。插于插床上,充分浇水,发根后可上盆。

栽培管理:① 生长期内土一干就充分浇水,但不可天天浇水。冬天以稍干状态越冬。不要向叶面洒水,否则绒毛滞留水滴后会引起烂叶。② 要经常摘心,以促进新叶生长发育。③ 光照不足易徒长,且叶与茎的紫色会变浅,无光泽。④ 湿度不够则叶子变圆。

园林应用:紫鹅绒全株被紫红色茸毛,在观叶植物中非常有特色,适宜盆栽或吊盆种植。

19. 合果芋 *Syngonium podophyllum*(图 9–19)

图 9–19　合果芋

科属:天南星科合果芋属。

英文名:goosefoot plant, African evergreen。

产地分布:原产于热带美洲。

形态特征:合果芋是多年生草本植物,茎呈蔓性,茎节易生气根,体内有白色乳液,单叶互生,幼叶与成熟叶有不同变化,幼叶呈戟形或箭形单叶,绿色,较薄,成熟之老叶呈掌裂,有三裂、五裂或多裂等,品种多,叶色有斑纹或斑块等。

生态习性:合果芋适应性强,喜温暖、湿润环境、明亮光线。日照在 50%~60% 对生长有利,斑叶品种所需日照稍强,在 60%~70%,忌全天强烈的日光直射,生育适温在 20~28℃,空气相对湿度高对生长有利,喜肥沃、微酸性壤土。

繁殖与栽培:合果芋可扦插、分株、压条繁殖。扦插于 4—9月进行,保持介质湿润,1~2 周即可生根。分株结合春季换盆时进行或利用气生根,较为容易。

常见栽培种(品种):白纹叶合果芋(*Syngonium podophyllum* var. *albolineatum*)。

园林应用:叶形、叶色多变,适合盆栽、吊盆观赏,也是庭院栽植的好材料,在欧美广泛用于切叶作插花陪衬材料,还是瓶景装饰的新材料。

20. 水晶花烛 *Anthurium crystallinum*(图 9–20)

图 9–20　水晶花烛

科属:天南星科花烛属。

别名:晶状安祖花。

英文名:crystal anthurium。

产地分布:原产于哥伦比亚的新格拉纳达。

形态特征:水晶花烛的茎上多数叶密生;叶呈阔心形,叶长40~50 cm,宽 30 cm,具暗紫色,有天鹅绒般光泽,叶脉粗,呈银白色,花超出叶上,佛焰苞带褐色,细窄,肉穗花序呈圆柱形,带绿色。

生态习性:全年需在高温、多湿的环境中栽培。保持环境湿度最为重要,又不喜灌水过多,冬季给予弱光,根系则发育良好,生长健壮。自然授粉不良,欲播种繁殖或杂交育种,需人工授粉。

繁殖与栽培：水晶花烛主要用分株、高枝压条和播种法繁殖。

园林应用：可做切叶、盆栽。

21. **艳凤梨** *Ananas comosus cv. variegatus*（图 9-21）

科属：凤梨科凤梨属。

别名：斑叶凤梨、观赏凤梨。

形态特征：艳凤梨是多年生常绿草本植物。株高 80~120 cm，冠幅 80 cm。基生呈莲座状的叶丛有叶 30~50 枚，质硬、拱曲、亮绿色，两边金黄色，叶缘有红色锐齿。穗状花序顶生，聚成卵圆形，花序顶端有 1 丛 20~30 枚的叶形苞片，苞片为红色，缘有红色小锯齿，浆果橙红色。

生态习性：艳凤梨喜光照充足、高温多湿、排水良好的环境。要求疏松、肥沃、排水良好的沙壤土。

图 9-21　艳凤梨

繁殖与栽培：艳凤梨分生能力强，极易从植株基部长出蘖芽，可切取分栽。盆栽时，应置于室内光线较强处，生长季要给予充足水分，并适量追施含磷、钾较多的肥料，使叶色鲜艳；若偏施氮肥较多或过于荫蔽，则易使叶色变绿或褪为黄白色。冬季要减少浇水，最低温度应不低于 5℃。

园林应用：叶色艳丽美观。既可观叶，又可观果，是优良的室内盆栽植物。

9.3　室内常用木本观叶类花卉

1. **橡皮树** *Ficus elastica*（图 9-22）

科属：桑科榕属。

别名：印度橡皮树、印度胶榕、橡胶榕。

英文名：India rubber fig，India rubber tree。

产地分布：橡皮树原产于我国云南，印度、缅甸、马来西亚等地。我国海南、广东、广西、福建等地也有栽培。

形态特征：橡皮树是常绿阔叶乔木。树体高大、粗壮。叶片厚革质，有光泽，长椭圆形，长 10~30 cm，叶面呈暗绿色，背面呈淡绿色；幼叶初生时内卷，外面包被红色托叶，叶片展开即脱落。我国南方可露地栽培，耐 0℃低温。

生态习性：喜温暖、湿润、光照充足的气候，不耐寒，5~8℃可受寒害。宜微酸性的肥沃土壤。

图 9-22　橡皮树

繁殖与栽培:橡皮树用扦插或压条繁殖,在春、夏季进行。选顶部枝条为插穗,温度保持在 25℃以上,约 1 个月生根,也可用单芽扦插。耐修剪,萌芽力强,夏季放于露天养护,若置于稍微遮阴的场所栽培,生长更好。

常见栽培种(品种):园艺品种极多,如下所示:

斑叶橡皮树(cv. *variegata*):叶面具灰、黄色斑纹。

红肋橡皮树:叶较大,叶背呈红色。

花叶橡皮树:叶面具绿、灰绿、乳黄等色。

多色橡皮树:叶大型,呈浅黄、粉红和暗绿等色。

金边橡皮树:叶片具金黄色边,入秋更为鲜明。

园林应用:树体高大,四季青翠,是优良的观叶植物。尤以彩叶品种的观赏价值高,置于厅堂、会议室、门两侧及会场皆美丽而壮观。春、夏、秋 3 季可用于露地庭院布置。叶片是插花的良好配材。

2. 鹅掌柴 *Schefflera octophylla*(图 9–23)

科属:五加科鹅掌柴属。

别名:鸭脚木。

英文名:umbrella tree。

产地分布:鹅掌柴原产于我国台湾、云南及华南各地,中南半岛、日本也有分布。

形态特征:鹅掌柴是常绿灌木或小乔木。多分枝,掌状复叶,革质,呈深绿色,互生,基部膨大抱茎,小叶 5~9 枚,呈长椭圆形或倒卵状椭圆形,幼时密生星状短柔毛,后渐脱净,全缘;伞形花序,聚成顶生的大型圆锥花序,花小,呈白色,具芳香,花期在 4—7 月;浆果呈球形,12 月至翌年 1 月成熟,熟时为黑色。

图 9–23　鹅掌柴

生态习性:喜温暖、湿润的半阴环境。不耐寒,夏天忌烈日直晒,其他季节可给予充足光照。要求疏松、肥沃、排水良好的微酸性土壤。

繁殖与栽培:鹅掌柴用播种或扦插法繁殖。播种多行春播,种子发芽率较高;扦插常于 6—7 月进行,插后遮阴,保持湿润,1 个月后生根。在北方地区多行盆栽,夏季应放于阴棚下,秋末移入温室,每年春季结合换盆施入基肥;植株衰老可重剪更新。

园林应用:鹅掌柴枝繁叶茂,四季常青,复叶掌状,放射平伸,有较高的观赏价值。叶片可用于插花。

3. 榕树类 *Ficus* spp.

科属:桑科榕属。

英文名:fig,fig-tree。

产地分布:同属植物约有 1 000 种,原产于热带和亚热带地区。我国有 20 种,分布于西南至东南一带。

形态特征:榕树类是常绿乔木灌木。有乳汁。叶片互生,多全缘;托叶合生,包被于顶芽外,脱落后留一环形痕迹。花多雌雄同株,生于球形、中空的花托内。

生态习性:喜高温、多湿和散射光环境。越冬温度一般为 5℃以上,个别种类耐寒性强。室内养护要求光线充足和通风良好。以疏松、肥沃、排水良好的沙质壤土为宜。

繁殖与栽培:榕树类用扦插或高压条繁殖。枝插或芽叶插,在 5—7 月进行。枝插:取一年生、生长充实的枝中段作插穗,每插穗有 3~4 节,上部留 1~2 枚叶,切口涂抹草木灰,稍晾干,插入湿润沙中,保持 25~30℃的高温,约 1 个月生根。压条宜于 6 月下旬,选取母株茎干上生长充实的半木质化枝条,环状剥皮,枝条的宽为茎干粗细的 1/10,随即包以苔藓或湿润腐叶土,用塑料薄膜包扎其外,维持基质湿润,1 个月左右生根。待根系发育很好,于秋季剪下上盆栽植。

常见栽培种(品种):垂榕(*F. benjamina*)(图 9-24):又名垂叶榕、细叶榕、小叶榕、垂枝榕。原产于印度、东南亚、澳大利亚一带。自然分枝多,小枝柔软如柳,下垂。叶片革质,亮绿色,呈卵圆形至椭圆形,有长尾尖。幼树期的茎干柔软,可进行编株造型。叶片茂密丛生,质感细碎柔和。常见有花叶垂枝榕('gold princess'):常绿灌木,枝条稀疏,叶缘及叶脉具浅黄色斑纹。

琴叶榕(*F. panurata*):又称琴叶橡皮树,常绿乔木。自然分枝少。叶片宽大,呈提琴状,厚革质,叶脉粗大凹陷,叶缘呈波浪状起伏,深绿色有光泽。风格粗犷,质感粗糙。

园林应用:榕树应用于中、大型盆栽,因品种不同而风格各异,或粗犷厚重,或高雅潇洒,是室内常用的美丽观叶植物。

图 9-24　垂榕

4. 龙血树类 Dracaena spp.

科属:百合科龙血树属。

英文名:draceana 'dragon-tree',dragon blood tree。

产地分布:同属植物有 150 种,原产于加拿利群岛、热带和亚热带非洲、亚洲及大洋之间的群岛等。我国产有 5 种,分布于云南、海南、台湾等地。

形态特征:植株高大挺拔,少有分枝。叶片呈长剑形,常无叶柄而抱茎;叶簇生于枝顶或生于茎上部;呈纯绿色或有黄色斑纹。

生态习性:喜高温、多湿。生长期温度低于 13℃进入休眠,越冬最低温度为 5~10℃。要求光照充足,忌强光直射,十分耐阴。对土壤及肥料的要求不严,适于室内养护。

繁殖与栽培:龙血树类以扦插或压条繁殖。耐修剪,只要剪去枝干,剪口下部的隐芽就会萌发成新枝,1~5 个簇生于枝顶。待新生枝长约 10 cm 或具有 7~8 枚叶、基部已木质化时,即可掰下,扦插于清洁无菌的湿沙土中,下部入土 2~3 cm,勿过深,保持 25~30℃及较高的空气相对湿度,1~2 个月后成株上盆。喜高湿,生长期间应适当多浇水,并经常向叶面喷水,以增加空气相对湿度,又兼防红蜘蛛、螨虫的发生。湿度不足时,具黄色条斑的叶片常会出现横纹。室内长期荫蔽,叶片会失去美丽光泽与色泽;强光下易引起叶烧,叶色变坏。植株应 2 年换盆 1 次,一般在 6—7 月进行,选排水良好的土壤作盆土。发现烂根应及时用水清洗,并切去烂处,换新土栽植上盆。对于下部叶片脱落,外观不良的植株,可剪枝整形,保持优美株形。

常见栽培种(品种): 香龙血树(*D. fragrans*)(图9-25):又名巴西铁树、巴西木、幸福之树、缟千年木。英文名:fragrant dracaena,cornplant。原产新几内亚、埃塞俄比亚及东南非洲热带地区。株高可达4 m,盆栽50~200 cm。株形整齐。叶片呈长椭圆状披针形,绿色,叶缘呈波浪状起伏。成熟后开浅紫色的花,晚上有香味。品种非常多。对光照的适应性强,但老叶和斑叶品种在阴暗处斑色会消失。将老干切成10~20 cm,可以放在水盆中水养,寿命2年。盆栽采用达到一定粗度的成株茎干,截成数段,按不同高度配置在大型花盆中,茎干上部又可萌生叶片,错落有致。可用来布置会场、客厅和大堂,富有热带情调;小型水养或盆栽,点缀居室、书房和卧室,高雅大方。主要品种有:'金边香龙血树'('lindenii'):又名'金边巴西铁',叶缘有宽的金黄色条纹,中间有窄的金黄色条纹。'中斑香龙血树'('massangeana'):又名金心巴西铁,叶中心有宽的金黄色条纹。

图9-25　香龙血树

红边竹蕉(*D. marginata*):又名缘叶龙血树、红边千年木。英文名:Madagascar dragon tree。常绿乔木,株高1 m以上。茎干细长而分枝,蜿蜒蛇状扭曲生长,其上具有明显的三角形叶痕。叶片细长,呈剑形,革质,硬挺,叶长30~50 cm,宽1 cm左右,基部抱茎,簇生于茎干上部,向四周呈辐射状。其园艺品种很多,最具特色的是绿色叶片上镶有红边,具有红、绿、黄、白色交替的条纹,明亮而鲜艳,别具特色。常见的中型盆栽,置于室内明亮光线处。主要品种有:'三色千年木'('tricolor'):又名'彩虹龙血树''五彩竹蕉',叶片细而软,边缘呈桃红色,中间呈绿色,在红、绿色之间为黄色。

富贵竹(*D. sanderiana*):又名白边龙血树、山德氏龙血树、仙达龙血树、丝带树。英文名:sanders dracaena。株高可达4 m,盆栽多40~60 cm。植株细长,直立,不分枝,呈丛生状。叶长披针形,长12~22 cm,宽1.8~2 cm。园艺品种多,叶色常具黄白条纹。生长快,扦插极易成活。耐阴湿,空气干燥时叶尖易干枯。常见有中、小型盆栽或花瓶水养。目前市场上常见用其截取不同高度的茎干捆扎,堆叠成塔形,或用其茎干编扎成各种造型,置于浅水中养护。因其茎干及叶片极似竹子,布置于窗台、书桌、几架上,疏挺高洁,悠然洒脱,给人以富贵吉祥之感。另外,其光滑翠绿的茎干、绚丽叶色,已广泛应用于切枝,高雅美丽。主要品种有:'金边富贵竹'('virescens'),叶缘具黄色宽条纹;'银边富贵竹'('margaret'),叶缘具白色宽条纹。

'密叶竹蕉'(*D. deremensis* 'compacta'):又名阿波罗千年木、太阳神、密叶龙血树。英文名:unpleassant dracaena。茎干直立,无分枝,节间极短。叶片密集轮生,排列整齐,呈长椭圆状披针形。冬季温度低于15℃,叶尖易干枯。

百合竹(*D. reflexa*):又名短叶竹蕉。株高可达9 m,盆栽2 m左右。长高后易弯曲,多分枝。叶呈剑状披针形,厚革质,短锐尖;叶色浓绿而有光泽。有黄色条纹的品种。在全光或半阴下皆可生长,但喜半阴。对水分要求不严,剪下枝条插在水中也可生根。是优良的室内中、大型盆栽植物。也可作切枝观赏。

园林应用: 龙血树应用于中型至大型盆栽。树体健壮雄伟,叶片宽大,叶色优美,质地紧实,有现代风格。尤其适用于公共场所的大厅或会场布置,增添迎宾气氛。也可作切叶。

5. 马拉巴栗 *Pachira macrocarpa*（图 9-26）

科属：木棉科。

别名：发财树、美国土豆。

产地分布：马拉巴栗原产于墨西哥。

形态特征：株高达 10 m，干肥大，树皮绿色，侧枝 5~6 枝轮生。叶互生，掌状复叶，小叶 4~7 枚，呈椭圆形。初夏开花，花丝为白色。蒴果呈椭圆形，种子可炒食。

生态习性：耐阴，耐旱。

图 9-26　马拉巴栗

繁殖与栽培：马拉巴栗可用播种繁殖，种子随采随播，超过 2 个星期，发芽率急速降低。栽培用土以壤土为最佳。对光线适应力强，但日照充足条件下生长较健壮。喜高温，生长适温为 20~30℃。

园林应用：幼株可作盆栽以观叶。成树可作庭院树或行道树。

6. 短穗鱼尾葵 *Caryota mitis*（图 9-27）

科属：棕榈科鱼尾葵属（或酒椰子属）。

别名：分株鱼尾葵、丛立孔雀椰子。

英文名：tufted fishtail palm。

产地分布：原产于亚洲热带地区，主要分布在印度、缅甸、马来半岛、菲律宾，我国的广东、广西、海南等地可露地栽培。

形态特征：同属植物约有 12 种，丛生常绿灌木。茎干分枝能力强，茎干和分枝上都有纤维状褐色棕丝包被。大型二回羽状复叶，长达 1.23 m；小叶形似鱼尾，窄而长，长约 15 cm，质地薄而脆。穗状花序密而短，分枝少，果实蓝黑色。

图 9-27　短穗鱼尾葵

生态习性：喜温暖、湿润和阳光充足的环境。较耐寒，尤其当空气相对湿度较大时，能耐短期零下低温；根系浅，不耐干旱，亦不耐积水；耐阴性强，夏季勿强光曝晒；要求疏松、肥沃、排水良好的微酸性沙质壤土。

繁殖与栽培：短穗鱼尾葵以播种和分株繁殖。种子发芽容易，原产地可直播成苗。北方可浅盆点播，保持在 25℃ 2~3 个月可出苗。分株繁殖适宜于盆栽植株，多年生成株过于密集，可早春结合翻盆换土，用刀紧贴主干茎盘，切割分蘖。一般不宜分株过多，以免影响树形的完整。

短穗鱼尾葵性强健，根系发达，盆栽应限制其根系发展，不宜使植株生长过快，可 2 年换盆 1 次，去掉旧土，切去部分老根，修去过多的分蘖苗，更换新土。如果室内栽培的植株过高，可以将其中最高大的植株截顶，降低主干高度，促进侧枝萌发。在生长过程中，要随时清除枯败枝叶，保持株形圆整。室内养护要尽量多见阳光，有利于分蘖发生及叶片亮丽。生长季要充分浇水，但不能积水，否则植株下部叶片易枯萎。生长期内若遇高温、高湿、通风不良等，极易使叶片发生霜霉病、黑斑病，导致叶片变成黑褐色。可在发病前及时喷洒抗菌药，加强通风，随时剪除病叶。冬季要适当保温,一般只要土壤不冻,植株不会死亡。

园林应用:短穗鱼尾葵树体优美,叶形奇特,具有较高的观赏价值,又相当耐阴,适宜于盆栽装饰室内环境。常用作珍奇观赏植物,布置于具西式建筑风格的大厅、阳台、花园、庭院等,风格独特。

7. 袖珍椰子 *Chamaedorea elegans*(图 9-28)

科属:棕榈科袖珍椰子属。

别名:矮棕、玲珑椰子、客室棕、矮生椰子、袖珍棕。

英文名:parlor palm,good luck palm。

产地分布:袖珍椰子原产于墨西哥、危地马拉等中、南美洲热带地区。现在世界各地均有盆栽种植。

形态特征:袖珍椰子是常绿小灌木,株高 30~60 cm。雌雄异株。株形小巧,茎干独生,直立,不分枝,上有不规则环纹。叶深绿色,有光泽,羽状复叶呈披针形,叶鞘呈筒状抱茎。肉穗花序腋生,雄花序稍直立,雌花序稍下垂,花黄色呈小球形。果实呈橙红色。

生态习性:喜温暖、湿润和半阴环境。不耐寒,冬季温度不低于 10℃;怕强光直射;耐干旱;要求肥沃、排水良好的沙质壤土。

图 9-28 袖珍椰子

繁殖与栽培:袖珍椰子以播种繁殖,在春夏季进行。种子坚硬,播前应进行催芽处理。种子发芽适温为 25~30℃,播后 3~6 个月才能出苗,翌年可分苗上盆栽植。

园林应用:袖珍椰子应用于作中、小型盆栽,是室内型椰子中栽培最广泛的植物。袖珍椰子为棕榈科植物中最小的种类之一,其株形小巧玲珑,叶片青翠亮丽,耐阴性强,是室内观赏佳品,极富南国热带风情。

8. 散尾葵 *Chrysalidocarpus lutescens*(图 9-29)

科属:棕榈科散尾葵属。

别名:黄椰子。

英文名:butterfly palm,aeca palm。

产地分布:散尾葵原产于非洲马达加斯加岛。同种植物约 20 种。我国海南、广东、广西、福建、台湾和云南等地可以露地栽培,长江以北地区多行盆栽。

形态特征:散尾葵为常绿丛生灌木或小乔木,株高可达 3~5 m,偶有分枝。茎干光滑,呈橙黄色;茎部膨大,分蘖较多,故呈丛状生长在一起。羽状复叶,平滑细长,呈淡绿色,细长叶柄稍弯曲,呈黄色,故称"黄色棕榈"。茎干基部叶片常脱落,残留叶痕形成竹节状茎,漂亮美观。

生态习性:喜温暖、湿润的环境,喜光亦耐阴。不耐寒,冬季气温低于 5℃,叶片易受冻害,但在空气相对湿度较大的环境,可耐短时期低温;忌强光曝晒;喜富含腐殖质、排水良好的微酸性沙质壤土。

图 9-29 散尾葵

繁殖与栽培：散尾葵以分株或播种繁殖。分株多结合春季换盆进行，选取分蘖多、株丛密的植株，用刀从基部连接处分割数丛，在伤口处涂抹草木灰，每丛 2~3 株，分别上盆栽植，置于 20~25 ℃下养护，恢复成型较快。播种繁殖，采收果实，放置于阴凉、通风处，取出种子，晾干后即可播种，温度适宜，3 年就可长成大株。

园林应用：散尾葵根据株丛大小，可作大、中、小型盆栽。株型高大丰满，潇洒婆娑，茎干美丽挺拔；叶丛柔美洒脱，充满热带风情，布置于客厅、书房、会场、宾馆等，衬托出清幽淡雅的自然气息。也是优美的切叶材料。

9. 蒲葵 *Livistona chinensis*（图 9-30）

科属：棕榈科蒲葵属。

别名：扇叶葵、葵树、葵竹、铁力木。

英文名：Chinese fan，Chinese palm。

产地分布：蒲葵原产于我国南部的广东、广西、海南、福建等地。

形态特征：茎干外披瓦棱状叶鞘，重叠排列整齐。叶片呈阔肾状扇形，直径 80~100 cm，掌状开裂，裂片有 40~60 枚，每裂片先端再分成 2 小裂，裂片呈披针形，柔软下垂；叶柄三角形，两侧具逆刺；叶面翠绿有光泽，叶背浅绿，无光泽。

图 9-30　蒲葵

生态习性：喜温暖、多湿和阳光充足的环境。不耐寒，但可耐短时间 0 ℃低温；不耐干旱，能耐短期积水；怕强光曝晒，略耐阴；生长势强，寿命长；以肥沃、疏松、排水良好的沙质壤土为宜。

繁殖与栽培：蒲葵以播种繁殖。种子常采自 20 年以上的健壮母株。核果成熟后呈紫黑色，具白粉，采收后，用温水浸泡，除去果皮，种子晾干后，沙藏催芽，待幼芽突破种皮后，点播于苗床，温度适宜，播后 30~50 天发芽。

园林应用：蒲葵应用于大型盆栽植物。植株粗壮挺拔，叶片硕大美观，气度雄宏，具有浓厚的热带气息，是优美的大型观叶植物。

10. 刺葵类 *Phoenix* spp.

科属：棕榈科刺葵属（海枣属）。

英文名：date palm。

产地分布：同属植物约有 17 种，原产于亚洲、非洲的热带和亚热带地区，在我国主要分布在广东和香港地区，台湾也有零星分布。

形态特征：刺葵为常绿乔木；茎直立，粗短；树冠近球形；叶片羽状全裂，先端弯曲下垂，中肋基部常有裂片退化成软刺。

生态习性：喜温暖、湿润的环境；喜阳光充足，也较耐阴；夏日阳光曝晒，叶面易发黑变黄；怕霜冻，越冬温度须大于 5 ℃，耐热性强，35 ℃以上高温仍可正常生长；较耐干旱，也耐潮湿；喜疏松、肥沃的腐殖土，不耐积水与土壤贫瘠。

繁殖与栽培：刺葵类以播种繁殖。开花后授粉容易结果。在当年秋后果实成熟，可随即采种播种或沙藏后翌春播种，保持湿度及适宜的温度，种子容易发芽，翌年可栽种到小盆中养护。

常见栽培种(品种):加拿利海枣(*P. canariensis*):又名:长叶刺葵、槟榔竹、加拿利椰子、针葵。英文名:canary date。常绿乔木。茎干粗壮。羽状叶片较长,初时硬而向上挺直,后先端向下弯曲;叶片基部裂片退化成 2 行小叶,呈线状披针形,排列不整齐。

美丽针葵(*P. roebelenii*)(图 9-31):又名:软叶刺葵。英文名:pygmy date palm,roebelen date。原产于印度和中南半岛及我国的西双版纳等地。常绿灌木,株高 2~4 m。羽状叶片较柔软,拱垂、全裂,长约 1 m;裂片呈狭条形,2 裂,近对生,叶轴下部裂片退化成为细长软刺。

园林应用:刺葵可作大型盆栽。适应性广,羽叶细密飘逸,树冠圆浑紧密,树姿雄健壮观,是装饰室内的优秀材料。也可小苗盆栽,摆设于桌台、几架上,有浓郁的异乡风采。因叶片中肋有刺,不适合家庭居室摆放。暖地可用于道路两旁的美化。为重要的切叶花卉。

图 9-31　美丽针葵

11. 棕竹 *Rhapis excelsa*(图 9-32)

科属:棕榈科棕竹属。

别名:观音竹、筋头竹。

英文名:broad-leaf lady palm。

产地分布:同属植物约 15 种,原产于亚洲东部及东南部,我国产 8 种,分布于华南至西南部。

形态特征:棕竹是常绿丛生灌木。茎干直立,有节,不分枝,有褐色网状纤维叶鞘所包被。叶片集生茎顶,掌状深裂,裂片 5~12 枚,呈条状披针形,叶缘及中脉具褐色小锐齿,横脉多而明显;叶柄细长,10~20 cm,扁圆。肉穗花序腋生,雌雄异株。浆果呈球形。

图 9-32　棕竹

生态习性:喜温暖、湿润的半阴环境。具有耐阴、耐湿、耐瘠、耐旱的特性,自然生长强健。以疏松、肥沃、排水良好的微酸性沙质壤土为宜。

繁殖与栽培:棕竹以播种或分株繁殖。播种适宜在秋季种子成熟后,随采随播。播种前将种子用 35℃的温水浸泡 1 天,浅盆点播,保持在 20~25℃,1 个月可发芽。北方盆栽则结种少,多采用分株繁殖,在春季新芽尚未长出前,结合换盆进行,每丛 2~3 枝,换小盆栽植。

园林应用:棕竹应用于中型盆栽。株丛刚劲挺拔、纤细,似竹非竹,叶色青翠亮丽,形态清秀洒脱,富有热带风韵,是优良的盆栽观叶植物。矮小的分株苗可与小山石拼栽,制作丛林式盆景。茎、叶用作插花的陪衬材料。

12. 南洋杉 *Araucaria cunninghamii*(图 9-33)

科属:南洋杉科南洋杉属。

别名:细叶南洋杉、诺福克南洋杉、猴子杉。

英文名:norfolk island pine。

产地分布:南洋杉原产于南美洲、大西洋的诺福克岛及澳大利亚东北部诸岛,现广泛分布于热带及亚热带地区。在我国的广东、海南、福建、云南南部等地作为庭院观赏的树种栽植。

形态特征:南洋杉是常绿乔木。树皮暗灰色,呈片状剥落。树冠呈窄塔形,大枝平展、轮生,小枝下垂。叶质地柔软,具深绿色,呈针形,略带弯曲,表面有多数气孔线和白粉。

生态习性:喜温暖、湿润和阳光充足的环境。不耐寒,越冬温度在 5℃以上;耐阴性强,夏季怕强光曝晒;不耐干旱,怕水湿;喜疏松、肥沃、排水良好的酸性沙质壤土;耐肥力强,不耐盐碱。

图 9-33　南洋杉

繁殖与栽培:南洋杉以播种、扦插和高位压条繁殖。种子坚硬,播种前先将种皮擦破,保持在 15℃以上可发芽。因植株需生长 5 年方可结实,此法采用较少。扦插以 6—7 月最好,选取当年生、半木质化的主干直立枝条,剪取 8~10 cm,插于湿沙中,保持在 20~25℃及半阴、湿润环境,3 个月可生根;如果用侧枝扦插,成活后植株无法直立生长。高空压条,选取二年生侧枝的中后部,环状剥皮,宽 1~1.5 cm,用苔藓或泥炭土裹住切口,外面用塑料薄膜包扎,3~4 个月生根。

园林应用:南洋杉用于大型盆栽。树形呈金字塔形,枝繁叶茂,亭亭玉立,有松柏风格。也可作为圣诞树用。在我国南方可用于园林绿化。

13. 八角金盘 *Fatsia japonica*(图 9-34)

科属:五加科八角金盘属。

别名:手树、日本八角金盘、八手。

英文名:Japan fatsia。

产地分布:原产于东南亚,日本和我国台湾分布较广。

形态特征:八角金盘是常绿灌木。树冠呈伞形。幼枝和嫩叶密被褐色毛。叶大,具深绿色,形状奇特,具 7~9 裂,形状好似伸开的五指。复伞形花序顶生,花为白色,花瓣 5 枚。浆果呈球形,熟时紫黑色,外被白粉。花期在 10—11 月,果熟期在翌年 5 月。

图 9-34　八角金盘

生态习性:喜温暖,忌酷暑,较耐寒,冬季能耐 0℃的低温,夏季超过 30℃,叶片易变黄,且诱发病虫害;宜阴湿,忌干旱及强光直射;要求疏松、肥沃的沙质壤土。

繁殖与栽培:八角金盘用播种、扦插或分株繁殖。5 月果实成熟后,种子随采随播。分株多于春季换盆时进行。扦插繁殖可在春季进行,剪取茎基部萌发的粗壮侧枝,带叶插入沙土中,遮阴保温,20~30 天生根。

园林应用:八角金盘四季常青,叶片硕大,叶形优美,浓绿光亮,是重要的耐阴观叶植物。适应于室内弱光环境,为宾馆、饭店、写字楼和家庭美化常用的植物材料。可切叶。

14. 洋常春藤 Hedera helix(图 9-35)

科属:五加科常春藤属。

别名:旋常春藤、欧洲常春藤、英国常春藤。

英文名:English ivy。

形态特征:茎节上附生气生根,能吸附他物攀缘;茎红褐色,长可达 30 cm。叶片着生于营养枝上,呈 3~5 裂,心形;叶面为暗绿色,叶背为黄绿色;叶片全缘或浅裂。叶形、叶色在幼时极易发生变异。叶色、叶形变化丰富,形成诸多园艺品种。

生态习性:同属植物有 5 种,原产于欧洲、非洲和亚洲西部。本种原产于英国,特别是英格兰,有非常多的园艺品种。在我国广泛栽培。性强健,较耐寒;喜充分光照,忌强光直射或过阴环境;对土壤和水分要求不严,耐干也喜湿。

图 9-35　洋常春藤

繁殖与栽培:洋常春藤以扦插、分株、压条繁殖。只要温度适宜,全年皆可进行,但以春秋生长旺季进行,极易生根。栽培养护简单。在室内应置于光线明亮处,光照弱、气温高、通风不良,易生长衰弱,招致病虫为害,如卷叶螟、介壳虫、螨类等。生长季浇水应充分,冬季则偏干,即可安全越冬。同时,由于根系发育快,应及时分株和移植,并结合整枝,加速繁殖。

常见栽培种(品种):洋常春藤有黄、白边或中部为黄、白色的彩叶及叶形变化的各类品种。

加拿利春藤(*H. canariensis*):又名阿尔及利亚常春藤、爱尔兰常春藤。英文名:Algerian ivy,canary island ivy。"canariensis"为原产地名,即北非的加拿利群岛。茎具星状毛,茎及叶柄为棕红色,叶片为常春藤属最大的品种,一般幼叶为卵形,成叶为卵状披针形,全缘或掌状 3~7 浅裂,革质,基部呈心形,叶面常具有黄白、绿等各色花斑。其茎蔓披垂飘逸,叶片端庄素雅,广泛应用于室内营建绿庄、绿墙或中挂,自然气息浓郁。

园林应用:洋常春藤是优美的攀缘性植物,叶形、叶色极富变化,叶片光泽亮丽,四季常青,是垂直绿化的重要材料。有些品种既宜作疏林下的地被,又适于室内垂直绿化或小型吊盆观赏,布置在窗台、阳台等高处,茎蔓柔软,自然下垂,易于造型,如在室内墙壁拉细绳,供茎蔓攀绕,创造"绿墙"景观;或用花盆、花槽室内吊挂;或用铜丝攀扎成各式造型,辅以人工修剪等方式,增强室内自然景观效果。

15. 朱蕉 Cordyline fruticosa(图 9-36)

科属:龙舌兰科朱蕉属。

别名:铁树。

英文名:fruticosa dracaena,tree of kings。

图 9-36　朱蕉

产地分布：朱蕉原产于我国热带地区，印度及太平洋热带岛屿也有分布。

形态特征：朱蕉为常绿灌木或小乔木，茎直立，多不分枝，株高达 3 m，叶聚生于茎顶部，呈阔披针形至长椭圆形，具绿色或带紫红色，基部抱茎。圆锥花序生于顶端叶腋，花小，白色，淡红或紫色，花期春夏。

生态习性：喜温暖、湿润的气候，低于 10℃易受寒害，室内越冬不宜低于 15℃；喜光，耐半阴，适宜肥沃且排水良好的微酸性沙壤土。

繁殖与栽培：朱蕉可播种繁殖、扦插和压条繁殖。播种常在春季进行，容易发芽。节间常产生不定芽，待长到 3~5 cm 时，即可切取扦插。

常见栽培种(品种)：锦朱蕉：叶具白、红色条斑。

小朱蕉：矮小，叶窄，为铜绿色带红色，叶缘为红色。

亮叶朱蕉：叶具红色条斑。

双色朱蕉：叶具淡红色和黄色条斑。

黄纹朱蕉：叶具黄色条斑。

三色朱蕉：叶具乳黄、浅绿色条斑，叶缘具红、粉红色条斑。

园林应用：叶色鲜艳，株形优美，四季常青，是重要的观叶植物，适于室内花卉布置。

16. 福禄桐 *Polyscias*

科属：五加科福禄桐属(南洋参属)。

英文名：polyscias。

产地分布：福禄桐原产于南太平洋和亚洲东南部的群岛上。

形态特征：福禄桐是常绿灌木或小乔木。茎枝柔软，表面常密布皮孔。奇数羽状复叶，小叶数目及叶形、叶色变化很大，小叶呈卵圆形至披针形，叶缘有锯裂或开裂，具短柄；叶片具绿色或黄白斑纹。

生态习性：喜高温、湿润和明亮的光照。耐寒性差，越冬温度不低于 8℃，较耐高湿；喜较高空气相对湿度，盆土不耐积水，怕干旱；要求疏松、肥沃、排水良好的沙质壤土。

繁殖与栽培：福禄桐以扦插繁殖。生长季取 1~2 年生枝条，长 10 cm 左右，去除枝条下部的叶片，插于湿沙中，保持 25℃及较高的空气相对湿度，4~6 周可生根盆栽。也可高位压条繁殖，在 5—6 月选 1~2 年生枝条环状剥皮，宽 1 cm 左右，用泥炭土和薄膜包扎，50~60 天生根。

常见栽培种(品种)：福禄桐(*P. guifoylei*)(图 9-37)：又名南洋森、南洋参。英文名：guifoyle polyscias。原产于太平洋诸岛。常绿灌木。茎干挺直生长，分枝多。一回羽状复叶，小叶 3~4 对，呈椭圆形至长椭圆形，先端钝，基部呈楔形，叶缘有锯齿；叶面绿色，叶缘具不规则的乳黄色银边。

羽叶南洋森(*P. frutiosa*)：又名羽叶福禄桐、碎锦福禄桐。英文名：Indian polyscias。原产于印度、马来西亚。主干直立，侧枝柔软下垂。叶片为不整齐的三回羽状复叶，小叶具绿色，呈披针形或狭卵形，叶长 2.5~10 cm，宽 1.5~2.5 cm，叶缘具浅至深锯齿。

图 9-37　福禄桐

园林应用:福禄桐类可作中、大型盆栽。叶片、叶形多变,株形丰满,姿态潇洒,是优美的室内绿化材料。

17. 南天竹 *Nandina domestica*(图 9-38)

科属:小檗科南天竹属。

别名:天竹、南天、南烛、天竺、南天竺。

英文名:nandina。

产地分布:南天竹原产于我国、印度、日本。

形态特征:南天竹为常绿灌木,枝干丛生,具褐色,少分枝,幼枝呈红色。叶对生,多为羽状复叶,叶鞘抱茎,小叶呈椭圆状披针形,具深绿色,基部呈楔形,全缘,革质,叶子细致均匀,在冬季低温变红,圆锥花序顶生,花具白色,花期在 5—6月。浆果呈球形,成熟为红色。

图 9-38　南天竹

生态习性:喜温暖、湿润的环境,比较耐阴,日照 50%~70% 最理想。对土壤的要求不严,在微酸性腐殖质土中生长良好,也耐干旱和贫瘠,但吸肥力强。生育适温为 15~25℃。

繁殖与栽培:南天竹以分株、扦插、播种繁殖。分株在春季换盆时进行,扦插在夏季。播种可于 11 月采种后立即播种,温度保持在 15~25℃。

园林应用:南天竹是高级花材,秋、冬结果,呈球形,红艳如珠,可盆栽或庭植美化。

18. 日本十大功劳 *Mahonia japonica*(图 9-39)

科属:小檗科十大功劳属。

别名:华南十大功劳。

英文名:Japanese mahonia

产地分布:分布在我国大陆、台湾。

形态特征:日本十大功劳是常绿灌木,茎干直立,分枝力弱,株高可达 2 m,茎干有节而多棱。成株根、枝均呈鲜黄色。奇数羽状复叶。小叶 11~15 枚,呈卵状披针形或长椭圆状披针形,叶缘有尖锐锯齿,叶肉脆硬、革质,叶面正面为暗绿色,略有光泽,背面为黄绿色。花为黄色,总状花序,着生在茎干顶端,花期在 7—8 月,11 月下旬果实成熟,具紫色。

图 9-39　日本十大功劳

生态习性:全日照、半日照均理想,以半日照或日照 50%~70% 下生育健壮,也耐阴,喜冷凉或温暖,忌高温,耐寒力强,生育适温为 15~25℃。喜排水良好的酸性腐殖质土,极不耐碱,较耐旱,怕水涝。

繁殖与栽培:以分株、扦插、播种繁殖。分株在春季换盆时进行。扦插可在冬季或夏季进行。播种可于种子采后即播,温度保持在 15~20℃。

园林应用:枝叶是高级花材,盆栽可当室内植物,叶适合庭园美化。

19. 红背桂 *Excoecaria cochinchinensis*（图 9-40）

科属：大戟科土沉香属。

别名：红背桂花、青紫木、东洋桂花、红柴木。

英文名：cochinchinense excoeacaria。

产地分布：红背桂原产于亚洲热带。

形态特征：红背桂是常绿灌木,盆栽条件下株高 1 m 左右,多分枝,水平伸展,老枝干皮呈黑褐色,有不明显小瘤点,较粗糙,嫩枝呈翠绿色,光滑有光泽,节茎膨大,柔软下垂,单叶对生,叶片呈宽披针形,尖端渐尖,基部呈楔形,叶缘有锯齿,叶面呈鲜绿色,叶背深红色,小型穗状花序,花型碎小,具淡黄色,无花瓣,全株含乳汁。

生态习性：喜温暖、湿润和阳光充足环境;不耐寒,怕强光曝晒;不耐旱又怕水涝,耐阴;冬季温度不低于 10℃,夏季不超过 35℃。喜肥沃、排水良好的微酸性沙质壤土,极不耐碱。

繁殖与栽培：红背桂以扦插为主,3 节为 1 段截开,待切口处的乳汁晾干后插于素沙中,在 20~25℃ 的环境下,45 天左右可发根。

园林应用：红背桂是优良的室内外盆栽观叶植物,南方可用于庭院绿化。

图 9-40　红背桂

20. 非洲茉莉 *Fagraea ceilanica*（图 9-41）

科属：马钱科灰莉属。

产地分布：非洲茉莉原产于马达加斯加。

形态特征：叶对生,呈椭圆形,先端突尖,全缘,革质。伞形花序,花冠呈长管状,5 裂,具白色,肉质,清郁芳香,果实椭圆形。

生态习性：非洲茉莉栽培宜用肥沃壤土或沙质壤土,排水、日照良好,性喜高温,生育适温为 22~30℃。

繁殖与栽培：可用播种、扦插或压条法,春至夏季为适期。

园林应用：非洲茉莉适合盆栽,蔓篱或阴棚。

图 9-41　非洲茉莉

21. 肉桂 *Cinnamomum cassia*（图 9-42）

科属：樟科樟属。

别名：平安树、阴香、桂枝、玉桂。

英文名：cassia barktree。

形态特征：肉桂为常绿小乔木。株高可达

图 9-42　肉桂

6 m。叶对生或近对生,呈卵形或卵状长椭圆形,先端尖厚革质。叶片大,三出脉明显,浓绿富光泽。

生态习性:性喜温暖,耐高温,生育适温为22~30℃。栽培土质以肥沃之沙质壤土为佳,排水、日照需良好。

　　繁殖与栽培:肉桂以播种、扦插或高压法繁殖。

　　园林应用:肉桂应用于室内盆栽观赏。

　　22. 无花果 *Ficus carica*(图 9-43)

　　科属:桑科榕属。

　　别名:映日果、蜜果、优昙钵。

　　英文名:fig。

　　产地分布:无花果原产于西亚。

　　形态特征:无花果为落叶灌木或小乔木。株高 1~3 m。叶互生,掌状裂。隐头花序,花极微小,着生于中空的肉质花托内,花期在夏季,果期在夏至秋季,果实成熟可食用。

　　生态习性:阳性。性喜高温多湿,生育适温为23~30℃。

　　繁殖与栽培:无花果在春季扦插繁殖。

　　园林应用:无花果可作庭院栽培或大型盆栽。

　　23. 金粟兰 *Chloranthus spicatus*(图 9-44)

　　科属:金粟兰科金粟兰属。

　　别名:珠兰、鸡脚兰、鸡爪兰、鱼子兰、茶兰。

　　英文名:chu-lan tree。

　　产地分布:金粟兰原产于我国大陆。

　　形态特征:金粟兰是多年生常绿草本植物。株高 20~30 cm,成株呈散生状。叶对生,呈椭圆形或倒卵形,叶面微有光泽,叶缘有锯齿。春至夏季开花,穗状花序顶生,淡黄色小花细小如粟,数十至数百枚聚生于枝顶,状似鸡爪,芳香。

　　生态习性:金粟兰在全日照、半日照或稍荫蔽处都能生长,以半日照发育较好,忌烈日。喜温暖,生育适温为 20~26℃。栽培以肥沃、富含有机质的壤土或沙质壤土为最佳。

　　繁殖与栽培:以播种、扦插或分株繁殖。

　　园林应用:金粟兰可作盆栽或庭院点缀。

　　24. 胡椒木 *Zanthoxylum piperitum*(图 9-45)

　　科属:芸香科花椒属。

图 9-43　无花果

图 9-44　金粟兰

图 9-45　胡椒木

形态特征:株高 30~90 cm,奇数羽状复叶,叶基有短刺 2 枚,叶轴有狭翼。小叶对生,呈倒卵形,叶长 0.7~1 cm,革质,叶面浓绿富光泽,全叶密生腺体。雌雄异株,雄花为黄色,雌花为红橙色。果实呈椭圆形,绿褐色。全株具浓烈胡椒香味,枝叶青翠。

生态习性:阳性。喜温暖至高温,生育适温为 20~30℃。冬季忌长期阴湿。喜肥沃、沙质壤土。

繁殖与栽培:以扦插繁殖为主。

园林应用:胡椒木作盆栽、庭植或绿篱。

25. 假叶树 *Ruscs aculeatus*(图 9-46)

科属:百合科假叶树属。

产地分布:假叶树原产于欧洲。

形态特征:假叶树为常绿小灌木,高 30~100 cm。真叶已退化,绿色假叶由小枝变化而成,革质,呈椭圆形,先端尖。雌雄异株,开花于假叶中央,并能结出红色浆果。

生态习性:性喜冷凉、光照充足的环境,生育期间忌高温,生长适温为 15~25℃,平地高温越夏难。土质以沙质土壤为佳。

繁殖与栽培:假叶树以扦插繁殖。

园林应用:枝叶是高级花材,适合盆栽和庭院美化。

图 9-46　假叶树

26. 孔雀木 *Dizygotheca elegantissima*(图 9-47)

科属:五加科孔雀木属。

英文名:threadleaf falsearalia。

产地分布:孔雀木原产于太平洋上的波利尼西亚群岛。

形态特征:孔雀木是常绿灌木或小乔木。株高可达 8~10 m,盆栽株高在 2 m 以下,叶革质,互生,掌状复叶,小叶 5~9 枚,呈线形,叶缘有疏锯齿,叶形似图案,总叶柄细长。斑叶品种的叶缘有乳白色斑纹,叶片较宽短,掌状复叶,小叶仅有 3~5 枚。

生态习性:性喜温暖、湿润、半阴的环境,有一定的耐旱能力。半日照或日照 50%~70% 理想,忌全天强烈日光直射。生育适温为 18~28℃,越冬在 8℃以上。空气相对湿度高则生育较健壮。冬季处于半休眠状态。好生于肥沃、疏松土壤。

图 9-47　孔雀木

繁殖方法:孔雀木以扦插或高空压条,扦插后在适当的温湿度条件下 20 天可发根。

栽培管理:① 光线不足会徒长,要让其充分接受光照。② 夏季盆土过于干燥,秋季空气相对湿度不高和冬季室温过低,都会引起落叶。因此在夏、秋季应多在叶面和地面上喷水以增加空气相对湿度。

园林应用：叶形美观，是稀有的观叶植物，幼苗适合盆栽，成株可庭植或作风景树。

27. 矮棕竹 *Rhapis humilis*（图 9-48）

科属：棕榈科棕竹属。

别名：棕竹、水棕竹、棕榈竹。

英文名：slenderer lady palm，dwarf lady palm。

产地分布：矮棕竹原产于我国南部及西南。

形态特征：矮棕竹是常绿丛生小灌木。茎似竹竿，色绿如竹不分枝，茎呈圆柱形，有节，上部具褐色粗纤维质叶鞘。叶色浓绿有光泽，互生，叶呈掌状深裂，裂片 10~24 枚，呈条形，宽 1~2 cm。

生态习性：矮棕竹在自然状态下多生长于阴坡。喜温暖、湿润环境，不耐积水，不耐寒；喜排水良好、富含腐殖质、微酸性沙壤土。

图 9-48　矮棕竹

繁殖方法：矮棕竹以分株或播种繁殖。将采收的果实洗净果肉，把种子浸在 35℃温水中浸泡 2 天后播下。随发芽随移植。分株结合春季换盆时进行。

栽培管理：① 浇水过多或不足、根量过密、根系腐烂叶尖就会枯萎，叶顶端变枯。② 当根系长满时，及时换盆。及时剪掉受伤的叶片，可斜切或剪成山形。③ 盛夏注意通风和遮阴，避开干风和干旱。冬季栽在室内养护应多见阳光，且盆土不宜过湿。

园林应用：棕竹株形秀美，枝叶繁茂，叶色浓绿，是具有热带风光的观叶植物。可用于室内盆栽，还可作盆景观赏。茎叶可作为插花的陪衬材料。

28. 苏铁 *Cycas revoluta*（图 9-49）

科属：苏铁科苏铁属。

别名：铁树、凤尾蕉、凤尾松、避火蕉。

英文名：cycas，sago。

产地分布：苏铁原产于我国南部及印度尼西亚、印度等亚洲南部地区。

形态特征：常绿木本植物，茎呈圆柱形，粗壮，具暗棕褐色，布满螺旋状排列的菱形叶柄痕迹。叶大，长达 1 m，羽状复叶，全裂，裂片边缘反卷。簇生于茎顶，具深绿色，小叶呈线形。雌雄异株。花着生于茎干顶端的叶丛中央。

生态习性：喜温暖、湿润和阳光充足，耐半阴。较耐寒，生长适温为 24~27℃，冬季不低于 5℃。土壤要求肥沃、疏松、透气的沙质壤土为好。

图 9-49　苏铁

繁殖方法：苏铁一般采用分株繁殖，在生长期进行，春季切取老株周围的小株，植后放于半阴处。南方在立夏前后切取母株茎上生出的瘤状物——吸芽进行繁殖。北方结合换盆切割母株根基的新蘖另植。栽植新芽和新蘖时，都要先把切口晾干。苏铁的茎段也可以用来繁殖，约 10 cm

长的茎段就可萌发出新芽。埋茎繁殖时，将茎冲洗干净，晾干后切成 10 cm 左右的小段，埋入干净的沙土中，深度约 3 cm，有皮的一面朝上，或原来朝上的一面朝上。土温保持在 25℃ 左右，盖玻璃或塑料薄膜保持湿度，2~3 个月后茎段上的隐芽才会萌发长出吸芽，等吸芽长到 2~3 cm 时，移出用素沙土上盆，促其发根。

栽培管理：① 在生育期内施肥过多易导致烂根。② 在生育期光线不足叶子放出得慢，植株生育缓慢，严重时枯死。③ 夏天，浇水过多易导致烂根。冬天过湿会导致植株枯萎。④ 越冬温度过低会导致叶子变黄脱落。

园林应用：苏铁是常见大型盆栽植物，适宜在中心花坛和广场等公共场所摆设。其幼株和园艺变种常作室内盆栽观赏，小型鲜叶则是插叶的陪衬佳材，苏铁的嫩叶可加工成色彩鲜艳的干叶，成为新型插花材料。

29. 露兜树 *Pandanus tectorius*（图 9-50）

科属：露兜树科露兜树属。

别名：露兜、时来运转。

英文名：thatch screwpine。

产地分布：露兜树原产于我国南部。

形态特征：露兜树为常绿灌木，茎干分枝，具有气生根。短缩茎，叶片呈深绿色，有白色或黄色的宽边，叶簇生枝顶，呈线披针形或带状，叶长 1~1.5 m，叶缘及背面的中脉有锐刺，花单性异株。

生态习性：喜高温、湿润和阳光充足环境，不耐寒，较耐阴，温室栽培，春、夏、秋三季应遮去约 50% 的太阳光，冬季不遮阴。生长适温为 18~30℃，冬季不低于 5℃，要求排水好、富含有机质的沙质壤土。

图 9-50 露兜树

繁殖与栽培：露兜树以扦插法繁殖。春、夏之交植株基部萌生的蘖芽，当其叶长约 15 cm 时，切取蘖芽，扦插于微潮的粗沙床上，保持较高的空气相对湿度，地温在 25℃ 左右，4~6 周即可生根。生长期要保持盆土湿润，盛夏季向叶面多喷水，适当遮阳。冬季放置在阳光充足处。

园林应用：露兜树全年常绿，叶片清秀，具有耐阴、耐干的特点。盆栽，是室内观赏的理想材料。露地栽培时可作为路旁、围篱、建筑物和海滨的绿化材料。

30. 白粉藤 *Cissus repens*（图 9-51）

科属：葡萄科白粉藤属。

别名：菱叶白粉藤、葡萄叶吊兰、菱叶粉藤、羽裂菱叶藤、假提。

英文名：creeping treebine。

产地分布：白粉藤原产于非洲南部。

形态特征：多年生常绿藤本植物。长可达 3 m。枝条蔓生，

图 9-51 白粉藤

茎节较大。三出复叶,中间的叶片较大,外形似葡萄叶,叶表呈深绿,叶背呈红紫色,幼叶叶表呈嫩绿。

生态习性:喜温暖、湿润及半阴,不耐寒,极耐阴;生长适温为 15~20℃,冬季温度不低于 10℃,宜疏松、排水良好的腐叶土。

繁殖方法:白粉藤以分株或扦插繁殖。

栽培管理:① 根密集会导致烂根,故要适时移植。② 下部叶子枯干后,要及时剪掉,以图更新。③ 低温、干燥、过湿、伤根都会导致落叶。④ 冬季温度低于9℃,会出现冻害现象,叶片变黄,失去光泽。

园林应用:白粉藤为常绿藤本植物,吊盆栽培,枝叶生长繁茂,应定期修剪,可作室内垂直绿化或作造型观赏。

31. 变叶木 *Codiaeum variegatum*(图 9-52)

科属:大戟科变叶木属。

别名:洒金榕、彩叶木、金叶木。

英文名:variegated leaf-croton。

产地分布:变叶木原产于马来西亚、印度尼西亚及澳大利亚等热带地区。

形态特征:多年生灌木或小乔木,株高 100~200 cm。单叶互生,厚革质,叶片的大小、形状和颜色的变化较大,有黄、红、粉、绿、橙、紫红和褐等色。叶片的长短宽窄不一,形状各异,厚而光滑,具叶柄,聚生于顶部。根据叶形的变化,有阔叶变叶木(*F. platyphyllum*)、戟叶变叶木(*F. lobatum*)、长叶变叶木(*F. ambiguum*)、螺旋叶变叶木(*F. crispum*)、细叶变叶木(*F. taeniosum*)和飞叶变叶木(*F. appendiculatum*)等。

图 9-52　变叶木

生态习性:变叶木多分布在海拔 1 000 m 以下的酸性轻黏土上。喜温暖、湿润、光照充足环境,不耐寒,尤其是宽叶类。夏季适合 30℃以上的高温,冬季白天温度需在 20~25℃,晚间不低于15℃,越冬温度不低于 10℃,喜肥沃、保水性好的土壤。春、夏季宜充分浇水,并适当喷水。

繁殖方法:变叶木用扦插、压条、播种繁殖。多用扦插繁殖,在 4—6 月份选生长粗壮的顶部枝条,长约 8 cm,洗去切口白浆,在切口处涂抹木炭粉防腐,然后插入沙中,经常喷水,置于半阴处,约 1 个月可发根。扦插在温室或夏季进行。保持 25℃以上的温度和高湿度。压条用高压法,在春、夏季进行。南方地区也可播种繁殖,需种子采后即播,发芽慢,需 1~6 个月。

栽培管理:① 冬季室温在 5℃时,植株可受寒害。② 根部忌积水。③ 生长在荫蔽处的叶色变黄,严重时可引起落叶。④ 冬季温度过低会导致落叶,浇水过多易烂根。⑤ 高温季节应勤给叶浇水。

园林应用:叶形奇特,叶色美丽,是室内环境中理想的装饰植物,在南方适合于庭院布置。还是极好的花环、花篮、插花的陪衬材料。

32. 一品红 *Euphorbia pulcherrima*(图 9-53)

科属:大戟科大戟属。

别名:象牙红、圣诞花、猩猩木、老来娇。

英文名:common poinsettia。

产地分布:原产于墨西哥和中美洲。在我国云南、广东、广西等地可露地栽培,成为小乔木状,华东、华北地区作温室盆栽,霜前移入温室。

形态特征:茎光滑,含乳汁;叶互生,具大的缺刻,背面有软毛;茎顶部花序下的叶较狭,呈苞片状,通常全缘,开花时呈朱红色,为主要的观赏部位。真正的花是顶部簇生的鹅黄色小花,为杯状花序。花期恰逢圣诞节前后,所以称之为"圣诞花"。

图 9-53　一品红

生态习性:喜温暖、湿润及阳光充足的环境。对土壤要求不严,以微酸性肥沃沙质壤土最好。生长期温度为 25~29℃,夜间 18℃;花序显色后可降至 20℃,夜间为 15℃。应遮去夏季强烈的直射光。为短日照植物,极易控制花期,在每天光照 8~9 h、20℃下,50 天左右即可开花。

繁殖与栽培:一品红以扦插繁殖为主。取一年生木质化或半木质化的枝条约 10 cm 为插穗。温室内可在 3 月下旬(春分)扦插,室外可于 4 月下旬(谷雨)至 9 月下旬扦插,以 5—6 月最好。将切口流出的白色胶质乳液用水浸去,并涂以黏土或草木灰,或用火烧一下后扦插。

常见栽培种(品种):一品红有各种色彩、高度、单重瓣品种。'一品白':顶部总苞下的叶片显白色;'一品粉':顶部总苞下的叶片显粉红色,色泽不鲜艳,观赏价值不高;'重瓣一品红':顶部总苞下叶片和瓣化的花序,形成多层的瓣化瓣,重瓣状,呈红色,开花期稍晚,观赏价值高。

园林应用:株形端正,叶色浓绿,花色艳丽,开花时覆盖全株,色彩浓烈,花期长达 2 个月,有极强的装饰效果,是西方圣诞节的传统盆花。在我国部分地区作盆花观赏或用于室外花坛布置,是"十一"国庆节常用花坛花卉。也可用作切花。插花用的枝条要先用火烧一下切口,防止乳液外流,能延长花期。华南地区可作花篱。

33. 酒瓶兰 *Nolina recurvata*(图 9-54)

科属:百合科酒瓶兰属。

别名:象腿树、酒壶兰。

英文名:pony tail,elephant foot。

产地分布:酒瓶兰原产于墨西哥东南部。同属植物有 24 种。我国引种已有数十年历史,栽培广泛。

形态特征:茎直立,基部膨大,呈酒瓶状。叶片簇生于茎顶端,呈长线形,下垂,像山林中的野生兰花,故得名酒瓶兰。叶片革质,呈蓝绿色或灰绿色。

图 9-54　酒瓶兰

生态习性：喜温暖、湿润、光照充足的环境。耐寒力强，越冬温度 0℃，不结冰则不会受害。夏季气温高于 33℃，则生长停滞。要求疏松、排水良好和富含有机质的土壤。

繁殖与栽培：播种或扦插繁殖。实生苗苗期生长十分缓慢，可用浅盆栽种，每盆数株，养护 2~3 年换盆。或截茎干、分枝扦插繁殖。上盆时，茎基部膨大部分稍埋入土，不能种得太深。生长季保证充分水肥，促进茎基部膨大。随着茎基部的膨大要逐年换盆。换盆时注意将底部长出的不定根用盆土盖住，否则伤根，不能吸水，酒壶部分发瘪，因此花盆大小比植株茎基膨大部分稍大即可。有一定的耐旱性。室内养护应放置光照充足处，若在背阴处放置长久，则叶片黄绿细长。要定期转盆，以防枝干出现朝明亮方向扭曲现象，促进茎干笔直生长。

园林应用：酒瓶兰适合作中、大型盆栽。茎基膨大圆实，叶片细长飘逸，株形优美，具有独特的情调。又耐旱易养，是室内美化布置用的珍贵花卉，放置于厅堂，充满浓郁的生活气息。

复习题

1. 简述室内观叶植物的生态习性及常用的繁殖方法。
2. 举出 10 种常见的观叶植物，并说出其生态习性，繁殖栽培要点和应用形式。

实训　盆栽观叶类花卉的识别

一、实训目的

熟悉盆栽观叶类花卉的形态特征、生态习性，并掌握它们的繁殖方法、栽培要点、观赏特性与园林用途。

二、材料用具

铅笔、笔记本等。盆栽观叶花卉 20 种。

三、方法步骤

教师现场讲解、指导学生识别，学生课外复习。

1. 教师现场讲解每种花卉的名称、科属、生态习性、形态特征及识别方法、繁殖方法、栽培要点、观赏特性和园林用途。学生记录。

2. 学生分组进行课外活动，复习花卉名称、科属、生态习性、繁殖方法、栽培要点和观赏用途。

四、考核评估

（1）优秀：能正确识别盆栽观叶类花卉，掌握其生态习性、观赏特性、繁殖栽培技术要点。

（2）良好：能正确识别盆栽观叶类花卉，掌握其观赏特性，基本掌握它们的生态习性、繁殖栽培技术要点。

（3）中等：能正确识别盆栽观叶类花卉，了解它们的生态习性、观赏特性、繁殖栽培技术要点。

（4）及格：基本能识别盆栽观叶类花卉，了解它们的生态习性、观赏特性、繁殖栽培技术要点。

五、作业、思考

将 20 种盆栽观叶类花卉的科属、生态习性、繁殖方法、栽培要点和观赏用途列表记录。

单元小结

本单元介绍了常见观叶类花卉的生态习性、繁殖栽培技术要点以及在园林中的用途。

学习方法指导

通过老师的讲解,结合教材上植物的形态描述、繁殖栽培技术等内容,识别图片和实物,能识别和掌握常见的观叶类花卉的生态习性、观赏价值和繁殖栽培技术要点。

第 10 单元　室内观花类花卉

学习目标

掌握室内盆栽观花类花卉的含义及分类,熟悉此类花卉的生态习性和观赏特性以及常见花卉的繁殖栽培技术要点,了解多数室内盆栽观花类花卉的繁殖栽培技术要点及其在园林中的应用,为学习园林植物配置与造景和植物应用设计等专业课打下基础。

能力标准

能正确识别常见的室内盆栽观花类花卉,掌握其园林的应用形式。

关键概念

室内盆栽观花类花卉

相关理论知识

具备园林植物系统分类和植物形态基础知识,具备生态学和美学基础知识。

10.1　概　　述

一、概述

室内盆栽观花类花卉比较耐阴,喜温暖,对栽培基质、水分变化及空气相对湿度不敏感,适宜在室内环境中较长期摆放。

在室内条件下,大多数观花植物对光照有一定的需求,每天要求有直射光 2~4 h,其开花质量与光照时间有一定相关性,多为正相关。室内环境由于地理区域、楼层、朝向的差异,光环境区域的差异较大,房间内可以分为有直射光的区 8 000~20 000 lx,明亮光区 5 000~8 000 lx,荫蔽区 100~5 000 lx。观花植物在直射光区种植较为合理。其他区可能因光合作用的营养积累不够而不开花或生长不良。

观花植物的品种繁多,花色斑斓多彩。有的单个花朵很小,但群体花卉壮观;有的单个花朵很大,轮廓清晰。花朵形状千奇百怪,有的是喇叭形,如茉莉花;有的是钟形,如大岩桐;有的似钱袋,如蒲包花;有些花卉所观赏的并非其真正的花瓣,而是叶状、花瓣状的苞片,其色彩比真花更绚丽、更引人注目,如红掌鲜红色的苞片。这些花卉为居室增色不少。

有些观花植物的栽植是为了供人享受花的芳香。如米兰的淡雅芳香让人陶醉,茉莉花香让人精神倍增。

观花植物的观赏期大多是有限的,花期的长短相差较大。有些植物,如兰花,花期持续很长;有些植物,虽然单个花朵凋谢快,但由于花朵陆续开放,使得整体花期延长。

二、应用特点

室内生态环境的改善和调节,以及室内园林美化的要求,使室内植物的地位上升。只有选择适宜的种类,才能达到良好的效果。

室内观花花卉主要用于室内的绿化装饰布置。较适应室内低光照、低空气相对湿度、温度较高、通风差的环境。

室内观花花卉有木本和草本之分,大小高低不同;有观花和兼观花叶之分;可供选择的种类多。有直立和蔓性,株形和叶形的差异大,可以采用多种应用形式。室内花卉是室内花园的主要材料。

三、生态习性

室内盆栽观花类花卉的种类繁多、原产地不同,致使花卉的生态习性差异较大。

1. 对温度的要求

花卉的原产地不同,对温度的要求也不同。一般在 15~20℃,大多数花卉能正常生长。高于30℃,一些种类生长减慢。但一些原产于热带的花卉要求 25~30℃的生长温度。越冬温度也不同。原产于热带的种类要求 15℃以上,原产亚热带的种类只要保持 5℃以上即可。

2. 对光照的要求

室内盆栽观花类花卉比较耐阴,但耐阴性因种和品种而异。有些喜光,如伽蓝菜、苏铁等;有些耐微阴,如非洲紫罗兰等;有些耐半阴,如红鹤芋。

3. 对土壤的要求

室内环境下,为了卫生,草本花卉一般采用基质栽培:基质主要是由泥炭土和蛭石等配成;小型木本花卉用园土和泥炭土配制;大型木本花卉用园土,但要消毒,保证无病虫。室内花卉所用基质和土壤依种类而定。

4. 对水分的要求

室内盆栽观花类花卉对水分的要求依花卉种类不同而异。有些不严格,失水后补水即可成活,如报春花;有些不耐短期干燥,缺水造成死亡,如秋海棠类的一些种类;有些喜水湿,如马蹄莲类。室内栽培重要的是空气相对湿度,在温度适宜前提下,常常是由于空气相对湿度太低造成栽培困难,如杜鹃花类。

四、繁殖和栽培要点

1. 繁殖要点

室内盆栽观花类花卉主要采用营养繁殖,以分株和扦插(包括水插)繁殖为主,也可以采用压条、播种方法繁殖。在温度适宜条件下,四季都可以进行。

2. 栽培要点

栽种室内花卉应根据不同的种类给予适宜的光照条件。同种植物、不同季节可以放置在不同位置来满足光照要求。许多室内花卉休眠期,与生长期对水分的要求不同。生长期除注意基质浇水外,要注意增加空气相对湿度;休眠期要注意控制水肥。木本花卉要及时修剪、整枝、换盆。多年生长后要换盆,去除老根或分株,使株形美观,生长健壮。经常用水冲洗叶片,使观叶植物不仅美观,也利于其进行光合作用。应根据生长需要及时补给肥料。

10.2　室内常用草本观花类花卉

1. 瓜叶菊 *Pericallis hybrid*(图 10-1)

科属: 菊科瓜叶菊属。

别名: 千日莲。

英文名: florists cineraria。

形态特征: 瓜叶菊是多年生草本植物作一二年生栽培,茎直立,叶具长柄,呈心状卵形,硕大似瓜叶。头状花序,形成伞房状花丛,花色有黄、红、粉、蓝等各色,或具不同色彩的环纹和斑点。

繁殖与栽培: 以播种繁殖为主,也可扦插繁殖。

常见栽培种(品种): 大花型、星花型、中间型。

园林应用: 瓜叶菊可作盆花、切花、花坛、花境、花篮和花环等。

图 10-1　瓜叶菊

2. 报春花 *Primula malacoides*(图 10-2)

科属: 报春花科,报春花属。

别名: 纤美报春、小种樱草。

英文名: fairy primrose。

产地分布: 报春花原产于我国云南、贵州。

形态特征: 株高约 45 cm,叶呈卵圆形,基部心形,边缘有锯齿,叶长 6~10 cm,叶背有白粉,叶具长柄。花色有白、淡紫、粉红和深红色;花径 1.3 cm左右,伞形花序,多轮重出,3~10 轮;有香气;花梗高出叶面。萼呈阔钟形,萼外密被白粉。

生态习性: 喜温暖、湿润,夏季要求凉爽通风环境,不耐炎热。在酸性土中生长不良,叶片变黄,栽培土中要含适量钙、铁质才能生长良好。

繁殖与栽培: 报春花以种子繁殖。

园林应用: 报春花作盆栽观赏,可供切花。

图 10-2　报春花

3. 蒲包花 *Calceolaria crenatiflora*(图 10-3)

科属: 玄参科蒲包花属。

别名:蒲包花。

英文名:pocketbook plant。

产地分布:蒲包花原产于墨西哥至智利。

形态特征:株高约20 cm。叶呈卵形或广卵形,伞房花序,顶生,花冠二唇形,上唇小,前伸,下唇大并膨胀呈荷包状;花色有红、橙、黄等色,或具有细小斑点。花期在12月至翌年5月。

生态习性:盆栽培养土以富含腐殖质的肥沃、沙质壤土最佳,排水需良好;栽培处忌强光直射,以日照60%~70%最理想。性喜冷凉,忌高温多湿,生育适温在10~22℃。土壤需经常保持湿度。

图10-3　蒲包花

繁殖与栽培:蒲包花用播种法,秋冬季均适合播种,发芽适温在15~20℃。

园林应用:蒲包花适合盆栽。

4. 仙客来 *Cyclamen persicum*(图10-4)

科属:报春花科仙客来属。

别名:一品冠、兔子花、萝卜海棠。

英文名:florists cyclamen。

形态特征:多年生球根花卉。株高10~30 cm,球茎扁圆形,外被木栓质。叶丛生于球茎中心极短缩的茎上,呈心形或卵形,叶缘有钝锯齿,叶面有美丽斑纹。花梗自叶腋抽出,花瓣5,基部呈短筒状,开花时向上反卷。花色有白、粉、绯红、红、紫等。花期在冬、春季。

生态习性:仙客来性喜冷凉、阳光充足,不耐寒,忌高温炎热;喜肥沃、疏松的微酸性土壤。生育适温为15~22℃,10℃以下需防寒,25℃以上需降温。日照40%~60%,忌强光直射或露天淋雨,夏季保持通风以防软腐病。30℃时休眠。

图10-4　仙客来

繁殖与栽培:仙客来以播种为主,种子发芽适温在15~20℃,日照为40%~60%,保持湿度,经40~50天发芽。

园林应用:主要为温室盆栽。

5. 秋海棠类 *Begonia* spp.

科属:秋海棠科秋海棠属。

英文名:begonia。

产地分布:同属有1 000多种,除澳大利亚外,世界热带、亚热带地区广泛分布。我国约有90种,主要分布于南部和西南部各省(区)。

形态特征:茎基部常具块状茎或根状茎。叶基生或互生于茎上,叶基常偏斜。花单性同株,雌雄花同生于一个花束上,雄花常先开放,花被片4,分2轮,雌花被片5。

生态习性:栽培种类很多,形态、习性、园林用途等差异较大。主要有庭院、观叶、花叶同赏种类。该属植物多生长在林下、沟边或阴湿岩石上,喜欢温暖、阴湿的环境。北方通常在温室中栽培。

常见栽培种(品种):

(1)栽培种类大体依据地下部分及茎的形状,分为以下几类:

球根类:块茎肉质,呈扁圆形或球形,灰褐色,周围密生须根。夏、秋花谢后,地上部分枯萎,球根进入休眠。本类以球根秋海棠(*B. tuberhybrida*)为代表种。

根茎类:根状茎匍匐于地面,粗大多肉。叶基生,花茎自根茎叶腋中抽出,叶柄粗壮。6—10月为生长期,要求高温、多湿环境。花期不定,经常有花。开花后进入休眠期。一般不用播种繁殖,以叶插(一般在 4—5 月进行)或分株(多在 4 月下旬结合换盆进行)繁殖。本类以观叶类秋海棠为主,常见的有蟆叶秋海棠(*B. rex*)、枫叶秋海棠(*B. heracleifolia*)、铁十字秋海棠(毛叶秋海棠)(*B. masoniana*)等多种。

须根类:此类多为常绿亚灌木或灌木。地下部分为须根性。地上部分较高大且分枝较多。花期主要在夏、秋两季,冬季休眠。通常分为四季秋海棠、竹节秋海棠和毛叶秋海棠 3 组。本类多用扦插繁殖,在早春进行较好。生长健壮,温度高于 12℃即可越冬。

(2)目前常见种类如下:

球根秋海棠(*B. begonia* × *tuberhybrida*)(图 10-5):英文名:tuberous begonia。本种为种间杂交种,是以原产于秘鲁和玻利维亚的一些秋海棠经 100 年杂交育种而成。属中花型,花色最丰富的一种。株高 30~100 cm。茎直立或铺散,有分枝,肉质,有毛。叶缘具齿牙和缘毛。雄花大,具单瓣、半重瓣和重瓣;雌花小,5 瓣。栽培品种很多,园艺上分为 3 大品种类型:大花类、多花类、垂枝类。花期在夏秋。

图 10-5　球根秋海棠

球根秋海棠喜温暖、湿润、半阴环境。生长适温为 15~20℃,不耐高温,气温超过 30℃,茎叶枯萎,脱落。空气相对湿度保持在 70%~80% 最适合其生长发育。不耐寒,冬季温度不能低于 10℃。在昆明等暖地,春季萌发生长,夏、秋开花,冬季休眠;在北京则夏季休眠,冬、春开花生长。要求疏松、肥沃而又排水良好的微酸性沙质壤土。

球根秋海棠以播种繁殖为主,也可扦插和分割块茎繁殖。温室周年可行播种,但以 1—4 月为宜,为提早花期,可行秋播。种子微细,播后不覆土。扦插用于保留优良品种或不易收到种子的重瓣品种。于春末夏初,从优良块茎顶端切取带茎叶的芽,长 7~10 cm 作插穗,仅保留顶端的 1~2 枚叶片,待稍晾干后再扦插。早春在块茎即将萌芽时进行分割,每块块茎带 1 个芽眼。属浅根性花卉,栽植不宜过深,以块茎半露出土面为宜。

球根秋海棠的姿态优美,花大色艳或花小而繁密,是世界著名的夏、秋盆栽花卉。垂枝类品种,最宜作室内吊盆观赏;多花类品种,适宜作盆栽和布置花坛,是北欧露地花坛和冬季温室内花坛的重要材料。

丽格秋海棠(*Begonia* × *hiemalis*,*B.* × *elatior*):英文名:rieger begonia。原产于阿尔比亚地区冬季

开花的盾叶秋海棠(阿拉伯秋海棠,*B. socotrana*)与原产于秘鲁和玻利维亚夏季开花的几种球根秋海棠的杂交种,品种非常丰富。根茎具肉质,根系细弱。没有球根,也不结种子。

丽格秋海棠喜冷凉,越夏困难。适宜生长温度为 15~22℃,低于 10℃或高于 32℃则生长停滞,低于 5℃受冻。喜光,避免夏季阳光直射。属短日照花卉,日照超出 14 h 则进行营养生长。多于冬、春开花。

丽格秋海棠以扦插繁殖。在生长期保持土壤见干见湿,叶面不要淋水;保持 80%~85% 的高空气相对湿度,现蕾后空气相对湿度要降低。摘心可以促进分枝。是室内流行的观赏盆花。

蟆叶秋海棠(*B. rex*):又名虾蟆秋海棠。英文名:assamking begonia。与近源种的种间杂交和品种间杂交产生了许多园艺品种。植株低矮。具根茎。叶基生,呈盾状着生;叶形多变,叶基歪斜;叶面上有美丽色彩和不同图案。喜温暖、湿润环境,要求温度在 20℃以上,有较高的空气相对湿度。要求散射光充足。以肥沃、排水好的沙质壤土为宜。

扦插繁殖采用片叶插的方式,即把叶剪成小片,每片带有较大叶脉,斜插于基质中,半个月可生根。生长期要注意保持空气相对湿度和土壤湿润,过湿则根茎易烂。冬季保持温度在 10℃以上,少浇水。

该种的植株矮小,叶极美丽,是小型盆栽观叶植物。

6. 新几内亚凤仙 *Impatiens hawkeri*(图 10-6)

科属:凤仙花科凤仙花属。

别名:五彩凤仙花。

英文名:New Guinea impatiens。

产地分布:原产于新几内亚。

形态特征:植株挺直,株丛紧密矮生。茎含水量高而稍肉质。叶互生,呈披针形;有绿色、深绿、古铜色;叶表有光泽,叶脉清晰,叶缘有尖齿。花大,簇生于叶腋;花色丰富,有红、紫、粉、白各色。

生态习性:适宜日照为 50%~70%,忌强光直射。喜温暖,生育适温为 18~25℃,越冬适温为18~20℃。栽培土质以肥沃、富含有机质的沙质壤土为佳,要求排水良好。

图 10-6　新几内亚凤仙

繁殖与栽培:可播种或扦插繁殖。扦插时取母株上 6~7 cm 的健壮枝条,留 5~6 枚叶片,蘸 1 500 倍的 ABA 可促生根。扦插后,前 3 天保持高湿度,以后逐渐降低,7~10 天可生根。F_1 代播种繁殖,种子需光,对温度敏感,要求为 20~25℃,过高过低都不利于萌发。

园林应用:新几内亚凤仙株丛紧密,开花繁茂,花期长,是目前流行的室内观花盆花,天暖也可以用于露地花坛。

7. 大岩桐 *Sinningia speciosa*(图 10-7)

科属:苦苣苔科大岩桐属。

别名:新宁治花。

英文名:gloxinia。

产地分布:大岩桐原产于巴西。

形态特征:大岩桐是球根花卉,株高 10~20 cm,全株肉质多汁。叶十字对生,呈广椭圆形,密生茸毛。花腋出,花冠呈钟形,花型有单瓣或重瓣。花期在春至夏季,盛开时姹紫嫣红,妖媚动人。

生态习性:性喜高温、多湿,栽培处需阴凉通风,日照在 50%~70% 生育最佳,忌强烈日光直射。生育适温为 20~30℃。

繁殖与栽培:大岩桐可用播种、叶插、芽插或分球繁殖。种子具好光性,不宜覆土。保持温度在 20~25℃,日照在 50%~60%。

园林应用:适合阴棚下或阳台阴地盆栽。

图 10-7　大岩桐

8. 大花君子兰 *Clivia miniata*(图 10-8)

科属:石蒜科君子兰属。

别名:剑叶石蒜、达木兰。

英文名:scarlet kafirlily。

产地分布:原产于南非。

形态特征:大花君子兰是宿根花卉,根系肉质粗大,叶基部形成假鳞茎,叶二列状交互叠生,呈宽带形,革质,全缘,深绿色,叶长 30~80 cm,宽 3~10 cm。花葶自叶腋抽出,直立扁平;伞形花序顶生,每花序着花 7~36 朵,花呈漏斗状,红黄色至大红色。浆果呈球形。

生态习性:性喜温暖湿润,宜半阴环境。生长适温为 18~25℃。生长期间空气相对湿度为 70%~80%,土壤含水量为 20%~40%。要求疏松、肥沃、排水良好、含腐殖质的沙质土壤。

繁殖与栽培:以播种、分株均可。在 5℃ 以上可越冬,0℃ 以下受冻,30℃ 以上叶和花葶易徒长。

园林应用:大花君子兰作盆栽观赏。

图 10-8　大花君子兰

9. 马蹄莲 *Zantedeschia aethiopica*(图 10-9)

科属:天南星科马蹄莲属。

别名:水芋、野芋、海芋。

英文名:calla lily。

产地分布:原产于南非。

形态特征:株高 30~50 cm,地下有瘤状块茎。叶基生,呈箭形或披针形,具长柄。某些品种的

图 10-9　马蹄莲

叶面有白色或黄色斑点。观赏部分是呈卷漏斗状的美丽苞片和苞片中突出的蕊柱,酷似佛像四周的佛光,称佛焰苞。花期在 12 月至翌年 5 月。

生态习性:白花品种属水生植物,可栽植于水中或湿地,黄花及淡红品种的耐旱性强,应栽植于排水良好之土壤中,土质以肥沃、富含有机质之沙质壤土为佳。全日照、半日照均理想。性喜冷凉或温暖环境,生育适温为 18~25℃。可耐 4℃低温。

繁殖与栽培:马蹄莲可用播种或块茎繁殖。在秋季播种。

园林应用:花色有白、黄、淡红等,适合湿地栽培、盆栽或切花。

10. 非洲紫罗兰 *Saintpaulia ionantha*(图 10-10)

科属:苦苣苔科非洲紫苣苔属(非洲堇属)。

别名:非洲堇、圣保罗花、非洲紫苣苔。

英文名:African violet。

产地分布:原产于东非或为杂交种。

形态特征:非洲紫罗兰为多年生草本植物。株高 8~12 cm。茎、叶肥厚多汁,密生茸毛。叶对生或互生,有卵形、圆形、匙形、心形或斑叶变种。全年均能开花,以秋季至春季较盛。花腋生,花梗细长,伸出叶片之上,每一花茎可着花 3~8 朵。花型有单瓣、重瓣、半重瓣、平瓣和皱瓣之分;花色极丰富,有红、桃红、紫红、紫蓝、白和乳白或具有斑点、条纹、镶边等。

图 10-10   非洲紫罗兰

生态习性:喜荫蔽,日照为 50%~70%,忌强烈日光直射。性喜温暖且空气相对湿度高,为 50%~80%。生育适温为 15~25℃,冬季 15℃以上尚可少量开花。

繁殖与栽培:以播种、分株或叶插法繁殖。

园林应用:非洲紫罗兰作室内盆栽。

11. 花烛 *Anthurium andraeanum*(图 10-11)

科属:天南星科安祖花属。

别名:红掌、安祖花。

英文名:anthurium。

产地分布:原产于哥伦比亚。

形态特征:花烛是宿根草本植物。株高 30~70 cm。叶自短茎中抽生,革质,呈长心形,全缘,叶柄坚硬细长。花顶生,佛焰苞片具有明亮蜡质光泽,肉穗花序呈圆柱形。同类品种极多,花色有红、桃红、朱红、白、红底绿纹和鹅黄等。全年均能开花。

生态习性:忌强烈日光直射,日照 50%~60% 最佳。喜空气相对湿度高,70%~80% 为佳。喜高温,生育适温在 20~30℃,冬季温度不能低于 15℃。栽培介质以疏松之腐殖质材料为佳。

图 10-11   花烛

繁殖与栽培:花烛以分株、扦插、播种繁殖或组织培养。

园林应用:适合盆栽、切花或庭院荫蔽处栽植,美化。

12. 红鹤芋 *Anthurium sherzerianum*(图 10-12)

科属:天南星科花烛属。

别名:火鹤花、猪尾花烛、红苞芋。

英文名:tailflower,palette flower。

产地分布:红鹤芋原产于哥斯达黎加。

形态特征:红鹤芋是宿根草本植物。株高 20~50 cm,茎部易生多数气根。叶自短茎中抽生,呈披针形或卵状披针形,全缘。花顶生,佛焰苞片呈革质,肉穗花序呈长条状弯曲,花期持久,每朵花长达 1~2 个月。全年均能见花。

图 10-12　红鹤芋

生态习性:忌强烈日光直射,日照 50%~60% 最佳。喜空气相对湿度高,70%~80% 为佳。喜高温,生育适温为 20~30℃,冬季温度不能低于 15℃。栽培介质以疏松之腐殖质材料为佳。

繁殖与栽培:红鹤芋以分株、扦插、播种繁殖或组织培养。

园林应用:应用于盆栽或庭院荫蔽地的美化。

13. 果子蔓 *Guzmania lingulata*(图 10-13)

科属:凤梨科果子蔓属。

别名:红杯凤梨、擎凤梨。

英文名:tongue-shaped guzmania。

产地分布:果子蔓原产于哥伦比亚、厄瓜多尔、德国、安第斯山脉的雨林中。

形态特征:果子蔓为多年生附生性常绿草本植物。株高 30 cm,叶呈舌状,基生,长达 40 cm,宽约 4 cm,弓状生长,全缘,绿色,有光泽。总花梗不分枝,挺立于叶丛中央,周围是鲜红色苞片,可观赏数月之久,花呈浅黄色,每朵花开 2~3 天。花期在晚春至初夏。

生态习性:喜半阴、温暖、湿润的环境,要求富含腐殖质、排水良好的土壤。

图 10-13　果子蔓

繁殖与栽培:果子蔓在花后叶腋多萌生侧芽,可切取,扦插繁殖,一个月后便可生根;也可将切取的侧芽,用湿苔藓包裹直接栽植在花盆内,保持湿润,即可生根。夏季应置于阴棚下养护,并加强通风。在生长旺季,一个月追施稀薄液肥 1 次,也可向叶面喷施 0.1%~0.3% 的尿素等。秋末进温室中栽培,生长适温为 16~18℃,最低温度应不低于 7℃。

园林应用:叶色终年常绿,花梗挺拔,色姿优美,是室内摆设的佳品,还是受欢迎的切花。

14. 巢凤梨 *Nidularium innocentii*(图 10-14)

科属:凤梨科巢凤梨属。

别名:红杯巢凤梨、深紫巢凤梨。

英文名:blushing bomeliad。

产地分布:原产于巴西热带雨林中。

形态特征:该种是多年附生性常绿草本植物。株高约30 cm,叶基生呈莲座状、条形,缘具锯齿,绿色,有暗绿色斑驳;花序苞片呈三角形,先端尖锐,具鲜红色,小花为白色,有蓝紫色晕,花径 3~5 cm,簇生于苞腋间。

生态习性:附生于树桩或下部大枝上。喜光,也稍耐阴,但忌强光曝晒;要求温暖、潮湿的环境;土壤需疏松、肥沃、排水良好。

繁殖与栽培:植株基部易萌生蘗芽,可切取盆栽。适宜的生长温度为 20~25℃,生长季节保持盆土中等湿润,每 2~4 周追肥 1 次。冬季温度不得低于 5℃,低温时浇水量宜少。每年春天换盆,盆土可用腐叶土、珍珠岩、河沙等配置。

园林应用:鸟巢凤梨为近年流行的室内盆栽花卉,观叶、观花都甚为美丽。

图 10-14　鸟巢凤梨

15. 水塔花 *Billbergia pyramidalis*(图 10-15)

科属:凤梨科水塔花属。

别名:红笔凤梨、比尔见亚。

英文名:pyramidal billbergia。

产地分布:原产于巴西。

形态特征:水塔花为多年生常绿草本植物。株高 50~60 cm。基生呈莲座状的叶丛形成贮水叶筒,有叶 10~15 枚,呈阔披针形,肥厚宽大,叶缘上部具棕色小齿。穗状花序,直立,稍长于叶面;苞片呈披针形,粉红色;萼片有粉;花冠呈鲜红色,花瓣反卷,边缘带紫色;花期在 4—5 月。

生态习性:耐半阴,喜温暖、湿润环境;要求疏松、肥沃、排水良好的土壤。水塔花的植株基部易生蘗芽,可于早春切取,分栽即可进行繁殖。盆栽时,夏季置于阴棚下养护,生长适温为 20~25℃,秋末入温室,冬季最低温度不宜低于 10℃。生长季要注意浇水,保持盆土湿润,冬季减少浇水。

图 10-15　水塔花

园林应用:水塔花株丛青翠,花色艳丽,是良好的盆栽花卉。叶丛中心的筒内常贮水,好似水塔,饶有风趣。

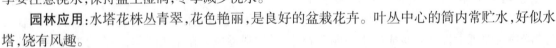

16. 美叶光萼荷 *Aechmea fasciata*(图 10-16)

科属:凤梨科光萼荷属。

别名:光萼凤梨。

英文名:aechmea。

产地分布:原产于巴西东南部。

形态特征：该种是多年附生性常绿草本植物。叶基生,呈莲座状的叶丛在基部围成筒状,有叶 10~20 枚,呈条形至剑形,叶长约 50 cm,宽 6 cm,革质,被灰色鳞片,边缘有黑刺;叶内面呈红褐色,背面有虎纹状银灰色横纹。花葶直立,高约 30 cm,有白色鳞毛;花序穗状,有分枝,密集构成阔圆锥状大花序;苞片为淡玫瑰红色,小花为浅蓝色。

生态习性：喜光照充足,亦耐阴;适宜温暖、潮湿的环境,又颇耐旱;要求富含腐殖质、粗纤维、疏松、肥沃、排水透气良好的土壤。

图 10-16　美叶光萼荷

繁殖与栽培：用播种或分蘖芽繁殖。夏季高温时要多喷水,充分浇水;冬季可控制浇水,保持盆土适度干燥,降低温度至 5℃或以上,使之进入半休眠状态;若保持在 15℃以上,则可正常生长。

园林应用：美叶光萼荷是优良的室内观赏植物,叶、花、果兼美,全年皆宜观赏。

10.3　室内常用木本观花类花卉

1. 杜鹃花 *Rhododendron* spp. (图 10-17)

科属：杜鹃花科杜鹃花属。

英文名：Indian azalea。

产地分布：杜鹃花原产于我国。

形态特征：杜鹃花是常绿或落叶灌木。主干直立,单生或丛生。叶互生,常簇生于枝端,多近矩圆形,全缘,罕有锯齿。花两性,多朵组成顶生总状伞形花序,花冠呈辐射状、钟状、漏斗状或管状。蒴果,种子多数,有狭翅。

生态习性：要求荫蔽凉爽的环境,畏酷暑,适生于富含腐殖质、疏松、肥沃的酸性(pH 6)土壤中。

图 10-17　杜鹃花

繁殖与栽培：杜鹃花可扦插、嫁接和播种繁殖。

园林应用：杜鹃花可盆栽,制作盆景;园林中最宜在林缘、溪边、池畔及岩石旁成丛成片种植。

2. 八仙花 *Hydrangea macrophylla* (图 10-18)

科属：虎耳草科八仙花属。

别名：绣球、阴绣球、紫绣球、紫阳花。

英文名：largeleaf hydrangea。

产地分布:原产于我国。

形态特征:八仙花是落叶灌木。株高可达 1~4 m。叶对生,呈椭圆形至阔卵形,长 6~18 cm,叶柄粗壮。伞房花序顶生,具总梗,全为不孕花。不孕花具 4 枚花瓣状大萼片。花初开呈绿色,后转为白色,最后变成蓝色或粉红色。

生态习性:喜温暖、湿润及半阴环境。宜肥沃、富含腐殖质、排水良好的稍黏质土壤。为酸性植物,不耐碱,适宜的土壤酸碱度为 pH 4.0~4.5。花色与土壤酸碱度有关。如粉色八仙花,在土壤呈酸性反应时花色变蓝。

繁殖与栽培:八仙花用扦插、压条、分株皆可繁殖,一般以扦插为主。越冬温度 5℃。

园林应用:耐阴花卉,在长江流域各省可以露地布置,如

图 10-18　八仙花

植于建筑物的北面、棚架下、树荫下,栽于池畔、水边亦甚相宜。其盆栽是室内装饰的优良材料,可用以布置展室、厅堂、会场等。叶、花、根可药用。

3. 倒挂金钟 *Fuchsia hybrida*(图 10-19)

科名:柳叶菜科倒挂金钟属。

别名:吊钟海棠、灯笼海棠。

英文名:common fuchsia。

产地分布:原产于秘鲁、智利、阿根廷、玻利维亚、墨西哥等地,为半灌木或乔木。

形态特征:株高 30~150 cm。枝细长,呈粉红或紫红色,老枝木质化。叶对生或轮生,呈卵形至狭状披针形,叶缘具疏齿。花生于枝上部叶腋长梗而下垂。园艺品种极多,有单瓣,重瓣,花色有白、粉红、橘黄、玫瑰及茄紫色等。有的植株低的枝平展,宜盆栽;有的枝粗壮,枝丛不开展;还有少数为观叶品种。

生态习性:喜凉爽而湿润的环境,不耐高湿。冬季要求温暖、湿润,阳光充足,室内空气流通;夏季要求高燥、凉爽及半阴条件,忌酷暑闷热及雨淋日晒。生长适温为 15~25℃。越

图 10-19　倒挂金钟

冬温度不得低于 10℃。夏季 30℃时生长极为缓慢,35℃时大批枯萎死亡。要求富含腐殖质、排水良好的肥沃沙壤土。

繁殖与栽培:主要用扦插法繁殖,一般于 1—2 月及 10 月扦插,扦插适温为 5~20℃,约 20 天生根。易结实的种类可用播种法繁殖,春、秋季在温室盆播,约 15 天发芽,翌年开花。生长期间 7~14 天施液肥 1 次。趋光性较强,要常转盆。在炎热多雨地区,夏季要注意通风、降温,置于阴棚下,保持盆土高燥。休眠植株可少浇水、不施肥。

园林应用:宜作盆栽观赏。

4. 扶桑 *Hibiscus rosa-sinensis*(图 10-20)

科属:锦葵科木槿属。

别名:朱槿、佛桑。

英文名:Chinese hibiscus。

产地分布:扶桑产于我国福建、广东、云南、台湾、浙江(南部)和四川等地,中南半岛也有分布。

形态特征:株高约 6 m,茎直立,多分枝。叶互生,呈广卵形或狭卵形。花大,单生于叶腋,花径 10~17 cm,有红、粉、黄、白等色;单瓣者呈漏斗形,单体雄蕊伸出花冠之外,重瓣者花形略似牡丹。

图 10-20　扶桑

生态习性:为落叶或常绿大灌木。喜光,阴处也可生长,但甚少开花。喜温暖、湿润的气候,不耐寒。气温在 30 ℃以上开花繁茂,在 2~5 ℃低温时出现落叶。不择土壤,但在肥沃而排水良好的土壤中开花硕大。花期以夏、秋为盛,有些品种可常年开花。

繁殖与栽培:扶桑在春季扦插繁殖。20~40 天生根。盆栽要用疏松、肥沃的壤土,在生长季节每 7 天施稀薄液肥 1 次。

5. 米兰 *Aglaia odorata*(图 10-21)

科属:楝科米仔兰属。

别名:四季木兰,碎玉兰。

英文名:chulan tree。

产地分布:原产于我国广东、广西、福建、云南等地,东南亚地区也有分布。

形态特征:米兰是常绿灌木,高可达 2 m。叶互生,奇数羽状复叶,小叶 3~5 枚对生,呈倒卵形,绿色有光泽;圆锥花序腋生,花小而繁,呈黄色,具芳香;花期从夏至秋;浆果具肉质假种皮。

图 10-21　米兰

生态习性:喜温暖、湿润、光线充足、通风良好的环境,耐半阴、不耐寒,华南和西南地区可以露地栽培。要求疏松、排水良好的微酸性土壤。

繁殖与栽培:米兰用高压法繁殖。宜在 5—8 月进行,选 1~2 年生壮枝,50~100 天生根。

园林应用:树姿优美、枝叶茂密、叶色浓绿光亮、花香馥郁、花期极长,是深受人们喜爱的盆栽花木。花可提取香料,枝叶可入药。

6. 栀子 *Gardenia jasminoides*(图 10-22)

科属:茜草科栀子属。

别名:栀子花、黄栀、白蝉、水横枝、山栀、山黄栀、白蟾花。

英文名:gape jasmine。

产地分布:原产于我国长江流域和日本。

形态特征:栀子是常绿灌木。高 1~2 m,枝丛生,幼时呈绿色,具细毛。单叶对生或 3 叶轮生,有短柄,革质,呈倒卵形或矩圆状倒卵形,叶色浓绿。顶端渐尖而稍钝,叶长 5~13 cm,革质,全缘,翠绿色有光泽。花大,白色,芳香,单生于枝顶。花期在春、夏季。

生态习性:喜温暖、湿润、光照充足的环境,不耐干旱、瘠薄。能耐半阴,生长适温为 18~28℃。较耐寒,越冬 5℃不会受害。宜空气相对湿度高、半阴、通风良好的环境;要求富含腐殖质、疏松、肥沃的酸性壤土。

图 10-22　栀子

繁殖方法:栀子以扦插繁殖,于 5—6 月剪取一年生的健壮枝条,截成长 15 cm 左右的插穗,保留 2 枚叶片,插入沙或蛭石中,深度为插穗的 1/2,保持湿度,容易成活。也可用水插法,生根后移植。压条在生长前期进行,保持湿度,约 1 个月后生根。也可播种繁殖。

栽培管理:① 盆栽可用松针土,生长期浇灌矾肥水,可增强土壤肥力,又可保持土壤的酸性状态,否则,多使叶色变黄。② 萌芽力强,耐修剪。可于花后修剪 1 次,维持树形美观,有利于下次开花。盆栽每年换盆 1 次,初春为适期。③ 生长期保持盆土湿润和较高的空气相对湿度。④ 若想冬季开花,温度应保持在 18℃以上。⑤ 光照不足会影响开花。

园林应用:栀子四季常绿,花色洁白,芳香浓郁,是盆栽佳品,也可用于切花或庭院栽植。

复习题

举出 20 种常见的盆栽观花花卉,并说出其生态习性、观赏价值、繁殖栽培技术要点及其园林用途。

实训　盆栽观花类花卉的识别

一、实训目的

熟悉盆栽观花类花卉的形态特征、生态习性,并掌握它们的繁殖方法、栽培要点、观赏特性与园林用途。

二、材料用具

铅笔、笔记本等。盆栽观花花卉 15 种。

三、方法步骤

教师现场讲解、指导学生识别,学生课外复习。

1. 教师现场讲解每种花卉的名称、科属、生态习性、形态特征及识别方法、繁殖方法、栽培要点、观赏特性和园林用途。学生记录。

2. 学生分组进行课外活动,复习花卉名称、科属、生态习性、繁殖方法、栽培要点和观赏用途。

四、考核评估

（1）优秀：能正确识别盆栽观花类花卉，并能掌握其生态习性、观赏特性、繁殖栽培技术要点。

（2）良好：能正确识别盆栽观花类花卉，掌握其观赏特性，基本掌握它们的生态习性、繁殖栽培技术要点。

（3）中等：能正确识别盆栽观花类花卉，并了解它们的生态习性、观赏特性、繁殖栽培技术要点。

（4）及格：基本能识别盆栽观花类花卉，了解它们的生态习性、观赏特性、繁殖栽培技术要点。

五、作业、思考

1. 将 15 种盆栽观花类花卉的科属、生态习性、繁殖方法、栽培要点和观赏用途列表记录。

2. 试述室内花卉的特点。

3. 举例说明室内花卉的应用形式。

4. 举出 15 种常见的盆栽观花类花卉，并说出其生态习性、观赏价值、繁殖栽培技术要点及园林用途。

单元小结

本单元介绍了室内常见的盆栽观花类花卉的生态习性、繁殖栽培技术要点以及在园林中的用途。

学习方法指导

通过老师的讲解，结合教材上植物的形态描述、繁殖栽培技术等内容，识别图片和实物，能识别和掌握室内常见盆栽观花类花卉的生态习性、观赏价值和繁殖栽培技术要点。

第11单元 室内观果类花卉

学习目标
　　掌握常见观果类花卉的生态习性、观赏特性、繁殖栽培技术要点及园林用途。
能力标准
　　能识别4种常见的观果花卉;能熟练应用观果花卉,并能独立进行观果花卉的繁殖栽培和养护管理。
关键概念
　　观果花卉
相关理论知识
　　具备园林植物形态识别知识。

11.1　概　　述

　　观果类花卉以果实为主要观赏对象。一般观果类花卉的果实或鲜艳夺目,或形态奇特,或具有光泽,点缀于绿叶之中玲珑可爱,引人注目。如佛手和四季橘等。此类花卉中有的同时也是重要的观花类花卉,如君子兰。因此,此类花卉的生态习性和繁殖栽培技术要点各异,在果期要特别注意施肥和浇水问题。

11.2　室内常用观果类花卉

1. 冬珊瑚 *Solanum pseudocapsicum* (图 11-1)
　科属:茄科茄属。
　别名:珊瑚樱、看豆。
　英文名:jerusalemcherry。
　产地分布:原产于欧亚热带,我国华东、华南地区有野生分布。
　形态特征:冬珊瑚是小灌木,常作一二年生植物栽培。株高 60~100 cm,叶互生,呈狭矩形至倒披针形。花单生或呈蝎尾状花序,腋生,小花为白色。花期在夏、秋季。浆果呈球形,深橙红色,稀有黄毛,留枝经久不落,观果期在秋冬季。

图 11-1　冬珊瑚

生态习性:喜温暖,半耐寒,喜光,宜排水良好的土壤。

繁殖与栽培:用播种或扦插繁殖,春季盆播,春、秋季嫩枝扦插。选在阳光充足、通风良好之处栽培。管理粗放,易栽。

园林应用:冬珊瑚作观果盆栽或花坛、花境的绿化材料。

2. 佛手 *Citrus medica* var. *sacrodactylis*(图 11-2)

科属:芸香科柑橘属。

别名:拂指香橼、佛手柑、五指柑、飞穰。

英文名:finger citrus。

产地分布:佛手原产于亚洲。

形态特征:佛手是常绿灌木或小乔木。株高 2~4 m,叶呈椭圆形,叶缘略具钝齿,叶腋有刺,冬至春季开花,花苞呈淡紫色,盛开呈淡黄绿色,果实橙黄色,裂开呈手掌状,富有浓烈香气,果肉及种子退化。果熟期为 11—12 月。

生态习性:不耐阴,怕严寒,喜高温,生长适温为 22~29℃。栽培土质以富含有机质之酸性沙质壤土为佳,排水、日照需良好。

繁殖与栽培:佛手可嫁接、扦插、高压繁殖。砧木可用酸橘、枳壳等实生苗。

园林应用:佛手可作大型盆栽或庭植。

3. 四季橘 *Citrus microcarpa*(图 11-3)

科属:芸香科金橘属。

英文名:mite citrus。

产地分布:原产于我国大陆。

形态特征:四季橘是常绿灌木。株高 1~2 m,具短刺,叶呈椭圆形,花顶生,四季均能见花,果实呈扁圆形,果枝呈悬垂状。

生态习性:性喜高温,生育适温为 22~29℃。栽培土质以富含有机质之沙质壤土为佳,排水、日照需良好。

繁殖方法:用嫁接繁殖。

园林应用:四季橘用作盆栽或庭院美化。

4. 乳茄 *Solanum mammosum*(图 11-4)

科属:茄科茄属。

别名:牛头茄、牛角茄、五指茄。

英文名:papillate nightshade。

产地分布:乳茄原产于中美洲。

图 11-2　佛手

图 11-3　四季橘

图 11-4　乳茄

　　形态特征:乳茄是小灌木。株高 1~2 m。茎叶均有细茸毛,并着生锐刺。叶互生,对生,呈圆形至广椭圆形,叶缘为浅缺裂。全年开花,花瓣呈紫色。果实成熟时呈亮金黄色,基部有 5 个极似乳头或手指头的突起,造型奇特可爱。

　　生态习性:栽培土质以肥沃、富含有机质的壤土或沙质壤土为最佳,要求排水良好。全日照、半日照均理想。性喜高温,生长适温为 22~30℃。

　　繁殖与栽培:乳茄用播种方法繁殖。种子发芽温度为 20~30℃。

　　园林应用:乳茄作盆栽或剪切果材。

复习题

　　调查花卉市场销售好的观果类花卉有哪些,并了解其生态习性、繁殖栽培要点及应用形式。

实训　盆栽观果类花卉的识别

一、实训目的

　　熟悉盆栽观果类花卉的形态特征、生态习性,并掌握它们的繁殖方法、栽培要点、观赏特性与园林用途。

二、材料用具

　　铅笔、笔记本等。观果花卉 4 种。

三、方法步骤

　　教师现场讲解、指导学生识别,学生课外复习。

　　1. 教师现场讲解每种花卉的名称、科属、生态习性、形态特征及识别方法、繁殖方法、栽培要点、观赏特性和园林用途。学生记录。

　　2. 学生分组进行课外活动,复习花卉名称、科属、生态习性、繁殖方法、栽培要点和观赏用途。

四、考核评估

　　(1) 优秀:能正确识别观果类花卉,掌握其生态习性、观赏特性、繁殖栽培技术要点。

　　(2) 良好:能正确识别观果类花卉,掌握其观赏特性,基本掌握它们的生态习性、繁殖栽培技术要点。

　　(3) 中等:能正确识别观果类花卉,并了解它们的生态习性、观赏特性、繁殖栽培技术要点。

　　(4) 及格:基本能识别出观果类花卉,了解它们的生态习性、观赏特性、繁殖栽培技术要点。

五、作业、思考

　　将 4 种盆栽观果类花卉的科属、生态习性、繁殖方法、栽培要点和观赏用途列表记录。

单元小结

　　本单元介绍了室内常见的盆栽观果类花卉的生态习性、繁殖栽培技术要点以及在园林中的用途。

学习方法指导

　　通过老师的讲解,结合教材上植物的形态描述、繁殖栽培技术等,识别图片和实物,能识别和掌握室内常见的盆栽观果类花卉的生态习性、观赏价值和繁殖栽培技术要点。

第12单元　常用切花类花卉

学习目标

　　掌握常见切花的生态习性、观赏价值、繁殖栽培技术要点及其园林用途,为学习花卉的栽培技术、园林植物配置与造景和植物应用设计等专业课奠定基础。

能力标准

　　能识别常见的切花,并能独立进行繁殖和栽培管理。

关键概念

　　切花

相关理论知识

　　具备园林植物栽培、美学和植物造景等基础知识。

12.1　概　　述

　　切花作为插花的材料,有鲜切花、干花、塑料花等。所谓的鲜切花(cut flower)是指自活体植株上剪切下来的、专供插花及花艺设计用的枝、叶、花、果的统称,包括切花、切叶、切枝和切果等。切花是指各种剪切下来,以观花为主的花朵、花序或花枝,如月季、非洲菊、百合、唐菖蒲、鹤望兰和六出花等。切叶(cut leave)是指各种剪切下来的绿色或彩色的叶片及枝条,如龟背竹、绿萝、绣球松、针葵、肾蕨和变叶木等。切枝(cut branch)是指各种剪切下来,具有观赏价值的着花或具彩色的木本枝条,如银芽柳、连翘、海棠、牡丹、梨花、雪柳、绣线菊和红瑞木等。切花质量的好坏可以从切花的整体感、成熟度、花型、花序、色泽和病虫害等几方面来衡量。

　　可以做切花的种类很多,其生态习性各异,栽培管理方法也有差异,在此不做总体介绍,具体看每一个种类。

12.2　室内常用切花类花卉

1. 菊花 *Dendranthema morifolium*(图 12-1)

科属:菊科菊属。

菊花在前面常用宿根花卉中已有详细介绍,此处不再重复。

2. 香石竹 *Dianthus caryophyllus*(图 12-2)

科属:石竹科石竹属。

别名:康乃馨、麝香石竹。

图 12-1　菊花

图 12-2　香石竹

英文名：carnation。

产地分布：原产于南欧及印度,现主要的产区为意大利、荷兰、波兰、美国、哥伦比亚及以色列等。

形态特征：香石竹为多年生宿根草本花卉。株高 30~60 cm,茎簇生、光滑,微具白粉,茎上有膨大的节。对生叶,呈线状披针形,全缘,基部抱茎,具白粉而呈灰绿色,有较明显的叶脉 3~5 条。花多单生于茎顶,少有数朵簇生者,花色有白、粉、红、紫、黄及杂色,具香味,有单瓣、重瓣之分。蒴果,种子呈黑色。

生态习性：喜温暖、较干燥、空气流通及阳光充足的环境;喜肥,要求排水良好、腐殖质丰富的微酸性、稍黏质土壤。不耐炎热。

繁殖与栽培：香石竹以扦插、播种、压条和组培繁殖为主。除炎夏外,其他时间均可扦插。生长期要给予充分的水肥。喜空气流通、干燥和阳光充足;喜凉爽,不耐炎热;喜富含有机质且疏松、肥沃的微酸性轻黏质土,忌湿涝与连作。

常见栽培种(品种)：类型及品种较多,依栽培方式有露地栽培的一季开花类,如花坛香石竹;四季开花类,如巨花型香石竹;还有温室栽培的,如四季开花型香石竹,用作切花栽培的多为此类,可连续开花数年。

观赏特性：香石竹是世界著名的四大切花之一。其色彩丰富,可制作花篮、花束等,或用作艺术插花的材料。人们一直视香石竹为慈母之爱的象征,很多人在母亲节的这一天,向慈母献上几枝香石竹以表示对母亲爱心的回报及崇敬。不同的花色品种代表不同的含意。白色表示纯洁真挚的友谊,真心的关怀,不讲利害关系;黄色表示希望进一步发出友谊的光辉,还表示对母亲的感恩;淡红色表示内心有热情,但不表露。大红色表示热心与对方合作,相互沟通,相信你的爱;白心红边表示赞赏对方的节俭朴素,为人随和,平易近人。粉(粉红)色表示热爱,祈祝母亲永远美丽年轻。紫红色表示喜欢浪漫中带着温馨,讨厌奢侈。

园林应用：香石竹主要用于切花,也作为花境及花坛用花。

3. 唐菖蒲 *Gladiolus grandavensis*(图 12–3)

科属：鸢尾科唐菖蒲属。

别名：剑兰、菖兰、扁竹莲、什样锦。

英文名：breeders gladiolus。

形态特征：唐菖蒲是多年生草本球根花卉。株高 80~170 cm，球茎呈扁圆或卵圆形，具环状节。叶 6~9 片，呈剑形。蝎尾状伞形花序，着花 8~24 朵，花朵硕大。

生态习性：唐菖蒲喜凉爽，不耐寒，畏酷热，要求疏松、肥沃、湿润、排水良好的土壤。生长最适温度，白天为 20~25 ℃，夜晚为 10~15 ℃。唐菖蒲为长日照植物，以每天 16 h 的光照最为适宜。种球收获后，在自然条件下，从晚秋到初冬，经过低温影响，才能打破休眠。促成栽培必须人工打破休眠，即种球收获后，先用 35 ℃ 的高温处理 15~20 天，再用 2~3 ℃ 的低温处理 20 天，然后定植，即可正常萌发生长。如要求 1—2 月供花，则于 10—11 月定植；若 12 月份定植，则在 3—5

图 12-3　唐菖蒲

月开花。即从定植到开花，需历时 100~120 天。定植后的气温应保持在白天为 20~25 ℃，夜间为 15 ℃ 左右。

繁殖与栽培：花枝在多蕾期采切，宜在花序下部的 4~5 朵显色或第 1 朵花松动时采切。自然瓶插期在室温条件下为 7 天左右，经过保鲜花材达 10~12 天。短期储存在 20 天以内效果良好，储存温度为 0~4 ℃。花葶具向光性，应注意直立放置，以免顶端弯曲。蕾材经过保鲜处理可全部开花，且花大色艳。

常见栽培种（品种）：唐菖蒲为多种源多世代杂交种，至今尚无公认的统一种名。分类方法很多，以花期可分为春花类、夏花类；以花朵排列形式可分为规整类、不规整类；按花的大小可分为巨花类、中花类、小花类等。

观赏特性：花色丰富、艳丽、穗状花序较长，从下至上陆续开放，具有其他插花种类起不到的独特作用；瓶插持久，便于运输，为世界四大名切花之一。意为长寿，康宁，节节高，友谊，性格坚强，高雅，用心，富禄之寓意。红色表示亲密；黄色表示尊敬。因花序呈穗状，又有步步高升之意。花色繁多，是开业祝贺、探亲访友、看望患者、乔迁之喜等常用花卉。

园林应用：唐菖蒲是重要的切花，也可用于花坛、花境。

4. 切花月季 *Rosa* hybrida（图 12-4）

科属：蔷薇科蔷薇属。

别名：长春花、月月红、斗雪红、瘦客、胜春、胜红和胜花。

英文名：Chinese rose。

形态特征：多年生常绿灌木。月季的枝干特征因品种而不同，除个别品种光滑无刺外，一般均具皮刺，大小、形状、疏密因品种而异。叶互生，

图 12-4　切花月季

由 3~7 枚小叶组成奇数羽状复叶,叶呈卵形或长圆形,有锯齿,叶面平滑具光泽或粗糙无光。花单生或丛生于枝顶,花型及瓣数因品种而有很大差异。色彩丰富,有些品种具淡香或浓香。

生态习性:切花月季喜温暖、湿润、光线充足的环境,生长适温为 15~25℃,要求疏松、肥沃、排水良好的湿润土壤。温室栽培切花月季的温度控制很重要,一般白天为 20~28℃,因此夏季应注意通风、遮光,这样既降低了温度,又减少了光照,植株在通风环境中也不容易感染病。

常见栽培种(品种):

(1) 依花色分:有白、绿、黄、粉、红和紫等色以及复色或具条纹及斑点者。

(2) 依花型分:有花朵直径在 10 cm 以上的大花品种,直径在 10 cm 以下、5 cm 以上的中花品种和直径在 5 cm 以下的小花品种及微型品种。

(3) 依植株形态分:有植株高大、直立挺拔的直立型和枝条柔软而长、依附他物生长的攀缘型。

(4) 依着花的情况分:露地栽培时在 5—10 月经常不断开花、温室栽培则四季可开的健花品种;有仅在春、秋两季开花的两季种;还有仅在春季开一次花的一季种。

观赏特性:国内商业上销售的玫瑰,其学名为切花月季,市场上几乎没有真正植物分类学上的玫瑰,因其商业知名度大,故在此也称为玫瑰。

玫瑰是世界性的爱情花,其寓意为纯洁的爱、爱慕之情、爱情真挚、美好常在、和平友爱和幸福荣誉等,是情人节的首选花卉。其花色、数量的不同可表达不同的含义。红色代表热恋,爱心真意,爱火熊熊。将盛开的紫红色花献给意中人,意味着炽热的心扉,倾诉着“我爱你”的热恋深情。红色月季蓓蕾还表示可爱。白色表示尊敬与崇高敬意,和谐美好,纯洁友谊,是西方婚礼上的重要花卉;白玫瑰在一些国家象征父爱,是父亲节子女送给父亲的礼物;白玫瑰蓓蕾还象征少女。黄色用于道歉,爱情半途夭折;有的国家视为爱情的开始,父亲节的贺礼;法国人认为是妒忌或不忠诚。粉红表示爱心与特别的关怀,初恋的开始,爱的宣言,铭记于心;含苞欲放的粉红玫瑰花蕾象征着少女的青春与美丽,带给人温馨,表示“求爱”“初恋”。橙黄表示十分爱慕与真心。橙红、珊瑚红表示富有青春气息,表示渴望求爱的初恋心情。绿色、白色或带青绿色表示纯真简朴、青春长驻和有赤子之心。

园林应用:月季主要用于切花。它可以配置在园林的花坛、花境或假山上,还可以制作盆花、盆景、花篮、花圈等,并可作插瓶切花。

5. 百合 *Lilium* spp.(图 12-5)

科属:百合科百合属。

别名:野百合,白花百合。

英文名:greenish lily。

产地分布:百合分布于我国各地,以西南为多。日本、加拿大、美国及欧洲也有分布。

形态特征:百合是多年生球根花卉,株高 60~120 cm,鳞茎呈扁球形,具黄白色。茎直立,叶着生在茎的中部以上,越向上越明显变小;花平伸,1~4 朵,花萼与花瓣不易区分,花被 6 枚,花药呈褐红色,花柱极长,味芳香,花期在 8—10 月。

图 12-5　百合

　　生态习性:喜凉爽、湿润,耐寒,不耐热;喜半阴,不耐曝晒和浓阴;要求深厚、肥沃、排水好的沙质壤土,忌黏土。生育适温为 12~20℃。

　　繁殖方法:百合以分球、分珠芽、扦插鳞片、播种繁殖或组织培养繁殖,以分球法最为常用,小鳞茎培养 2 年即可开花。

　　栽培管理:① 耐寒不耐热,扦插法繁殖时不宜每年挖出鳞片,应 3~4 年分栽 1 次即可。② 温度低于 5℃或高于 25℃会阻碍其正常的生长发育,甚至产生盲花现象。③ 干旱则生长势弱;积水则产生黄叶。④ 不宜每年分栽,一般 3 年分栽 1 次。

　　病虫害防治:百合在春季易发生锈病,可用 25% 萎锈灵乳油 400 倍液喷洒。

　　园林应用:花姿雅致,青翠隽秀,花茎挺拔,是点缀庭院、盆栽与切花的名贵花卉。可用于花丛、林下及草坪边缘。

　　6. 非洲菊 *Gerbera jamesonii*(图 12-6)

　　科属:菊科非洲菊属。

　　别名:太阳花、扶郎花、大丁花。

　　英文名:flame ray gerbera。

　　产地分布:原产于南非。

　　形态特征:非洲菊为多年生草本植物。株高 15~30 cm。叶自根基上簇生,呈匙形或波状深羽裂。花为头状花序,顶生。花型有单瓣、重瓣和半重瓣;花径有大、中、小之分;花色丰富,有红、粉红、橙红、玫瑰红、黄、金黄和白等色,花期持久,全年均能开花。

图 12-6　非洲菊

　　生态习性:性喜多肥。耐热又稍耐寒,生育适温为 15~25℃,冬季温度为 12~15℃,低于 10℃则停止生长,能忍受短期 0℃低温。栽培土质以微酸(pH 6~6.5)、肥沃沙壤土为佳,排水、日照良好。

　　繁殖与栽培:非洲菊用播种或分株法繁殖。播种繁殖要采后即播,发芽适温为 18~22℃,播后 7~10 天发芽。分株,把母株地下茎切成子株,每个子株必须带新根和新芽。

　　园林应用:花大色美,娇姿悦目,是国际上重要的切花和盆花,可用于点缀案头、橱窗、客厅等。

　　7. 满天星 *Gypsophila paniculata*(图 12-7)

　　科属:石竹科丝石竹属。

　　别名:锥花丝石竹,宿根霞草。

　　英文名:babysbreath,panicle gypsophila。

　　产地分布:原产于欧洲地中海沿岸及亚洲北部。

　　形态特征:满天星是多年生草本植物。茎上部多分枝而开展,节处膨大。单叶对生,呈狭披针形至线状披针形,全缘。小花繁多,组成疏散的圆锥花序,花具白色,花瓣 5 枚,呈长椭圆形,

图 12-7　满天星

萼呈短钟状,5 裂,花有纯白或粉红等颜色。花期在 5—6 月,蒴果呈球形。

生态习性:性喜温暖、干爽,忌高温、多湿环境,要求肥沃且排水良好的中性至微碱性沙质壤土。

繁殖与栽培:满天星以播种繁殖。发芽适温为 21~25℃。一般先经组织培养获得优质种苗,然后再进行扦插繁殖。

园林应用:枝干纤细,线条优美,花朵繁盛细致,点点小花分布均匀,像繁星闪烁,晶莹亮丽,故又名"满天星"。常用来点缀插花,可用作花坛、花境、花丛,也可配植于岩石园,也是制作干花的好材料。

8. 深波叶补血草 *Limonium sinuatum*(图 12-8)

科属:蓝雪科补血草属。

产地分布:原产于地中海沿岸。

形态特征:多年生草本植物,常作一二年生草本植物栽培。全株被粗毛。叶基生,羽状分裂,边缘呈波状,花茎具 3~5 翼,2 叉状分枝组成伞房花序,侧斜状;小花序着生 3~5 朵;萼膜质,呈白、粉、黄、肉红、蓝和紫等色,是观赏的主要部位;花冠呈白至黄色,早落。花期在 5—6 月。蒴果宿存萼内,种子 1 粒。

图 12-8　深波叶补血草

生态习性:性喜凉爽、干燥、光照充足、通风、排水良好的环境,忌水湿。温暖地区不结实。

繁殖与栽培:深波叶补血草用播种繁殖。

园林应用:花色绚丽多彩,花朵繁密,是重要的切花花卉,因萼色经久不退,又是良好的干花花材。

9. 鹤望兰 *Strelitzia reginae*(图 12-9)

科属:旅人蕉科鹤望兰属。

别名:极乐鸟之花。

英文名:bird-of-paradise-flower。

产地分布:原产于南非。

形态特征:根粗壮、肉质。茎短,不明显。叶近基生,对生成两侧排列,革质;叶柄比叶片长 2~3 倍,有沟槽。花茎与叶近等长,每个花序着花 6~8 朵;小花的花形奇特,开放有顺序,宛如仙鹤引颈遥望,栩栩如生,故名鹤望兰。每朵花开放近 1 个月,1 个花序可开放约 2 个月,花期长达 3~4 个月。

图 12-9　鹤望兰

生态习性:喜温暖、湿润、光照充足。生长适温为 25℃左右,冬季适温以 10℃左右为宜。喜肥沃、排水好的黏质壤土。耐旱,不耐水湿。在我国华南地区可露地栽培。

繁殖方法:鹤望兰用播种或分株法繁殖。需人工授粉才能结实,发芽适温为 25~30℃,15~20

天发芽;分株于早春结合换盆进行。

栽培管理: ① 鹤望兰在生长期每 2 周施肥 1 次,盆土表面变干时再浇水。② 夏季在室外荫棚下栽培,越冬温度不低于 5℃。③ 花期应施用磷肥。

病虫害防治: 鹤望兰常有介壳虫危害,用 40% 的乐果乳油或 50% 的马拉硫磷乳油 1 000 倍液进行防治,也可用竹片等物刮除成虫。

园林应用: 叶大姿美,四季常青,花序色彩夺目,形状独特,成株一次能开花数十朵,有极高的观赏价值。盆栽点缀于厅堂、门侧或作室内装饰,能营造出热烈而高雅的气氛。在我国华南地区可用于庭院丛植或花境。水养可观赏 15~20 天,是高档切花。

10. 小苍兰 *Freesia refracta* (图 12-10)

科属: 鸢尾科香雪兰属。

别名: 小菖兰、香雪兰、洋晚香玉。

英文名: common freesia。

产地分布: 原产于非洲南部。

形态特征: 多年生球根花卉。株高 40 cm。叶呈线形,2 列互生。花茎细长,花序呈螺壳状倾斜,花呈白色、鲜黄、粉红、紫红、淡紫和大红等色。花期在冬至春季。

生态习性: 喜凉爽、湿润、阳光充足的环境,不耐寒;喜肥沃、疏松的土壤。

繁殖方法: 小苍兰以播种或花后分球繁殖。

图 12-10　小苍兰

栽培管理: ① 球茎栽培后要保持土壤湿润,在生长期浇水不宜过多,要求半阴。② 土壤过湿和过度荫蔽,生长柔弱,叶片细长,抽出的花枝也细。③ 10—11 月,长出小球茎,10~12 周即可开花,花期保持温度在 8~10℃,花后休眠。叶逐渐枯萎,将球茎取出贮藏,温度为 25℃,而后要在 13℃的条件下保存 1 个月。

病虫害防治: 小苍兰常见有干腐病危害植株和球茎。用 10% 的抗菌剂 401 醋酸溶液 1 000 倍液喷洒表面防治。

园林应用: 花色娇艳,香气袭人,是室内盆栽植物中的佳品。暖地可自然丛植。也是著名的切花。

11. 六出花 *Alstroemeria ligtu* (图 12-11)

科属: 石蒜科。

形态特征: 六出花是多年生草本植物,株高 45~60 cm,叶在茎上直立着生。伞形花序,3~8 束,每束着花 2~3 朵。花被 6 枚,呈白、淡黄至粉红色,内部上端具黄色,有白、紫、黄、红色斑纹或斑点,花期在夏季。

图 12-11　六出花

繁殖方法:六出花以播种(直播)或分株繁殖。

栽培管理:六出花喜温暖,耐半阴,在花期最好有半阴环境,栽培头 2 年应保护越冬。作盆栽切花用,需设支架支持茎。休眠期应保持干燥。

园林应用:六出花是优良切花,或用于花境、盆花。

复习题

1. 调查花店里常用的切花花卉有哪些,并了解其花语。
2. 调查花店里常用的切叶花卉有哪些,并了解其生态习性和园林用途。

实训　常见切花类花卉的识别

一、实训目的

熟悉常见切花类花卉的形态特征、生态习性,掌握它们的繁殖方法、栽培要点、观赏特性与园林用途。

二、材料用具

铅笔、笔记本等。切花花卉 10 种。

三、方法步骤

教师现场讲解、指导学生识别,学生课外复习。

1. 教师现场讲解每种花卉的名称、科属、生态习性、形态特征及识别方法、繁殖方法、栽培要点、观赏特性和园林用途。学生记录。

2. 学生分组进行课外活动,复习花卉名称、科属、生态习性、繁殖方法、栽培要点和观赏用途。

四、考核评估

(1) 优秀:能正确识别常见的切花类花卉,掌握其生态习性、观赏特性、繁殖栽培技术要点。

(2) 良好:能正确识别切花类花卉,掌握其观赏特性,基本掌握它们的生态习性、繁殖栽培技术要点。

(3) 中等:能正确识别切花类花卉,了解它们的生态习性、观赏特性、繁殖栽培技术要点。

(4) 及格:基本能识别切花类花卉,了解它们的生态习性、观赏特性、繁殖栽培技术要点。

五、作业、思考

1. 将 10 种切花的科属、生态习性、繁殖方法、栽培要点、观赏用途列表记录。
2. 举出 10 种常见的以切花为主的花卉,并简要说明其花序特点和应用形式。
3. 举出 5 种常见的以切果为主的花卉,并简要说明其生态习性和应用形式。
4. 举出 5 种常见的以切叶为主的花卉,并简要说明其生态习性和应用形式。

单元小结

本单元介绍了常见切花类花卉的生态习性、繁殖栽培技术要点以及在园林中的用途。

学习方法指导

通过老师的讲解,结合教材上植物的形态描述、繁殖栽培技术等内容,识别图片和实物,能识别和掌握常见切花类花卉的生态习性、观赏价值和繁殖栽培技术要点。

第5篇 常用专类花卉

本篇主要介绍了专类花卉中的兰科花卉、仙人掌类和多肉植物、蕨类植物、食虫植物的含义、形态特征及繁殖方法。兰科花卉部分介绍了兰科花卉的含义及类型、形态特征、生态习性以及繁殖栽培要点，着重介绍了市场上最常见的几种兰科植物。仙人掌类和多肉植物因其茎或叶呈现肥厚而多浆的变态状而被越来越多的人喜爱。本篇介绍了多浆植物的生态习性和观赏特点以及常见种类。蕨类植物和食虫植物部分介绍了花卉市场和园林应用中的常见种类及其繁殖栽培方法。

长寿花

生石花

蝴蝶兰

铁线蕨

卡特兰

猪笼草

掌握常见兰科花卉的生态习性、观赏特性、繁殖栽培管理技术要点及其园林用途,为学习花卉的栽培技术、园林植物配置与造景等专业课打下基础。

能识别 6 种常见兰科花卉。

兰科花卉

具备园林植物系统分类和植物形态的基础知识。

13.1　概　　述

一、兰花的含义和类型

广义上的兰花是兰科花卉的总称。兰科植物分布极广,除两极和沙漠外的世界各地均有分布,但 85% 集中分布在热带和亚热带地区。园艺上主要有中国兰和洋兰两大类。

中国兰又称国兰、地生兰,是指兰科兰属中的少数地生兰,如春兰、惠兰、建兰、墨兰和寒兰等。中国兰是中国的传统名花,主要原产于亚洲的亚热带地区,尤其是中国的亚热带雨林区。一般开花较少,但芳香,花和叶都有观赏价值。

中国兰是中国传统的十大名花之一,兰花文化源远流长。人们爱兰、养兰、画兰,并将兰当成艺术品收藏,对其色、香、姿、形上的欣赏有独特审美标准。如瓣化萼片有重要观赏价值,以绿色无杂为贵等。中国兰主要是盆栽观赏。

洋兰是人们对中国兰以外兰花的称谓,主要指热带兰。实际上,中国也有热带兰分布。常见栽培的有卡特兰属、蝴蝶兰属、兜兰属、瘤瓣兰属、万代兰属和石斛兰属等。洋兰一般花大、色艳,但大多没有香味。热带兰主要观赏其独特花形、艳丽色彩,可盆栽观赏,也是优良的切花材料。

兰科植物从植物形态上分为以下几类:

地生兰:生长在地上,花序通常直立或斜向上生长。亚热带和温带地区的原产兰花多为此类。中国兰和热带兰中的兜兰属于此类。

附生兰:生长在树上或石缝中,花序弯曲或下垂。热带地区原产的一些兰花属于此类。

腐生兰:无绿叶,终年寄生在腐烂植物体上生活。园艺中没有栽培。

二、兰花的生态习性

兰花的种类繁多,分布广泛,生态习性差异较大。

1. 对温度的要求

热带兰因原产地的不同而有很大差异,生长期对温度要求较高。原产于热带的种类,冬季温度要求白天保持在 25~30℃,夜间在 18~21℃;原产于南亚热带的种类,温度要求白天保持在 18~20℃,夜间在 12~15℃;原产于亚热带和温暖地区的地生兰,温度要求白天保持在 10~15℃,夜间在 5~10℃。中国兰对温度要求比较低。

2. 对光照的要求

兰花的种类不同,生长季不同,对光的要求也不同。

3. 对水分的要求

兰花喜湿耐涝,有一定的耐寒性,生长期对空气相对湿度的要求在 60%~70%,冬季休眠期要求在 50%。热带兰对空气相对湿度的要求更高,因种类而定。

4. 对土壤的要求

地生兰要求疏松、通气、排水良好、富含腐殖质的中性或微酸性土壤。热带兰对基质的通气性要求更高,常用水苔、蕨根类作栽培基质。

三、繁殖栽培要点

兰科植物通常以分株繁殖为主,还可采用扦插繁殖和组织培养繁殖。一般 3~4 年生的植物可以用分株繁殖。组织培养一般以芽为外植体,热带兰中很多种采用此法繁殖。选择排水性和通气性好的栽培基质,地生兰通常以腐质土为好;热带兰通常用苔藓、蕨根类作基质。

13.2　常用兰科花卉

1. 卡特兰类 *Cattleya* spp.(图 13-1)

科属:兰科卡特兰属。

英文名:Cattleya。

形态特征:卡特兰类是世界上栽培最多、最受人们喜爱的热带兰之一,为热带兰中花最大、色彩最艳丽的一种兰花。具地下根茎。茎基部有气生根,具拟球茎,顶端著生 1~2 枚厚革质叶片。花茎短,从拟球茎顶上伸出,着花 1 至多朵;花的大小因种而变化,多在 5~20 cm;花色极为多彩、艳丽,从纯白至深紫红色、朱红色,也有绿色、黄色以及各种过渡色和复色;单叶类在冬春开花,

图 13-1　卡特兰

双叶类在夏末至初秋开花。

生态习性:卡特兰原产于中、南美洲,以哥伦比亚和巴西分布最多,多附生于森林中大树枝干上,或湿润、多雨的海岸、河岸。喜温暖、湿润、半阴的环境。生长适温为27~32℃。

繁殖与栽培:卡特兰可用分株繁殖,结合换盆进行,3~4年分株1次。茎端有新芽出现或休眠前进行分株。用消过毒的剪刀分切地下根茎,2~3节1段,即地上2~3株1盆,适当去掉老根后栽植。耐直射光,但夏季要遮阴。休眠期能耐5℃低温。越冬温度夜间保持在15℃左右,白天保持在20~30℃。耐旱。小心基质积水造成烂根。在夏季生长旺盛的季节,要注意通风、透气。休眠期要少浇水,但仍需向叶面喷雾。栽培基质以泥炭藓、蕨根、树皮块或碎砖为宜,用水苔可以不施肥而2~3年正常开花。施肥过多,会引起烂根,休眠期不施肥。

园林应用:卡特兰是珍贵盆花,可悬吊观赏,还可做切花。花期长,1朵花可开放1个月之久,切花瓶插可保持10~14天。花色有红、紫、黄、白、黄花红唇、白花红唇等。

2. 大花惠兰类 *Cymbidium spp.*(图13-2)

科属:兰科大花惠兰属。

别名:西姆比兰、东亚兰。

形态特征:兰花中根部粗壮的一类,叶丛生,呈带状,革质。花大而多,色彩丰富艳丽,有红、黄、绿、白及复色等,花期为50~80天。

生态习性:喜凉爽、昼夜温差大的环境。温度在10℃以上为好,喜光照充足,为热带兰中较喜肥的一类。喜疏松、透气、排水好、肥分适宜的微酸性基质。20℃以下花芽发育成花蕾然后开花。

繁殖与栽培:常以分株繁殖,但在生产中主要用组织培养方法。适应性强,开花容易。生长温度在10~30℃,秋季温度过高易落蕾,花芽萌发后,夜晚温度最好不超过15℃。生长期要求80%~90%的空气相对湿度,休眠时湿度低,温度保持在10℃。花后去花茎,施肥。

园林应用:大花惠兰类可作盆栽观赏和切花。

图13-2 大花惠兰

3. 蝴蝶兰 *Phalaenopsis aphrodita*(图13-3)

科属:兰科蝶兰属。

别名:蝶兰。

英文名:Phalaenopsis。

产地分布:蝴蝶兰分布于菲律宾和马来半岛,我国台湾也有分布。

形态特征:蝴蝶兰是多年生腐生草本植物。根丛生,呈扁平带状,表面具多数疣状小突起。茎不明显。叶丛生,具绿色,呈倒卵状长圆形。

图13-3 蝴蝶兰

总状花序至圆锥花序;花葶上伸,呈弓状,长达 100 cm;花序末端有 1 对伸长的卷须;着花 3 至多朵,花大,花径 10~12 cm,白色;唇瓣基部具黄红色。花期多在秋季,春、夏也有花开。

生态习性:性喜高温、多湿、半阴、通风的环境。生长适温为 15~28℃,庇阴度为 60%,空气相对湿度为 70%。

繁殖与栽培:蝴蝶兰可用无菌播种、分株、切茎培养和组织培养繁殖。苗株移栽,待 2~3 天才可浇水。移栽应于花后 1 个月或抽葶前 2~3 个月进行。生长期应经常追肥,幼苗期多施氮肥,以加快生长。成年植株开花美而大。春季干燥,向叶面喷水增加湿度;夏季是旺盛生长期,需充分供水;冬季要控制浇水。春、夏、秋 3 季,需在阴帘下栽培,冬天光照度弱,不需遮阴。虫害主要有红蜘蛛、介壳虫等,应注意防治。

园林应用:花形如彩蝶飞舞,色彩艳丽,是国际上流行的名贵切花花卉,是新娘捧花的高档捧花主要花材,也适于作胸花。常用于插花,作为焦点部位的重点花材应用。亦可盆栽观赏。

4. 石斛兰 *Dendrobium* spp.(图 13-4)

科属:兰科石斛兰属。

英文名:noble dendrobium。

产地分布:石斛兰原产于亚洲和大洋洲的热带和亚热带地区。多附生于树上和岩石上。目前,东南亚的泰国、新西兰、马来西亚为石斛兰的栽培中心。

形态特征:花多而美丽,色彩丰富,有些有香味。茎细长,节处膨大,称拟球茎。叶柔软、革质,有落叶或常绿两种。上外花被片与内花被片近同形,侧外花被片与蕊柱合生,形成短囊或长距,唇瓣形状富于变化,基部有鸡冠状突起。一般可分为两大类,即花生于茎节间的节生花类和整个花序生于茎顶部的顶生花类。在园艺上,石斛兰类的品种一般以花期来划分为春石斛系和秋石斛系。春石斛系一般为节生花类,作为盆花栽培;而秋石斛系为顶生花类,是流行的切花,少作盆花。

图 13-4　石斛兰

生态习性:喜温暖、湿润,喜光,但夏季需要遮光。有一定的耐旱力。

繁殖与栽培:石斛兰以分株繁殖为主,还可用茎插或分栽植株顶部芽形成的小植株,或用组织培养方法繁殖。

园林应用:石斛兰开花繁茂而美丽,有的有甜香味,花期长,是高档盆花。

5. 兜兰 *Paphiopedilum* spp.(图 13-5)

科属:兰科兜兰属。

图 13-5　兜兰

别名:拖鞋兰。

英文名:paphiopedilum,cypripedium,lady slipper。

产地分布:兜兰产于亚洲热带和亚热带地区,大多数生于温度高、腐殖质丰富的森林中。我国有10余种,多生于广东、广西、云南、贵州等地。

形态特征:兜兰为常绿地生兰。根细而有毛,根量少。叶丛生,较薄,大多数种类也具有斑点或花纹。花茎从叶丛中抽出,着花1朵,偶有2朵,单花花期为2~3个月。

生态习性:喜温暖、湿润和半阴的环境。

繁殖与栽培:兜兰以分株繁殖为主。

园林应用:兜兰的花形奇特,给人清爽之感,是高档盆花。

6. 万代兰 *Vanda tesselata*(图13-6)

科属:兰科万代兰属。

别名:黑珊瑚。

英文名:Vanda。

产地分布:原产于我国华南各地,印度、斯里兰卡也有分布。

形态特征:万代兰是多年附生草本植物。茎呈攀缘状,无假鳞茎,叶革质,呈二列状,狭条形;扁平而折叠状,外弯,先端呈不等二裂。总状花序腋生,着花6~10朵,花大而美丽,黄绿色或淡蓝色,有褐色小格纹。唇瓣基部有短距,中裂片扩展。花期在11月至翌年8月。蒴果,种子细小,数量多。

图13-6 万代兰

生态习性:喜温暖、湿润、适度遮阴环境,越冬温度为12~15℃。

繁殖与栽培:万代兰多用分株法繁殖,常于春季进行;也可扦插繁殖。

园林应用:形态奇特,花大色艳,是盆栽观赏佳品,尤宜用于吊盆或壁挂,枝叶疏朗,摇曳下垂,鲜艳的花朵点缀其上,十分美丽。

7. 文心兰 *Oncidium hybridum*(图13-7)

科属:兰科文心兰属。

别名:瘤瓣兰。

英文名:dancing lily。

产地分布:文心兰产于美洲热带和亚热带地区。

形态特征:大多数有卵圆形拟球茎,叶生于其上,1~3枚,薄厚不一,或薄而革质,或厚而多汁。花茎从拟球茎上抽出,着花多,花小,大多为黄色。有些品种的花有香味。

生态习性:文心兰大多数为附生兰,少数为半附生兰和地生兰。对温度要求不同,越冬温度为

图13-7 文心兰

5~15℃。叶薄类喜水;厚叶类耐旱。喜半阴、排水良好的基质。

繁殖与栽培:文心兰以分株繁殖为主。

常见栽培种(品种):最常见栽培种为文心兰(*O. flexuosum*):别名跳舞兰、舞女兰,是重要盆花和切花花卉。

园林应用:花形独特,开花繁茂而美丽,花期长,是优良切花或盆花花卉。

8. 春兰 *Cymbidium goeringii*(图 13-8)

科属:兰科兰属。

别名:草兰、山兰、朵朵香。

英文名:goering Cymbidium。

产地分布:原产于我国长江流域及西南各省。

图 13-8　春兰

形态特征:假鳞茎稍呈球形,较小。叶 4~6 枚集生,呈狭带形,边缘有细锯齿,叶脉明显。花单生,少数 2 朵;花茎直立,有鞘 4~5 片;花呈浅黄绿色,亦有近白色或紫色的品种,有香气。花期在 2—3 月。

生态习性:喜温暖、湿润,稍耐寒,忌酷热。

繁殖与栽培:春兰以分株繁殖为主。栽培中应掌握的规律是"春不出(避寒霜、冷风、干燥),夏不日(忌烈日炎蒸),秋不干(宜多浇水施肥),冬不湿(处于相对休眠期、贮藏室内少浇水)。"

园林应用:春兰除了可盆栽观赏,还可以配置于假山石。开花时剪一枝插于瓶中,置于书桌、案几上,可香溢数日,满室飘香。

9. 建兰 *Cymbidium ensifolium*(图 13-9)

科属:兰科兰属。

别名:秋兰、雄兰、秋惠。

英文名:swordleaf Cymbidium。

产地分布:建兰原产于我国华南、东南、西南温暖、湿润地区及东南亚、印度等地。

图 13-9　建兰

形态特征:假鳞茎呈椭圆形,较小,叶 2~6 枚丛生,呈阔线形。花茎直立,着花 5~7 朵,花呈浅黄绿色,有香气;花期在 7—10 月。

10. 蕙兰 *Cymbidium faberi*(图 13-10)

科属:兰科兰属。

别名:九子兰、九节兰、夏兰。

英文名:faber Cymbidium。

形态特征:根肉质,淡黄色,假鳞茎呈卵形。叶 5~7 枚,呈线性,直立性强,较春兰的叶长而宽。花茎直立,总状花序,着花 5~13 朵;花呈浅黄色,香气较春兰稍淡;花期在 4—5 月。

图 13-10　蕙兰

复习题

1. 掌握兰科花卉的含义、生态习性。

2. 掌握兰科花卉的繁殖栽培技术要点。

3. 调查所在城市花卉市场上的兰科花卉有哪些种类,并掌握其生态习性、繁殖栽培要点及应用形式。

实训 常见兰科花卉的识别

一、实训目的

熟悉兰科花卉的形态特征、生态习性,并掌握它们的繁殖方法、栽培要点、观赏特性与园林用途。

二、材料用具

铅笔、笔记本等。兰科花卉 6 种。

三、方法步骤

教师现场讲解、指导学生识别,学生课外复习。

1. 教师现场讲解每种花卉的名称、科属、生态习性、形态特征及识别方法、繁殖方法、栽培要点、观赏特性和园林用途。学生记录。

2. 学生分组进行课外活动,复习花卉名称、科属、生态习性、繁殖方法、栽培要点和观赏用途。

四、考核评估

(1) 优秀:能正确识别兰科花卉,掌握其生态习性、观赏特性、繁殖栽培技术要点。

(2) 良好:能正确识别兰科花卉,掌握其观赏特性,基本掌握它们的生态习性、繁殖栽培技术要点。

(3) 中等:能正确识别兰科花卉,了解它们的生态习性、观赏特性、繁殖栽培技术要点。

(4) 及格:基本能识别出兰科花卉,了解它们的生态习性、观赏特性、繁殖栽培技术要点。

五、作业、思考

1. 将 6 种兰科花卉的科属、生态习性、繁殖方法、栽培要点、观赏用途列表记录。

2. 阐述中国兰和洋兰的区别。

3. 举出 4 种中国兰,并简单介绍其生态习性和观赏价值。

4. 举出 5 种洋兰,并简单介绍其生态习性和观赏价值。

单元小结

本单元介绍了常见兰科花卉的生态习性、繁殖栽培技术要点以及在园林中的用途。

学习方法指导

通过老师的讲解,结合教材上兰科花卉的形态描述、繁殖栽培技术等,识别图片和实物,能识别和掌握常见兰科花卉的生态习性、观赏价值和繁殖栽培技术要点。

第 14 单元 仙人掌类和多肉植物

学习目标

了解多肉植物的分类和范畴,掌握常见多肉植物的生态学特性、观赏部位、繁殖栽培技术要点,了解其他多肉植物的观赏特性,为学习花卉栽培技术、园林植物配置与造景等专业课打下基础。

能力标准

了解多肉植物的分类及范畴、生态习性、观赏特性、繁殖栽培管理技术要点。

关键概念

多肉植物

相关理论知识

具备园林植物系统分类和植物形态的基础知识,具备生态、植物栽培和美学的基础知识。

14.1 概　　述

一、多肉植物的含义

多肉植物多数原产于热带、亚热带的干旱地区或森林中。多肉植物的茎、叶具有发达的贮水组织,形态肥厚。这一类植物的生态习性特殊,种类繁多,体态清雅奇特,花色艳丽多姿,颇富趣味性。多肉植物通常包括仙人掌科以及番杏科、景天科、大戟科、萝藦科、菊科、百合科、凤梨科、龙舌兰科、马齿苋科、葡萄科、鸭跖草科、酢浆草科、牻牛儿苗科和葫芦科等植物。仅仙人掌科植物就有 140 余属,2 000 种以上。为了栽培管理及分类上的方便,常将仙人掌科植物另列一类,称仙人掌类;而将仙人掌科之外的其他科多肉植物(约 55 科),称为多肉植物。有时二者通称为多肉植物。

多肉植物从形态上看,可分为以下两类:

(1) 叶多肉植物:贮水组织主要分布在叶片器官内,因而叶形变异极大。从形态上看,叶片为主体;茎器官处于次要地位,甚至不显著。如石莲花(*Echeveria glauca*)及雷神(*Ageve potatorum* var. *verscheffeltii*)。

(2) 茎多肉植物:贮水组织主要在茎器官内,因而从形态上看,茎占主体,呈多种变态,绿色的茎能代替叶片进行光合作用;叶片退化或仅在茎初生时具叶,以后脱落。如仙人掌(*Opuntia dillenii*)、大犀角(*Stapelia gigantea*)等。

二、生 物 学 特 性

1. 具有鲜明的生长期及休眠期

陆生的大部分仙人掌科植物,原产于南、北美洲的热带地区。这些地区的气候有明显的雨季(通常在 5 月至 9 月)和旱季(10 月至翌年 4 月)之分。长期生长在这些地区的仙人掌科植物形成了生长期及休眠期交替的习性。雨季为生长期,吸收大量的水分,并迅速地生长、开花、结果;旱季为休眠期,借助贮藏在体内的水分来维持生命。某些多肉植物,也同样如此,如大戟科的松球掌(*Euphorbia globosa*)等。

2. 具有非凡的耐旱能力

多肉植物在生理上为景天酸代谢途径的植物,即 CAM(crassulacean acid metabolsim)植物。这些植物在夜间空气相对湿度较高时张开气孔吸收 CO_2,对 CO_2 进行羧化作用,将 CO_2 固定在苹果酸内并贮藏在液泡中;白天,植物将气孔关闭,既可避免水分的过度蒸腾,又可利用前一个晚上所固定的 CO_2 进行光合作用。这种代谢途径是 CAM 植物对于干旱环境适应的典型生理表现,因其最早是在景天科植物中被发现的,故称之为景天酸代谢途径。

植物体现在生理上的耐旱机能,也必然表现在它们外在体形和表面结构上的变化。各种物体,在体积相同的情况下,以球形的面积最小。多肉类植物正是因为在体态上趋近于球形及柱形,所以可在不影响贮水体积的情况下,最大限度地减少蒸腾表面积。此外,仙人掌类及多肉植物多具有棱肋,雨季时可以迅速膨大,把水分储存在体内;干旱时,体内失水后又便于皱缩。某些种类还有毛刺或白粉,可以减弱阳光的直射;植物表面角质化或被蜡质层,可防止过度蒸腾。少数种类的叶绿素分布在变形叶内部而不外露,叶片顶部(生长点顶部)具有透光的"窗"(透明体),使阳光能从"窗"射入内部,其他部位有厚厚的表皮保护,避免水分大量蒸腾。

3. 繁殖方式

仙人掌类及多肉植物的开花年龄与植株大小存在一定的相关性。一般较大型种类达到开花的年龄较长;矮生、小型种类,达到开花的年龄较短。一般种类在播种后 3~4 年就可开花;有的种类到开花年龄需要 20~30 年或更长时间。如北美原产金琥,一般在播种 30 年后才开花。宝山仙人掌属(*Rebutia*)及初姬仙人掌属(*Frailea*)的植物,要等其球径达到 2~2.5 cm 时才能开花。在某些栽培条件下,有不少种类不易开花,这与室内阳光不充足有较大关系。仙人掌类及多肉类植物在原产地是借助昆虫、蜂鸟等进行传粉而结实的,其中大部分种类都是自花授粉不结实的。室内栽培中应进行人工辅助授粉,才易于获得种子。

三、观 赏 特 点 及 园 林 应 用

仙人掌类及多肉类植物可供观赏的特点很多。

1. 棱形各异,条数不同

仙人掌类和多肉类植物的这些棱肋均突出于肉质茎表面,有上下竖向贯通的,也有呈螺旋状排列的,有锐形、钝形、瘤状、螺旋棱和锯齿状等 10 多种形状;条数多少也不同,如昙花属、令箭荷花属只有 2 条棱,量天尺属有 3 条棱,金琥属有 5~20 条棱等。这些棱的形状各异,壮观可赏。

2. 刺形多变

仙人掌类及多肉类植物,通常在变态茎上着生有刺座(刺窝),其刺座的大小及排列方式也依种类不同而有变化。刺座上除着生刺、毛外,有时也着生子球、茎节或节朵。依刺的形状可区分为刚毛状刺、毛鬃状刺、针状刺、钩状刺、栉齿状刺、麻丝状刺、舌状刺、顶冠刺和突锥状刺等。这些刺的刺形多变,刚直有力,也是鉴赏内容之一。如金琥的大针状刺呈放射状,具金黄色,7~9 枚,使球体显得格外壮观。

3. 花的色彩、位置及形态各异

仙人掌类及多肉类植物的花色艳丽,以白、黄、红等色为多,多数花朵不仅有金属光泽,重瓣性也较强,一些种类在夜间开花,花呈白色还有芳香。从花朵着生位置来看,分为侧生花、顶生花、沟生花等。花的形态变化也很丰富,如漏斗状、管状、钟状、双套状花以及辐射状和左右对称状花。

4. 体态奇特

多数种类都具有特异变态茎,有扁形、圆形、多角形等。山影拳(*Cereus* spp. f. *monst*)的茎生长发育不规则,棱数也不定,棱的发育前后不一,全体呈熔岩堆积姿态,清奇而古雅。生石花(*Lithops pseudotruncatella*)的茎为球状,外形很似卵石,是对旱季的一种"拟态"适应性。仙人掌类及多肉植物在园林中的应用较广泛。由于种类繁多、趣味性强、具有较高的观赏价值,因此,一些国家常以这类植物为主题开辟专类花园,向人们普及科学知识,使人们获得欣赏沙漠植物景观的乐趣。如南美洲一些国家及墨西哥均有仙人掌专类园;日本位于伊豆山区的多肉植物园有各种旱生植物 1 000 余种;我国台湾省农村仙人掌园也拥有 1 000 种,其中适于台湾生长的达 400 余种。

5. 露地栽培

仙人掌类及多肉植物中的不少种类常作篱垣应用。如霸王鞭(*Euphorbia neriifolia*),高可达 1~2 m,云南傣族人民常将其栽于竹楼前作高篱。原产于南非的龙舌兰(*Agave americana*),在我国广东、广西、云南等省(区)生长良好,多种在临公路的田埂上,不仅有防范作用,还兼有护坡之效。此外,在广东、广西及福建一带的村舍中,也常栽植仙人掌、量天尺等,用于墙垣防范。

园林中常把一些矮小多肉植物用于地被或花坛中。如垂盆草(*Sedum sarmentosum*)在江浙地区作地被植物,在北京地区可安全越冬。佛甲草(*Sedum lineare*)多用于花坛。长药景天(*Sedum spectabile*)作多年生肉质草本植物栽于小径旁。我国台湾一些城市将松叶牡丹(*Lampranthus tenuifolius*)栽进安全绿岛等,都使园林大为增色。

此外,不少仙人掌类及多肉植物有药用及经济价值,如食用、制成酒和饮料等。

四、繁殖技术

1. 扦插

利用这类植物的茎节或茎节一部分、带刺座乳状突起以及子球等营养器官具有再生能力的特性,进行扦插繁殖。扦插成活的个体不仅比播种苗生长快,而且能提早开花,并且能保持原有的品种特性。切取时应注意保持母株枝形完整,并选取成熟者,过嫩或老化的茎节都不易成活。切下的部分置于阴处 1~5 天再插。扦插基质应选择通气良好、保水而排水也好的材料,如珍珠岩、蛭石,含水较多的种类也可使用河沙。在有保护设施的条件下,四季均可进行,但以春、夏为好,雨季扦插易于烂根。一些种类不易产生侧枝,可在生长季中将上部茎切断,促其萌发侧芽,以取插穗。

嫁接繁殖多用于根系不发达、生长缓慢或不易开花、珍贵稀少的畸变或自身球体不含叶绿素等不宜用他法繁殖的种类。嫁接时间以春、秋为好,温度保持在 20~25℃易于愈合。嫁接 5 天后再浇水,约 10 天就可去掉绑扎线。嫁接可采用以下两种方法:

(1) 平接:适用于柱状或球形种类。通常接穗的粗度较砧木稍小,或相差不多,并注意接穗砧木的维管束要有部分接触才利于成活。嫁接之后用细线或塑料条作纵向捆绑,使接口密接。

(2) 劈接:多用于茎节扁平的种类,如蟹爪兰(*Zygocactus truncactus*)、仙人指(*Schlumbergera bridgesii*)等。常用的砧木有仙人掌属(*Opuntia*)、叶仙人掌属(*Pereskia*)、天轮柱属(*Cereus*)及量天尺属(*Hylocereus*)等。砧木高出盆面 15~30 cm,以养成垂吊式供观赏。

劈接时,将砧木从需要的高度横切,并在砧木的顶部或侧面切成楔形切口,接穗下端也削成楔形,并嵌进砧木切口内,用仙人掌刺或竹针固定。但应注意:楔形切口在砧木的侧面时,应切至砧木的髓部,砧木与接穗的维管束才易于愈合。用仙人掌作砧木嫁接时,先将接穗小球的下部中心处作十字形切口,再将砧木的先端削成尖楔形,把小球安在砧木先端,用细竹针固定好,可称之为尖座接。

2. 播种

仙人掌类及多肉类植物在原产地极易结实,可进行种子繁殖。室内盆栽仙人掌类及多肉类植物,常因光照不充足或授粉不良而花后不易结实,可采取人工辅助授粉方法促进结实。通常这类植物在杂交授粉后 50~60 天种子成熟,多数种类为浆果。除去浆果皮肉,洗净种子备用。种子的寿命及发芽率依品种而异,多数种子的生活力为 1~2 年。

种子发芽较慢,可在播种前的 2~3 天浸种,促其发芽。播种期以春、夏为好,多数种类在 24℃条件下发芽率较高。播种用土,以仙人掌盆栽用土即可。

此外,某些种类还可用分割根茎或分割吸芽(如芦荟)的方法进行繁殖。近年来也有利用组织培养法进行无菌播种及大量增殖进行育苗的范例。

五、繁殖管理要点

1. 浇水

多数种类在原产地的生态环境干旱而少水,因此在栽培过程中,盆内不应"窝水",土壤排水良好才不致造成烂根现象。对于多绵毛及有细刺、顶端凹入的种类等,不能从上部浇水,可采用浸水方法,否则上部存水后易造成植株溃烂而有碍观赏,甚至死亡。

这类植物的休眠期以冬季为多(温带自 10 月以后,暖地在 12 月左右),因而冬季应适当控制浇水;体内水分减少,细胞液渐浓,可增强植物的抗寒力,也有助于植物在翌年着花。

地生类和附生类植物的生态环境不同,栽培中应区别对待。地生类在生长季中可以充分浇水,高温、高湿可促进生长;休眠期宜控制浇水。附生类则不耐干旱,冬季也无明显休眠期,要求四季均较温暖、空气相对湿度较高的环境,因而可经常浇水或喷水。

2. 温度及湿度

地生类多数植物冬季通常在 5℃以上就能安全越冬,也可置于温度较高的室内继续生长。

附生类植物四季均需温暖,通常在 12℃以上为宜,空气相对湿度也要求高些才能生长良好;但温度超过 30℃甚至更高时,生长趋于缓慢。

3. 光照

地生类植物耐强光,室内栽培若光照不足,则引起落刺或植株变细;夏季在露地放置的小苗应有遮阴设施。附生类植物除冬天需要阳光充足外,其余时间以半阴条件为好;室内栽培多置于南侧。

4. 土壤及肥料

多数种类要求排水通畅、透气良好的石灰质沙土或沙壤土。地生类植物可参照下述比例配制培养土:① 壤土 7 份,泥炭(或腐叶土)3 份,粗沙 2 份。② 壤土 2 份,泥炭(或腐叶土)2 份,粗沙 3 份。有时也可加入少许木炭屑、石灰石或石砾等。幼苗期可施少量骨粉或过磷酸盐,大苗在生长季可少量追肥。

附生类植物可参照下述比例配制培养土:粗沙 10 份,腐叶土 3~4 份,鸡粪(蚓粪)1~2 份。若在其中加入少许石灰石、木炭屑、草木灰则生长尤佳。在生长季施些稀薄肥,并且加些硫酸亚铁,以降低 pH,更有利于生长。

14.2　常用仙人掌类和多肉植物

图 14-1　山影拳

1. 山影拳 *Cereus* spp.(图 14-1)

科属:仙人掌科天轮柱属。

别名:仙人山、山影、山影拳。

英文名:curiosity plant。

形态特征:山影拳是天轮柱的畸形变种,株高可达 2~3 m,茎呈暗绿色,肥厚,分枝多,无叶片,直立或长短不一;茎有纵棱或钝棱角,被有短绒毛和刺,呈堆叠式成簇生于柱状肉质茎上。植株的生长锥分布不规律,整个植株在外形上肋棱交错,生长参差不齐,呈岩石状。

生态习性:性强健,喜温暖,稍耐寒,生长温度在 10℃以上;过冬温度在 5℃以上。喜阳光充足,耐半阴;生长季宜给予充足光照。要求排水良好、稍干燥、肥沃的沙壤土;宜通风良好的环境。用扦插或嫁接繁殖。砧木可用仙人球平接。插穗宜晾几天,切口稍干燥再扦插。

常见栽培种(品种):神代柱(*C. variabilis*):株高可达 4 m;茎呈深蓝绿色,刺呈黄褐色;有 4~5 个石化品种。秘鲁天轮柱(*C. periuianus*):株高可达 10 m;茎多分枝,呈暗绿色,刺呈褐色;有 3~4 个石化品种。

观赏特性:山影拳以盆栽观赏。远看似苍翠欲滴、重叠起伏的"山峦",近看仿佛是沟壑纵横、玲珑有致的怪石奇峰。虽是活生生的绿色植物,却有我国古典山石盆景的风韵。配上雅致的盆钵,置于书房案头、客厅桌几上,高雅脱俗。

园林应用:山影拳应用于盆栽、布置专类园,营造干旱沙漠景观。

2. 长寿花 *Kalanchoe blossfeldiana*(图 14-2)

科属:景天科伽蓝菜属。

别名:燕子海棠、红落地生根、矮生伽蓝菜、寿星花、圣诞伽蓝菜。

英文名:longlive flower kalanchoe。

形态特征:长寿花是多年生肉质草本植物。茎直立,株高 10~30 cm,光滑无毛。叶交互对生,呈圆状匙形或长圆状倒卵形,叶片上部具圆齿或呈波状,下半部全缘;呈深绿色有光泽,边缘略带红色。聚伞花序,直立,花色有猩红、绯红、桃红、橙红等,小花呈高脚碟状,花瓣 4 枚。花期在冬季至翌年春末。

图 14-2　长寿花

生态习性:性极强健,喜光照充足,在室内散射光下也能正常生长。宜温暖通风的环境。生长适温为 15~25℃,冬季室温应保持在 12~15℃,夏季高于 30℃或冬季低于 5℃则生长迟缓。短日照植物。耐干旱,对盆土要求不严,排水良好的沙壤土即可。

栽培管理:① 用沙壤土、腐叶土或泥炭土栽培,若盆土黏重,则易烂根。② 喜根部排水良好,怕盆内积水。③ 注意摘心,促进分枝。④ 冬季夜间温度不低于 10℃,白天为 15~18℃,0℃以下则受害。⑤ 常有茎腐病发生,可用 65% 的敌克松 600~800 倍液进行喷洒防治。

常见栽培种(品种):美兰达 'Miranda'、卡罗琳 'Caroline'、西莫奈 'Simone'、内撒利 'Nathalie' 和亚历山德拉 'Alexandra'。

观赏特性:植株矮小,株型紧凑,花朵繁密,花色艳丽,开花正值冬、春季节,为优良的冬季室内观花植物。

园林应用:长寿花可摆放于阳台、窗台。

3. 青锁龙 *Crassula muscosa*(图 14-3)

科属:景天科青锁龙属。

别名:磷叶神刀、石松、仙人柏。

英文名:moss crassula、rattail crassula、toy cypress。

形态特征:青锁龙是矮生亚灌木,株高 30 cm,多分枝。叶呈鳞片形,覆瓦状 4 列。花小,具淡绿色、腋生,单一或数朵组成一小型聚伞花序。

生态习性:性强健,喜温暖、阳光充足,不耐寒,要求干燥、通风良好;宜疏松、肥沃的沙质土壤,忌土壤过湿。生长适温为 16~28℃,冬季温度不低于 5℃。

图 14-3　青锁龙

栽培管理:① 青锁龙在生长期每周浇水 2~3 次,夏季高温季节每周浇水 1~2 次,② 室外摆放时,要避开大雨冲淋。

常见栽培种(品种):石化青锁龙(*C. lycopodioides* f. *monstrosa*)、帝王青锁龙(*C. imperor*)。

观赏特性：丛生茎叶四季常绿，形如石松，雅致可爱，是良好的观茎植物。

园林应用：青锁龙适于盆栽观赏，特别是点缀茶几、案头和书桌。也可悬吊栽培观赏。

4. 石莲花 *Echeveria glauca*（图 14-4）

科属：景天科石莲花属。

别名：偏莲座。

英文名：glaucous echeveria。

形态特征：石莲花是多年生常绿多肉植物，根茎粗壮，有多数长丝状气生根。叶呈倒卵形或近圆形，肉质，具蓝灰色，先端圆钝近乎截形，带红色，无叶柄。花葶高 20~30 cm，着花 8~12 朵，总状单歧聚伞花序；花外面呈粉红或红色，里面呈黄色；花期在夏季。

生态习性：石莲花喜温暖，冬季不宜低于 10℃；喜光，不耐寒，耐半阴；要求通风良好；宜排水良好的沙质土壤，耐干旱，生长期要水分充足。

图 14-4　石莲花

栽培管理：① 每年春季换盆，清理过多的子株和枯叶。② 生长期以干燥环境为宜，不需多浇水，盆土过湿则茎、叶易徒长，缩短观赏期。③ 盛夏高温期不宜多浇水。④ 生长 2~3 年的植株要进行更新。

常见栽培种（品种）：美丽石莲花（*E. elegans*）、粉彩莲（*E. gibbiflora*）、紫莲（*E. rosea*）、劳氏石莲花（*E. laui*）。

观赏特性：叶丛似盛开的绿色荷花，是良好的观叶植物。

园林应用：盆栽是室内常见装饰形式，也可配置多肉植物，组合成盆景观赏。

5. 神刀 *Crassula falcate*（图 14-5）

科属：景天科青锁龙属。

别名：尖刀。

英文名：airplane plant、sickle plant、propeller plant。

形态特征：神刀是常绿多肉小灌木，株高 50~100 cm。叶厚，互生，基部似镰刀，呈灰绿色。伞房状聚伞花序顶生，呈深红或橙黄色，花期在夏季。

生态习性：神刀喜温暖、干燥和半阴环境。不耐寒，耐干旱，怕水湿。宜肥沃、疏松和排水良好的沙质壤土。生长适温为 18~28℃，冬季不低于 10℃。

栽培管理：① 盆栽时生长期不需多浇水，保持盆土潮湿即可。② 夏季高温期可选择在通风和遮阳处栽培。③ 植株生长过高时，应设立支架或摘心修剪，压低株形。④ 冬季温度不低于 10℃，并保持盆土干燥。

图 14-5　神刀

常见栽培种（品种）：一串连（*C. rupestris*）、绿塔（*C. pyramidalis*）、姬绿塔（*C. quadrangularis*）。

观赏特性：叶形似镰刀，是良好的观叶植物。

园林应用：神刀用于盆栽观赏，清雅别致，是室内装饰的极佳材料。夏季开花时，美丽醒目。

6. 虎尾兰类 *Sansevieria* spp.（图 14-6）

科属：百合科虎尾兰属。

英文名：bowstring-hemp、sansevieria。

形态特征：多年生肉质草本植物，叶呈柔枝状、丛生，有圆筒形、剑形、广披针形等，簇生于地下根茎，叶面有各种不同形态的斑纹变化。花期在春季。花呈白色至淡绿色，有香气。

生态习性：性强健，喜温暖、光照充足的干燥环境，不耐寒，耐旱、耐湿、耐阴，能适应各种恶劣环境。全日照、半日照或荫蔽处均能生长，夏季避免直射阳光。以半日照、通风处发育最良好。生育适温在 20~30℃。冬季适温在 10~15℃，耐寒性强，5℃以上就能安全越冬。需水不多，每次

图 14-6　虎尾兰

必须待盆土干透后才浇水。栽培土质不拘，但以肥沃腐叶壤土生育最佳。

栽培管理：① 生育期要提高温度与湿度，多施肥料。② 冬季要严格控制浇水。冬季温度低于 15℃时保持盆土干燥越冬。③ 叶顶端部分受伤则叶停止生长。④ 幼年植株不宜浇水过多，以稍干为好，否则易引起烂根。⑤ 夏季稍加遮阴，则叶片鲜嫩，色斑明显。

常见栽培种（品种）：虎尾兰（*S. trifasciata*）、金边虎尾兰（*S. trifasciata* var. *laurentii*）、短叶虎尾兰（*S. trifasciata* var. *hahnii*）、柱叶虎尾兰（*S. canaliculata*）、圆柱虎尾兰（*S. cylindrica*）。

观赏特性：适应性强，斑纹美观，管理简单，是良好的室内观叶植物。

园林应用：虎尾兰类适宜作盆栽摆放于客厅、厅堂观赏，在南方可栽植于花坛、庭院，叶片可作为插花的配叶。

7. 花蔓草 *Aptenia cordifolia*（图 14-7）

科属：番杏科露草属。

别名：心叶冰花、口红吊兰。

英文名：red-bugle vine，scarlet basket vine，royalred bugler。

形态特征：株高 10~15 cm，枝条有棱角，茎长后呈半匍匐状，叶对生，茎叶肥厚多肉，鲜嫩清脆。开桃红色至绯红色小花，中心呈淡黄，开花期为春至夏初。

生态习性：栽培土质以疏松、肥沃的沙质壤土为佳，排水力求良好。性喜温暖，忌高温、多湿；排水、通风不良将引起腐烂，生育适温为 15~25℃。

图 14-7　花蔓草

栽培管理：① 经常保持盆土处于偏干状态，不要浇水过勤。② 对肥料需求量较大，在开花前适当增施磷肥，可促进开花。③ 越冬温度不宜低于 5℃。④ 对徒长枝进行短截，以促使新枝生长，保持株形完好。

观赏特性：枝叶茂密翠绿，花色柔美晶莹，是良好的观花观叶植物。

园林应用:花蔓草宜植于庭院及花坛中,也适于盆栽或吊盆悬挂。

8. 虎刺梅 *Euphorbia milii*(图 14-8)

科属:大戟科大戟属。

别名:麒麟花、铁海棠。

英文名:crownofthorns euphorbia。

形态特征:虎刺梅是攀缘状灌木,株高达 1 m,茎肥厚多肉,具纵棱,着生锐刺。叶呈披针形或长倒卵形,仅着生在嫩枝上,体内有白色乳汁。锐刺排列呈螺旋状,花朵可开 16 朵。全年均能开花,花为绿色,总苞片为鲜红色,呈扁肾形,长期不落,为观赏部位。花期在 3—12 月。

生态习性:生性耐旱、强健,少有病虫害。栽培土质以排水良好的肥沃、沙质土壤为佳。日照需良好,全日照、半日照均理想,日照越充足生育越旺盛,开花越多。性喜高温,生育适温为 24~30℃。耐干旱,怕水湿。

图 14-8　虎刺梅

栽培管理:① 春季换盆,浇水不宜过多。② 夏秋季生长期需充分浇水。冬季温度低,叶片枯黄脱落,进入休眠期,应保持盆土干燥。③ 3—12 月开花期保持盆土湿度适中,能花开不断。如冬季温度在 15℃以上,可继续开花。

常见栽培种(品种):迷你虎刺梅(*E. milii* var. *imperatae*)、杜兰虎刺梅(*E. duranii*)。

观赏特性:花期长,红色苞片鲜艳夺目,茎刺密集坚硬,是深受欢迎的观花、观茎植物。

园林应用:花期长,栽培容易,是深受欢迎的盆栽植物。幼株可造型,适于在公共场所摆放。暖地可作地被植物或刺篱。

9. 弦月 *Senecio radicans*(图 14-9)

科属:菊科千里光属。

别名:菱角掌。

英文名:creeping berries。

形态特征:弦月是茎蔓生草本植物,叶似银杏果实状,呈翠绿色、肥厚而多汁,有刺状突起,有 1 条墨绿色"窗"横生,为美丽的悬吊植物。

生态习性:弦月不耐寒,喜阳光充足,温暖,稍耐阴;耐干旱,宜排水良好的沙质土壤。冬季温度不低于 12℃。不耐水湿和强光暴晒。

栽培管理:① 弦月在阳光充足处生长迅速。但在夏季高温、强光时要适当遮阳,控制浇水。② 高温、多湿易导致肉质叶脱落或腐烂。③ 生长 2~3 年后母株老化,需重新扦插更新。

图 14-9　弦月

常见栽培种(品种):绿铃(*S. rowleyanus*)、大弦月(*S. herreianus*)

观赏特性:植株小巧玲珑,叶形独特且青翠悦目。

园林应用:弦月常用盆栽或吊盆观赏。

10. 沙漠玫瑰 *Adenium obesum*（图 14-10）

科属：夹竹桃科沙漠玫瑰属。

别名：天宝花。

英文名：desert rose。

形态特征：落叶肉质小灌木。株高 30~80 cm。枝干肥厚多肉。叶簇生，呈倒卵形，叶正面为浓绿，背面为浅绿。花顶生，聚伞花序，呈漏斗形，5 瓣，有桃红、深红、粉红或粉白色，花期在春季和秋季。

生态习性：不耐寒，耐炎热，要求日照充足，耐旱，喜干燥，培养土宜保持半干旱状态。生育适温为 22~30℃，冬季不低于 10℃。栽培土质以疏松、肥沃的沙土为宜。

图 14-10　沙漠玫瑰

栽培管理：① 生长期宜干不宜湿，夏季高温期每天浇水 1 次，平时 2~3 天浇水 1 次。② 冬季干旱季节，植株进入休眠期，正常落叶，应控制浇水，保持干燥。③ 有时会有叶斑病危害，可用 50% 托布津可湿性粉剂 500 倍液喷洒。

常见栽培种（品种）：多花天宝花（*A. obesum var. multiflorum*）、长叶天宝花（*A. somalense*）、白花天宝花（*A. swazicum*）。

观赏特性：树形古朴苍劲，根、茎呈酒瓶状，每年两季开花，是良好的观花、观茎类植物。

园林应用：沙漠玫瑰适宜盆栽摆放于客厅、阳台点缀，南方可摆放在别墅和小庭院。

11. 蟹爪兰 *Zygocactus truncactus*（图 14-11）

科属：仙人掌科蟹爪属。

别名：蟹爪、蟹爪莲、螃蟹兰、仙人花。

英文名：crab cactus，claw cactus，yoke cactus。

产地分布：蟹爪兰原产于巴西东部热带雨林。

形态特征：蟹爪兰是附生常绿小灌木，株高 30~50 cm，茎多分枝，铺散下垂。茎节扁平，呈倒卵形，先端截形，边缘具 2~4 对尖锯齿，如触钳。花生于茎节顶端，着花密集；花冠呈漏斗形，具紫红色，花瓣数轮，越向内侧管部越长，上部反卷；花期在 11—12 月。

图 14-11　蟹爪兰

生态习性：喜温暖、湿润，不耐寒；喜半阴，冬季充分日照；宜疏松、透气、富含腐殖质的土壤。

繁殖与栽培：蟹爪兰用扦插或嫁接繁殖。扦插宜春季进行，取 2~4 节茎节为插穗，扦插后 2~3 天浇 1 次水，15 天生根。嫁接多在春、秋季进行。砧木可用量天尺、仙人掌。生长适温在 15~25℃。冬季保持在 15℃ 以上，因此时正值花期，低于 10℃ 生长明显缓慢，低于 5℃ 呈半休眠状。夏季开始加强水肥管理，入秋后提供冷凉、干燥、短日照条件，促进花芽分化。开花期适当减少浇水。花后有短期休眠，保持在 15℃，盆土不可过分干燥。栽培中长期营养不良或土壤过干或花芽形成后光照条件突变,如转盆、昼夜温差过大、浇水水温太低等,都易造成花芽脱落。栽培中应及时设支架托起下垂茎节。如采用适当短日照处理,可提前于国庆节时开花。

　　园林应用:嫁接的蟹爪兰株形优美,砧木挺拔,扁平多枝,拱曲悬垂,繁茂如绿伞;每至严冬,正值西方圣诞节前后,大量开花,花大色鲜,有丝质光泽,具喜庆、祥和气氛。室内冬、春栽培,最适吊盆观赏。

　　12. 仙人指 *Schlumbergera bridgesii*(图 14-12)

　　科属:仙人掌科仙人指属。

　　英文名:Christmas cactus。

　　产地分布:仙人指原产于巴西。

　　形态特征:附生常绿小灌木,株高 30~50 cm,形态上与蟹爪兰类似,区别在于绿色茎节上呈晕紫色,茎节较短,边缘呈浅波状,先端钝圆,顶部平截。花冠整齐,呈筒状,着花较少,花期较蟹爪兰晚。

　　生态习性:喜温暖、湿润,不耐寒;喜半阴;宜疏松、透气、富含腐殖质的土壤。花色有白、紫红、红、粉和黄等。花期在 3—4 月。

　　园林应用:仙人指应用于盆栽、吊盆观赏

图 14-12　仙人指

　　13. 翡翠珠 *Senecio rowleyanus*(图 14-13)

　　科属:菊科千里光属。

　　别名:绿串珠、绿铃、一串珠

　　英文名:string-of-beads senecio。

　　产地分布:翡翠珠原产于南美洲。

　　形态特征:多年生常绿蔓性植物,垂蔓可达 1 m 以上,具地下根茎。茎铺散,细弱下垂。叶具绿色,呈卵状球形至椭圆球形,全缘,先端急尖,肉质,具淡绿色斑纹;叶整齐排列于茎蔓上,呈串珠状。花小。

　　生态习性:喜阳光充足,稍耐阴;喜温暖,不耐寒,生长适温为 15~22℃;耐干旱,忌雨涝;宜排水良好的沙质壤土。

图 14-13　翡翠珠

　　繁殖与栽培:翡翠珠以扦插繁殖为主,取嫩枝 4~6 cm 扦插,保持半干燥状态,15~20 天生根。春、秋季扦插易成活,夏季易腐烂。也可分株繁殖,多在春季进行。光照 50%~70% 利于生长。夏季高温时呈半休眠状态,适当遮阴,并注意防雨涝。栽培较容易。

　　园林应用:叶形奇特,着生于茎上似一串串绿色珠子、绿色项链,因此得名翡翠珠。外形奇特、晶莹、玲珑雅致,惹人喜爱,是奇特的室内小型悬吊植物,观赏价值极高。

　　14. 令箭荷花 *Nopalxochia ackemannii*(图 14-14)

　　科属:仙人掌科令箭荷花属。

别名:红花孔雀、孔雀仙人掌。

英文名:red orchid cactus, ackermann nosaxachia。

产地分布:令箭荷花原产于墨西哥中、南部及玻利维亚。

形态特征:茎多分枝,灌木状。全株呈鲜绿色。叶状枝扁平,较窄,呈披针形,基部呈细圆柄状,缘具波状粗齿,齿凹处有刺;嫩枝边缘为紫红色,基部疏生毛。花生于刺丛间,呈漏斗形,具玫瑰红色;单花期 2 天。

生态习性:有白、粉、红、黄和紫等不同花色的品种。喜温暖、湿润,不耐寒;喜阳光充足;宜含有机质丰富的、疏松、排水良好的微酸性土壤。

图 14-14　令箭荷花

繁殖与栽培:令箭荷花用扦插或播种繁殖。以扦插为主,在 5—6 月取生长充分的茎 10 cm 作插穗,晾晒 2~3 天,伤口干燥后扦插,20 天可生根。夏季温度保持在 25℃以下,越冬温度在 8℃以上。夏季需适当遮阴。生长期浇水见干见湿,过湿易腐烂;适当追肥。冬季保持土壤干燥,以促进花芽分化。栽培中需不断整形,并设支架绑缚伸长的叶状枝。

园林应用:令箭荷花花大色艳,花期长,是美丽且重要的盆花。多株丛植于盆中,鲜绿色的叶状枝挺拔秀丽;开花时姹紫嫣红、娇美动人。

15. 仙人掌 *Opuntia dilenii*(图 14-15)

科属:仙人掌科仙人掌属。

别名:霸王树、仙巴掌、仙桃、火掌。

英文名:pickly Pear, cholla。

产地分布:仙人掌原产于美洲热带,在我国海南岛西部近海处也有野生仙人掌分布。

形态特征:植株丛生呈大灌木状。茎下部木质,呈圆柱形。茎节扁平,呈椭圆形,肥厚多肉;刺座内密生黄色刺;幼茎为鲜绿色,老茎为灰绿色。花单生于茎节上部,呈短漏斗形,具鲜黄色。浆果呈暗红色,汁多味甜,可食,故仙人掌又有"仙桃"之称。

生态习性:性强健,喜温暖,耐寒;喜阳光充足;不择土壤,以富含腐殖质的沙壤土为宜;耐旱,忌涝。

图 14-15　仙人掌

繁殖与栽培:仙人掌以扦插繁殖为主。在生长季掰下茎节后晾 2~3 天,伤口干燥后扦插。不可插得太深,保持基质湿润即可。亦可于 3—4 月播种或分株繁殖。我国西南及江南地区可露地栽培。室内盆栽时,越冬温度为 8℃左右。盆栽需要有排水层,生长期浇水以见干见湿为原则,适当追肥。秋凉后宜少水肥;冬季盆土稍干,置于冷凉处。

园林应用:盆栽作室内观赏,给人以生机勃勃之感;夜间放出大量氧气,是居室内清新空气的优良植物。地栽与山石配置,可构成热带沙漠景观。我国南方可露地栽植,用于环境绿化。据研究,仙人掌能有效地减少电脑等电器的电磁辐射。因此,国外很多大型计算机机房里往往都摆满了大大小小的仙人掌。

16. 生石花 *Lithops pseudotruncatella*(图 14-16)

科属:番杏科生石花属。

别名:石头花。

英文名:living stone, stoneface。

产地分布:生石花原产于南非和西非的干旱地区。

形态特征:生石花无茎,叶对生,肥厚密接,外形酷似卵石;幼时中央只有 1 孔,长成后中间呈缝状,形成顶部扁平的倒圆锥形或筒形球体,具灰绿色或灰褐色;新的 2 片叶与原有老叶交互对生,并代替老叶;叶顶部的色彩及花纹变化丰富。花从对生叶中部缝中抽出,无柄,呈黄色,午后开放;花期在 4—6 月。

图 14-16　生石花

生态习性:喜温暖,不耐寒,生长适温为 15~25℃;喜微阴,以 50%~70% 的遮阴为好;喜干燥通风。

繁殖与栽培:播种繁殖。用疏松、排水好的沙质壤土栽培。浇水最好浸灌,以防水从顶部流入叶缝,造成腐烂。冬季休眠,越冬温度为 10℃;可不浇水,仅过干时喷水即可。夏季高温也休眠。

园林应用:奇特外形引人关注,有园艺爱好者专门收集,可盆栽作趣味观赏用。

17. 吊金钱 *Ceropegia woodii*(图 14-17)

科属:萝摩科吊灯花属。

别名:爱之蔓、吊灯花。

英文名:wood ceropegia。

产地分布:吊金钱原产于津巴布韦、南部非洲。

形态特征:吊金钱是蔓性草本植物,枝条极为纤细,具有垂性,叶对生,呈心形,肥厚多肉,叶面为灰绿色,上有灰白色指纹。叶腋处常能结成圆形零余子,接触土面能发根。成株能开花,聚伞花序,呈褐色。花期在 7—9 月。

图 14-17　吊金钱

生态习性:性喜温暖、湿润、半阴。生育适温为 18~25℃。夏季忌高温、多湿,喜排水良好的砂砾土。切勿浇水过多以防腐烂。

繁殖与栽培:吊金钱可用叶插、枝插或用零余子栽培。越冬温度为 10℃。

园林应用:吊金钱可用吊盆栽培,亦能匍匐地面生长,是优良的室内观叶植物。

18. 青蛙藤 *Dischidia pectinoides*(图 14-18)

科属:萝摩科眼树藤属。

别名:爱元果。

产地分布:原产于菲律宾。

形态特征:青蛙藤是肉质草本植物。株高 20~30 cm,茎节易生根,能攀附树干、蛇木等生长。叶对生,肥厚多肉,呈椭圆形或卵形,先端突尖,全缘。夏至秋季开花,腋生,小花数朵簇生,色呈鲜红,花后能结果,蓇葖果呈针状圆柱形,两端狭尖,其特色为着生的变态叶,似蚌或元宝,膨大中空,内部呈紫红色,并着生根群,造型奇特,令人称奇。

图 14-18　青蛙藤

生态习性:耐阴性强,排水力求通畅,不可长期潮湿,日照为 50%~60%,忌强光直射、长期阴暗,性耐寒,喜温暖或高温,生育适温为 8~28℃。

繁殖与栽培:青蛙藤以扦插法繁殖,春季为适期。成株有良好的分枝性。并能在茎节长出气根,可剪下数节作插穗,直接植入培养介质中即能成长。

园林应用:适合室内观赏。

复习题

1. 掌握仙人掌类和多肉类植物的含义、生态习性。

2. 调查花卉市场上仙人掌类和多肉植物花卉有哪些种类,掌握其生态习性、繁殖栽培要点及应用形式。

实训　多肉类花卉的识别

一、实训目的

熟悉多肉类花卉的形态特征、生态习性并掌握它们的繁殖方法、栽培要点、观赏特性与园林用途。

二、材料用具

铅笔、笔记本等,多肉类花卉 10 种。

三、方法步骤

教师现场讲解、指导学生识别,学生课外复习。

1. 教师现场讲解每种花卉的名称、科属、生态习性、形态特征及识别方法、繁殖方法、栽培要点、观赏特性和园林用途。学生记录。

2. 学生分组进行课外活动,复习花卉名称、科属、生态习性、繁殖方法、栽培要点和观赏用途。

四、考核评估

(1) 优秀:能正确识别多肉类花卉,掌握其生态习性、观赏特性、繁殖栽培技术要点。

(2) 良好:能正确识别多肉类花卉,掌握其观赏特性,基本掌握它们的生态习性、繁殖栽培技术要点。

(3) 中等:能正确识别多肉类花卉,了解它们的生态习性、观赏特性、繁殖栽培技术要点。

（4）及格：基本能识别多肉类花卉，了解它们的生态习性、观赏特性、繁殖栽培技术要点。

五、作业、思考

1. 将 10 种多肉类花卉的科属、生态习性、繁殖方法、栽培要点和观赏用途列表记录。

2. 试述多肉类植物的养护栽培管理要点。

单元小结

本单元介绍了多肉类花卉的生态习性、繁殖栽培技术要点以及在园林中的用途。

学习方法指导

通过老师的讲解，结合教材上植物的形态描述、繁殖栽培技术等，识别图片和实物，能识别和掌握常见多肉类花卉的生态习性、观赏价值和繁殖栽培技术要点。

第 15 单元 蕨类植物

学习目标

　　掌握常见蕨类植物的生态习性、观赏特性、繁殖栽培技术要点及园林用途,为学习花卉的栽培技术、园林植物配置与造景等专业课打下基础。

能力标准

　　能识别 6 种常见蕨类植物。

关键概念

　　蕨类植物

相关理论知识

　　具备园林植物系统分类和植物形态的基础知识。

15.1 概　　述

一、蕨类植物的含义及特点

　　蕨类植物也叫作羊齿植物,它既是高等孢子植物,又是原始维管束植物。蕨类植物介于苔藓和种子植物之间,较苔藓植物进化,较种子植物原始,有陆生、附生、极少数为水生,常为多年生草本植物。蕨类植物具有独立生活的配子体和孢子体。孢子体可以产生颈卵器和精子器,有根、茎、叶器官和维管束系统的分化,并且可以产生孢子囊。蕨类植物除少数具有高大直立树状地上茎外,其余都为地下茎,又称根状茎,一般横走或斜升,少有直立的。蕨类植物的幼叶在展开前呈拳状卷缩,称为“拳芽”,拳芽展开后分为叶柄和叶片两部分。蕨类植物叶片形状奇特且又多种多样,具有较强的观赏性。一般蕨类植物的孢子囊着生在叶背或叶缘上,色彩艳丽且形状各异。优良的室内观叶植物之一,也常用来布置阴生植物园和专类园。蕨叶是重要的插花材料。随着人类对蕨类植物资源的不断研究、开发,蕨类植物在园林中的应用越来越广泛,越来越受到人们重视。

二、蕨类植物的生态习性

1. 对光照的要求

　　不同的蕨类植物对光照要求不同。大多数蕨类植物喜阴,有较强的耐阴能力,在半阴散射光下生长良好,忌强光直射。较强光下将产生大量孢子,光线过强则植株矮小,叶片的边缘逐渐枯黄萎缩。因此大多观赏性蕨类植物适宜作室内观叶植物。

2. 对温度的要求

蕨类植物喜欢温暖,除热带、亚热带的种类外,还包括那些适于生长在寒冷条件下的种类。大多数蕨类植物在18~24℃条件下生长良好。不同蕨类植物的耐寒性差异很大。耐寒种类能耐0℃以下的低温,不耐寒的种类在北方必须在温室内越冬。对于不耐寒的种类,越冬前应少施氮肥,多施磷钾肥,增强光照以增加植物体内的糖分积累,提高抗寒能力。高温对植物的损伤也很严重,短时间的高温就会使蕨叶萎蔫或灼焦,应结合浇水、喷雾以及遮阳,减少盛夏时高温对蕨类植物的影响。

3. 对基质的要求

蕨类植物要求栽培基质有良好团粒结构,疏松而又肥沃,保水和排水性能良好,并含有丰富的腐殖质和适宜的土壤酸碱度。

三、蕨类植物的繁殖方法技术要点

不同类型的蕨类植物应采取不同的繁殖方法。

1. 分株繁殖

分株繁殖是蕨类植物无性繁殖中最常用也是最有效的方法。分株时将蕨类植物挖出,用利刃分成2个或多个独立植株,每个小植株至少要保留1个芽,剪除老根及枯叶,栽于排水良好的基质中,保持较高温度,并适当遮阳以促进缓苗。要保护好全芽和新叶不受损伤。鹿角蕨等常用此法繁殖。

2. 珠芽繁殖

有些蕨类植物在叶片上产生珠芽,珠芽在叶子上就开始产生根和叶,一旦落地生长就能成为新植株。如鞭叶铁线蕨等。

3. 孢子繁殖

大多数蕨类植物易产生孢子。孢子在很多基质上播种都能生长,很多蕨类植物均可用此法繁殖。

对于那些难以收集到成熟孢子或不易用无性繁殖方法繁殖的珍稀濒危蕨类植物来说,通常用组织培养方法繁殖。目前,观赏品种如波士顿蕨、荷叶铁线蕨等常用组织培养方法繁殖。

15.2　常用蕨类植物

1. 巢蕨 *Asplenium nidus*(图 15-1)

科属:铁角蕨科巢蕨属。

别名:鸟巢蕨、山苏花。

英文名:bird-nest fern。

产地分布:巢蕨原产于热带、亚热带地区。分布于我国台湾、广东、广西、海南、云南等地及亚热带的其他地区。

形态特征:巢蕨根状茎短,顶部密生鳞片,鳞片端呈纤维状分枝并卷曲。叶为革质,丛生于根状茎顶部外缘,向四周呈辐射状排列,叶丛中心空如鸟巢,故有其名;具圆柱形叶柄;单叶呈阔披针形,尖头,向基部渐狭而下延;叶的两面光滑,边缘为软骨质,干后略反卷;叶脉两面隆起,侧脉分叉或单一,顶部和 1 条波状脉边缘相连。狭条形孢子囊群生于侧脉上侧,向叶边伸达 1/2。

图 15-1　巢蕨

生态习性:成丛附生于雨林中的树干或岩石上。喜温暖、阴湿,不耐寒,宜疏松、排水及保水皆好的土壤。

繁殖与栽培:巢蕨采用孢子繁殖,于 3 月或 7—8 月进行,方法同微粒播种。栽培基质应通透性好,如草炭土、腐叶土、蕨根、树皮和苔藓等。生长适温为 20~22℃,越冬温度为 5℃以上。生长期需高温、高湿,需经常浇水、喷雾,合理追肥;忌夏日强光直射。生长期缺肥或冬季温度过低,会造成叶缘变成棕色,影响观赏效果。

园林应用:巢蕨应用于中、大型盆栽植物。株形丰满、叶片挺拔、色泽鲜亮,观赏价值高。可植于室内、花园水边、溪畔、荫蔽处;或悬吊于空中;或露植于大树枝干上,营造热带雨林茂盛、葱茏的植物景观。可切叶。

2. 鹿角蕨 *Platycerium wallichii*(图 15-2)

科属:水龙骨科鹿角蕨属。

别名:蝙蝠蕨、鹿角山草、二歧鹿角蕨。

英文名:staghorn fern。

产地分布:鹿角蕨原产于澳大利亚、非洲和南美洲热带地区。

形态特征:鹿角蕨是多年生常绿附生型草本蕨类植物。叶分两种类型:不育叶呈扁平圆盾形,边缘具波状浅裂,密贴于附着物上,重叠着生,新叶为绿白色,老叶为棕黄色,能储存养分和水分;可育叶丛生,为灰绿色,叶面密生短柔毛,叶长 40~80 cm 不等,顶部分叉,似鹿角,孢子囊群着生于叶片分叉处并向上延伸至顶端,为黄褐色。变种有大鹿角蕨(var. *majus*):叶片大而粗壮,质地厚,呈深绿色。

图 15-2　鹿角蕨

生态习性:喜温暖、荫蔽的环境,在原产地是典型附生植物,常附生在树干分叉处或树皮裂缝上。

繁殖与栽培:鹿角蕨以分株繁殖为主,一般于秋天进行,也可进行孢子繁殖,将孢子播在疏松、透水、无肥的基质上,基质常用腐叶土、泥炭土、沙混合而成。播前要用蒸汽消毒,精细平整。在孢子成熟前套袋,成熟后连袋剪下,轻轻敲打,取出孢子播种,播后不覆土,盆上盖玻璃或塑料薄膜,适当遮阴,保持温度在 20~30℃,20~30 天孢子即可萌发,生成心形绿色原叶体,待布满全盆时进行分植。原叶体时期要充分水湿,促使雌、雄配子能受精而发育成孢子体,一般从播种到长出叶片需 3~4 个月。有 3~4 片叶时即可上盆,盆栽宜用多孔陶盆,或篮、筐等填入水藓;也可贴栽于木板或树干上。也可用分生繁殖,采用分植萌蘖、小子株或用组织培养法繁殖。

夏季置于阴棚下,秋末入温室,生长室温为 15~25℃,不宜低于 8℃;超过 30℃时,生长停滞,进入半休眠状态。浇水应掌握浇透原则,夏季浇水宜勤,适宜的空气相对湿度为 70%,50%~60% 也可正常生长。在旺盛的生长期可追肥 1~2 次,以沤熟麻渣的稀薄肥水为宜。生长健壮的鹿角蕨不需每年换盆,经 2~3 年,可在盆中添加少量腐叶土或苔藓。在高温、通风不良、光线太暗的环境易受蚜虫、红蜘蛛、蓟马和介壳虫危害,最好不用杀虫剂,可用肥皂水防治。

园林应用:株形奇特,姿态优美,如蝙蝠凌空,鹿角飞动。点缀于客厅、窗台、书房皆甚相宜。若悬吊于屋角、书柜上,则更加惹人喜爱,是室内立体美化佳品。

3. 肾蕨 *Nephrolepis cordifolia*(*N. auriculata*)(图 15-3)

科属:肾蕨科肾蕨属。

别名:蜈蚣草、篦子草、石黄皮、圆关齿。

英文名:tuberrous sword fern, pigmy sword fern。

产地分布:肾蕨原产于热带、亚热带地区,我国华南各省山地林缘有野生。

形态特征:根状茎具主轴,并有从主轴向四周横向伸出的匍匐茎,由其上短枝可生出块茎。根状茎和主轴上密生鳞片。叶密集簇生,直立,具短柄,其基部和叶轴上也具鳞片;叶呈披针形,1 回羽状全裂,羽片无柄,以关节着生于叶轴,基部不对称,一侧为耳状突起,一侧为楔形;叶呈浅绿色,近革质,具疏浅钝齿。孢子囊群生于侧脉上方小脉顶端,孢子囊群盖近肾形。

图 15-3　肾蕨

生态习性:喜温暖、半阴和湿润,忌阳光直射。

繁殖与栽培:肾蕨在春季以孢子繁殖或分株及分栽块茎繁殖。分株繁殖于春季结合换盆进行。孢子繁殖时,将孢子播于水苔、泥炭土或腐殖土上,约 2 个月发芽,幼苗生长缓慢。生长期要多喷水或浇水以保持较高空气相对湿度;光照不可太弱,否则生长势弱,易落叶;光线过强,叶片易发黄。生长适温为 15~26℃,夏季高温时,置于阴棚下,注意通风。冬季应减少浇水。越冬温度在 5℃以上。生长快,每年要分株更新。

常见栽培种(品种):该属另一著名栽培品种,波士顿蕨(*Nephrolepis exalata* 'Bostoniensis'),又名皱叶肾蕨,是多年生草本植物。叶簇生,大而细长,羽状复叶,叶裂片较深,形成细碎而丰满的复羽状叶片,展开后下垂弯曲;叶呈淡绿色,有光泽。本品种是高大肾蕨(*Nephrolepis exalata*)的一个园艺品种,尚有矮生、冠叶、皱叶等品种,是目前国际上十分流行的蕨类植物。喜阴及高温、高湿。以春天分株或夏天分离匍匐茎上长出的小植株繁殖。20℃以上开始生长,越冬温度在 5℃以上。忌阳光直射或过阴,强光下叶色极易黄化。对水分要求严格,不可过干或过湿。生长期要经常向叶面喷水。主要用来盆栽观叶、切叶。

园林应用:叶色浓绿,青翠宜人,姿态婆娑,株形潇洒,是厅堂、书房的优良观叶植物。可盆栽,也可吊篮栽培,可以进行切叶生产。

4. 圆盖阴石蕨 *Davallia teyermannii* (图 15-4)

科属: 骨碎补科骨碎补属。

别名: 毛石蚕、岩蚕、白毛岩蚕。

英文名: bear's-foot fern。

形态特征: 圆盖阴石蕨是小型附生蕨类植物,植株高 20 cm,根状茎长而横走,密被绒状披针形的灰色鳞片。叶疏生,叶片呈阔卵状三角形,3~4 回深羽裂。孢子囊群着生于近叶缘的小脉顶端,囊群盖近圆形。

生态习性: 喜温暖、半阴环境,能耐一定干燥,土壤以疏松、透气的沙质壤土为佳,不耐寒。盆栽土可用等量壤土、沙子和腐叶土混合制成。

图 15-4　圆盖阴石蕨

也可将其固定于朽木上附着生长或吊篮栽培。吊篮栽培基质用 1 份蛭石和 1 份腐叶土或泥炭土组成。

园林应用: 圆盖阴石蕨因生长缓慢,具有白色根状茎鳞片,叶形优美,形态潇洒,根状茎和叶都具有极高的观赏价值,广泛用于盆栽和吊篮观赏,是流行的室内观赏蕨类。

5. 铁线蕨 *Adiantum capillus-veneris* (图 15-5)

科属: 铁线蕨科铁线蕨属。

别名: 铁线草、美人粉。

英文名: maidenhair, southern maidenhair。

产地分布: 铁线蕨广布于我国长江以南各地,北至陕西、甘肃和河北,多生于山地、溪边和山石上。美洲热带及欧洲温暖地区也有分布。

形态特征: 铁线蕨是多年生常绿草本蕨类植物。根块茎横走,密被淡褐色鳞片。叶基生,叶柄细长,乌黑,有光泽,叶片近薄革质,呈卵状三角形,鲜绿色,一回羽状复叶,小羽片互生,呈斜扇形,裂片边缘的小脉顶部生孢子囊群,囊群盖呈肾形至矩圆形。不育裂片的顶部圆钝,有钝锯齿。

图 15-5　铁线蕨

生态习性: 喜温暖、湿润及适当荫蔽的环境,不耐寒,忌阳光直射和风吹。为钙质土的指示植物。喜疏松肥沃的石灰质土壤。

繁殖与栽培: 铁线蕨以分株繁殖为主,于 4 月结合换盆进行;常用根茎繁殖,春天切分根茎,每段带有 1~2 个生长点,栽于盆中。

园林应用: 叶片形似云片,叶柄乌黑,纤细幽雅,株态秀丽多姿,四季常青。可置于案头、几架;也可悬吊观赏。在南方温暖地区,常用于园林中,栽在假山缝隙、背阴屋角等处。

6. 欧洲凤尾蕨 *Pteris cretica* (图 15-6)

科属: 凤尾蕨科凤尾蕨属。

别名:纽带蕨。

英文名:nervos brake。

产地分布:欧洲凤尾蕨广泛分布于我国长江以南各地,向北到陕西南部,向西到西藏东部;日本、中南半岛也有分布。

形态特征:凤尾蕨是多年生常绿草本蕨类植物。根状茎直立,叶直立生长,二型叶,纸质,簇生,可育叶呈卵圆形,具淡绿色,一回羽状复叶,中部以下羽片常分叉;羽片呈狭披针形,孢子囊群沿羽片顶部以下的叶缘连续分布。不育叶同形,边缘有锐齿。

图 15-6 凤尾蕨

生态习性:多生于石灰岩缝或林下。喜温暖、潮湿的半阴环境,要求疏松、肥沃、富含腐殖质的钙质土壤。

繁殖与栽培:凤尾蕨可用分株繁殖。分株与换盆同时进行;为得到大量植株,可用孢子繁殖。

园林应用:常盆栽观赏或作林下地被。

7. 翠云草 *Selaginella uncinata*（图 15-7）

科属:卷柏科卷柏属。

别名:蓝地柏、绿绒草。

英文名:uncinate spikemoss。

产地分布:原产于我国浙江、福建、台湾、广东、广西、贵州、云南、四川和湖南等地。

形态特征:翠云草是多年生草本蕨类植物。主茎匍地蔓生,长 25~60 cm,有棱,多回分枝,分枝处常有不定根。叶呈卵形,二列疏生,营养叶二型,背腹各2列,腹叶(中叶)呈长卵形,头渐尖,交互疏生;背叶呈矩圆形,头短尖。孢子囊穗4棱形,生于枝顶,孢子囊呈卵形。

图 15-7 翠云草

生态习性:翠云草生于海拔 40~1 000 m 的林下阴湿处。喜温暖、湿润及半阴环境,忌烈日。

繁殖与栽培:翠云草一般于春季换盆时进行分株繁殖。由于其根浅,栽培时可先把松盆土,平铺植株后再以细土覆根,盆土宜用疏松、肥沃的腐叶土。夏季在阴棚栽培,生长季要注意经常喷水,保持较高的空气相对湿度,可追施1~2次肥水。冬季入温室,室温不低于5℃。

园林应用:叶呈蓝绿色,株形秀雅,盆栽点缀于居室及宾馆饭店,别有情趣。在长江中下游地区常用于兰花及桩景的盆面覆盖,满盆翠绿,生机盎然,并可保持兰花和桩景的叶片清洁。在南方温暖地区也宜作林下地被植物。全株可入药。

8. 卷柏 *Selaginella tamariscina*（图 15-8）

科属:卷柏科卷柏属。

英文名:spiremoss。

产地分布:同属植物约有 700 种,大多数种类原产于热带、亚热带地区,我国各地均有分布。

形态特征：卷柏是多年生蕨类植物。植株矮小，主茎直立或匍匐地蔓生，有多回分枝，分枝处常发生细小不定根。叶形、叶色富于变化。孢子囊生于枝顶。

生态习性：卷柏属植物大多生于山谷或山坡林下、石缝等阴湿处，喜温暖、湿润和半阴环境。耐寒、耐旱、耐阴；大多不耐高温，忌强光直射；需肥性不高，对土壤要求不严，适应范围广泛。

繁殖与栽培：卷柏用孢子或扦插及分株繁殖。卷柏属植物分枝的顶端会产生孢子叶，即球花，它可产生孢子囊，其内的孢子成熟后可自行

图 15-8　卷柏

散落或人工收集撒播，培育成独立植株。直立型植株可于春季切取 4~5 cm 长、发育成熟的茎枝，浅插于细沙土中，遮阴并保持在 15~20℃ 及 95% 的空气相对湿度，其上可形成许多个体。对于匍匐性植株，多于春季换盆时分株繁殖。适应性强，栽培容易。根系浅，盆栽一般不宜覆土过深，土壤以疏松、保水、排水良好的腐叶土较好。生长期要保持盆土湿润，避免过干，同时向叶面喷水，提高空气相对湿度。盛夏高温要注意遮阴，加强通风，防介壳虫、蚜虫危害。追肥不宜过多，可于春、秋各追肥 1 次。及时摘心，促发分枝，矮化丰满植株。

园林应用：卷柏适作小型盆栽。卷柏属植物植株矮小，叶色别致，姿态秀雅，适宜于点缀假山、石缝中或作山石盆景；或作小型盆栽，或吊盆悬挂，观赏效果好。

9. 荚果蕨 *Matteuccia stuthiopteris*（图 15-9）

科属：球子蕨科荚果蕨属。

别名：黄瓜香、野鸡膀子。

产地分布：荚果蕨分布于我国东北、华北、陕西、四川和西藏等地。

形态特征：荚果蕨是大、中型陆生蕨类植物，植株高达 1 m 左右，根状茎直立，连同叶柄基部密被披针形鳞片。叶簇生，典型的二型叶，不育叶呈矩圆倒披针形，二回深羽裂，新生叶直立向上生长，全部展开后呈鸟巢状。

生态习性：喜冷凉、湿润的环境，北方地区可露地栽培越冬。

图 15-9　荚果蕨

繁殖与栽培：荚果蕨常以分株繁殖，也可用孢子繁殖，采集成熟的孢子，放置于冰箱冷冻室内，低温处理 15 天后播种。

园林应用：荚果蕨是北方地区阴湿环境下理想的地被植物，且覆盖率高。其株型美观、秀丽、典雅，也可盆栽观赏。

10. 狗脊 *Woodwardia japonica*（图 15-10）

科属：乌毛蕨科狗脊蕨属。

别名：狗脊蕨、贯众、金狗尾。

英文名:Japanese China fern。

产地分布:狗脊广泛分布于长江以南各省,是我国暖湿地区的酸性土指示植物。

形态特征:狗脊是大型陆生蕨类植物,植株65~90 cm。根状茎粗短直立,密生红棕色披针形大鳞片。叶簇生,呈矩圆形,二回羽裂,叶脉网状。孢子囊群近长形。生于主脉两侧相对的网脉上。

生态习性:多生于阴湿沟边、林下或北向山坡。在温暖、湿润的环境下,叶片比较坚挺阔展,多喷水以保持叶面光洁。

繁殖与栽培:狗脊常以分株或孢子繁殖。分株常在春季进行。

园林应用:其幼叶色艳,招人喜爱,适于作室内垂吊观赏,在南方适宜栽植于林缘溪边。

图 15-10　狗脊

11. 鱼尾蕨 *Polypodium punctatum*(图 15-11)

科属:水龙骨科多足蕨属。

形态特征:株高 30~60 cm,叶自底下根茎抽生,直立,呈带状倒披针形,叶端呈扇状分裂,具波浪状,性耐阴,四季晶翠,适于盆栽。

繁殖与栽培:鱼尾蕨以孢子或分株繁殖。日照为 40%~60%,忌强光直射,春季修剪老叶,2 年换 1 次盆。叶片拥挤时要强制分株。喜高温、多湿,生育适温为 23~30℃。

园林应用:鱼尾蕨可作盆栽观赏。

图 15-11　鱼尾蕨

12. 苏铁蕨 *Brainea insignis*(图 15-12)

科属:乌毛蕨科苏铁蕨属。

产地分布:苏铁蕨原产于我国南方及东南亚。

形态特征:苏铁蕨是多年生蕨类植物。株高120 cm。根状茎短粗、直立,具圆形主轴,密被红棕色鳞片。叶簇生于主轴顶部,革质,呈矩圆状披针形,先端短,渐尖;一回羽状复叶,羽片呈狭披针形,边缘常向下反卷,形似苏铁;孢子囊群生于叶脉附近。

生态习性:喜光照充足及温暖的环境,不耐寒,耐旱。

繁殖与栽培:苏铁蕨以分株繁殖。栽培管理简便。

图 15-12　苏铁蕨

园林应用：苏铁蕨应用于盆栽观赏。

13. 崖姜 *Pseudodrynaria coronans*（图 15-13）

科属：槲蕨科崖姜蕨属。

形态特征：崖姜为大型附生蕨类植物。植株高达 80~140 cm。叶的上部较宽，呈羽状深裂，叶厚近革质，挺硬而有光泽。

繁殖与栽培：崖姜以分株繁殖或孢子繁殖。分株可用利刃切割根状茎，每段要带有叶芽，将其固定在土壤中即可。

园林应用：崖姜应用于盆栽观赏。

14. 金毛狗 *Cibotium barometz*（图 15-14）

科属：金毛狗科金毛狗属。

产地分布：金毛狗原产于南方亚热带、热带地区。

形态特征：金毛狗为大型树状陆生蕨类植物。植株高达 3 m。根状茎粗大直立，密被金黄色长茸毛，形如金毛狗头。叶 3 回羽裂，末回呈镰状披针形，尖头。此属约有 20 种，我国只有 2 种。

生态习性：金毛狗适宜的生长温度为夜温 10~15℃，昼温 21~26℃。空气相对湿度宜保持在 60%~80%，土壤宜疏松、透水，可用等量的壤土、素沙和泥炭配制。盆栽时可施些基肥，生长期可施液肥。冬季减少浇水，保持土壤湿润即可。金毛狗多生于山麓阴湿的山沟边及林荫处的酸性地上，常与许多好湿热带种类生长在一起。

图 15-13　崖姜

图 15-14　金毛狗

繁殖与栽培：金毛狗以孢子繁殖。这种大型蕨类适于在温室内栽培，喜明亮的散光线。

园林应用：金毛狗是著名的大型室内观赏蕨类。特别是根状茎上的金黄色长茸毛，招人喜爱。

复习题

1. 试述蕨类植物的生态习性和繁殖栽培技术要点。
2. 查阅资料，了解蕨类植物的研究现状及发展趋势。
3. 调查花卉市场上的蕨类植物有哪些种类，并掌握其生态习性、繁殖栽培要点及应用形式。

实训　蕨类植物的识别

一、实训目的

熟悉蕨类植物的形态特征、生态习性，掌握它们的繁殖方法、栽培要点、观赏特性与园林用途。

二、材料用具

铅笔、笔记本等。蕨类植物6种。

三、方法步骤

教师现场讲解、指导学生识别,学生课外复习。

1. 教师现场讲解每种花卉的名称、科属、生态习性、形态特征及识别方法、繁殖方法、栽培要点、观赏特性和园林用途。学生记录。

2. 学生分组进行课外活动,复习花卉名称、科属、生态习性、繁殖方法、栽培要点和观赏用途。

四、考核评估

(1) 优秀:能正确识别蕨类植物,掌握其生态习性、观赏特性、繁殖栽培技术要点。

(2) 良好:能正确识别蕨类植物,掌握其观赏特性,基本掌握它们的生态习性、繁殖栽培技术要点。

(3) 中等:能正确识别蕨类植物,了解它们的生态习性、观赏特性、繁殖栽培技术要点。

(4) 及格:基本能识别蕨类植物,了解它们的生态习性、观赏特性、繁殖栽培技术要点。

五、作业、思考

1. 将6种蕨类植物的科属、生态习性、繁殖方法、栽培要点、观赏特性以及园林用途列表记录。

2. 蕨类植物有何特点?

单元小结

本单元介绍了常见蕨类植物的生态习性、繁殖栽培技术要点及在园林中的用途。

学习方法指导

通过老师的讲解,结合教材上植物的形态描述、繁殖栽培技术等,识别图片和实物,能识别和掌握常见蕨类植物的生态习性、观赏价值和繁殖栽培技术要点。

第 16 单元　食虫植物

16.1　概　　述

　　能用植株某个部位捕捉活昆虫或其他小动物,并能分泌消化液将虫体消化吸收的植物称为"食虫植物"。这是一种生态适应。这种植物多生于长期缺乏氮素养料的土壤或沼泽中,具有诱捕昆虫及其他小动物的变态叶。

　　世界上大约有 500 种食虫植物,分属于 7 个科 16 个属,几乎遍布全世界,但以南半球最多。主要有 3 大类:一类是叶扁平,叶缘有刺,可以合起来,如捕蝇草类;一类是叶子呈捕虫囊,如猪笼草、瓶子草类;再一类是叶面有可分泌汁液的纤毛,通过黏液黏住猎物,如茅膏菜类。

　　食虫植物因为根系不发达,吸收能力差,长期生活在缺乏氮元素的环境(如热带、亚热带的沼泽地)中,假如完全依靠根系吸收的氮元素来维持生活,在长期生存斗争中早就被淘汰了。迫于生存压力,食虫植物获得了捕捉小动物的能力,可以从被消化的动物中补充氮元素。食虫植物既能进行光合作用,又能利用特殊器官捕食昆虫,也能依靠外界现成的有机物来生活。因此,食虫植物是一种奇特的、兼有两种营养方式的、绿色开花植物。

　　室内栽培食虫植物不易成功,食虫植物对土壤和空气相对湿度的要求都高,偶尔需提供小昆虫。用雨水浇灌较好。

16.2　常见食虫植物

1. 猪笼草 *Nepenthes mirabilis*(图 16-1)

科属:猪笼草科猪笼草属。

别名:猪仔笼。

产地分布:分布于我国华南、菲律宾、马来半岛至澳大利亚北部。

形态特征:猪笼草是常绿多年生食虫草本植物。株高 150 cm。叶互生,革质呈椭圆状至矩圆形,叶长 9~12 cm,全缘;侧脉约 6 对,自叶片下部向上伸出,近平行;中脉延伸呈卷曲状,长 2~12 cm,其端部为 1 个食虫囊,近圆筒形,呈淡绿色,有褐色或红色斑纹,囊长 6~12 cm,直径约 2.5 cm;有 1 个锈红色活动盖,呈圆形或阔卵形;囊的内壁光滑,底部能分泌出消化液,有气味,诱引昆虫,一旦落入囊中,终被消化吸收。雌雄异株;总状花序,长 30 cm,无花瓣,萼片呈红褐色;蒴果,种子多数。

图 16-1　猪笼草

生态习性:猪笼草生于丘陵灌丛或小溪边。喜高温、高湿、稍避阴的环境,栽培温度不可低于 20℃。栽培介质以泥炭、水苔、木炭屑、腐叶土和沙等配制,要求疏松、通气。

繁殖与栽培:猪笼草常用播种或扦插繁殖。栽于木框或镂空的花盆中,栽时根易断,要细心操作。木框悬于阴棚下栽培,夏季要注意保持较高的空气相对湿度,并通风良好。浇水以微酸性为好。生长期要经常施肥。

园林应用:猪笼草是一种新奇、有趣的观赏植物。食虫囊造型奇特,硕大色美。用于盆栽观赏,也可药用。

2. 瓶子草 *Sarraeenia purpurea*(图 16-2)

科属:瓶子草科瓶子草属。

产地分布:原产于美国东部酸性沼泽地至东南部及墨西哥湾沿海的平原地区。

形态特征:瓶子草是常绿多年生食虫植物。具根茎。叶基生,呈莲座状着生,叶长 8~30 cm,呈圆筒状,基部细长,上部膨胀,喉部缢缩,具绿色、紫色条痕。一侧有 1 距或阔翅;顶端有直立的盖,呈肾形,常具紫脉纹,盖内有毛。花葶直立,高约 30 cm,花单生,下垂,为紫色或绿紫色,花径近 4 cm。花期在 4—5 月。

图 16-2　瓶子草

生态习性:喜温暖、潮湿的环境,要求疏松、透气的栽培介质,忌碱性水。

繁殖与栽培:瓶子草多用分株或播种繁殖。分株于春天换盆时进行;播种常播于切碎的泥炭藓上,不覆盖,秋天播种,于春天发芽。栽植介质用泥炭、苔藓、水苔和河沙等配制。可将盆放置于浅水盘中栽培,以保持较高温度。夏天在阴棚下培养,要经常向叶面和地面喷水,以降低温度、保持湿度。冬天在温室内不需遮阴,温度可稍低些。越冬温度为 5~8℃。

园林应用:瓶子草可作为新奇、有趣的植物盆栽观赏。

3. 捕蝇草 *Dionaea muscipula*(图 16-3)

科属:茅膏菜科茅膏菜属。

产地分布:原产于美国东部的沼泽地。

形态特征:植株从根茎长出多个捕捉器,下部为具翼的柄,上部演化成为瓣状物,内壁长有敏感刺毛,一旦感觉到昆虫"光临",就会迅速合拢,叶边的齿状刺互相卡住,使昆虫不得逃脱。

繁殖与栽培:捕蝇草多用分株或播种繁殖。

园林应用:捕蝇草作为新奇、有趣的植物盆栽观赏。

图 16-3　捕蝇草

复习题

1. 简述食虫植物的含义、生态习性。
2. 调查花卉市场上的食虫植物有哪些种类,并掌握其生态习性、繁殖栽培要点及应用形式。

实训　常见食虫植物的识别

一、实训目的

熟悉食虫植物的形态特征、生态习性,并了解它们的繁殖方法、栽培要点、观赏特性与园林用途。

二、材料用具

铅笔、笔记本等。食虫植物 3 种。

三、方法步骤

教师现场讲解、指导学生识别,学生课外复习。

1. 教师现场讲解每种食虫植物的名称、科属、生态习性、形态特征及识别方法、繁殖方法、栽培要点、观赏特性和园林用途。学生记录。

2. 学生分组进行课外活动,复习食虫植物名称、科属、生态习性、繁殖方法、栽培要点和观赏用途。

四、考核评估

(1) 优秀:能正确识别食虫植物,并能掌握其生态习性、观赏特性、繁殖栽培技术要点。

(2) 良好:能正确识别食虫植物,能掌握其观赏特性,基本掌握它们的生态习性、繁殖栽培技术要点。

(3) 中等:能正确识别食虫植物,并了解它们的生态习性、观赏特性、繁殖栽培技术要点。

(4) 及格:基本能识别食虫植物,了解它们的生态习性、观赏特性、繁殖栽培技术要点。

五、作业、思考

1. 将 3 种食虫植物的科属、生态习性、繁殖方法、栽培要点和观赏用途列表记录。

2. 何谓食虫植物？简要说明其食虫原理。

单元小结

本单元介绍了常见食虫植物的生态习性、繁殖栽培技术要点及在园林中的用途。

学习方法指导

通过老师的讲解，结合教材上植物的形态描述、繁殖栽培技术等，识别图片和实物，要求能识别和了解常见食虫植物的生态习性、观赏价值和繁殖栽培技术要点。

参考文献

［1］ 王意成.花草树木图鉴大全［M］.南京:江苏科学技术出版社,2013.

［2］ 胡长龙,胡桂林,胡桂红.常见园林花卉识别手册［M］.北京:化学工业出版社,2018.

［3］ 陈俊愉,余树勋,王大均.中国农业百科全书·观赏园艺卷［M］.北京:中国农业出版社,1996.

［4］ 董丽,岳桦,张延龙等.园林花卉应用设计［M］.北京:中国林业出版社,2003.

［5］ 江荣先,董文珂.园林景观植物花卉图典［M］.北京:机械工业出版社,2010.

［6］ 李作文,关正君.园林宿根花卉400种［M］.沈阳:辽宁科学技术出版社,2007.

［7］ 李作文.园林宿根花卉彩色图谱［M］.沈阳:辽宁科学技术出版社,2002.

［8］ 刘延江.新编园林观赏花卉［M］.沈阳:辽宁科学技术出版社,2007.

［9］ 刘燕.园林花卉学［M］.北京:中国林业出版社,2003.

［10］ 龙雅宜.园林植物栽培手册［M］.北京:中国林业出版社,2004.

［11］ 王莲英.养花实用手册［M］.合肥:安徽科学技术出版社,2003.

［12］ 薛聪贤.景观植物实用图鉴(1-13册)［M］.郑州:河南科学技术出版社,2002.

［13］ 英国皇家园艺学会.观赏植物指南［M］.北京:中国农业出版社,2002.

［14］ 岳桦,尹承增,黄玉青.礼仪鲜花［M］.哈尔滨:黑龙江科学技术出版社,2000.

［15］ 张彦妮,岳桦.园林花卉学实习指导［M］.哈尔滨:东北林业大学出版社,2009.

［16］ 卓丽环,黄普华,岳桦等.城市园林植物应用指南［M］.北京:中国林业出版社,2003.

［17］ Ernesto Velez.哥伦比亚花卉业在困难和变革中肩负社会和环境责任［J］.徐彤,译.中国花卉园艺,2009,5:50-52.

［18］ 孔海燕.世界花卉业发展现状［J］.中国花卉园艺,2010,19:15-17.

［19］ 颜俊.金融危机下的世界花卉业受伤严重［J］.中国花卉园艺,2009,1:20-23.

群名称:高职农林教师交流群
群　号:1139163301